移动学习系列教材

高等数学

下册

第2版

主　编　杜洪艳
副主编　胡满姑　韩世勤
参　编　高　萍　朱小红　洪　宁　栗　慧

机械工业出版社

本书是以国家教育部高等工科数学课程教学指导委员会制定的《高等数学课程教学基本要求》为标准编写而成的．书中渗透了不少现代数学观点及数学文化，增加了部分数学实验的内容，以培养学生的专业素质、提高学生应用数学的能力为目的，充分吸收了编者多年来的教学实践与教学改革成果．

本书内容包括向量代数与空间解析几何、多元函数微分学、重积分、曲线积分与曲面积分、无穷级数．每节后配有相应的习题，每章末配有综合练习，书末附有部分习题的参考答案.

本书适用于普通高等院校本、专科高等数学课程的教学，也可作为科技工作者的参考用书.

图书在版编目（CIP）数据

高等数学．下册/杜洪艳主编．—2 版．—北京：机械工业出版社，2017.12（2023.1 重印）

移动学习系列教材

ISBN 978-7-111-58790-3

Ⅰ. ①高…　Ⅱ. ①杜…　Ⅲ. ①高等数学－高等学校－教材　Ⅳ. ①O13

中国版本图书馆 CIP 数据核字（2017）第 320056 号

机械工业出版社（北京市百万庄大街 22 号　邮政编码 100037）

策划编辑：韩效杰　责任编辑：韩效杰　汤　嘉

责任校对：张　薇　封面设计：鞠　杨

责任印制：郜　敏

北京富资园科技发展有限公司印刷

2023 年 1 月第 2 版第 5 次印刷

184mm×260mm · 16.5 印张 · 402 千字

标准书号：ISBN 978-7-111-58790-3

定价：49.80 元

电话服务	网络服务
客服电话：010-88361066	机　工　官　网：www.cmpbook.com
010-88379833	机　工　官　博：weibo.com/cmp1952
010-68326294	金　　书　　网：www.golden-book.com
封底无防伪标均为盗版	机工教育服务网：www.cmpedu.com

前　　言

科学的飞速发展和计算机的快速普及，使得数学在其他科学领域中的应用空前广泛，社会各个领域对数学的需求也越来越多，对各专业人才的数学素养要求也越来越高．本书是以国家教育部高等工科数学课程教学指导委员会制定的《高等数学课程教学基本要求》为标准，以提高学生的专业素质为目的，在充分吸收编者多年来的教学实践和教学改革成果的基础上编写而成的．

“高等数学”是高校的基础课程之一，这门课程的思想和方法是人类文明发展史上理性智慧的结晶，它不仅提供了解决实际问题的有力的数学工具，同时还给学生提供了一种思维的训练方法，帮助学生提高作为应用型、创造型、复合型人才所必需的文化素质和修养．本书在编写过程中，注重强调数学的思想方法，重点培养学生的数学思维能力，并力求提高学生的数学素养，从而体现出数学既是一种工具、同时也是一种文化的思想．在内容选取上删去了传统本科教材中难而繁的内容，保留了高等数学在传统领域中的知识内容，渗透了不少现代数学观点，增加了一批各学科领域中的应用型例题以及以往传统教材中没有的数学实验，以利于学生更好地利用计算机来应用数学．通过对本书的学习，学生不仅达到会数学、更达到会用数学的目的．

本书对数学的基本概念和原理的讲述通俗易懂，同时又兼顾了数学的科学性与严谨性；对定义和定理等的叙述准确、清晰，并在节后配有相应的习题，每章末配有综合练习．本书适用于普通高等院校本、专科高等数学课程的教学，也可作为科技工作者的参考用书．

参加本书编写的人员有武昌理工学院的杜洪艳、胡满姑、韩世勤、高萍、朱小红、洪宁、栗慧等．全书的框架结构、统稿及定稿由主编杜洪艳负责．

由于编者水平有限，书中难免有不妥之处，恳请专家及读者批评指正．

编　者

目　录

第 8 章

向量代数与空间解析几何

学习向量的概念以及向量的代数运算的定义和规则是向量代数的主要内容，这是研究数学、力学、电学的必备知识，也是学习工程技术科学和管理科学的有力工具．向量代数也是研究本章的空间解析几何以及后续的多元函数微积分学的必不可少的基础知识．

空间解析几何与平面解析几何类似，通过建立空间坐标系，使空间的每一个点与一个有顺序的三元数组对应，把空间的几何图形与方程或方程组对应起来，从而可以用代数方法解决几何问题．空间解析几何学的知识对于学习多元函数微积分和其他数学知识以及力学、电学等其他自然科学知识来说，也是必不可少的基础知识．

8.1 空间直角坐标系

在平面解析几何中，通过坐标法，把平面上的点与一对有顺序的数组对应起来，使平面上的几何图形与方程(或代数关系式)对应起来，从而达到可以用代数方法研究几何问题的目的㊀．

为了用代数方法研究空间的几何问题，首先必须将空间中的点与有顺序的数组对应起来．为此，必须建立这种对应的桥梁即空间的坐标系，本章只介绍空间直角坐标系．

8.1.1 空间直角坐标系的建立

过空间某一点 O 作 3 条两两互相垂直的数轴，它们都以 O 为原点，且一般具有相同的长度单位．点 O 称为坐标原点，这 3 条数轴分别称为x 轴、y 轴、z 轴，这 3 条轴统称为坐标轴．规定这 3 条轴的次

㊀ 这种将数学中的两大研究对象“数”与“形”统一起来的做法，是由法国哲学家、数学家笛卡儿首先提出来的，这种使“数”与“形”相结合，并用代数方法以及微积分的方法研究几何问题的数学方法和数学思想是数学发展史上的一次划时代的变革．

序和正方向要符合“右手法则”，即以右手握住 z 轴，当右手的除大拇指外的其他4个手指从 x 轴的正方向以 $\frac{\pi}{2}$ 的角度转至 y 轴的正方向时，大拇指的指向就是 z 轴的正方向，见图8-1. 这时，我们便在空间建立了一个空间直角坐标系，并称其为 O-xyz 坐标系，如图8-2所示，我们习惯上分别称 x 轴、y 轴、z 轴为横轴、纵轴、竖轴.

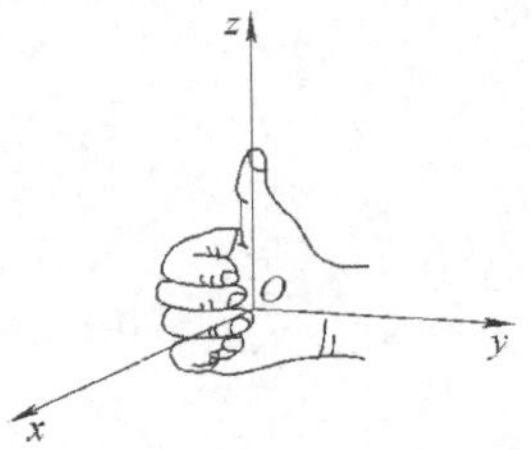

图 8-1

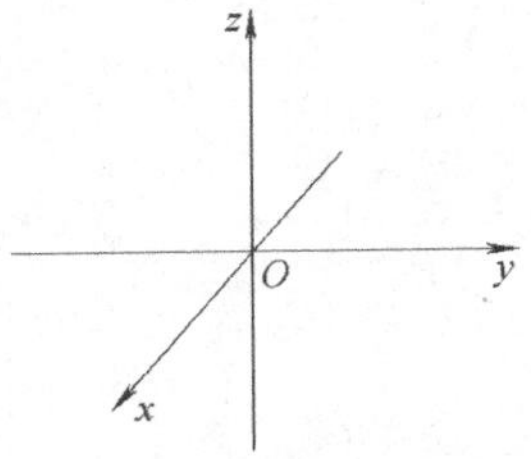

图 8-2

8.1.2 点的坐标的确定

建立了空间直角坐标系 O-xyz 之后，就可以建立空间中的点与3个有顺序的数构成的一个数组(以下简称三元有序数组)之间的对应关系.

设 M 为空间中一已知点，过点 M 作3个平面分别垂直于3个坐标轴，该平面与 x 轴、y 轴、z 轴的交点分别为 P、Q、R，如图8-3所示. 设这3点在 x 轴、y 轴、z 轴上的坐标依次分别为 x、y、z. 这样空间中一点 M 就唯一地确定了一个三元有序数组，记为 (x,y,z). 反之，对于任何一个给定的三元有序数组 (x,y,z)，我们可以在 x 轴上取坐标为 x 的点 P，在 y 轴上取坐标为 y 的点 Q，在 z 轴上取坐标为 z 的点 R，再过点 P、Q、R 分别作 x 轴、y 轴、z 轴的垂面，这3个垂面的交点 M 便是由三元有序数组 (x,y,z) 所确定的唯一的一个点. 这样就建立了空间直角坐标系 O-xyz 中的点 M 与一个三元有序数组 (x,y,z) 之间的一一对应关系，x、y、z 分别称为点 M 的 x 坐标、y 坐标、z 坐标，或者分别称为点 M 的横坐标、纵坐标、竖坐标，并将点 M 表示为 $M(x,y,z)$.

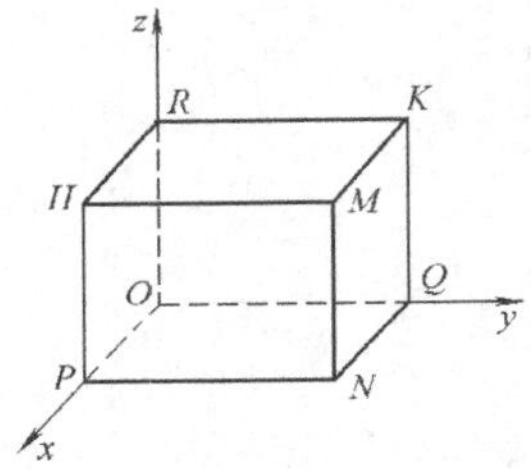

图 8-3

显然原点 O 的坐标为 $(0,0,0)$.

在空间直角坐标系 O-xyz 中，每两条坐标轴所在的平面称为坐标平面，如 x 轴与 y 轴所在的平面称为 xOy 平面，简称 xy 平面.

3个坐标平面将空间分为8个部分，每一个部分叫作一个卦限，在 xy 平面的4个象限即第一、第二、第三、第四象限的上方(即 Oz 轴的正方向所指的方向)的4部分空间分别为第一、第二、第三、第四卦限，这4个卦限的下方依次分别是第五、第六、第七、第八卦限.

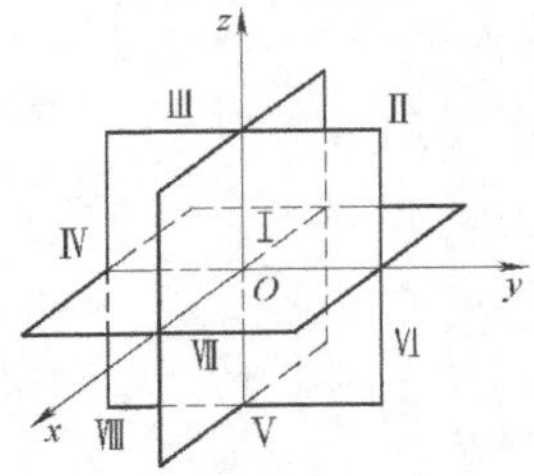

图 8-4

坐标平面与坐标轴上的点有一定的特征，xOy 平面、yOz 平面、xOz 平面上的点分别为 $(x,y,0)$、$(0,y,z)$、$(x,0,z)$；x 轴、y 轴、z 轴上的点分别为 $(x,0,0)$、$(0,y,0)$、$(0,0,z)$.

8.1.3 空间中两点间的距离

空间中两个点之间的距离公式是空间解析几何里的重要公式.

设已给两个点 $M_1(x_1,y_1,z_1)$ 和 $M_2(x_2,y_2,z_2)$，则此两点之间的距离 $|M_1M_2|$ 可由勾股定理得到(参阅图8-5).

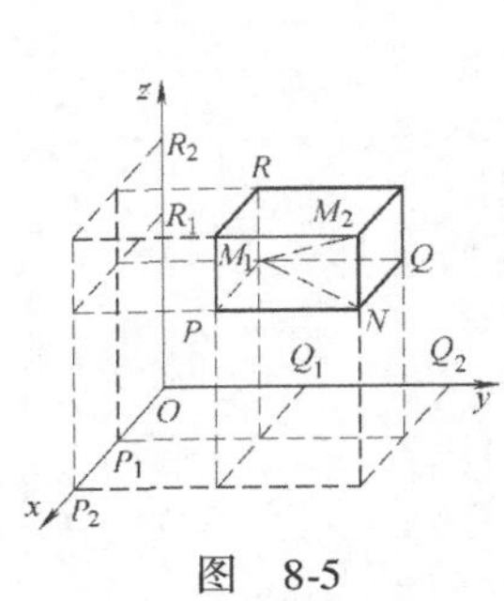

图 8-5

$$|M_1M_2|^2 = |M_1N|^2 + |NM_2|^2$$

$$
\begin{aligned}
&= |M_1P|^2 + |PN|^2 + \\
&\quad |NM_2|^2 \\
&= |P_1P_2|^2 + |Q_1Q_2|^2 + \\
&\quad |R_1R_2|^2 \\
&= |x_2 - x_1|^2 + |y_2 - y_1|^2 + \\
&\quad |z_2 - z_1|^2,
\end{aligned}
$$

所以点 M_1 与 M_2 之间的距离 d 为

$$d = |M_1M_2| = \sqrt{(x_2 - x_1)^2 + (y_2 - y_1)^2 + (z_2 - z_1)^2}. \quad (8\text{-}1)$$

例 1　求点 $M(2, 3, -4)$ 与坐标原点 O 之间的距离 $|OM|$.

解　由公式(8-1)知点 M 与坐标原点 $O(0, 0, 0)$ 之间的距离为

$$|OM| = \sqrt{(2-0)^2 + (3-0)^2 + (-4-0)^2} = \sqrt{29}.$$

例 2　证明以点 $A(4,1,9)$、$B(10,-1,6)$ 和 $C(2,4,3)$ 为顶点的三角形是等腰直角三角形.

证　因为

$$
\begin{aligned}
|AB|^2 &= \underline{\qquad\qquad\qquad} = 49, \\
|BC|^2 &= (2-10)^2 + (4+1)^2 + (3-6)^2 = 98, \\
|CA|^2 &= \underline{\qquad\qquad\qquad} = 49.
\end{aligned}
$$

所以

$$|AB| = |CA| = 7,$$
$$|BC|^2 = |AB|^2 + |CA|^2.$$

因此 $\triangle ABC$ 是等腰直角三角形.

习题 8.1

1. 在空间直角坐标系中，指出下列各点在哪个卦限：

$A(1,-2,-3)$；$B(-2,-1,3)$；$C(-2,1,-3)$；$D(2,1,-3)$.

2. 坐标平面上的点和坐标轴上的点的坐标各有什么特征？指出下列各点所在的位置：

$A(0,0,-2)$；$B(2,-1,0)$；$C(0,2,0)$；$D(0,1,-2)$.

3. 自点 $P(a,b,c)$ 分别作各坐标平面和各坐标轴的垂线，写出各垂足的坐标.

4. 求点 $M(1,-2,3)$ 到各坐标轴的距离.

5. 证明以点 $A(4,3,1)$、$B(5,2,3)$、$C(7,1,2)$ 为顶点的三角形是一个等腰三角形.

6. 求在 z 轴上且与两点 $A(-4,1,7)$ 和 $B(3,5,-2)$ 等距离的点.

8.2 向量及其线性运算

8.2.1 向量的概念

在力学、物理学以及一些应用学科中，通常会遇到两类量，其中一类是只有大小的量，称为数量(也称纯量或标量)，如时间、质量、长度、面积等；而另一类量不仅具有大小而且还具有方向，我们称这种既有大小又有方向的量为向量(也称矢量)，如力、速度、加速度、位移、力矩等.

在数学上，往往用一条有方向的线段，即有向线段来表示向量. 有向线段的长度表示向量的大小，有向线段的方向表示向量的方向，以 A 为起点、B 为终点的有向线段表示的向量记作 $\overrightarrow{AB}$ (见图 8-6). 有时也用一个黑体字母(即印刷体字母)表示向量，如 $\boldsymbol{a}$、$\boldsymbol{b}$、$\boldsymbol{c}$、$\boldsymbol{v}$ 等，而在手写时，要在字母上方加上箭头，如 $\overrightarrow{AB}$、$\vec{a}$、$\vec{b}$、$\vec{c}$、$\vec{v}$ 等.

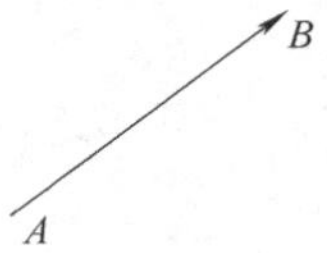

图 8-6

在实际问题中，有些向量与其起点有关(如质点的速度、位移、力)，有些向量与其起点无关. 由于一切向量的共性是它们都有大小和方向，因此在数学上只研究与起点无关的向量，并称这种向量为自由向量，简称向量，也就是在以后的研究中，只考虑向量的大小与方向，而不管它的起点在什么地方. 若是遇到与起点有关的向量时，可在一般原则下作特别处理.

由于我们只讨论自由向量，所以当两向量 $\boldsymbol{a}$ 和 $\boldsymbol{b}$ 的大小相等，且方向相同时，就称向量 $\boldsymbol{a}$ 和 $\boldsymbol{b}$ 是相等的，并记为 $\boldsymbol{a}=\boldsymbol{b}$. 这表明经过平行移动后能完全重合的向量是相等的.

向量的大小又称为向量的模. 向量 $\overrightarrow{AB}$、$\vec{a}$、$\boldsymbol{a}$ 的模分别依次记为 $|\overrightarrow{AB}|$、$|\vec{a}|$、$|\boldsymbol{a}|$. 向量的模是一个非负数.

模等于 1 的向量叫作单位向量.

模等于零的向量叫作零向量，记为 $\vec{0}$ 或者 $\boldsymbol{0}$. 零向量的起点与终点重合，它的方向可以看作是任意的.

设 $\boldsymbol{a}$ 与 $\boldsymbol{b}$ 是两个非零向量，若它们的方向相同或者相反，则称此两向量平行，并记作 $\boldsymbol{a}/\!/\boldsymbol{b}$. 两平行向量也可称为共线向量.

在直角坐标系中，以坐标原点 O 为起点、点 M 为终点的向量 $\overrightarrow{OM}$ 称为点 M 的向径，此向量有时也用 $\boldsymbol{r}$ 或 $\vec{r}$ 表示.

下面介绍向量的加法、减法及数与向量的乘法，这三种运算称为向量的线性运算.

8.2.2 向量的加法

由物理学的结论可知，作用在一点处的两个力 $\boldsymbol{F}_1$ 和 $\boldsymbol{F}_2$ 的合力 $\boldsymbol{F}$

是以 $\boldsymbol{F}_1$ 和 $\boldsymbol{F}_2$ 为邻边的平行四边形的对角线$\overrightarrow{OC}$所表示的力，如图 8-7 所示．此即所谓力的合成的平行四边形法则．仿此，可以对两向量的加法规定如下：

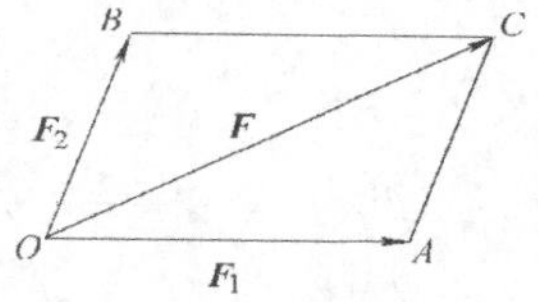

图　8-7

设两非零向量 $\boldsymbol{a}$ 与 $\boldsymbol{b}$ 为不共线的向量，任意取一点 O，作$\overrightarrow{OA}=\boldsymbol{a}$，$\overrightarrow{OB}=\boldsymbol{b}$，并作平行四边形 $OACB$，则向量$\overrightarrow{OC}=\boldsymbol{c}$ 称为向量 $\boldsymbol{a}$ 与 $\boldsymbol{b}$ 的和（向量），记作 $\boldsymbol{a}+\boldsymbol{b}$（见图 8-8），即

$$\boldsymbol{c}=\boldsymbol{a}+\boldsymbol{b}.$$

上述作两向量和的方法称为向量加法的平行四边形法则．

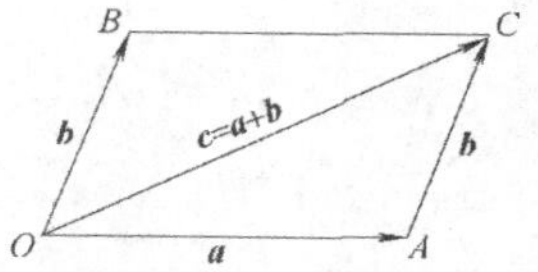

图　8-8

若 $\boldsymbol{a}$ 与 $\boldsymbol{b}$ 是共线的非零向量，则规定其和 $\boldsymbol{c}$ 是如下之向量：

当 $\boldsymbol{a}$ 与 $\boldsymbol{b}$ 同方向时，$\boldsymbol{c}$ 与 $\boldsymbol{a}$ 及 $\boldsymbol{b}$ 同方向，且 $|\boldsymbol{c}|=|\boldsymbol{a}|+|\boldsymbol{b}|$；

当 $\boldsymbol{a}$ 与 $\boldsymbol{b}$ 反方向时，$\boldsymbol{c}$ 与 $\boldsymbol{a}$ 及 $\boldsymbol{b}$ 中模大的那个向量同方向，且 $|\boldsymbol{c}|=||\boldsymbol{a}|-|\boldsymbol{b}||$.

若 $\boldsymbol{b}=\boldsymbol{0}$，则规定 $\boldsymbol{a}+\boldsymbol{0}=\boldsymbol{a}$.

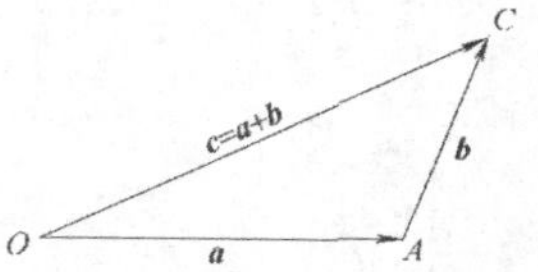

图　8-9

由几何学中平行四边形的性质并参阅图 8-8，我们可以给出两向量相加的三角形法则（请读者自己给出结论），如图 8-9 所示．

两向量的加法可以推广到多个向量相加的情形．

向量的加法符合下述运算规律：

（1）交换律　$\boldsymbol{a}+\boldsymbol{b}=\boldsymbol{b}+\boldsymbol{a}$；

（2）结合律　$(\boldsymbol{a}+\boldsymbol{b})+\boldsymbol{c}=\boldsymbol{a}+(\boldsymbol{b}+\boldsymbol{c})$.

8.2.3　向量的减法

设 $\boldsymbol{a}$ 为一向量，则与 $\boldsymbol{a}$ 的模相等但方向相反的向量称为 $\boldsymbol{a}$ 的负向量，记作 $-\boldsymbol{a}$. 我们规定两个向量 $\boldsymbol{b}$ 与 $\boldsymbol{a}$ 的差为

$$\boldsymbol{b}-\boldsymbol{a}=\boldsymbol{b}+(-\boldsymbol{a}).$$

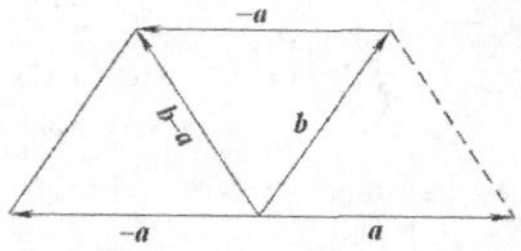

图　8-10

用几何作图方法可作出 $\boldsymbol{b}-\boldsymbol{a}$. 如图 8-10 所示之平行四边形法则及图 8-11所示之三角形法则．

特别地，$\boldsymbol{a}-\boldsymbol{a}=\boldsymbol{a}+(-\boldsymbol{a})=\boldsymbol{0}$.

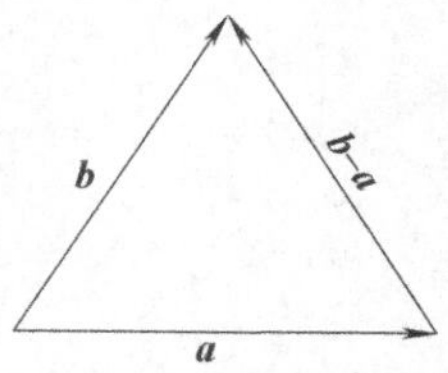

图　8-11

8.2.4　向量与数的乘法

设 $\boldsymbol{a}$ 是一个向量，λ 是一个实数，我们定义 $\lambda\boldsymbol{a}$ 为一向量，它的模为

$$|\lambda\boldsymbol{a}|=|\lambda||\boldsymbol{a}|,$$

而方向规定为：

$$\begin{cases}\lambda\boldsymbol{a}\text{ 与 }\boldsymbol{a}\text{ 同方向}, & \text{当 }\lambda>0\text{ 时};\\ \lambda\boldsymbol{a}\text{ 与 }\boldsymbol{a}\text{ 反方向}, & \text{当 }\lambda<0\text{ 时};\\ \lambda\boldsymbol{a}=\boldsymbol{0}, & \text{当 }\lambda=0\text{ 时}.\end{cases}$$

向量与数的乘法符合下列运算规则：

（1）结合律　$\lambda(\mu\boldsymbol{a})=\mu(\lambda\boldsymbol{a})=(\lambda\mu)\boldsymbol{a}$；

（2）分配律　$(\lambda+\mu)\boldsymbol{a}=\lambda\boldsymbol{a}+\mu\boldsymbol{a}$，

$$\lambda(\boldsymbol{a}+\boldsymbol{b})=\lambda\boldsymbol{a}+\lambda\boldsymbol{b}.$$

这些规则可以用定义及几何方法予以证明，这里从略.

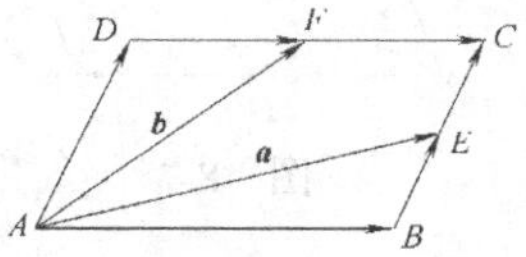

图 8-12

例1 已知 E、F 是平行四边形 $ABCD$ 的边 BC、DC 的中点，$\overrightarrow{AE}=\boldsymbol{a}$，$\overrightarrow{AF}=\boldsymbol{b}$，试用 $\boldsymbol{a}$ 与 $\boldsymbol{b}$ 表示$\overrightarrow{BC}$和$\overrightarrow{DC}$(见图 8-12).

解 由三角形法则有

$$\begin{cases}\boldsymbol{a}=\overrightarrow{AB}+\overrightarrow{BE}=\overrightarrow{DC}+\dfrac{1}{2}\overrightarrow{BC},\\ \boldsymbol{b}=\overrightarrow{AD}+\overrightarrow{DF}=\overrightarrow{BC}+\dfrac{1}{2}\overrightarrow{DC},\end{cases}$$

解此向量方程组得

$$\overrightarrow{BC}=\frac{1}{3}(4\boldsymbol{b}-2\boldsymbol{a}),$$

$$\overrightarrow{DC}=\frac{1}{3}(4\boldsymbol{a}-2\boldsymbol{b}).$$

例2 验证：当 $\boldsymbol{a}\neq\boldsymbol{0}$，且 $\boldsymbol{e}_a$ 是与 $\boldsymbol{a}$ 同方向的单位向量时，

$$\boldsymbol{a}=|\boldsymbol{a}|\boldsymbol{e}_a. \tag{8-2}$$

证 因为 $|\boldsymbol{a}|>0$，所以 $|\boldsymbol{a}|\boldsymbol{e}_a$ 与 $\boldsymbol{a}$ 同方向，又因为

$$||\boldsymbol{a}|\boldsymbol{e}_a|=|\boldsymbol{a}||\boldsymbol{e}_a|=|\boldsymbol{a}|\cdot 1=|\boldsymbol{a}|,$$

所以式(8-2)的等号两端的向量是模相等且方向相同的向量，因而是两个相等的向量.

由式(8-2)立即可以得到用非零向量 $\boldsymbol{a}$ 表示的与它方向相同的单位向量

$$\boldsymbol{e}_a=\frac{1}{|\boldsymbol{a}|}\boldsymbol{a}, \tag{8-3}$$

以及与 $\boldsymbol{a}$ 方向相反的单位向量

$$\boldsymbol{g}_a=-\frac{1}{|\boldsymbol{a}|}\boldsymbol{a}. \tag{8-4}$$

例3 证明：当 $\boldsymbol{a}\neq\boldsymbol{0}$ 时，$\boldsymbol{b}$ 平行于 $\boldsymbol{a}$ 的充分必要条件是，存在唯一实数 λ，使 $\boldsymbol{b}=\lambda\boldsymbol{a}$.

证 条件的充分性是显然的，以下只证明条件的必要性.

设 $\boldsymbol{b}/\!/\boldsymbol{a}$. 取 $|\lambda|=\dfrac{|\boldsymbol{b}|}{|\boldsymbol{a}|}$，当 $\boldsymbol{b}$ 与 $\boldsymbol{a}$ 同向时，λ 取正值，当 $\boldsymbol{b}$ 与 $\boldsymbol{a}$ 反向时，λ 取负值，便有 $\boldsymbol{b}=\lambda\boldsymbol{a}$，这是因为此时 $\boldsymbol{b}$ 与 $\lambda\boldsymbol{a}$ 同向，且

$$|\lambda\boldsymbol{a}|=|\lambda||\boldsymbol{a}|=\frac{|\boldsymbol{b}|}{|\boldsymbol{a}|}|\boldsymbol{a}|=|\boldsymbol{b}|.$$

再证明数 λ 的唯一性. 设 $\boldsymbol{b}=\lambda\boldsymbol{a}$，又设 $\boldsymbol{b}=\mu\boldsymbol{a}$，则两式相减得

$$(\lambda-\mu)\boldsymbol{a}=\boldsymbol{0}, \text{从而} |\lambda-\mu||\boldsymbol{a}|=0,$$

因 $|\boldsymbol{a}|\neq 0$，故 $|\lambda-\mu|=0$，即 $\lambda=\mu$. 证毕.

上述的例3是建立数轴的理论依据. 我们知道，给定一个点、一

个方向及单位长度，就确定了一条数轴．而由一个单位向量既确定了方向，又确定了单位长度，因而，给定一个点和一个单位向量也就可以确定一条数轴．设点 O 及单位向量 $\boldsymbol{i}$ 确定了数轴 Ox（见图 8-13），则对于该数轴上任一点 P 就对应一个向量 $\overrightarrow{OP}$，由于 $\overrightarrow{OP}/\!/\boldsymbol{i}$，因此由例 3，必有唯一实数 x，使 $\overrightarrow{OP}=x\boldsymbol{i}$（实数 x 叫作轴上有向线段 $\overrightarrow{OP}$ 的值），并知 $\overrightarrow{OP}$ 与实数 x 一一对应．于是在数轴 Ox 上，

图　8-13

$$\text{点 } P\leftrightarrow \text{ 向量 } \overrightarrow{OP}=x\boldsymbol{i}\leftrightarrow \text{ 实数 } x,$$

从而数轴 Ox 上的点 P 与实数 x 有一一对应的关系．据此，定义实数 x 为数轴 Ox 上点 P 的坐标．

由此可知，数轴 Ox 上点 P 的坐标为 x 的充分必要条件是

$$\overrightarrow{OP}=x\boldsymbol{i}.$$

8.2.5　线性运算的抽象化

本节中，我们将向量的加减法及向量与数的乘法这三种运算称为向量的线性运算，实际上向量的减法是由加法定义的，因而减法可以归并到加法中去，这就是说，我们将向量的加法以及数与向量的乘法这两种运算称为向量的线性运算．为了今后能进一步学习现代数学的知识，我们将向量的线性运算抽象化．

记向量 $\boldsymbol{\alpha}$、$\boldsymbol{\beta}$、$\boldsymbol{\gamma}$、… 的集为 A，$\mathbf{R}$ 为实数集，则前述定义的加法及数与向量的乘法满足下述运算规律（设 $\boldsymbol{\alpha}$、$\boldsymbol{\beta}$、$\boldsymbol{\gamma}$、$\mathbf{0}\in A$，λ、$\mu\in\mathbf{R}$）：

（1）$\boldsymbol{\alpha}+\boldsymbol{\beta}=\boldsymbol{\beta}+\boldsymbol{\alpha}$；

（2）$(\boldsymbol{\alpha}+\boldsymbol{\beta})+\boldsymbol{\gamma}=\boldsymbol{\alpha}+(\boldsymbol{\beta}+\boldsymbol{\gamma})$；

（3）$\boldsymbol{\alpha}+\mathbf{0}=\boldsymbol{\alpha}$；

（4）$\boldsymbol{\alpha}+(-\boldsymbol{\alpha})=\mathbf{0}$；

（5）$1\boldsymbol{\alpha}=\boldsymbol{\alpha}$；

（6）$\lambda(\mu\boldsymbol{\alpha})=(\lambda\mu)\boldsymbol{\alpha}$；

（7）$\lambda(\boldsymbol{\alpha}+\boldsymbol{\beta})=\lambda\boldsymbol{\alpha}+\lambda\boldsymbol{\beta}$；

（8）$(\lambda+\mu)\boldsymbol{\alpha}=\lambda\boldsymbol{\alpha}+\mu\boldsymbol{\alpha}$.

在数学中，将具有上述规律的运算称为线性运算．在现代数学中，线性运算是一个抽象的名词，所涉及集合 A 的元素一般也是抽象的，而不一定是向量，所涉及的运算也可能是某种对应，只要对集合 A 的元素规定一种对应，称其为加法，并记为 $\oplus$，又对 A 的元素与某种数的集合的元素规定一种对应，称为数乘，并记为 $\odot$，若这两种运算 $\oplus$ 与 $\odot$ 满足上述(1) ~ (8) 这八条运算规律，则称这两种运算为线性运算．作为例子，请看下述的例 4.

例 4　设 A 是正实数集，$\mathbf{R}$ 是实数集．我们按下述规定定义加法：

$$a\oplus b=ab,a,b\in A;$$

并按下述规定定义数乘：

$$\lambda \odot a = a^{\lambda}, a \in A, \lambda \in \mathbf{R}.$$

可以验证加法⊕和数乘⊙这两种运算符合上述八条规律，因而是线性运算．

习题 8.2

1. 已知向量 $\boldsymbol{a}$，且 $|\boldsymbol{a}|=2$，试用有向线段表示下列向量：

$$\frac{3}{2}\boldsymbol{a}, -\frac{1}{2}\boldsymbol{a}, \boldsymbol{a}^0, |\boldsymbol{a}|\boldsymbol{a}^0, \frac{-1}{|\boldsymbol{a}|}\boldsymbol{a},$$

其中 $\boldsymbol{a}^0$ 是与 $\boldsymbol{a}$ 同方向的单位向量．

2. 设 $\boldsymbol{u}=2\boldsymbol{a}-\boldsymbol{b}-3\boldsymbol{c}$，$\boldsymbol{v}=-\boldsymbol{a}+4\boldsymbol{c}$，试用 $\boldsymbol{a}$、$\boldsymbol{b}$、$\boldsymbol{c}$ 表示 $2\boldsymbol{u}-3\boldsymbol{v}$．

3. 在长方体 $ABCD-A'B'C'D'$ 中，设 $\overrightarrow{AB}=\boldsymbol{a}$，$\overrightarrow{AD}=\boldsymbol{b}$，$\overrightarrow{AA'}=\boldsymbol{c}$，$E$、$F$ 分别是棱 AB、CC' 的中点(见图8-14)，试用向量 $\boldsymbol{a}$、$\boldsymbol{b}$、$\boldsymbol{c}$ 表示向量 $\overrightarrow{EF}$.

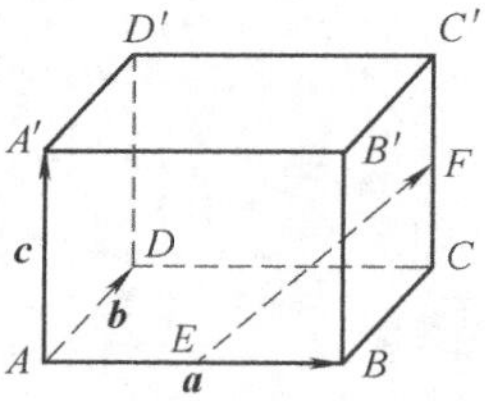

图 8-14

4. 用向量的方法证明：三角形两边中点的连线平行于第三边，且其长度等于第三边长度的一半．

5. 证明本节例 4 定义的运算⊕与⊙是线性运算．

8.3 向量的坐标表达式

本节将讨论在空间直角坐标系中向量的表示方法，以及用此方法表示的向量的线性运算的方法，以消除上节中用几何方法作向量的线性运算的诸多不便．

8.3.1 向径的坐标表达式

建立空间直角坐标系 $O\text{-}xyz$，以 $\boldsymbol{i}$、$\boldsymbol{j}$、$\boldsymbol{k}$ 分别表示与 Ox 轴、Oy 轴、Oz 轴同正方向的单位向量，这 3 个向量 $\boldsymbol{i}$、$\boldsymbol{j}$、$\boldsymbol{k}$ 称为空间直角坐标系 $O\text{-}xyz$ 的基本单位向量，如图 8-15 所示．

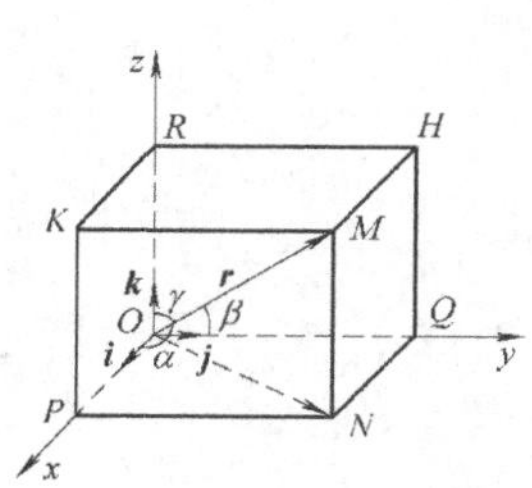

图 8-15

任给一点 $M(x,y,z)$，作向径 $\boldsymbol{r}=\overrightarrow{OM}$，并以 OM 为一条对角线、以三坐标轴为棱作长方体 $OPNQ\text{-}RKMH$(见图8-15)．由于

$$\boldsymbol{r}=\overrightarrow{OM}=\overrightarrow{ON}+\overrightarrow{OR}$$
$$=\overrightarrow{OP}+\overrightarrow{OQ}+\overrightarrow{OR},$$

而 $\overrightarrow{OP}=x\boldsymbol{i}$，$\overrightarrow{OQ}=y\boldsymbol{j}$，$\overrightarrow{OR}=z\boldsymbol{k}$，

所以

$$\boldsymbol{r}=\overrightarrow{OM}=x\boldsymbol{i}+y\boldsymbol{j}+z\boldsymbol{k}. \tag{8-5}$$

上式称为向径 $\overrightarrow{OM}$ 的坐标表达式，$x\boldsymbol{i}$、$y\boldsymbol{j}$、$z\boldsymbol{k}$ 称为向径 $\overrightarrow{OM}$ 沿 3 个坐标轴的分向量，x、y、z 称为向径 $\overrightarrow{OM}$ 在直角坐标系 $O\text{-}xyz$ 中的坐标，向径 $\overrightarrow{OM}$ 的坐标表达式(8-5)有时也可简单地表示为

$$\boldsymbol{r}=\overrightarrow{OM}=\{x,y,z\} \quad 或 \quad \boldsymbol{r}=(x,y,z). \tag{8-6}$$

若两个向径 $\boldsymbol{r}_1$ 与 $\boldsymbol{r}_2$ 的坐标表达式分别为

$$\boldsymbol{r}_1 = x_1\boldsymbol{i} + y_1\boldsymbol{j} + z_1\boldsymbol{k},$$

$$\boldsymbol{r}_2 = x_2\boldsymbol{i} + y_2\boldsymbol{j} + z_2\boldsymbol{k},$$

则依上节中向量的线性运算规律可得

$$\boldsymbol{r}_1 \pm \boldsymbol{r}_2 = (x_1 \pm x_2)\boldsymbol{i} + (y_1 \pm y_2)\boldsymbol{j} + (z_1 \pm z_2)\boldsymbol{k},$$

$$\lambda\boldsymbol{r}_1 = (\lambda x_1)\boldsymbol{i} + (\lambda y_1)\boldsymbol{j} + (\lambda z_1)\boldsymbol{k}.$$

而由图 8-15 可知，向径 $\boldsymbol{r}_1$ 的模

$$|\boldsymbol{r}_1| = \sqrt{x_1^2 + y_1^2 + z_1^2}. \qquad (8\text{-}7)$$

给出一个向径

$$\boldsymbol{r} = \overrightarrow{OM} = x\boldsymbol{i} + y\boldsymbol{j} + z\boldsymbol{k}$$

的坐标表达式之后，怎样求出它的方向呢？要确定一个向径的方向，只要知道它的正向与 x 轴、y 轴、z 轴的正向的夹角 α、β、γ 就可以了，这里的夹角规定为 $0\leqslant\alpha\leqslant\pi$，$0\leqslant\beta\leqslant\pi$，$0\leqslant\gamma\leqslant\pi$. 由图 8-15 易知

$$\begin{cases}\cos\alpha = \dfrac{x}{|OM|} = \dfrac{x}{\sqrt{x^2+y^2+z^2}},\\[2ex] \cos\beta = \dfrac{y}{|OM|} = \dfrac{y}{\sqrt{x^2+y^2+z^2}},\\[2ex] \cos\gamma = \dfrac{z}{|OM|} = \dfrac{z}{\sqrt{x^2+y^2+z^2}}.\end{cases} \qquad (8\text{-}8)$$

这里，将 α、β、γ 称为向径 $\boldsymbol{r}=\overrightarrow{OM}$ 的方向角，$\cos\alpha$、$\cos\beta$、$\cos\gamma$ 称为 $\boldsymbol{r}$ 的方向余弦.

一个向径 $\boldsymbol{r}$ 的 3 个方向角 α、β、γ 之间有一定的关系，这由式(8-8)可知

$$\cos^2\alpha + \cos^2\beta + \cos^2\gamma = 1. \qquad (8\text{-}9)$$

8.3.2 一般向量的坐标表达式

一个向量 $\overrightarrow{M_1M_2}$ 的起点是 $M_1(x_1,y_1,z_1)$，终点是 $M_2(x_2,y_2,z_2)$ 时，如图 8-16 所示，由向量的减法有

$$\overrightarrow{M_1M_2} = \overrightarrow{OM_2} - \overrightarrow{OM_1}.$$

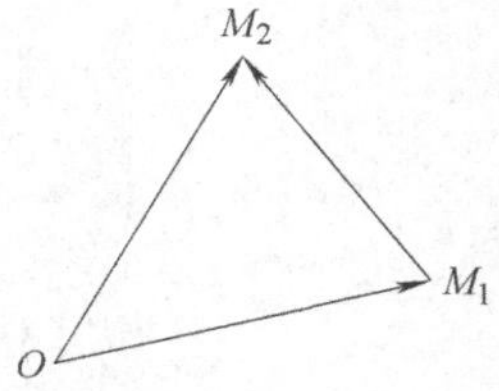

图 8-16

而

$$\overrightarrow{OM_1} = x_1\boldsymbol{i} + y_1\boldsymbol{j} + z_1\boldsymbol{k},$$

$$\overrightarrow{OM_2} = x_2\boldsymbol{i} + y_2\boldsymbol{j} + z_2\boldsymbol{k},$$

利用向量的运算规律，有

$$\begin{aligned}\overrightarrow{M_1M_2} &= (x_2\boldsymbol{i}+y_2\boldsymbol{j}+z_2\boldsymbol{k}) - (x_1\boldsymbol{i}+y_1\boldsymbol{j}+z_1\boldsymbol{k})\\ &= (x_2-x_1)\boldsymbol{i} + (y_2-y_1)\boldsymbol{j} + (z_2-z_1)\boldsymbol{k}.\end{aligned} \qquad (8\text{-}10)$$

若记 $a_x=x_2-x_1$，$a_y=y_2-y_1$，$a_z=z_2-z_1$，则式(8-10)可表示为

$$\overrightarrow{M_1M_2}=a_x\boldsymbol{i}+a_y\boldsymbol{j}+a_z\boldsymbol{k} \tag{8-11}$$

或

$$\overrightarrow{M_1M_2}=\{a_x,a_y,a_z\}，或\overrightarrow{M_1M_2}=(a_x,a_y,a_z). \tag{8-12}$$

上述的式(8-10)、(8-11)、(8-12)都称为向量$\overrightarrow{M_1M_2}$的坐标表达式，$a_x\boldsymbol{i}$、$a_y\boldsymbol{j}$、$a_z\boldsymbol{k}$ 称为向量$\overrightarrow{M_1M_2}$沿3个坐标轴的分向量，$a_x=x_2-x_1$，$a_y=y_2-y_1$，$a_z=z_2-z_1$ 称为$\overrightarrow{M_1M_2}$在直角坐标系 $O\text{-}xyz$ 中的坐标.

8.3.3 向量线性运算的坐标表达形式

利用向量的坐标表达式及向量线性运算的规律，易得两向量的加、减法以及数乘向量的运算方法如下：

设
$$\boldsymbol{a}=a_x\boldsymbol{i}+a_y\boldsymbol{j}+a_z\boldsymbol{k},$$
$$\boldsymbol{b}=b_x\boldsymbol{i}+b_y\boldsymbol{j}+b_z\boldsymbol{k},$$

则

$$\boldsymbol{a}\pm\boldsymbol{b}=(a_x\pm b_x)\boldsymbol{i}+(a_y\pm b_y)\boldsymbol{j}+(a_z\pm b_z)\boldsymbol{k}, \tag{8-13}$$

$$\lambda\boldsymbol{a}=\lambda a_x\boldsymbol{i}+\lambda a_y\boldsymbol{j}+\lambda a_z\boldsymbol{k}, \tag{8-14}$$

式中 $\lambda\in\mathbf{R}$.

例1 已知四点 $A(1,-2,3)$、$B(4,-4,-3)$、$C(2,4,3)$、$D(8,4,0)$，求 $2\overrightarrow{AB}+3\overrightarrow{CD}-4\overrightarrow{DA}$.

解 因为由式(8-10)知

$\overrightarrow{AB}=(4-1)\boldsymbol{i}+(-4+2)\boldsymbol{j}+(-3-3)\boldsymbol{k}=3\boldsymbol{i}-2\boldsymbol{j}-6\boldsymbol{k}$,

$\overrightarrow{CD}=6\boldsymbol{i}+0\boldsymbol{j}-3\boldsymbol{k}=$ __________,

$\overrightarrow{DA}=$ __________,

所以

$2\overrightarrow{AB}+3\overrightarrow{CD}-4\overrightarrow{DA}$

$=$ __________ $+(18,0,-9)-(-28,-24,12)$

$=(52,20,-33)$.

应该注意，在向径

$$\boldsymbol{r}=\overrightarrow{OM}=x\boldsymbol{i}+y\boldsymbol{j}+z\boldsymbol{k}$$

的坐标表达式中，$\boldsymbol{r}$ 的坐标 x，y，z 是其终点 M 的坐标．而在一般向量

$$\overrightarrow{M_1M_2}=a_x\boldsymbol{i}+a_y\boldsymbol{j}+a_z\boldsymbol{k}$$

的坐标表达式中，$\overrightarrow{M_1M_2}$的坐标 a_x，a_y，a_z 应为其终点 $M_2(x_2,y_2,z_2)$ 与起点 $M_1(x_1,y_1,z_1)$ 的相应坐标的差：

$$a_x=x_2-x_1,a_y=y_2-y_1,a_z=z_2-z_1.$$

当我们只知道$\overrightarrow{M_1M_2}$的坐标表达式，而不知道它的起点与终点时，这个向量正好是我们前面说到的自由向量.

8.3.4 向量的模与方向余弦

由向量的模的概念及空间两点间距离公式易知，向量

$$\overrightarrow{M_1M_2}=(x_2-x_1)\boldsymbol{i}+(y_2-y_1)\boldsymbol{j}+(z_2-z_1)\boldsymbol{k}$$

的模为

$$|\overrightarrow{M_1M_2}|=\sqrt{(x_2-x_1)^2+(y_2-y_1)^2+(z_2-z_1)^2}. \tag{8-15}$$

若记

$$\boldsymbol{a}=\overrightarrow{M_1M_2}=a_x\boldsymbol{i}+a_y\boldsymbol{j}+a_z\boldsymbol{k},$$

则 $\boldsymbol{a}$ 的模为

$$|\boldsymbol{a}|=\sqrt{a_x^2+a_y^2+a_z^2}. \tag{8-16}$$

至于向量的方向问题，我们假定向量 $\boldsymbol{a}=\overrightarrow{M_1M_2}$为非零向量，其方向仍用它的正向与 Ox 轴、Oy 轴、Oz 轴的正向的夹角 α、β、γ 来表示，并称 α、β、γ 为 $\boldsymbol{a}$ 的方向角($0\leqslant\alpha$、β、$\gamma\leqslant\pi$). 如图 8-17 所示，分别过点 M_1 及 M_2 作三坐标轴的垂面，由

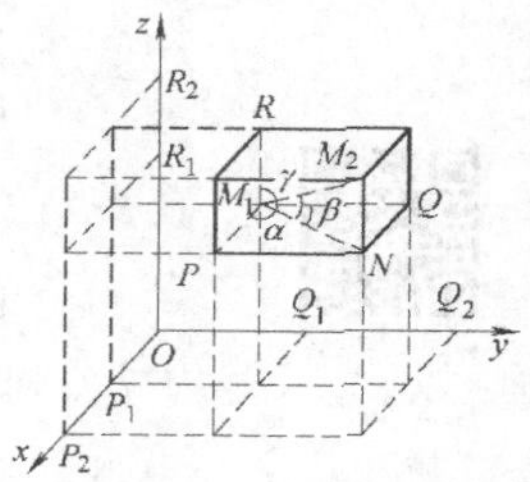

图 8-17

$$a_x=P_1P_2=M_1P=|\overrightarrow{M_1M_2}|\cos\alpha=|\boldsymbol{a}|\cos\alpha,$$
$$a_y=Q_1Q_2=M_1Q=|\overrightarrow{M_1M_2}|\cos\beta=|\boldsymbol{a}|\cos\beta,$$
$$a_z=R_1R_2=M_1R=|\overrightarrow{M_1M_2}|\cos\gamma=|\boldsymbol{a}|\cos\gamma,$$

可得

$$\begin{cases}\cos\alpha=\dfrac{a_x}{|\boldsymbol{a}|}=\dfrac{a_x}{\sqrt{a_x^2+a_y^2+a_z^2}},\\ \cos\beta=\dfrac{a_y}{|\boldsymbol{a}|}=\dfrac{a_y}{\sqrt{a_x^2+a_y^2+a_z^2}},\\ \cos\gamma=\dfrac{a_z}{|\boldsymbol{a}|}=\dfrac{a_z}{\sqrt{a_x^2+a_y^2+a_z^2}}.\end{cases} \tag{8-17}$$

并且显然有关系

$$\cos^2\alpha+\cos^2\beta+\cos^2\gamma=1. \tag{8-18}$$

此外，设

$$\boldsymbol{a}=a_x\boldsymbol{i}+a_y\boldsymbol{j}+a_z\boldsymbol{k},$$
$$\boldsymbol{b}=b_x\boldsymbol{i}+b_y\boldsymbol{j}+b_z\boldsymbol{k},$$

则由 $\boldsymbol{a}=\boldsymbol{b}$，即 $\boldsymbol{a}-\boldsymbol{b}=\boldsymbol{0}$ 及式(8-13)可得 $\boldsymbol{a}=\boldsymbol{b}$ 的充分必要条件为它们的对应坐标相等，即

$$a_x=b_x, a_y=b_y, a_z=b_z.$$

又当 $\boldsymbol{a}\neq\boldsymbol{0}$ 时，$\boldsymbol{a}/\!/\boldsymbol{b}$ 的充分必要条件是$\exists\lambda\in\mathbf{R}$，使 $\boldsymbol{b}=\lambda\boldsymbol{a}$，或 $\boldsymbol{b}-\lambda\boldsymbol{a}=\boldsymbol{0}$，因此由式(8-13)与式(8-14)可得 $\boldsymbol{a}/\!/\boldsymbol{b}$ 的充分必要条件：

$$\frac{b_x}{a_x}=\frac{b_y}{a_y}=\frac{b_z}{a_z}.\ ⊖ \tag{8-19}$$

例 2 已知点 $A(2,2,\sqrt{2})$、$B(1,3,0)$，求 $\overrightarrow{AB}$ 的模、方向余弦和方向角.

解 $\overrightarrow{AB}=$ ________ $=\{-1,\ 1,\ -\sqrt{2}\}$，

$$|\overrightarrow{AB}|=\sqrt{(-1)^2+1^2+(-\sqrt{2})^2}=2,$$

$\cos\alpha=$ ________，$\cos\beta=\frac{1}{2}$，$\cos\gamma=$ ________，

$\alpha=\frac{2\pi}{3}$，$\beta=$ ________，$\gamma=\frac{3\pi}{4}$.

例 3 求与例 2 中的 $\overrightarrow{AB}$ 平行的单位向量.

解 与 $\overrightarrow{AB}$ 同向的单位向量为

$$\boldsymbol{e}=\frac{1}{|\overrightarrow{AB}|}\overrightarrow{AB}=\text{________},$$

与 $\overrightarrow{AB}$ 反向的单位向量为 $-\boldsymbol{e}$，因此与 $\overrightarrow{AB}$ 平行的单位向量为 $\pm\boldsymbol{e}$，即

$$\pm\left\{-\frac{1}{2},\frac{1}{2},-\frac{\sqrt{2}}{2}\right\}.$$

8.3.5 向量在轴上的投影

为了对向量的坐标表达式的本质有一个深刻的理解，我们介绍如下的概念.

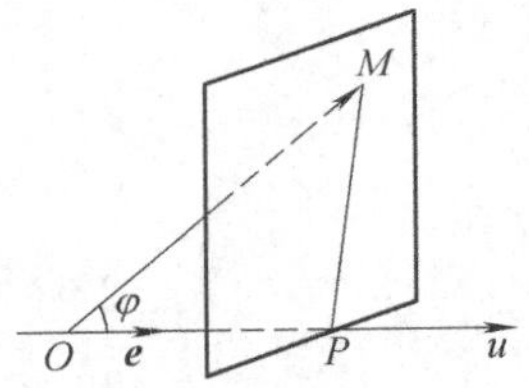

图 8-18

设点 O 与单位向量 $\boldsymbol{e}$ 确定轴 u（见图 8-18）. 任给一点 M，作点 M 的向径 $\boldsymbol{r}=\overrightarrow{OM}$，再过 M 作与 u 轴垂直的平面交 u 轴于点 P（点 P 称为点 M 在 u 轴上的投影），这时向量 $\overrightarrow{OP}$ 称为向量 $\boldsymbol{r}=\overrightarrow{OM}$ 在 u 轴上的分向量. 设 $\overrightarrow{OP}=\lambda\boldsymbol{e}$，则数 λ 称为向量 $\boldsymbol{r}=\overrightarrow{OM}$ 在 u 轴上的投影，记为 $\mathrm{Prj}_u\boldsymbol{r}$ 或者 $(\boldsymbol{r})_u$.

依此定义可知向量 $\overrightarrow{OM}$ 在空间直角坐标系 $O\text{-}xyz$ 中的坐标 x，y，z 就是 $\overrightarrow{OM}$ 在 3 个坐标轴上的投影，即

$$x=\mathrm{Prj}_x\overrightarrow{OM},y=\mathrm{Prj}_y\overrightarrow{OM},z=\mathrm{Prj}_z\overrightarrow{OM},$$

或者
$$x=(\overrightarrow{OM})_x,\ y=(\overrightarrow{OM})_y,\ z=(\overrightarrow{OM})_z.$$

由此可知，向量的投影与向量的坐标具有相同的性质：

⊖ 在式(8-19)中，当 a_x、a_y、a_z 中有一个为零，如 a_x，$a_y\neq0$，$a_z=0$ 时，这时式(8-19)应理解为

$$\begin{cases}\dfrac{b_x}{a_x}=\dfrac{b_y}{a_y},\\ b_z=0;\end{cases}$$

而当 a_x、a_y、a_z 中有两个为零，例如 $a_x=a_y=0$，而 $a_z\neq0$，这时，式(8-19)应理解为

$$\begin{cases}b_x=0,\\ b_y=0.\end{cases}$$

性质 8.1 $\mathrm{Prj}_u \boldsymbol{a} = |\boldsymbol{a}| \cos\varphi$，其中 $\varphi = (\boldsymbol{a}, u)$；

性质 8.2 $\mathrm{Prj}_u (\boldsymbol{a}+\boldsymbol{b}) = \mathrm{Prj}_u \boldsymbol{a} + \mathrm{Prj}_u \boldsymbol{b}$；

性质 8.3 $\mathrm{Prj}_u (\lambda \boldsymbol{a}) = \lambda \mathrm{Prj}_u \boldsymbol{a}$，其中 $\lambda \in \mathbf{R}$.

由这些性质可知，一般向量

$$\boldsymbol{a} = a_x \boldsymbol{i} + a_y \boldsymbol{j} + a_z \boldsymbol{k}$$

的 3 个坐标 a_x、a_y、a_z 就是 $\boldsymbol{a}$ 在 3 个坐标轴上的投影，依此之故，向量 $\boldsymbol{a}$ 的上述坐标表达式又称为向量的投影表达式.

习题 8.3

1. 已知两点 $A(1,-1,2)$、$B(-1,1,1)$，试写出向量 $\overrightarrow{AB}$ 与 $-2\overrightarrow{AB}$.
2. 已知向量 $\boldsymbol{a}=\boldsymbol{i}-\boldsymbol{j}+3\boldsymbol{k}$，且 $\boldsymbol{a}$ 的起点为 $P(2,3,-1)$，求 $\boldsymbol{a}$ 的终点 Q 的坐标.
3. 已知两点 $M_1(2,-1,0)$、$M_2(1,-1,\sqrt{3})$，求 $\overrightarrow{M_1M_2}$ 的模、方向余弦和方向角.
4. 设 $\boldsymbol{a}=\boldsymbol{i}+\boldsymbol{j}+\boldsymbol{k}$，$\boldsymbol{b}=2\boldsymbol{i}-\boldsymbol{j}+3\boldsymbol{k}$，$\boldsymbol{c}=\boldsymbol{i}-5\boldsymbol{k}$，求 $3\boldsymbol{a}-2\boldsymbol{b}+\boldsymbol{c}$.
5. 设 $\boldsymbol{a}=2\boldsymbol{i}-\boldsymbol{j}-2\boldsymbol{k}$，试用与 $\boldsymbol{a}$ 同方向的单位向量 $\boldsymbol{a}^0$ 表示 $\boldsymbol{a}$.
6. 求与 $\boldsymbol{a}=\{2,3,-4\}$ 平行的单位向量.
7. 已知向量 $\boldsymbol{a}=\{3,2,-5\}$ 与向量 $\boldsymbol{b}$ 平行，且 $|\boldsymbol{a}|=|\boldsymbol{b}|$，又知 $\boldsymbol{b}$ 的起点为 $P(2,0,-1)$，求 $\boldsymbol{b}$ 的终点 Q 的坐标.
8. 设 $|\boldsymbol{r}|=4$，且 $\boldsymbol{r}$ 与轴 u 的夹角为 $60°$，求 $\mathrm{Prj}_u \boldsymbol{r}$.
9. 已知向量 $\overrightarrow{AB}$ 在 x 轴、y 轴和 z 轴上的投影依次为 4，-4 和 7，又知 $\overrightarrow{AB}$ 的终点 $B(2,-1,7)$，求 $\overrightarrow{AB}$ 的起点 A 的坐标.
10. 设 $\boldsymbol{m}=3\boldsymbol{i}+5\boldsymbol{j}+8\boldsymbol{k}$，$\boldsymbol{n}=2\boldsymbol{i}-4\boldsymbol{j}-7\boldsymbol{k}$ 和 $\boldsymbol{p}=5\boldsymbol{i}+\boldsymbol{j}-4\boldsymbol{k}$，求向量 $\boldsymbol{a}=4\boldsymbol{m}+3\boldsymbol{n}-\boldsymbol{p}$ 在 x 轴上的投影及在 y 轴上的分向量.

8.4 向量的乘积

前面所讲的向量的线性运算是从物理、力学等实际问题中抽象出的. 下面要讲的两个向量的乘积，即两个向量的数量积和两个向量的向量积这两种运算，也都是从实际问题中抽象出来的.

8.4.1 两个向量的数量积

设质点在常力 $\boldsymbol{F}$ 的作用下沿直线从点 M_1 移动到点 M_2，质点产生的位移为 $\boldsymbol{s}=\overrightarrow{M_1M_2}$，由物理学可知力 $\boldsymbol{F}$ 所做的功为

$$W = |\boldsymbol{F}||\boldsymbol{s}|\cos\theta,$$

式中 $\theta = (\widehat{\boldsymbol{F},\boldsymbol{s}})$，如图 8-19 所示.

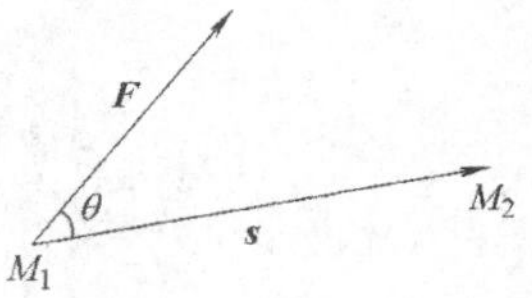

图 8-19

定义 8.1 设 $\boldsymbol{a}$ 和 $\boldsymbol{b}$ 是两个向量，则数 $|\boldsymbol{a}|$、$|\boldsymbol{b}|$ 和它们的夹角 θ 的余弦 $\cos\theta$ 的乘积称为两向量 $\boldsymbol{a}$ 与 $\boldsymbol{b}$ 的数量积，记为 $\boldsymbol{a}\cdot\boldsymbol{b}$，即

$$\boldsymbol{a}\cdot\boldsymbol{b} = |\boldsymbol{a}||\boldsymbol{b}|\cos\theta. \tag{8-20}$$

两个向量的数量积又称为两个向量的内积或点(乘)积，运算符号使用“·”.

据此定义，上述问题中的力 $\boldsymbol{F}$ 所做的功 W 就是力 $\boldsymbol{F}$ 与位移 $\boldsymbol{s}$ 的数量积，即

$$W = \boldsymbol{F} \cdot \boldsymbol{s}.$$

例 1 计算空间直角坐标系的基本单位向量 $\boldsymbol{i}$、$\boldsymbol{j}$、$\boldsymbol{k}$ 两两之间的数量积.

解 依定义 8.1 有

$$\boldsymbol{i} \cdot \boldsymbol{j} = \boldsymbol{j} \cdot \boldsymbol{k} = \boldsymbol{k} \cdot \boldsymbol{i} = 0,$$

$$\boldsymbol{j} \cdot \boldsymbol{i} = \boldsymbol{k} \cdot \boldsymbol{j} = \boldsymbol{i} \cdot \boldsymbol{k} = 0.$$

此外，

$$\boldsymbol{i} \cdot \boldsymbol{i} = \boldsymbol{j} \cdot \boldsymbol{j} = \boldsymbol{k} \cdot \boldsymbol{k} = 1.$$

·	$\boldsymbol{i}$	$\boldsymbol{j}$	$\boldsymbol{k}$
$\boldsymbol{i}$	1	0	0
$\boldsymbol{j}$	0	1	0
$\boldsymbol{k}$	0	0	1

由数量积的定义易得以下结论：

(1) $\boldsymbol{a} \cdot \boldsymbol{a} = |\boldsymbol{a}|^2$；

(2) 两个非零向量 $\boldsymbol{a}$ 与 $\boldsymbol{b}$ 垂直[㊀]的充分必要条件是 $\boldsymbol{a} \cdot \boldsymbol{b} = 0$.

由于零向量的方向可以看作是任意的，故可以认为零向量与任何向量都垂直. 因此，上述结论可叙述为：向量 $\boldsymbol{a} \perp \boldsymbol{b}$ 的充分必要条件是 $\boldsymbol{a} \cdot \boldsymbol{b} = 0$.

两个向量的数量积满足以下运算规则：

(1) 交换律 $\boldsymbol{a} \cdot \boldsymbol{b} = \boldsymbol{b} \cdot \boldsymbol{a}$；

(2) 分配律 $\boldsymbol{a} \cdot (\boldsymbol{b} + \boldsymbol{c}) = \boldsymbol{a} \cdot \boldsymbol{b} + \boldsymbol{a} \cdot \boldsymbol{c}$；

(3) 结合律 $(\lambda \boldsymbol{a}) \cdot \boldsymbol{b} = \lambda(\boldsymbol{a} \cdot \boldsymbol{b})$，$\lambda$ 为数.

我们只对规则(2)给出证明：

当 $\boldsymbol{a} = \boldsymbol{0}$ 时，分配律显然成立；当 $\boldsymbol{a} \neq \boldsymbol{0}$ 时，有

$$\begin{aligned} \boldsymbol{a} \cdot (\boldsymbol{b} + \boldsymbol{c}) &= |\boldsymbol{a}| \operatorname{Prj}_a (\boldsymbol{b} + \boldsymbol{c}) \\ &= |\boldsymbol{a}| (\operatorname{Prj}_a \boldsymbol{b} + \operatorname{Prj}_a \boldsymbol{c}) \\ &= |\boldsymbol{a}| \operatorname{Prj}_a \boldsymbol{b} + |\boldsymbol{a}| \operatorname{Prj}_a \boldsymbol{c} \\ &= \boldsymbol{a} \cdot \boldsymbol{b} + \boldsymbol{a} \cdot \boldsymbol{c}. \end{aligned}$$

下面来推导数量积的坐标表达式.

设 $\boldsymbol{a} = a_x \boldsymbol{i} + a_y \boldsymbol{j} + a_z \boldsymbol{k}$，$\boldsymbol{b} = b_x \boldsymbol{i} + b_y \boldsymbol{j} + b_z \boldsymbol{k}$，则依数量积的运算规则有

$$\begin{aligned} \boldsymbol{a} \cdot \boldsymbol{b} &= (a_x \boldsymbol{i} + a_y \boldsymbol{j} + a_z \boldsymbol{k}) \cdot (b_x \boldsymbol{i} + b_y \boldsymbol{j} + b_z \boldsymbol{k}) \\ &= a_x \boldsymbol{i} \cdot (b_x \boldsymbol{i} + b_y \boldsymbol{j} + b_z \boldsymbol{k}) + a_y \boldsymbol{j} \cdot (b_x \boldsymbol{i} + b_y \boldsymbol{j} + b_z \boldsymbol{k}) + \\ &\quad a_z \boldsymbol{k} \cdot (b_x \boldsymbol{i} + b_y \boldsymbol{j} + b_z \boldsymbol{k}) \\ &= a_x b_x \boldsymbol{i} \cdot \boldsymbol{i} + a_x b_y \boldsymbol{i} \cdot \boldsymbol{j} + a_x b_z \boldsymbol{i} \cdot \boldsymbol{k} + \end{aligned}$$

㊀ 如果向量 $\boldsymbol{a}$ 与 $\boldsymbol{b}$ 的夹角 $\theta = \frac{\pi}{2}$，则称 $\boldsymbol{a}$ 与 $\boldsymbol{b}$ 互相垂直，并记作 $\boldsymbol{a} \perp \boldsymbol{b}$.

$$a_y b_x \boldsymbol{j}\cdot\boldsymbol{i}+a_y b_y \boldsymbol{j}\cdot\boldsymbol{j}+a_y b_z \boldsymbol{j}\cdot\boldsymbol{k}+$$
$$a_z b_x \boldsymbol{k}\cdot\boldsymbol{i}+a_z b_y \boldsymbol{k}\cdot\boldsymbol{j}+a_z b_z \boldsymbol{k}\cdot\boldsymbol{k},$$

再由例 1 之结果，可得

$$\boldsymbol{a}\cdot\boldsymbol{b}=a_x b_x+a_y b_y+a_z b_z. \tag{8-21}$$

这就是两向量的数量积的坐标表达式．

由于 $\boldsymbol{a}\cdot\boldsymbol{b}=|\boldsymbol{a}||\boldsymbol{b}|\cos(\widehat{\boldsymbol{a},\boldsymbol{b}})$，所以当 $\boldsymbol{a}$、$\boldsymbol{b}$ 都不是零向量时，有

$$\cos(\widehat{\boldsymbol{a},\boldsymbol{b}})=\frac{\boldsymbol{a}\cdot\boldsymbol{b}}{|\boldsymbol{a}||\boldsymbol{b}|}. \tag{8-22}$$

从而可得用两向量的坐标表示它们的夹角 $(\widehat{\boldsymbol{a},\boldsymbol{b}})$ 的余弦的公式

$$\cos(\widehat{\boldsymbol{a},\boldsymbol{b}})=\frac{a_x b_x+a_y b_y+a_z b_z}{\sqrt{a_x^2+a_y^2+a_z^2}\cdot\sqrt{b_x^2+b_y^2+b_z^2}}. \tag{8-23}$$

例 2　设 $\boldsymbol{a}=(1,\ 1,\ -4)$，$\boldsymbol{b}=(-1,\ 2,\ -2)$，求 $(\widehat{\boldsymbol{a},\boldsymbol{b}})$．

解　因为

$$\boldsymbol{a}\cdot\boldsymbol{b}=\underline{\qquad\qquad\qquad\qquad}=9,$$

$$|\boldsymbol{a}|=\sqrt{1^2+1^2+(-4)^2}=\sqrt{18},$$

$$|\boldsymbol{b}|=\underline{\qquad\qquad\qquad\qquad}=3,$$

所以 $\cos(\widehat{\boldsymbol{a},\boldsymbol{b}})=\dfrac{\boldsymbol{a}\cdot\boldsymbol{b}}{|\boldsymbol{a}||\boldsymbol{b}|}=\dfrac{9}{\sqrt{18}\cdot 3}=\underline{\qquad}$,

$$(\widehat{\boldsymbol{a},\boldsymbol{b}})=\frac{\pi}{4}.$$

例 3　已知 $|\boldsymbol{a}|=2$，$|\boldsymbol{b}|=1$，求常数 λ，使向量 $\boldsymbol{a}+\lambda\boldsymbol{b}$ 垂直于 $\boldsymbol{a}-\lambda\boldsymbol{b}$.

解　因为 $\boldsymbol{a}+\lambda\boldsymbol{b}\perp\boldsymbol{a}-\lambda\boldsymbol{b}$，

所以
$$\begin{aligned}(\boldsymbol{a}+\lambda\boldsymbol{b})\cdot(\boldsymbol{a}-\lambda\boldsymbol{b})&=\boldsymbol{a}\cdot\boldsymbol{a}+\lambda\boldsymbol{b}\cdot\boldsymbol{a}-\lambda\boldsymbol{a}\cdot\boldsymbol{b}-\lambda^2\boldsymbol{b}\cdot\boldsymbol{b}\\&=|\boldsymbol{a}|^2-\lambda^2|\boldsymbol{b}|^2=4-\lambda^2=0,\end{aligned}$$

所以 $\lambda=\pm 2$.

8.4.2　两个向量的向量积

在力学中研究物体的转动问题时，不仅要考虑该物体所受的力，而且还要分析这些力所产生的力矩．下面以一简单例子来说明表达力矩的方法．

设 O 为杠杆的支点，有一力 $\boldsymbol{F}$ 作用此杆的点 A 处，由力学知道，力 $\boldsymbol{F}$ 对支点 O 的力矩是一个向量 $\boldsymbol{M}$，其模为

$$|\boldsymbol{M}| = |\boldsymbol{F}||\overrightarrow{OP}| = |\boldsymbol{F}||\overrightarrow{OA}|\sin\theta, \theta = (\widehat{\boldsymbol{F},\overrightarrow{OA}}),$$

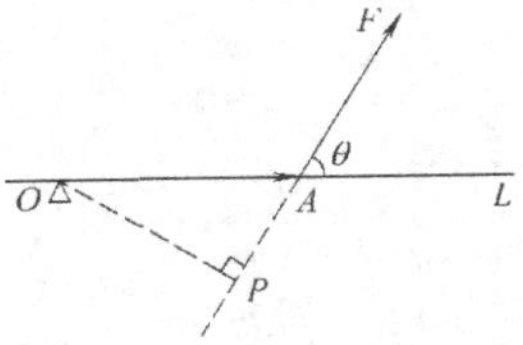

图 8-20

式中，$|\overrightarrow{OP}| = |\overrightarrow{OA}|\sin(\widehat{\boldsymbol{F},\overrightarrow{OA}})$称为力臂，见图 8-20.

而 $\boldsymbol{M}$ 的方向是这样确定的：$\boldsymbol{M}\perp\boldsymbol{F}$，$\boldsymbol{M}\perp\overrightarrow{OA}$，也就是 $\boldsymbol{M}$ 垂直于 $\boldsymbol{F}$ 和$\overrightarrow{OA}$所定的平面．并且 $\boldsymbol{M}$ 的指向为$\overrightarrow{OA}$、$\boldsymbol{F}$、$\overrightarrow{M}$构成右手系法则，即当右手的 4 个手指指向$\overrightarrow{OA}$的方向抱拳握向 $\boldsymbol{F}$ 时，大拇指所指的方向为力矩 $\boldsymbol{M}$ 的方向(见图 8-21).

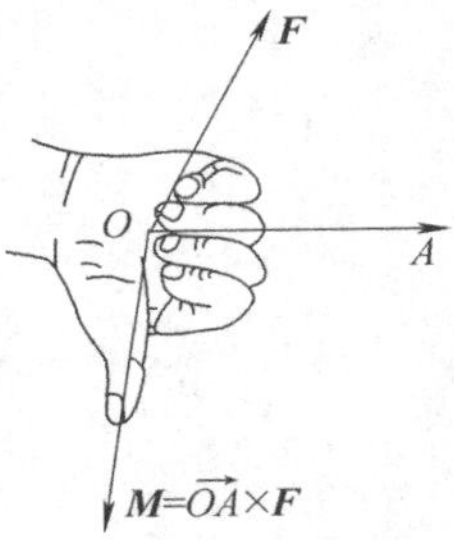

图 8-21

在力学等学科中，常常会遇到由已知两向量按上述方法确定的另一向量，在数学上称为此两向量的向量积.

定义 8.2 设向量 $\boldsymbol{c}$ 由两个向量 $\boldsymbol{a}$ 和 $\boldsymbol{b}$ 按下述方式所确定：

(1) $|\boldsymbol{c}| = |\boldsymbol{a}||\boldsymbol{b}|\sin(\widehat{\boldsymbol{a},\boldsymbol{b}})$；

(2) $\boldsymbol{c}$ 垂直于 $\boldsymbol{a}$ 和 $\boldsymbol{b}$ 所决定的平面(既有 $\boldsymbol{c}\perp\boldsymbol{a}$，又有 $\boldsymbol{c}\perp\boldsymbol{b}$)，且 $\boldsymbol{c}$ 的指向按 $\boldsymbol{a}$、$\boldsymbol{b}$、$\boldsymbol{c}$ 构成右手系，即当右手的 4 个手指指向 $\boldsymbol{a}$ 的方向抱拳握向 $\boldsymbol{b}$ 时，大拇指所指的方向为 $\boldsymbol{c}$ 的方向(见图 8-22)，则称向量 $\boldsymbol{c}$ 是向量 $\boldsymbol{a}$ 与 $\boldsymbol{b}$ 的向量积，记为

$$\boldsymbol{c} = \boldsymbol{a}\times\boldsymbol{b}. \tag{8-24}$$

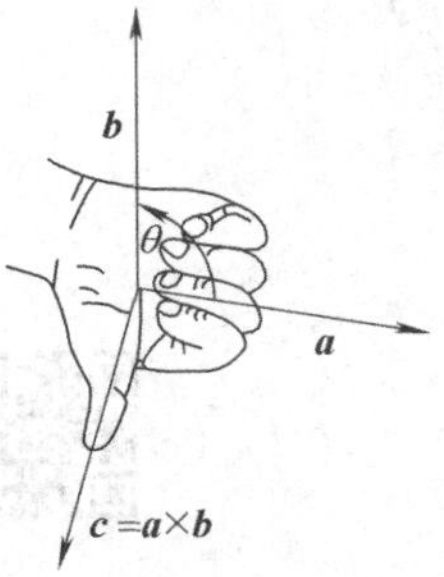

图 8-22

向量积又称为向量的外积或叉(乘)积，运算符号使用“×”.

依定义 8.2，力 $\boldsymbol{F}$ 对支点 O 的力矩 $\boldsymbol{M}$ 便能简洁地表示为

$$\boldsymbol{M} = \overrightarrow{OA}\times\boldsymbol{F}.$$

在几何上，向量积的模 $|\boldsymbol{a}\times\boldsymbol{b}| = |\boldsymbol{a}||\boldsymbol{b}|\sin(\widehat{\boldsymbol{a},\boldsymbol{b}})$表示以向量 $\boldsymbol{a}$ 与 $\boldsymbol{b}$ 邻边的平行四边形的面积(见图 8-23).

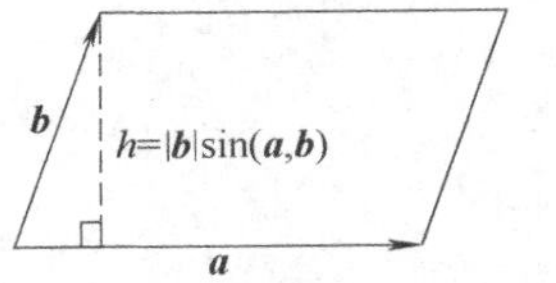

图 8-23

例 4 对于空间直角坐标系 $O\text{-}xyz$ 的基本单位向量 $\boldsymbol{i}$、$\boldsymbol{j}$、$\boldsymbol{k}$，依向量积的定义，有

$$\boldsymbol{i}\times\boldsymbol{i} = \boldsymbol{j}\times\boldsymbol{j} = \boldsymbol{k}\times\boldsymbol{k} = \boldsymbol{0};$$
$$\boldsymbol{i}\times\boldsymbol{j} = \boldsymbol{k}, \boldsymbol{j}\times\boldsymbol{k} = \boldsymbol{i}, \boldsymbol{k}\times\boldsymbol{i} = \boldsymbol{j};$$
$$\boldsymbol{j}\times\boldsymbol{i} = -\boldsymbol{k}, \boldsymbol{k}\times\boldsymbol{j} = -\boldsymbol{i}, \boldsymbol{i}\times\boldsymbol{k} = -\boldsymbol{j}.$$

由向量积的定义 8.2，可知两向量的向量积满足以下运算规则：

(1) $\boldsymbol{a}\times\boldsymbol{a} = \boldsymbol{0}$；

(2) $\boldsymbol{a}\times\boldsymbol{b} = -\boldsymbol{b}\times\boldsymbol{a}$；(由此可见向量积没有交换律)

(3) 分配律 $(\boldsymbol{a}+\boldsymbol{b})\times\boldsymbol{c} = \boldsymbol{a}\times\boldsymbol{c}+\boldsymbol{b}\times\boldsymbol{c}$,

$\boldsymbol{c}\times(\boldsymbol{a}+\boldsymbol{b}) = \boldsymbol{c}\times\boldsymbol{a}+\boldsymbol{c}\times\boldsymbol{b}$;

(4) 结合律 $(\lambda\boldsymbol{a})\times\boldsymbol{b} = \boldsymbol{a}\times(\lambda\boldsymbol{b}) = \lambda(\boldsymbol{a}\times\boldsymbol{b})$($\lambda$ 为数).

下面来推导向量积的坐标表达式.

设 $\boldsymbol{a} = a_x\boldsymbol{i}+a_y\boldsymbol{j}+a_z\boldsymbol{k}$，$\boldsymbol{b} = b_x\boldsymbol{i}+b_y\boldsymbol{j}+b_z\boldsymbol{k}$，则依向量积的运算规则有

$$\begin{aligned}\boldsymbol{a}\times\boldsymbol{b} &= (a_x\boldsymbol{i}+a_y\boldsymbol{j}+a_z\boldsymbol{k})\times(b_x\boldsymbol{i}+b_y\boldsymbol{j}+b_z\boldsymbol{k})\\ &= a_x\boldsymbol{i}\times(b_x\boldsymbol{i}+b_y\boldsymbol{j}+b_z\boldsymbol{k}) +\end{aligned}$$

$$a_y \boldsymbol{j} \times (b_x \boldsymbol{i} + b_y \boldsymbol{j} + b_z \boldsymbol{k}) +$$
$$a_z \boldsymbol{k} \times (b_x \boldsymbol{i} + b_y \boldsymbol{j} + b_z \boldsymbol{k})$$
$$= a_x b_x (\boldsymbol{i} \times \boldsymbol{i}) + a_x b_y (\boldsymbol{i} \times \boldsymbol{j}) + a_x b_z (\boldsymbol{i} \times \boldsymbol{k}) +$$
$$a_y b_x (\boldsymbol{j} \times \boldsymbol{i}) + a_y b_y (\boldsymbol{j} \times \boldsymbol{j}) + a_y b_z (\boldsymbol{j} \times \boldsymbol{k}) +$$
$$a_z b_x (\boldsymbol{k} \times \boldsymbol{i}) + a_z b_y (\boldsymbol{k} \times \boldsymbol{j}) + a_z b_z (\boldsymbol{k} \times \boldsymbol{k}),$$

再由例 4 之结果有

$$\boldsymbol{a} \times \boldsymbol{b} = (a_y b_z - a_z b_y) \boldsymbol{i} + (a_z b_x - a_x b_z) \boldsymbol{j} + (a_x b_y - a_y b_x) \boldsymbol{k}. \tag{8-25}$$

为了方便记忆,可利用三阶行列式,将式(8-25)写成

$$\boldsymbol{a} \times \boldsymbol{b} = \begin{vmatrix} \boldsymbol{i} & \boldsymbol{j} & \boldsymbol{k} \\ a_x & a_y & a_z \\ b_x & b_y & b_z \end{vmatrix}, \tag{8-26}$$

规定式(8-26)中的行列式按第一行展开.

式(8-25)或式(8-26)称为向量积的坐标表达式.

例 5　试证明:设 $\boldsymbol{a} \neq \boldsymbol{0}$, $\boldsymbol{b} \neq \boldsymbol{0}$,则 $\boldsymbol{a} /\!/ \boldsymbol{b}$ 的充分必要条件是

$$\frac{a_x}{b_x} = \frac{a_y}{b_y} = \frac{a_x}{b_z}. \tag{8-27}$$

证　若 $\boldsymbol{a} /\!/ \boldsymbol{b}$,则 $(\widehat{\boldsymbol{a},\boldsymbol{b}}) = 0$ 或 π,从而由向量积的定义知 $\boldsymbol{a} \times \boldsymbol{b} = \boldsymbol{0}$.这时,由式(8-25)知

$$\begin{cases} a_y b_z - a_z b_y = 0, \\ a_z b_x - a_x b_z = 0, \\ a_x b_y - a_y b_x = 0, \end{cases} \tag{8-28}$$

因此式(8-27)成立.

反之,当式(8-27)成立时,式(8-28)成立,于是 $\boldsymbol{a} \times \boldsymbol{b} = \boldsymbol{0}$.这时由 $|\boldsymbol{a} \times \boldsymbol{b}| = |\boldsymbol{a}| |\boldsymbol{b}| \sin(\widehat{\boldsymbol{a},\boldsymbol{b}}) = 0$ 及 $|\boldsymbol{a}| \neq 0$、$|\boldsymbol{b}| \neq 0$ 得 $\sin(\widehat{\boldsymbol{a},\boldsymbol{b}}) = 0$,从而 $(\widehat{\boldsymbol{a},\boldsymbol{b}}) = 0$ 或 π,即 $\boldsymbol{a} /\!/ \boldsymbol{b}$.

由于零向量的方向可以看做是任意的,故可以认为零向量与任何向量都平行.因此,例 5 所证之结论可以叙述为:$\boldsymbol{a} /\!/ \boldsymbol{b}$ 的充分必要条件是 $\boldsymbol{a} \times \boldsymbol{b} = \boldsymbol{0}$.

例 6　设已知点 $A(1,-2,3)$,$B(0,1,-2)$,$\boldsymbol{a} = \overrightarrow{AB}$,又知 $\boldsymbol{b} = 4\boldsymbol{i} - \boldsymbol{j}$,求 $\boldsymbol{a} \times \boldsymbol{b}$ 及 $\boldsymbol{b} \times \boldsymbol{a}$.

解　$\boldsymbol{a} \times \boldsymbol{b} = \begin{vmatrix} \boldsymbol{i} & \boldsymbol{j} & \boldsymbol{k} \\ -1 & 3 & -5 \\ 4 & -1 & 0 \end{vmatrix}$

$$=\begin{vmatrix} 3 & -5 \\ -1 & 0 \end{vmatrix}\boldsymbol{i}-\begin{vmatrix} -1 & -5 \\ 4 & 0 \end{vmatrix}\boldsymbol{j}+\begin{vmatrix} -1 & 3 \\ 4 & -1 \end{vmatrix}\boldsymbol{k}$$

$$=\underline{\qquad\qquad}.$$

$$\boldsymbol{b}\times\boldsymbol{a}=\begin{vmatrix} \boldsymbol{i} & \boldsymbol{j} & \boldsymbol{k} \\ 4 & -1 & 0 \\ -1 & 3 & -5 \end{vmatrix}=\underline{\qquad\qquad\qquad}.$$

例 7 已知 $\boldsymbol{a}=\{2,1,1\}$，$\boldsymbol{b}=\{1,-1,1\}$，求与 $\boldsymbol{a}$ 和 $\boldsymbol{b}$ 都垂直的单位向量.

解 设 $\boldsymbol{a}\times\boldsymbol{b}=\boldsymbol{c}$，则 $\boldsymbol{c}$ 是既垂直于 $\boldsymbol{a}$，又垂直于 $\boldsymbol{b}$ 的向量，由于

$$\boldsymbol{c}=\boldsymbol{a}\times\boldsymbol{b}=\underline{\qquad\qquad\qquad},$$

$$|\boldsymbol{c}|=\sqrt{2^2+(-1)^2+(-3)^2}=\sqrt{14},$$

故 $\pm\dfrac{\boldsymbol{c}}{|\boldsymbol{c}|}=\underline{\qquad\qquad\qquad}$是所求之单位向量.

例 8 已知 $\triangle ABC$ 的顶点 $A(1,2,3)$、$B(3,4,5)$ 和 $C(2,4,7)$，求 $\triangle ABC$ 的面积 S.

解 由向量积的定义，可知

$$S=\frac{1}{2}|\overrightarrow{AB}||\overrightarrow{AC}|\sin A=\frac{1}{2}|\overrightarrow{AB}\times\overrightarrow{AC}|.$$

因为 $\overrightarrow{AB}=\underline{\qquad\qquad\quad}$，$\overrightarrow{AC}=\underline{\qquad\qquad\quad}$，

$$\overrightarrow{AB}\times\overrightarrow{AC}=\underline{\qquad\qquad\qquad},$$

所以 $S=\dfrac{1}{2}|\overrightarrow{AB}\times\overrightarrow{AC}|=\sqrt{14}.$

习题 8.4

1. 已知 $|\boldsymbol{a}|=3$，$|\boldsymbol{b}|=4$，$(\widehat{\boldsymbol{a},\boldsymbol{b}})=\dfrac{2\pi}{3}$，计算：

(1) $\boldsymbol{a}\cdot\boldsymbol{b}$；　　(2) $\boldsymbol{a}^2$(即 $\boldsymbol{a}\cdot\boldsymbol{a}$)；

(3) $(\boldsymbol{a}+\boldsymbol{b})^2$；　　(4) $(\boldsymbol{a}+\boldsymbol{b})\cdot(2\boldsymbol{a}-\boldsymbol{b})$.

2. 计算：

(1) $(2\boldsymbol{i}-\boldsymbol{j}+\boldsymbol{k})\cdot\boldsymbol{j}$；　　(2) $(\boldsymbol{i}-3\boldsymbol{j})\cdot(2\boldsymbol{j}-3\boldsymbol{k})$.

3. 设 $\boldsymbol{a}=\boldsymbol{i}+2\boldsymbol{j}-\boldsymbol{k}$，$\boldsymbol{b}=3\boldsymbol{i}-\boldsymbol{j}-2\boldsymbol{k}$，计算：

(1) $(2\boldsymbol{a})\cdot(3\boldsymbol{b})$；　　(2) $\boldsymbol{a}$ 与 $\boldsymbol{b}$ 夹角的余弦.

4. 证明 $\boldsymbol{a}=3\boldsymbol{i}+2\boldsymbol{j}+\boldsymbol{k}$ 与 $\boldsymbol{b}=2\boldsymbol{i}-3\boldsymbol{j}$ 相互垂直.

5. 设 $\boldsymbol{a}=\{1,2,3\}$，$\boldsymbol{b}=\{2,-1,2\}$，求数 λ，使得 $\lambda\boldsymbol{a}+\boldsymbol{b}$ 与 Oz 轴垂直.

6. 已知 $\boldsymbol{a}$、$\boldsymbol{b}$、$\boldsymbol{c}$ 皆为单位向量，且满足 $\boldsymbol{a}+\boldsymbol{b}+\boldsymbol{c}=\boldsymbol{0}$，试计算 $\boldsymbol{a}\cdot\boldsymbol{b}+\boldsymbol{b}\cdot\boldsymbol{c}+\boldsymbol{c}\cdot\boldsymbol{a}$.

7. 某物体在力 $\boldsymbol{F}=\boldsymbol{i}-\boldsymbol{j}+5\boldsymbol{k}$ 的作用下，从点 $A(2,1,-1)$ 沿直线移动到点 $B(1,-2,4)$，求此力所做的功(力的单位为 N，长度单位为 m).

8. 计算：

(1) $(\boldsymbol{i}-2\boldsymbol{j}-3\boldsymbol{k})\times\boldsymbol{j}$;

(2) $(\boldsymbol{i}+\boldsymbol{j}+\boldsymbol{k})\times(2\boldsymbol{i}-\boldsymbol{j}+\boldsymbol{k})$.

9. 设 $\boldsymbol{a}=\boldsymbol{i}+2\boldsymbol{j}-\boldsymbol{k}$，$\boldsymbol{b}=3\boldsymbol{i}-\boldsymbol{j}-2\boldsymbol{k}$，计算：

(1) $\boldsymbol{b}\times(-\boldsymbol{a})$;　　(2) $(-\boldsymbol{a})\times\boldsymbol{b}$.

10. 已知 3 点 $A(3,3,1)$、$B(1,-1,2)$、$C(3,1,3)$，求与 $\overrightarrow{AB}$ 及 $\overrightarrow{AC}$ 都垂直的单位向量.

11. 已知 3 点 $A(1,0,-1)$、$B(2,2,3)$、$C(1,3,1)$，求 $\triangle ABC$ 的面积.

12. 设 $\boldsymbol{a}=\{1,2,3\}$，$\boldsymbol{b}=\{1,0,-1\}$，$\boldsymbol{c}=\{2,1,0\}$；计算：

(1) $(\boldsymbol{a}\cdot\boldsymbol{b})\boldsymbol{c}-(\boldsymbol{a}\cdot\boldsymbol{c})\boldsymbol{b}$;

(2) $(\boldsymbol{a}+\boldsymbol{b})\times(\boldsymbol{a}-\boldsymbol{b})$.

13. 已知点 $M_1(x_1,y_1,z_1)$ 与 $M_2(x_2,y_2,z_2)$，试证明：线段 M_1M_2 的中点为 $M_0\left(\frac{x_1+x_2}{2},\frac{y_1+y_2}{2},\frac{z_1+z_2}{2}\right)$.

8.5 平面及其方程

本节将以向量为工具，讨论空间中的任一平面在空间直角坐标系内的表达形式，以及平面与平面间的关系问题.

8.5.1 平面的点法式方程

由中学学过的立体几何知道，过空间内一点，且与已知直线垂直的平面是唯一的. 因此，如果已知平面上一个点及垂直于该平面的一个向量，那么这个平面的位置也就完全确定了.

为简便，凡是垂直于某平面的非零向量都称为该平面的法向量. 显然，一个平面的法向量有无数个，它们之间是相互平行的.

于是，当给定了平面 Π 上一个点 $M_0(x_0,y_0,z_0)$ 和它的一个法向量 $\boldsymbol{n}=A\boldsymbol{i}+B\boldsymbol{j}+C\boldsymbol{k}$($A$、$B$、$C$ 不能全为0)时，这个平面就完全确定了. 下面就来建立此平面 Π 的方程.

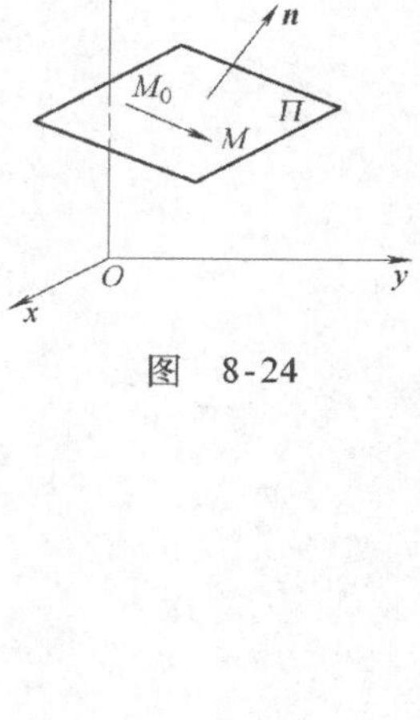

图 8-24

设 $M(x,y,z)$ 是平面 Π 上任一点(见图 8-24)，则 $\overrightarrow{M_0M}$ 必定在 Π 上. 从而 $\boldsymbol{n}\perp\overrightarrow{M_0M}$，即

$$\boldsymbol{n}\cdot\overrightarrow{M_0M}=0.$$

由于 $\boldsymbol{n}=\{A,B,C\}$，$\overrightarrow{M_0M}=\{x-x_0,y-y_0,z-z_0\}$，因此有

$$A(x-x_0)+B(y-y_0)+C(z-z_0)=0. \qquad (8\text{-}29)$$

这就是平面 Π 上任意一点 $M(x,y,z)$ 所满足的方程式. 反之，如果点 $M'(x',y',z')$ 不在 Π 上，那么向量 $\overrightarrow{M_0M'}$ 便不在 Π 上，于是 $\boldsymbol{n}$ 与 $\overrightarrow{M_0M'}$ 不会垂直，从而 $\boldsymbol{n}\cdot\overrightarrow{M_0M'}\neq0$，即

$$A(x'-x_0)+B(y'-y_0)+C(z'-z_0)\neq0.$$

这说明不在平面 Π 上的点 $M'(x',y',z')$，其坐标 x'，y'，z' 不满足方程(8-29)．因此，方程(8-29)是就是过点 $M_0(x_0,y_0,z_0)$ 且以 $\boldsymbol{n}=\{A,B,C\}$ 为法向量的平面方程，并称此方程式(8-29)为平面 Π 的点法式方程．

例1 求过点 $M_0(1,-2,0)$，且以 $\boldsymbol{n}=\{-1,3,-2\}$ 为法向量的平面 Π 的方程．

解 根据平面的点法式方程(8-29)知，所求平面 Π 的方程为

$$-(x-1)+3(y+2)-2(z-0)=0,$$

即

$$x-3y+2z-7=0.$$

例2 求过3点 $M_1(1,-1,-2)$、$M_2(-1,2,0)$、$M_3(1,3,1)$ 的平面 Π 的方程．

解 由于点 M_1、M_2、M_3 都在 Π 上，所以 Π 的法向量 $\boldsymbol{n}\perp\overrightarrow{M_1M_2}$，$\boldsymbol{n}\perp\overrightarrow{M_1M_3}$．于是，$\Pi$ 的一个法向量可取为 $\boldsymbol{n}=\overrightarrow{M_1M_2}\times\overrightarrow{M_1M_3}$．又

$$\overrightarrow{M_1M_2}=\{-2,3,2\},\overrightarrow{M_1M_3}=\{0,4,3\},$$

从而

$$\boldsymbol{n}=\overrightarrow{M_1M_2}\times\overrightarrow{M_1M_3}=\begin{vmatrix}\boldsymbol{i} & \boldsymbol{j} & \boldsymbol{k}\\ -2 & 3 & 2\\ 0 & 4 & 3\end{vmatrix}=\underline{\qquad\qquad}.$$

因此，所求平面 Π 的方程为

$$\underline{\qquad\qquad\qquad},$$

即

$$x+6y-8z-11=0.$$

8.5.2 平面的一般式方程

在平面 Π 的点法式方程(8-29)中，A、B、C 是不全为0的常数，x_0、y_0、z_0 也是常数，因此，若记 $D=-(Ax_0+By_0+Cz_0)$，则 D 也是常数，且方程(8-29)可化为

$$Ax+By+Cz+D=0. \tag{8-30}$$

这是 x、y、z 三个变元的三元一次方程，且为平面 Π 上任一点 $M(x,y,z)$ 的3个坐标 x、y、z 所满足的方程．

反过来，设有以 x、y、z 为变元的三元一次方程

$$Ax+By+Cz+D=0.$$

(A,B,C,D 为常数，且 $A^2+B^2+C^2\neq0$)．我们要问：此方程表示的几何图形是什么？为此，任意取定一组满足此方程的数 x_0，y_0，z_0，即 $M_0(x_0,y_0,z_0)$ 满足

$$Ax_0+By_0+Cz_0+D=0,$$

并将两式相减，得

$$A(x-x_0)+B(y-y_0)+C(z-z_0)=0,$$

此式可表示为

$$\{A,B,C\}\cdot\{x-x_0,y-y_0,z-z_0\}=0. \tag{8-31}$$

注意到$\{A,B,C\}=\boldsymbol{n}$是确定的非零向量，又点$M_0(x_0,y_0,z_0)$是一确定的点，$M(x,y,z)$是一任意点，因此，方程(8-31)可改写为

$$\boldsymbol{n}\cdot\overrightarrow{M_0M}=0,$$

此式表明$\boldsymbol{n}\perp\overrightarrow{M_0M}$，其几何意义：以固定点$M_0$为起点、任意点$M$为终点的向量$\overrightarrow{M_0M}$垂直于一确定的向量$\boldsymbol{n}$. 这样的任意点$M$必在一确定的平面上. 由此，证明了方程(8-30)为一平面的方程. 于是有以下的定理.

定理　在空间直角坐标系中，平面的方程是x，y，z的一次方程

$$Ax+By+Cz+D=0$$

(A,B,C,D为常数，且$A^2+B^2+C^2\neq0$)；反之，一次方程(8-30)的图形是一张平面.

例如，方程

$$2x-y+5z-9=0$$

表示一平面，其法向量为$\boldsymbol{n}=\{2,-1,5\}$.

下面我们指出一些特殊的方程(8-30)所表示的平面的位置特征.

(1) 当$D=0$时，方程(8-30)成为

$$Ax+By+Cz=0.$$

显然，原点$O(0,0,0)$的 3 个坐标满足此方程，因此，它的图形是通过原点的平面.

(2) 当$A=0$时，方程(8-30)成为

$$By+Cz+D=0.$$

此方程表示的平面的法向量$\boldsymbol{n}=\{0,B,C\}$垂直于Ox轴，因此，此方程的图形是平行于Ox轴的平面.

(3) 当$A=B=0$(这时$C\neq0$)，方程(8-30)成为

$$Cz+D=0\quad 或\quad z=-\frac{D}{C},$$

此方程表示的平面的法向量$\boldsymbol{n}=\{0,0,C\}$同时垂直于Ox轴和Oy轴，因此，此方程的图形是平行于xOy平面的平面.

对A、B、C中有一个或两个为 0 的情形，可以类似讨论.

例 3　求过点$M(2,-4,1)$和x轴的平面方程.

解　因为平面过x轴，于是它必通过原点O，所以$D=0$，又因为它的法向量垂直于x轴，从而有$A=0$，所以可设平面的方程为

$$By+Cz=0.$$

因为点$M(2,-4,1)$在平面上，所以有

$$\underline{\qquad\qquad\qquad},$$

从而

$$C=4B,$$

将此式代入方程$By+Cz=0$中，得

$$B(y+4z)=0.$$

由于 $B\neq 0$（否则，$A=0$，$B=0$，$C=0$），因此所求平面为

______________.

8.5.3 平面的截距式方程

若一平面 Π 既不通过原点，也不与 3 条坐标轴平行，则它和 3 条坐标轴必定相交．设 Π 与 3 条坐标轴 Ox 轴、Oy 轴、Oz 轴的交点分别为 $P(a,0,0)$、$Q(0,b,0)$、$R(0,0,c)$，a 与 b 及 c 均不为零，则数 a、b、c 分别称为平面 Π 的 x 截距、y 截距、z 截距，或简称为截距（见图 8-25）.

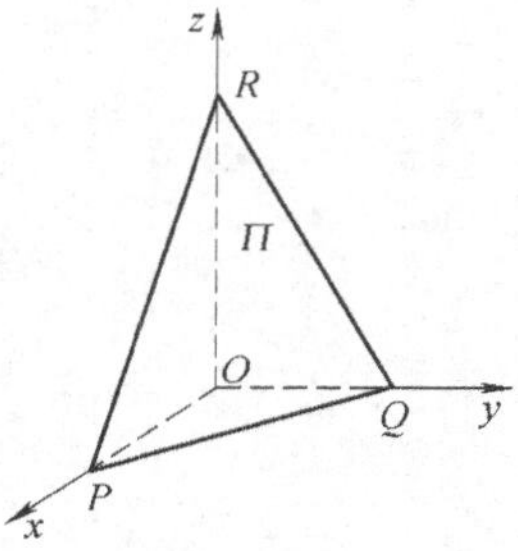

图 8-25

现在，我们在已知平面 Π 的三截距 a、b、c（均不为零）的条件下，求出 Π 的方程．为此，设 Π 的方程为

$$Ax+By+Cz+D=0\quad (A、B、C\text{ 不全为零}).$$

则因三点 $P(a,0,0)$、$Q(0,b,0)$、$R(0,0,c)$ 在 Π 上，所以分别将三点的坐标代入所设之方程，得

$$\begin{cases}Aa+D=0,\\ Bb+D=0,\\ Cc+D=0,\end{cases}$$

解此方程组得

$$A=-\frac{D}{a},\quad B=-\frac{D}{b},\quad C=-\frac{D}{c}.$$

再将此三个数 A、B、C 代入所设之方程，并整理为

$$D\left(\frac{x}{a}+\frac{y}{b}+\frac{z}{c}\right)=D.$$

由于 Π 不通过原点，故 $D\neq 0$，于是用 D 除上式两端后得 Π 的方程：

$$\frac{x}{a}+\frac{y}{b}+\frac{z}{c}=1. \tag{8-32}$$

称方程(8-32)为平面的截距式方程．这种形式表示的平面方程的一个重要作用是能很方便地画出平面的图形，见下例．

例 4 求平面 Π

$$6x-3y+2z-6=0$$

的截距，并画出它的图形．

解 易将所给方程化为截距式方程：

$$\frac{x}{1}+\frac{y}{-2}+\frac{z}{3}=1,$$

其三截距为______________.

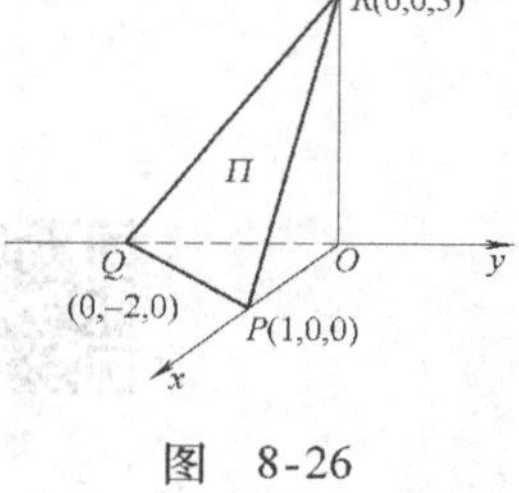

图 8-26

于是 Π 与 3 个坐标轴的交点分别为 $P(1,0,0)$、$Q(0,-2,0)$、$R(0,0,3)$，由此，易画出 Π 的一部分——平面三角形区域 PQR，见图 8-26.

8.5.4　两平面的夹角及两平面垂直或平行的条件

两平面的夹角定义为此两平面的法向量的夹角(通常规定这个夹角是锐角)，见图 8-27.

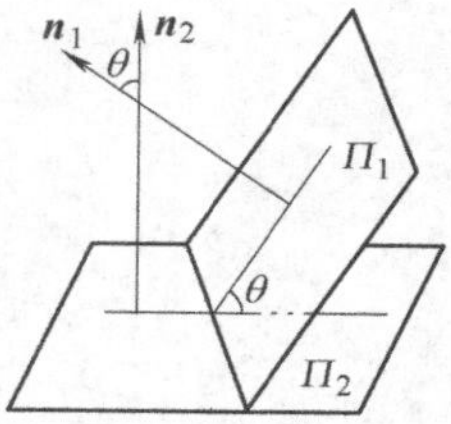

图　8-27

设两平面 Π_1 和 Π_2 的法向量分别为 $\boldsymbol{n}_1=\{A_1,B_1,C_1\}$ 和 $\boldsymbol{n}_2=\{A_2,B_2,C_2\}$，则 Π_1 和 Π_2 的夹角 θ 应为 $(\widehat{\boldsymbol{n}_1,\boldsymbol{n}_2})$ 与 $(\widehat{-\boldsymbol{n}_1,\boldsymbol{n}_2})=\pi-(\widehat{\boldsymbol{n}_1,\boldsymbol{n}_2})$ 两者中为锐角的一个，因此，$\cos\theta=|\cos(\widehat{\boldsymbol{n}_1,\boldsymbol{n}_2})|$. 由两向量夹角余弦的公式，可得 Π_1 与 Π_2 的夹角 θ 的计算公式

$$\cos\theta=\frac{|A_1A_2+B_1B_2+C_1C_2|}{\sqrt{A_1^2+B_1^2+C_1^2}\cdot\sqrt{A_2^2+B_2^2+C_2^2}}. \tag{8-33}$$

两平面垂直相当于它们的法向量相互垂直，由两向量垂直的充分必要条件可得：

平面 Π_1 与平面 Π_2 垂直的充分必要条件是

$$A_1A_2+B_1B_2+C_1C_2=0. \tag{8-34}$$

两平面平行相当于它们的法向量平行，由两向量平行的充分必要条件可得：

平面 Π_1 与平面 Π_2 平行的充分必要条件是

$$\frac{A_1}{A_2}=\frac{B_1}{B_2}=\frac{C_1}{C_2}. \tag{8-35}$$

例 5　求两平面 $x-y+2z-6=0$ 和 $2x+y+z-5=0$ 的夹角.

解　由公式(8-33)知

$$\cos\theta=\frac{|1\times2+(-1)\times1+2\times1|}{\sqrt{1^2+(-1)^2+2^2}\cdot\sqrt{2^2+1^2+1^2}}=\underline{\qquad\qquad},$$

因此，两平面的夹角 $\theta=\frac{\pi}{3}$.

例 6　一平面过 x 轴，且与平面 $x-y=0$ 的夹角为 $\frac{\pi}{3}$，求此平面的方程.

解　因所求平面过 x 轴，故可设其方程为

$$By+Cz=0\quad(\text{其中 } B \text{ 与 } C \text{ 不能全为 } 0).$$

因该平面与已知平面 $x-y=0$ 的夹角为 $\frac{\pi}{3}$，于是由式(8-34)得

$$\cos\frac{\pi}{3}=\frac{\underline{\qquad\qquad\qquad}}{\sqrt{0^2+B^2+C^2}\cdot\sqrt{1^2+(-1)^2+0^2}},$$

化简后得

$$\frac{\sqrt{2}}{2}\sqrt{B^2+C^2}=|B|,$$

两边平方并移项后得

$$C=\pm B,$$

将 $C=\pm B$ 代入 $By+Cz=0$ 中，得

$$\underline{\qquad\qquad\qquad}.$$

因为 $B\neq 0$，所以

$$y+z=0 \quad 或 \quad \underline{\qquad\qquad}$$

为所求之平面方程．

8.5.5 点到平面的距离

设点 $P_0(x_0,y_0,z_0)$ 是已知平面

$$\Pi:\qquad Ax+By+Cz+D=0$$

外一点，现在来推导点 P_0 到平面 Π 的距离公式．

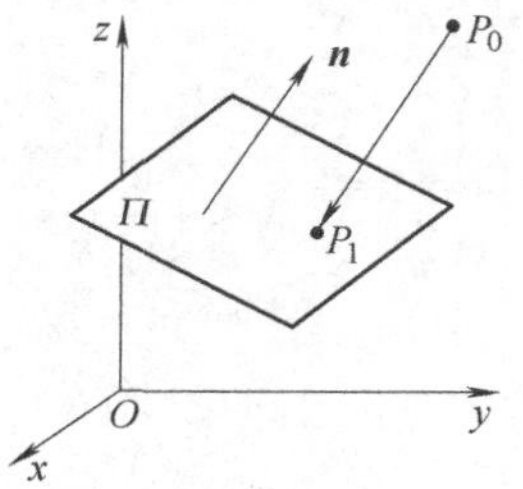

图 8-28

过点 P_0 作 Π 的垂线，设垂足为点 $P_1(x_1,\ y_1,\ z_1)$，则 $|\overrightarrow{P_0P_1}|$ 等于点 P_0 到 Π 的距离 d，即 $|\overrightarrow{P_0P_1}|=d$(见图 8-28)．由于$\overrightarrow{P_0P_1}/\!/\boldsymbol{n}$，所以

$$\overrightarrow{P_0P_1}=\lambda\boldsymbol{n}\quad(其中数\ \lambda\neq 0),$$

即

$$\{x_1-x_0,y_1-y_0,z_1-z_0\}=\{\lambda A,\lambda B,\lambda C\}.$$

再根据向量相等的概念，得

$$x_1-x_0=\lambda A,\ y_1-y_0=\lambda B,\ z_1-z_0=\lambda C,$$

从而

$$x_1=x_0+\lambda A,\ y_1=y_0+\lambda B,\ z_1=z_0+\lambda C.$$

由于 $P_1(x_1,y_1,z_1)$ 在 Π 上，它的坐标 x_1、y_1、z_1 应满足 Π 的方程，因此

$$A(x_0+\lambda A)+B(y_0+\lambda B)+C(z_0+\lambda C)+D=0,$$

解此式得

$$\lambda=-\frac{Ax_0+By_0+Cz_0+D}{A^2+B^2+C^2}.$$

从而
$$\begin{aligned}d&=|\overrightarrow{P_0P_1}|=|\lambda\boldsymbol{n}|=|\lambda||\boldsymbol{n}|\\&=\frac{|Ax_0+By_0+Cz_0+D|}{A^2+B^2+C^2}\cdot\sqrt{A^2+B^2+C^2}\end{aligned}$$

化简此式得点 $P_0(x_0,y_0,z_0)$ 到平面 Π 的距离为

$$d=\frac{|Ax_0+By_0+Cz_0+D|}{\sqrt{A^2+B^2+C^2}}. \tag{8-36}$$

例 7 判断两平面

$$\Pi_1:3x+2y-6z-35=0,$$
$$\Pi_2:3x+2y-6z-56=0$$

是否平行，若 $\Pi_1/\!/\Pi_2$，试求 Π_1 与 Π_2 间的距离 d.

解 因为

$$\frac{3}{3}=\frac{2}{2}=\frac{-6}{-6},$$

所以 ________.

两平行平面间的距离可以这么求：在一平面上任取一点，则该点到另一平面的距离即为两平行平面间的距离.

据此，在 Π_1 上取一点 $P_0\left(0,0,-\frac{35}{6}\right)$，于是 P_0 到 Π_2 的距离为

$$d=\frac{\left|3\times 0+2\times 0+(-6)\times\left(-\frac{35}{6}\right)-56\right|}{\underline{\qquad\qquad\qquad}}=3.$$

因此，Π_1 与 Π_2 间的距离为 3.

习题 8.5

1. 求过点 $M(1,-2,3)$，且与向径 $\overrightarrow{OM}$ 垂直的平面方程.

2. 指出下列平面位置的特点：

(1) $2x+z+1=0$；　　(2) $y-z=0$；

(3) $x+2y-z=0$；　　(4) $9y-1=0$；

(5) $x=0$.

3. 求过点 $A(3,0,-5)$，且与向量 $\boldsymbol{a}=\{1,-6,-8\}$ 和 $\boldsymbol{b}=\{2,12,1\}$ 都平行的平面方程.

4. 分别求满足下列条件的平面方程：

(1) 过点 $(1,2,3)$，且垂直于 x 轴；

(2) 过点 $(1,2,3)$，且通过 x 轴；

(3) 过点 $(1,2,3)$，且平行于 xOy 平面.

5. 将下列平面方程化为截距式方程，并求出在各坐标轴上的截距，画出各平面的图形：

(1) $2x-3y+4z-2=0$；　　(2) $3x-\frac{3}{2}y-\frac{1}{3}z+5=0$.

6. 求与已知平面 $4x+y+2z+5=0$ 平行，且与 3 个坐标平面所围成的四面体体积为 $\frac{1}{6}$ 的平面方程.

7. 求过 x 轴且垂直于平面 $5x+4y-2z+3=0$ 的平面方程.

8. 设原点到平面 $\frac{x}{a}+\frac{y}{b}+\frac{z}{c}=1$ 的距离为 p，证明

$$\frac{1}{a^2}+\frac{1}{b^2}+\frac{1}{c^2}=\frac{1}{p^2}.$$

9. 求点 $(1,2,1)$ 到平面 $x+2y+2z-10=0$ 的距离.

10. 求平面 $x+2y-3z-1=0$ 与平面 $x=2z$ 的夹角.

8.6　空间直线及其方程

本节仍以向量为工具讨论空间中最简单的曲线——直线在空间直

角坐标系中的表达形式，以及直线与直线、直线与平面的关系问题.

8.6.1 空间直线的一般式方程

我们知道，任何一条空间直线都能看成是两个平面的交线．设直线 l 是两平面

$$\Pi_1: A_1x + B_1y + C_1z + D_1 = 0$$

与

$$\Pi_2: A_2x + B_2y + C_2z + D_2 = 0$$

的交线．这时，直线 l 上的任意一点 $M(x,y,z)$ 既在平面 Π_1 上，又在平面 Π_2 上，从而 M 的坐标 x、y、z 必然同时满足 Π_1 与 Π_2 的方程，亦即满足方程组：

$$\begin{cases} A_1x + B_1y + C_1z + D_1 = 0, \\ A_2x + B_2y + C_2z + D_2 = 0. \end{cases} \tag{8-37}$$

反之，如果点 $M'(x',y',z')$ 不在直线 l 上，那么它不可能同时在平面 Π_1 和 Π_2 上，所以它的坐标 x'、y'、z' 不会满足方程组(8-37).

由于方程组(8-37)与直线 l 有以下关系：在直线 l 上的任一点，其坐标满足方程组(8-37)；不在直线 l 上的点，其坐标不满足方程组(8-37)，因此可以用方程组(8-37)来表示直线 l. 我们称方程组(8-37)为空间直线的一般式方程(或面交式方程).

注意：

(1) 空间直线的方程都是方程组的形式，而平面的方程只是一个方程，两者是不同的，绝不能混淆.

(2) 通过空间直线 l 的平面有无穷多个，其中任意两平面的方程联立而得的面交式方程均可以表示直线 l. 因此，直线 l 的一般式方程不是唯一的．例如 z 轴可以用

$$\begin{cases} x = 0, \\ y = 0 \end{cases}$$

表示，也可用

$$\begin{cases} x + y = 0, \\ x - y = 0 \end{cases}$$

表示.

(3) 有时，一般式方程(8-37)并不表示一条直线，例如

$$\begin{cases} 3x + 2y - 6z - 35 = 0, \\ 3x + 2y - 6z - 56 = 0 \end{cases}$$

中的两个方程表示两平行(且不重合)的平面，因而此方程组不表示任何直线.

8.6.2　空间直线的对称式方程与参数方程

由立体几何知道，过空间一定点，作与一已知直线平行的直线是唯一的．因此，如果知道所求直线上一个点，以及与此直线平行的一个非零向量，那么所求直线也就完全确定了．

为简便，凡是与直线平行的非零向量都称为该直线的方向向量．显然，一条直线的方向向量有无穷多个，它们是互相平行的．

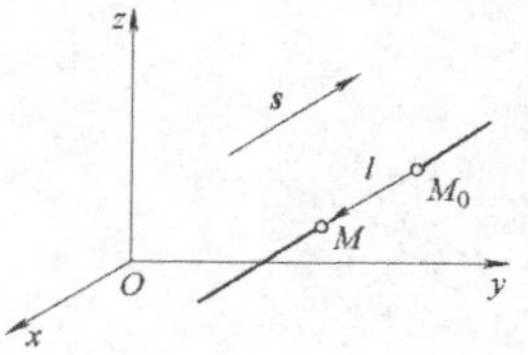

图　8-29

下面在给定了直线 l 上一个点 $M_0(x_0,y_0,z_0)$ 以及 l 的一个方向向量 $\boldsymbol{s}=m\boldsymbol{i}+n\boldsymbol{j}+p\boldsymbol{k}$（$m,n,p$ 不全为零）的条件下，推导直线 l 的方程．

设 $M(x,y,z)$ 是直线 l 上任意一点，则向量

$$\overrightarrow{M_0M}=\{x-x_0,y-y_0,z-z_0\}$$

在 l 上，因而

$$\overrightarrow{M_0M}\,/\!/\,\boldsymbol{s}.$$

于是由两向量平行的充分必要条件，有

$$\frac{x-x_0}{m}=\frac{y-y_0}{n}=\frac{z-z_0}{p}. \tag{8-38}$$

上述推导过程表明直线 l 上任意一点 $M(x,y,z)$ 的 3 个坐标满足方程组(8-38)．反之，对不在直线 l 上的点 $M'(x',y',z')$，向量 $\overrightarrow{M_0M'}$ 与 $\boldsymbol{s}$ 必不平行，从而 $x'-x_0$，$y'-y_0$，$z'-z_0$ 与 m，n，p 不成比例，即 x'，y'，z' 不满足方程组(8-38)．因此，可用方程组(8-38)来表示直线 l，并称方程组(8-38)为空间直线的对称式方程（或点向式方程）．

如果引入变量 t（称 t 为参数），并令

$$\frac{x-x_0}{m}=\frac{y-y_0}{n}=\frac{z-z_0}{p}=t,$$

那么可得

$$\begin{cases}x=x_0+mt,\\ y=y_0+nt,\ (-\infty<t<+\infty).\\ z=z_0+pt,\end{cases} \tag{8-39}$$

称方程组(8-39)为空间直线的参数方程．

注意：在方程组(8-38)中，3 个数 m、n、p 不能全为零．若 m、n、p 中一个为零，例如 n、$p\neq0$，而 $m=0$，则方程组(8-38)应理解为

$$\begin{cases}x-x_0=0,\\ \dfrac{y-y_0}{n}=\dfrac{z-z_0}{p}.\end{cases}$$

若 m、n、p 中有两个为零，例如 $m=n=0$，而 $p\neq0$，则方程组(8-38)应理解为

$$\begin{cases}x-x_0=0,\\ y-y_0=0.\end{cases}$$

例1 求过两点 $M_1(0,5,7)$ 与 $M_2(3,4,9)$ 的直线的方程.

解 显然可取 $\overrightarrow{M_1M_2}=\{3-0,4-5,9-7\}=\{3,-1,2\}$ 为直线的方向向量，故所求直线的方程为

______.

例2 用对称式方程和参数方程表示直线 l：

$$\begin{cases}2x-4y+z=0,\\3x-y-2z+9=0.\end{cases}$$

解 化一般式的直线方程为对称式方程，只要找出直线上一个点 $M_0(x_0,y_0,z_0)$ 和直线的方向向量 $\boldsymbol{s}=\{m,n,p\}$，便可写出其对称式方程.

先找出 l 上一点 $M_0(x_0,y_0,z_0)$. 取 $x_0=0$（也可取其他数），代入 l 的方程组中，得

$$\begin{cases}-4y+z=0,\\-y-2z+9=0,\end{cases}$$

解此方程组，得 $y_0=1$，$z_0=4$. 于是得 l 上一点 M_0 ______.

然后找直线 l 的方向向量 $\boldsymbol{s}$. 因为 l 是两平面的交线，故 l 与两平面的法向量 $\boldsymbol{n}_1=$ ______ 和 $\boldsymbol{n}_2=$ ______ 都垂直，从而 $\boldsymbol{s}\parallel\boldsymbol{n}_1\times\boldsymbol{n}_2$，于是可取

$$\boldsymbol{s}=\boldsymbol{n}_1\times\boldsymbol{n}_2=\begin{vmatrix}\boldsymbol{i}&\boldsymbol{j}&\boldsymbol{k}\\2&-4&1\\3&-1&-2\end{vmatrix}=\_\_\_\_\_\_.$$

因此，直线 l 的对称式方程为

$$\frac{x}{9}=\frac{y-1}{7}=\frac{z-4}{10}.$$

令

$$\frac{x}{9}=\frac{y-1}{7}=\frac{z-4}{10}=t,$$

得直线 l 的参数方程：

______

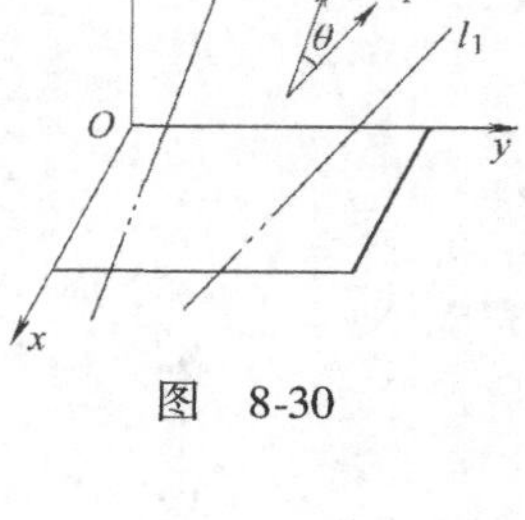

图 8-30

8.6.3 两直线的夹角及两直线的平行或垂直的条件

两直线的方向向量的夹角称为两直线的夹角. 通常这个夹角总是指定为锐角（见图 8-30）.

完全类似于两平面夹角的讨论，设直线 l_1 和 l_2 的方向向量分别是 $\boldsymbol{s}_1=\{m_1,n_1,p_1\}$ 和 $\boldsymbol{s}_2=\{m_2,n_2,p_2\}$，则 l_1 和 l_2 的夹角 θ 应为 $(\widehat{\boldsymbol{s}_1,\boldsymbol{s}_2})$

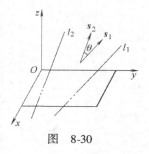

和$(-\widehat{s_1,s_2})=\pi-(-\widehat{s_1,s_2})$两者中为锐角的一个，因此 $\cos\theta=|\cos(\widehat{s_1,s_2})|$．由两向量夹角的余弦公式

$$\cos\theta=\frac{s_1\cdot s_2}{|s_1||s_2|},$$

可知 l_1 与 l_2 的夹角 θ 可由下式确定：

$$\cos\theta=\frac{|m_1m_2+n_1n_2+p_1p_2|}{\sqrt{m_1^2+n_1^2+p_1^2}\cdot\sqrt{m_2^2+n_2^2+p_2^2}}. \tag{8-40}$$

两直线平行相当于它们的方向向量互相平行，由此得直线 l_1 与直线 l_2 平行的充分必要条件是

$$\frac{m_1}{m_2}=\frac{n_1}{n_2}=\frac{p_1}{p_2}. \tag{8-41}$$

两直线垂直相当于它们的方向向量相互垂直，由此得直线 l_1 与直线 l_2 垂直的充分必要条件是

$$m_1m_2+n_1n_2+p_1p_2=0. \tag{8-42}$$

例 3　一直线过点(1,1,0)，且与 z 轴相交，又该直线与 z 轴的夹角为$\frac{\pi}{4}$，求此直线的方程．

解　设所求直线与 z 轴的交点为(0,0,z)，由于它过点(1,1,0)，于是它的一个方向向量为 $s_1=\{0-1,0-1,z-0\}=\{-1,-1,z\}$．又由于直线与 z 轴的夹角为$\frac{\pi}{4}$，z 轴的一个方向向量为 $s_2=\{0,0,1\}$，从而

$$\cos\frac{\pi}{4}=\frac{|0\times(-1)+0\times(-1)+1\times z|}{\sqrt{0^2+0^2+1^2}\cdot\sqrt{(-1)^2+(-1)^2+z^2}}=\frac{|z|}{\sqrt{2+z^2}},$$

由此解得

$z=$ ____________.

因而直线的方向向量为

$s=\{-1,\ -1,\ \sqrt{2}\}$或 $s=$ ____________.

所以所求直线的方程为

$$\frac{x-1}{-1}=\frac{y-1}{-1}=\frac{z}{\sqrt{2}}$$

或

____________ $\left(\text{即}\frac{x-1}{1}=\frac{y-1}{1}=\frac{z}{\sqrt{2}}\right)$.

8.6.4　直线与平面的夹角

设有直线 l 和平面 Π，过直线 l 作垂直于平面 Π 的平面 Π_1，两平

面的交线 l_1 就称为直线 l 在平面 Π 上的投影直线，直线 l 和它在平面 Π 上的投影直线 l_1 的夹角 φ 称为直线 l 与平面 Π 的夹角(见图8-31)．通常规定 $0\leqslant\varphi\leqslant\frac{\pi}{2}$．当直线 l 与平面 Π 垂直时，规定 $\varphi=\frac{\pi}{2}$．

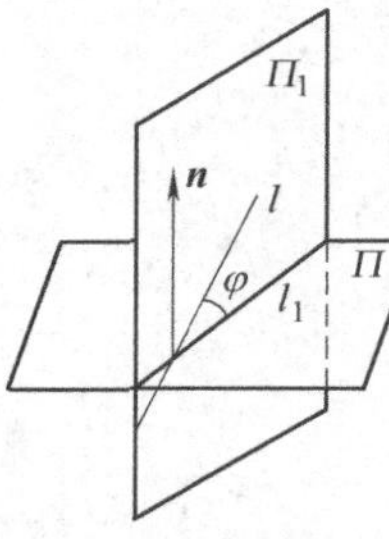

图 8-31

设直线 l 的方向向量为 $\boldsymbol{s}=\{m,n,p\}$，平面 Π 的法向量为 $\boldsymbol{n}=\{A,B,C\}$，l 与 Π 的夹角为 φ，那么 $\varphi=\left|\frac{\pi}{2}-(\widehat{\boldsymbol{s},\boldsymbol{n}})\right|$，因此 $\sin\varphi=|\cos(\widehat{\boldsymbol{s},\boldsymbol{n}})|$，按两向量夹角的余弦公式可得

$$\sin\varphi=\frac{|Am+Bn+Cp|}{\sqrt{A^2+B^2+C^2}\cdot\sqrt{m^2+n^2+p^2}},\tag{8-43}$$

这就是计算直线 l 与平面 Π 的夹角 φ 的公式．

若直线 l 与平面 Π 平行，则 l 的方向向量 $\boldsymbol{s}=\{m,n,p\}$与 Π 的法向量 $\boldsymbol{n}=\{A,B,C\}$必相互垂直．由此得：

直线 l 与平面 Π 平行的充分必要条件是

$$Am+Bn+Cp=0.\tag{8-44}$$

若直线 l 与平面 Π 垂直，则 l 的方向向量 $\boldsymbol{s}=\{m,n,p\}$与 Π 的法向量 $\boldsymbol{n}=\{A,B,C\}$必相互平行．由此可得：

直线 l 与平面 Π 垂直的充分必要条件是

$$\frac{A}{m}=\frac{B}{n}=\frac{C}{p}.\tag{8-45}$$

例4 求直线 l：$\begin{cases}2x-y=1,\\y+z=0\end{cases}$，与平面 Π：$x+y+z+1=0$ 的夹角的正弦．

解 因为 l 的方向向量为

$$\boldsymbol{s}=\begin{vmatrix}\boldsymbol{i}&\boldsymbol{j}&\boldsymbol{k}\\2&-1&0\\0&1&1\end{vmatrix}=\underline{\qquad\qquad},$$

所以由公式(8-43)得 l 与 Π 的夹角 φ 的正弦为

$$\sin\varphi=\frac{\overline{\qquad\qquad}}{\sqrt{1^2+1^2+1^2}\cdot\sqrt{(-1)^2+(-2)^2+2^2}}=\frac{\sqrt{3}}{9}.$$

例5 求直线 l：$\frac{x-1}{9}=\frac{y+1}{-4}=\frac{z}{-7}$在平面 Π_1：$2x-y+3z+6=0$ 上的投影直线 L 的方程．

图 8-32

解 过直线 l 作与平面 Π_1 垂直的平面 Π，则 Π 与 Π_1 的交线 L 即为所求之投影直线(见图8-32)．

因为 l 的方向向量 $\boldsymbol{s}=\underline{\qquad\qquad}$ 及 Π_1 的法向量 $\boldsymbol{n}_1=$

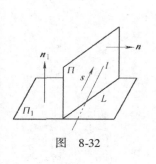

__________都与 Π 的法向量 $\boldsymbol{n}$ 垂直，所以可取

$$\boldsymbol{n}=\boldsymbol{s}\times\boldsymbol{n}_1=\_\_\_\_\_\_\_\_\_\_.$$

又 l 上一点(1，-1，0)必在 Π 上，所以

$$\Pi：-19(x-1)-41(y+1)-(z-0)=0,$$

即

$$\_\_\_\_\_\_\_\_\_\_.$$

所以 l 在 Π_1 上的投影直线 L 为

$$\begin{cases}19x+41y+z+22=0,\\2x-y+3z+6=0.\end{cases}$$

习题 8.6

1. 求过点(1,-2,5)且与直线$\dfrac{x-2}{4}=\dfrac{y+1}{-5}=z$平行的直线方程.

2. 分别求满足下列条件的直线方程：

(1)过两点(-1,0,5)和(2,-5,4)；

(2)过点(3,0,-2)，且与两点(1,2,-3)和(0,5,4)的连线平行.

3. 将下列直线的一般式方程化为对称式方程和参数方程：

(1)$\begin{cases}x-y+z+5=0,\\3x-8y+4z+36=0;\end{cases}$　(2)$\begin{cases}x=3z-5,\\y=2z-8.\end{cases}$

4. 求直线$\dfrac{x-1}{3}=2y=\dfrac{2-z}{5}$与直线$\begin{cases}x+2y+z-1=0,\\x-2y+z+1=0\end{cases}$之间夹角的余弦.

5. 证明：两直线$\begin{cases}x+2y=1,\\2y-z=1\end{cases}$与$\begin{cases}x-y=1,\\x-2z=3\end{cases}$互相垂直.

6. 证明：两直线

$\begin{cases}x+2y-z=7,\\-2x+y+z=7\end{cases}$与$\begin{cases}3x+6y-3z=8,\\2x-y-z=0\end{cases}$互相平行.

7. 求平面 $x+y-z=0$ 与直线$\begin{cases}x+y+3z=0,\\x-y-z=0\end{cases}$之间的夹角.

8. 求过点(-3,0,6)，且与直线$\dfrac{x+1}{3}=\dfrac{y-1}{2}=\dfrac{z}{-1}$垂直相交的直线方程.

9. 求点 $P(3,-1,2)$ 到直线$\begin{cases}x+y-z+1=0,\\2x-y+z-4=0\end{cases}$的距离.

10. 求过点(2,0,-5)，且与两平面 $x-2y+3z=0$ 及 $y-2z+3=0$ 都平行的直线方程.

11. 求直线$\begin{cases}x+y-z-1=0,\\x-y+z+1=0\end{cases}$在平面 $x+y+z=0$ 上的投影直线的方程.

12. 画出下列各曲面所围成的立体图形：

(1)$3x+4y+2z-12=0$，$x=2$，$y=1$，$x=0$，$y=0$，$z=0$；

(2)$x=0$，$x=1$，$z=0$，$y=2$，$z=\dfrac{1}{4}y$.

8.7 曲面及其方程

在第5节中我们已经讨论了一类特殊的曲面——平面，并且是在空间直角坐标系下，根据平面Π上的点所满足的几何条件，建立了它的方程

$$Ax+By+Cz+D=0. \tag{8-30}$$

在那里我们明确地指出了两点：

(1)平面Π上任意点$M(x,y,z)$，其坐标x、y、z满足方程(8-30)；

(2)不在平面Π上的点$M'(x',y',z')$，其坐标x'、y'、z'不满足方程(8-30). 据此，我们称方程(8-30)是在直角坐标系中平面Π的方程，而平面Π是方程(8-30)的图形.

此外，我们还用平面的方程这一代数形式以及代数运算的手段研究了涉及平面的若干几何问题.

对于一般的曲面，也可以用上述作法进行研究. 为此，首先建立曲面方程的概念.

8.7.1 曲面的方程

定义 8.3 设已建立了一个空间直角坐标系$O-xyz$，又给了一张曲面S及一个方程

$$F(x,y,z)=0. \tag{8-46}$$

若

(1)曲面S上任一点$M(x,y,z)$，其坐标x、y、z都满足方程(8-46)；

(2)不在曲面S上的点$M'(x',y',z')$，其坐标x'、y'、z'都不满足方程(8-46)，则称方程(8-46)是在此坐标系中曲面S的方程，而曲面S就叫做方程(8-46)的图形(见图8-33).

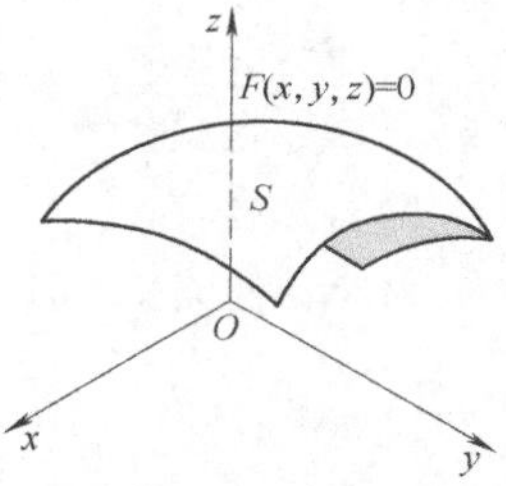

图 8-33

例1 求球心为$M_0(x_0,y_0,z_0)$，半径为R的球面的方程.

解 设$M(x,y,z)$是球面上任一点(见图8-34)，则

$$|M_0M|=R.$$

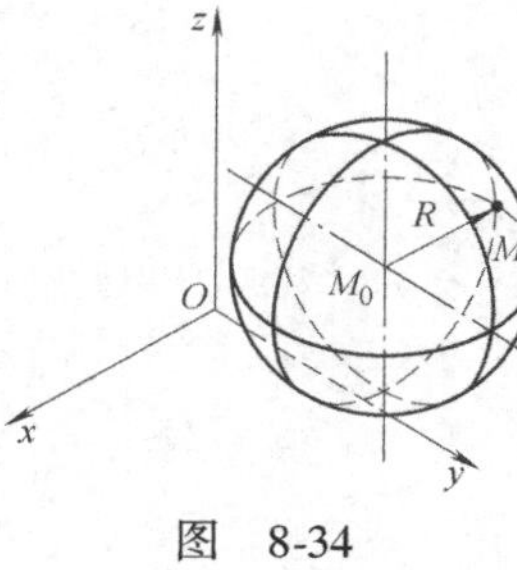

图 8-34

由于

$$|M_0M|=\sqrt{(x-x_0)^2+(y-y_0)^2+(z-z_0)^2},$$

因此

$$\sqrt{(x-x_0)^2+(y-y_0)^2+(z-z_0)^2}=R$$

或

$$(x-x_0)^2+(y-y_0)^2+(z-z_0)^2=R^2. \tag{8-47}$$

这就是球面上任一点所满足的方程. 而不在球面上的点的坐标都

不满足方程．所以方程(8-47)就是以 $M_0(x_0, y_0, z_0)$ 为球心、R 为半径的球面方程．

由方程(8-47)可以看出以原点为球心、R 为半径的球面方程为

$$x^2+y^2+z^2=R^2. \tag{8-48}$$

在空间解析几何中，关于曲面的研究有以下两类基本问题：

(1)已知曲面(作为点的轨迹)，建立该曲面的方程；

(2)已知坐标 x、y、z 的一个方程，研究此方程所表示的曲面的形状．

例 2　方程 $x^2+y^2+z^2-2x+4y=0$ 表示怎样的曲面？

解　通过配方法可将原方程化为

$$(x-1)^2+(y+2)^2+(z-0)^2=(\sqrt{5})^2.$$

对照式(8-47)可知原方程表示球心为________、半径为________的球面.

作为上述基本问题(1)，我们介绍几种常用的曲面及其方程．

8.7.2　球面及其方程

本节例 1 中的方程(8-47)，即

$$(x-x_0)^2+(y-y_0)^2+(z-z_0)^2=R^2$$

表示球心为 $M_0(x_0, y_0, z_0)$、半径为 R 的球面的方程，又称为球面的标准方程．

而将方程(8-47)展开后的一般形式方程

$$Ax^2+Ay^2+Az^2+Ex+Fy+Gz+H=0 \quad (\text{其中 } A\neq 0) \tag{8-49}$$

称为球面的一般方程，该方程的特点是：x^2、y^2、z^2 具有相同的非零系数 A，且方程中没有交叉二次项 xy、yz 和 zx. 对此，可以经过配方化成方程(8-47)的形式，其图形一般地说是一个球面．

8.7.3　旋转曲面及其方程

一条曲线 c 绕一条定直线 l 旋转一周所形成的曲面称为旋转曲面，旋转曲线 c 和定直线 l 依次称为旋转曲面的母线和旋转轴．

在这里我们只介绍母线为坐标平面上的曲线、旋转轴为坐标轴的旋转曲面．

设旋转曲面 S 的母线是 yOz 平面上的曲线 c：

$$f(y,z)=0,$$

旋转轴是 z 轴，亦即 S 是由 c 绕 z 轴旋转一周所形成的曲面，其方程可由以下方法求出(见图 8-35).

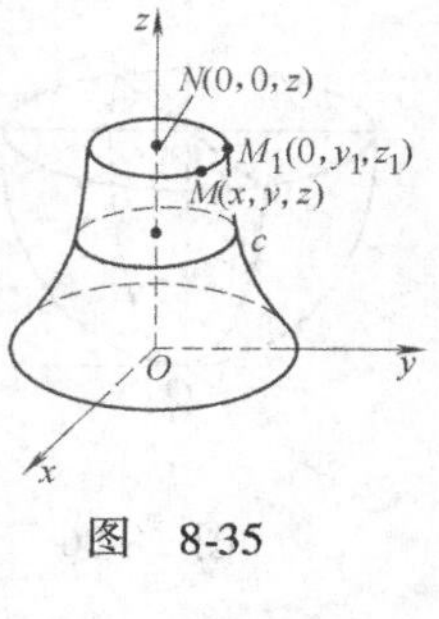

图　8-35

设 $M(x, y, z)$ 是旋转曲面 S 上任一点，此点是由 c 上一点 $M_1(0, y_1, z_1)$ 旋转而来的．于是有

$$f(y_1,z_1)=0$$

及

$$z=z_1,$$

且点 M 到 z 轴的距离与点 M_1 到 z 轴的距离相等，即

$$\sqrt{x^2+y^2}=|y_1| \text{或} y_1=\pm\sqrt{x^2+y^2}.$$

将 $y_1=\pm\sqrt{x^2+y^2}$ 和 $z_1=z$ 代入 $f(y_1,z_1)=0$ 得

$$f(\pm\sqrt{x^2+y^2},z)=0, \tag{8-50}$$

这就是所求的旋转曲面 S 的方程．很明显，旋转曲面 S 上任一点 $M(x,y,z)$，其坐标满足方程(8-50)，而不在 S 上的点 $M'(x',y',z')$，其坐标不满足方程(8-50).

由此可知，只要将旋转曲线 c 的方程 $f(y,z)=0$ 中的 y 改为 $\pm\sqrt{x^2+y^2}$，而 z 保持不变，便得旋转曲面 S 的方程(8-50).

同理，将 yOz 平面上曲线 c：$f(y,z)=0$ 绕 y 轴旋转所形成的旋转曲面的方程为

$$f(y,\pm\sqrt{z^2+x^2})=0. \tag{8-51}$$

类似地可得：

xOy 平面上的曲线 $g(x,y)=0$，绕 x 轴旋转所形成的曲面的方程为

$$g(x,\pm\sqrt{y^2+z^2})=0, \tag{8-52}$$

绕 y 轴旋转所形成的曲面的方程为

$$g(\pm\sqrt{z^2+x^2},y)=0; \tag{8-53}$$

zOx 平面上的曲线 $h(z,x)=0$，绕 z 轴旋转所形成的曲面的方程为

$$h(z,\pm\sqrt{x^2+y^2})=0, \tag{8-54}$$

绕 x 轴旋转所形成的曲面的方程为

$$h(\pm\sqrt{y^2+z^2},x)=0. \tag{8-55}$$

例 3 将 yOz 平面上的抛物线 $z=y^2$ 绕 z 轴旋转一周，求所生成的旋转曲面的方程．

解 由上述作法：保持方程中的 z 不变，而将 y 换成 $\pm\sqrt{x^2+y^2}$，可得

$$z=\underline{\qquad\qquad},$$

即

$$z=x^2+y^2, \tag{8-56}$$

这就是所求旋转曲面的方程，称其为旋转抛物面(见图8-36).

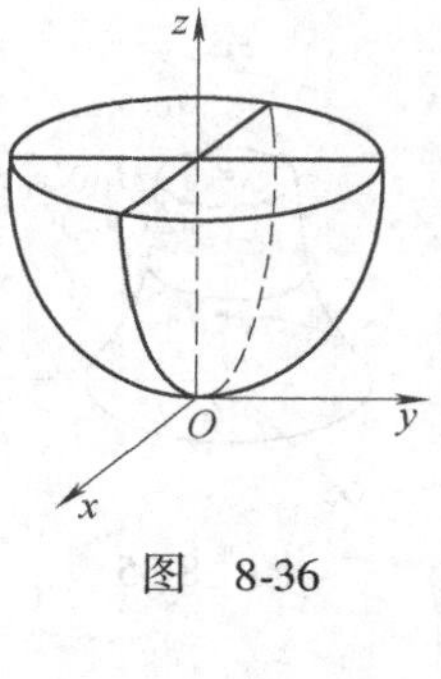

图 8-36

例 4 将 xOz 平面上的双曲线

$$\frac{x^2}{a^2}-\frac{z^2}{c^2}=1$$

分别绕 z 轴和 x 轴旋转，求所生成的旋转曲面的方程.

解 绕 z 轴旋转所生成的旋转曲面叫作旋转单叶双曲面(见图 8-37)，其方程为

$$\frac{x^2+y^2}{a^2}-\frac{z^2}{c^2}=1. \tag{8-57}$$

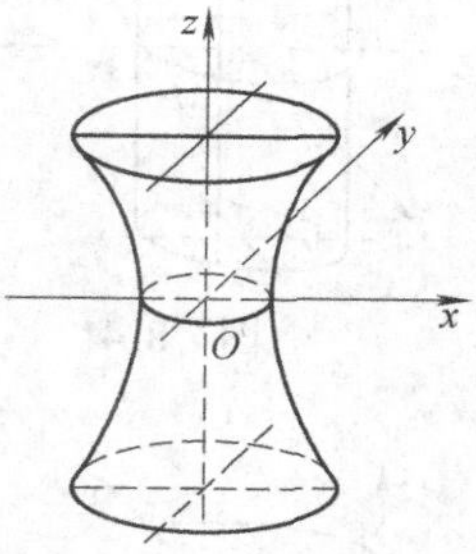

图 8-37

绕 x 轴旋转所生成的旋转曲面叫作旋转双叶双曲面(见图 8-38)，其方程为

$$\frac{x^2}{a^2}-\frac{y^2+z^2}{c^2}=1. \tag{8-58}$$

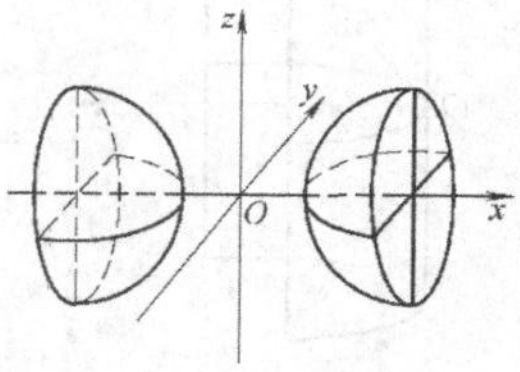

图 8-38

例 5 将 yOz 平面上的椭圆

$$\frac{y^2}{a^2}+\frac{z^2}{c^2}=1$$

绕 z 轴旋转所生成的旋转曲面称为旋转椭球面(见图 8-39)，其方程为

$$\frac{x^2}{a^2}+\frac{y^2}{a^2}+\frac{z^2}{c^2}=1. \tag{8-59}$$

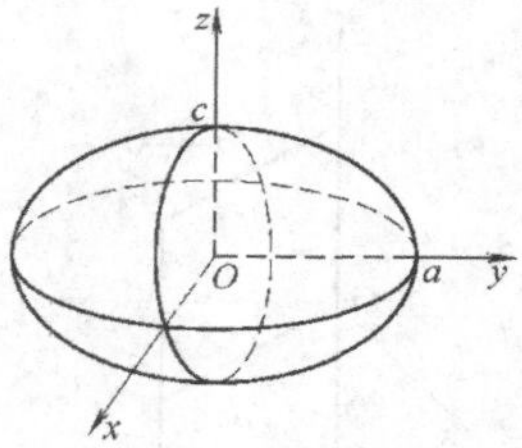

图 8-39

例 6 直线 l 绕另一条与之相交的直线旋转一周，所生成的旋转曲面叫做圆锥面. 两直线的交点叫做圆锥面的顶点，两直线的夹角 $\alpha\left(0<\alpha<\frac{\pi}{2}\right)$叫做圆锥面的半顶角. 试建立顶点为坐标原点 O、旋转轴为 z 轴、半顶角为 α 的圆锥面的方程(见图 8-40).

解 在 yOz 平面上，直线 l 的方程为

$$z=y\cdot\cot\alpha.$$

因为旋转轴为 z 轴，所以圆锥面即旋转曲面的方程为

$$z=\underline{\qquad\qquad\qquad}\cdot\cot\alpha,$$

即

$$z^2=a^2(x^2+y^2), \tag{8-60}$$

其中，$a=\cot\alpha$.

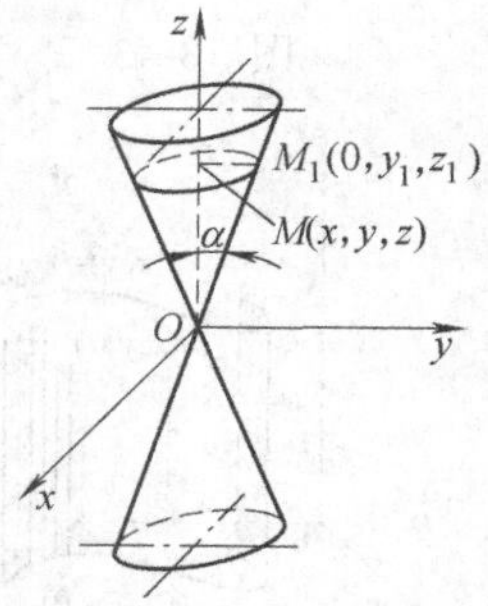

图 8-40

8.7.4 柱面及其方程

先考察一个例子.

例7 方程 $x^2+y^2=R^2$ 表示怎样的曲面？

分析 如果是在平面直角坐标系 $O-xy$ 中，也就是仅在 xOy 平面上看，方程 $x^2+y^2=R^2$ 的图形是圆心为原点 O、半径为 R 的圆．然而，在空间直角坐标系 $O-xyz$ 中，由于方程 $x^2+y^2=R^2$ 中不含竖坐标 z，即不论空间点的竖坐标 z 为何值，只要它的横坐标 x 和纵坐标 y 能满足这个方程，因此，我们就说这个点在一个曲面上．这就是说，凡是通过 xOy 平面上圆 $x^2+y^2=R^2$ 上的一点 $M(x,y,0)$，且平行于 z 轴的直线 l 都在这个曲面上．用运动的观点看，此曲面可以看做是由平行于 z 轴的直线 l 沿 xOy 平面上的圆 $x^2+y^2=R^2$ 移动而生成的．这个曲面就叫作圆柱面(见图8-41)，xOy 平面上的圆 $x^2+y^2=R^2$ 称为圆柱面的准线，平行于 z 轴的直线 l 称为圆柱面的母线．

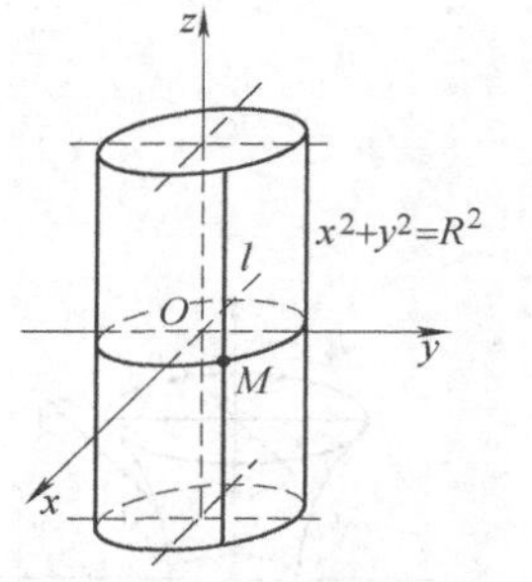

图 8-41

在这里我们看到，不含 z 的方程 $x^2+y^2=R^2$ 在空间直角坐标系中表示圆柱面，它的母线平行于 z 轴，准线是 xOy 平面上的圆 $x^2+y^2=R^2$.

类似地，方程 $y^2=2x$ 在空间直角坐标系中，表示母线为平行于 z 轴的直线、准线为 xOy 平面上的抛物线 $y^2=2x$ 的柱面，称此柱面为抛物柱面(见图8-42).

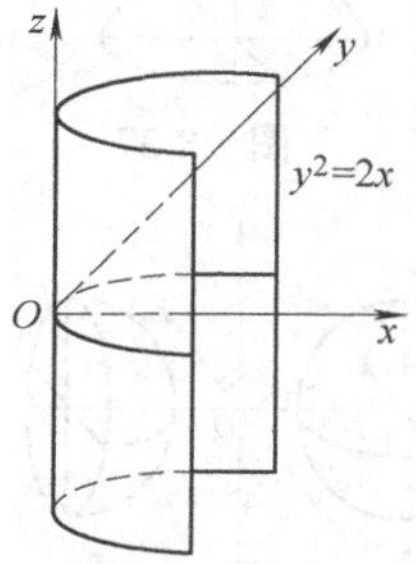

图 8-42

又如，方程 $x-y=0$ 在空间直角坐标系中表示一张平面．由于该方程中不含竖坐标 z，因此也可看做柱面，其母线平行于 z 轴、准线是 xOy 平面上的直线 $x-y=0$(见图8-43).

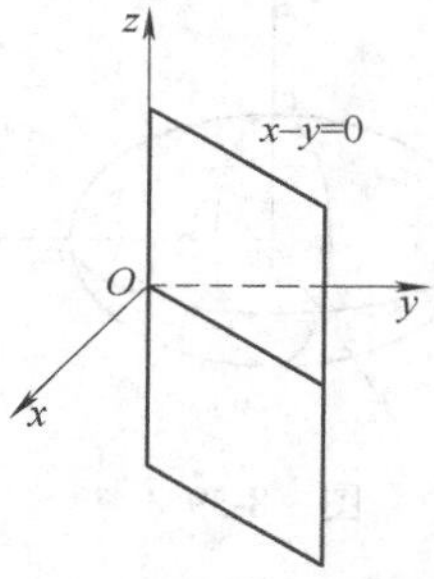

图 8-43

一般地，平行于定直线、并沿定曲线 c 移动的直线 l 形成的轨迹称为柱面，定曲线 c 称为柱面的准线，动直线 l 称为柱面的母线．

下面只介绍母线平行于坐标轴、准线是坐标平面上的曲线的柱面方程的建立．

设柱面 S 的准线是 xOy 平面上的曲线 c：

$$F(x,y)=0,$$

母线平行于 z 轴(见图8-44).

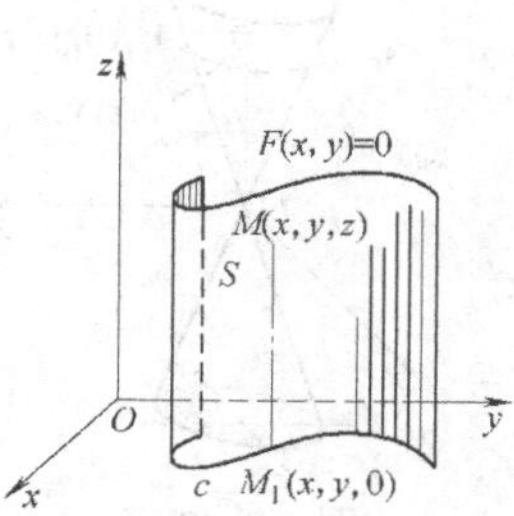

图 8-44

设 $M(x,y,z)$ 是柱面 S 上任一点，过 M 作平行于 z 轴的直线，交曲线 c 于点 M_1. 显然，点 M_1 与点 M 有相同的横坐标 x 及相同的纵坐标 y，因此，点 M_1 为 $M_1(x,y,0)$. 由于 M_1 在曲线 c 上，所以，M_1 的坐标应满足 c 的方程，亦即

$$F(x,y)=0. \tag{8-61}$$

因为方程(8-61)中不含 z，所以柱面 S 上的点 $M(x,y,z)$ 的坐标 x, y, z 满足方程(8-61)，因此，方程(8-61)即为所求之柱面的方程．

注意：方程(8-61)的特点是方程中不含 z，它表示是一个柱面，其母线平行于 z 轴，准线是 xOy 平面上的曲线 c：$F(x,y)=0$.

类似于上面的讨论可知：

(1)准线是 yOz 平面上的曲线 $G(y,z)=0$，母线平行于 x 轴的柱

面的方程是

$$G(y,z)=0. \qquad (8\text{-}62)$$

(2)准线是 zOx 平面上的曲线 $H(z,x)=0$，母线平行于 y 轴的柱面的方程是

$$H(z,x)=0. \qquad (8\text{-}63)$$

习题 8.7

1. 已知点 $A(1,2,3)$ 和 $B(2,-1,4)$，求线段 AB 的垂直平分面的方程.
2. 求与坐标原点及点 $(2,3,4)$ 的距离之比为 $1:2$ 的动点的轨迹.
3. 分别写出满足下列条件的球面方程:

(1)已知球面的一条直径的两个端点为点 $A(2,-3,5)$ 和 $B(4,1,-3)$;

(2)球面过坐标原点、且球心为 $(1,-2,2)$.

4. 方程 $2x^2+2y^2+2z^2-4x+8y+4z=0$ 表示什么曲面?
5. 将 zOx 平面上的抛物线 $z=1+x^2$ 绕 z 轴旋转一周，求所生成的旋转曲面的方程，并画出此旋转曲面的图形.
6. 将 xOy 平面上的直线 $x+y=1$ 绕 y 轴旋转一周，求所生成的旋转曲面的方程，并画出此旋转曲面的图形.
7. 将 yOz 平面上的双曲线 $\frac{y^2}{9}-\frac{z^2}{4}=1$ 分别绕 z 轴和 y 轴旋转一周，求所生成的旋转曲面的方程.
8. 将 zOx 平面上的椭圆 $9x^2+4z^2=1$ 绕 z 轴旋转一周，求所生成的旋转曲面的方程.
9. 指出下列方程在平面直角坐标系和空间直角坐标系中分别表示什么图形:

(1) $x=2$; (2) $y=x+1$;

(3) $x^2+y^2=4$; (4) $x^2-y^2=1$;

(5) $x-y^2=0$; (6) $\left(x-\frac{1}{2}\right)^2+y^2=\left(\frac{1}{2}\right)^2$.

10. 画出下列各曲面的图形:

(1) $z=1-(x^2+y^2)$; (2) $z=4(x^2+y^2)$;

(3) $z=\sqrt{x^2+y^2}$; (4) $z=-\sqrt{x^2+y^2}$;

(5) $z=-1+\sqrt{x^2+y^2}$.

8.8 空间曲线及其方程

在第 6 节中我们已经讨论了空间中的一类特殊的曲线——直线在空间直角坐标系中的表达形式，并用代数方法研究了直线的有关问题. 本节讨论一般的空间曲线.

8.8.1 空间曲线的一般方程

空间直线可看做两个平面的交线，同样空间曲线也可看做两个空

间曲面的交线．如果已知空间曲线 c 是两个空间曲面

$$F(x,y,z)=0 \text{ 和 } G(x,y,z)=0$$

的交线，那么空间曲线 c 的方程为

$$\begin{cases}F(x,y,z)=0,\\ G(x,y,z)=0.\end{cases} \tag{8-64}$$

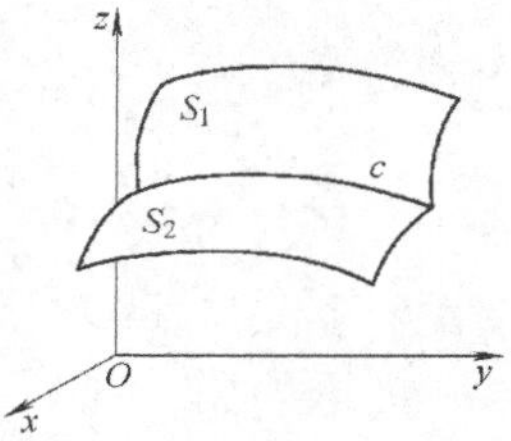

图 8-45

这是由于，若点 $M(x,y,z)$ 在曲线 c 上，则它必同时在这两个曲面上，因此点 M 的坐标 x、y、z 必满足联立方程组(8-64)；反之，若点 $M'(x',y',z')$ 不在曲线 c 上，则此点不可能同时在这两个曲面上，所以点 M' 的坐标 x'、y'、z' 不会满足联立方程组(8-64)．因此，方程组(8-64)是曲线 c 的方程．方程组(8-64)称为空间曲线 c 的一般方程(见图8-45)．

例 1 方程组 $\begin{cases}x^2+y^2+z^2=4,\\ z=1\end{cases}$ 表示怎样的曲线？

解 方程组中的第一个方程表示球心为原点、半径为 2 的球面；第二个方程表示过点(0,0,1)且平行于 xOy 平面的平面，因此，方程组表示平面 $z=1$ 上的圆心为(0,0,1)、半径为 $\sqrt{3}$ 的圆．

注意：

(1) 空间曲线 c 的一般方程(8-64)是联立方程组的形式，不能用一个方程 $H(x,y,z)=0$ 表示空间曲线．

(2) 通过曲线 c 的曲面可能有无穷多个，这些曲面中的任何一对曲面的方程构成的联立方程组都可以表示曲线 c．因此，曲线 c 的一般方程的表示不是唯一的．例如例 1 中的曲线 c 也可以表示为

$$\begin{cases}x^2+y^2=3,\\ z=1.\end{cases}$$

(3) 有时，一般方程(8-64)并不表示一条曲线．例如

$$\begin{cases}x^2+y^2+z^2=4,\\ z=2\end{cases}$$

只表示一个点(0,0,2)．而方程组

$$\begin{cases}x^2+y^2+z^2=4,\\ z=100\end{cases}$$

则不表示任何几何图形．

例 2 方程组 $\begin{cases}x^2+y^2=1,\\ 2x+3z=6\end{cases}$ 表示怎样的曲线？

解 方程组中第一个方程表示一个圆柱面，其母线平行于 z 轴，而准线是圆

$$\begin{cases}x^2+y^2=1,\\ z=0.\end{cases}$$

方程组中的第二个方程是一个平面，也可看做柱面，其母线平行于 y 轴，而准线是直线

$$\begin{cases}2x+3z=6,\\ y=0.\end{cases}$$

因此，方程组表示圆柱面和平面的交线，如图 8-46 所示．

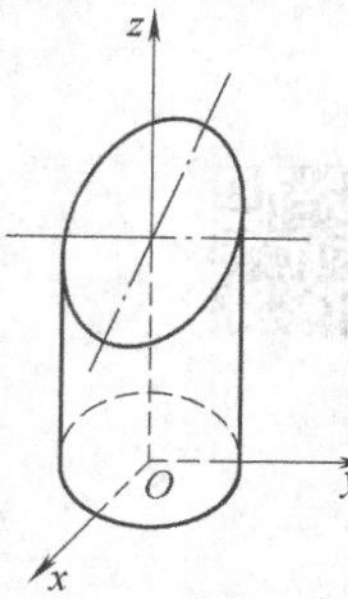

图　8-46

例 3　方程组 $\begin{cases}z=\sqrt{a^2-x^2-y^2},\\ \left(x-\dfrac{a}{2}\right)^2+y^2=\left(\dfrac{a}{2}\right)^2\end{cases}$ 表示怎样的曲线（$a>0$）？

解　方程组第一个方程表示球心在坐标原点、半径为 a 的上半球面．第二个方程是圆柱面，其母线平行于 z 轴、准线是 xOy 平面上的圆

$$\begin{cases}\left(x-\dfrac{a}{2}\right)^2+y^2=\left(\dfrac{a}{2}\right)^2,\\ z=0.\end{cases}$$

因此，方程组表示上述的半球面与圆柱面的交线，如图 8-47 所示．

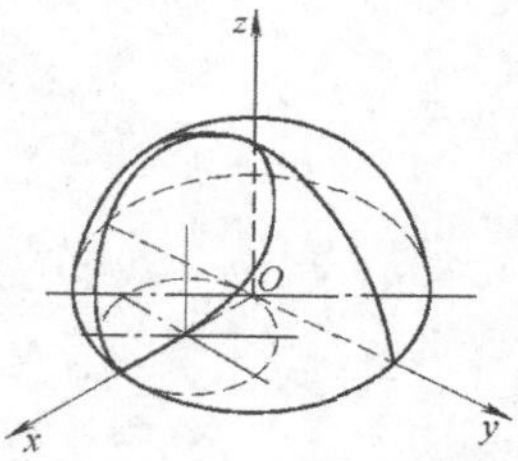

图　8-47

8.8.2　空间曲线的参数方程

在第 6 节中，我们已经看到，只要把空间中的直线上的点的坐标 x，y，z 用参数 t 表示出来，便得到直线的参数方程．同样，如果将空间曲线 c 上动点 M 的坐标 x，y，z 都表示成一个参数 t 的函数：

$$\begin{cases}x=x(t),\\ y=y(t),\\ z=z(t),\end{cases}\tag{8-65}$$

那么方程(8-65)就是曲线 c 的参数方程．显然，在参数 t 的允许值范围内，对于 t 的一个值，由方程(8-65)就确定了曲线上一点．当 t 取遍允许值范围内的所有值时，就得到了整条曲线 c.

例 4　如果空间一点 $M(x,y,z)$ 在圆柱面 $x^2+y^2=a^2$ 上以角速度 ω 绕 z 轴旋转，同时又以线速度 v 沿平行于 z 轴的正方向上升（其中 ω、v 都是常数），那么点 M 运动的轨迹是一条称为螺旋线的曲线．试建立其参数方程．

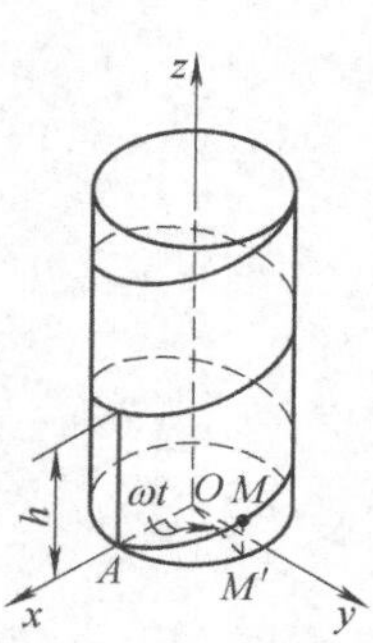

图　8-48

解　取时间 t 为参数，并设当 $t=0$ 时，动点位于 x 轴上一点 $A(a,0,0)$ 处．经过时间 t，动点由 A 运动到 $M(x,y,z)$（见图 8-48）．记点 M 在 xOy 平面上的投影点为 M'，显然，M' 的坐标为 $(x,y,0)$．由于动点在圆柱面上以角速度 ω 绕 z 轴旋转，因此经过时间 t，所转过的角为 $\angle AOM'=\omega t$. 从而

$$x=|OM'|\cos\angle AOM'=\underline{\qquad\qquad},$$
$$y=|OM'|\sin\angle AOM'=\underline{\qquad\qquad}.$$

又由于动点同时以线速度 v 沿平行于 z 轴的正方向上升，因此

$$z=M'M=vt.$$

因此，螺旋线的参数方程为

当然也可以用其他的变量作参数，例如令 $\theta=\omega t$，则螺旋线的参数方程可表示为

$$\begin{cases}x=a\cos\theta,\\ y=a\sin\theta,\\ z=b\theta,\end{cases}$$

这里 $b=\dfrac{v}{\omega}$，而参数是 θ.

8.8.3 空间曲线在坐标平面上的投影

如果一柱面 S 的母线与 z 轴平行，且以一确定的空间曲线 c 为准线，那么此曲线 c 必在柱面 S 上．这时 S 与 xOy 平面的交线 c_1 称为曲线 c 在 xOy 平面上的投影(曲线)，而柱面 S 称为曲线 c 关于 xOy 平面的投影柱面．

下面讨论在重积分的计算中必不可少的一个知识：空间曲线在坐标平面上的投影曲线的求法．

设曲线 c：

$$\begin{cases}F(x,y,z)=0,\\ G(x,y,z)=0.\end{cases}\tag{8-66}$$

要求 c 在 xOy 平面(即 $z=0$)上的投影曲线 c_1 的方程．

首先，我们从联立方程组(8-66)中消去变量 z 后得一方程

$$H(x,y)=0.\tag{8-67}$$

由于方程(8-67)是由方程组(8-66)消去 z 后所得到的结果，因此，当 x，y 和 z 满足方程组(8-66)时，前两个数 x 与 y 必满足方程(8-67)，这说明曲线 c 上的所有点都在方程(8-67)所表示的柱面上，也就是说此柱面通过曲线 c. 又由于柱面(8-67)的母线平行于 z 轴，因此，柱面(8-67)是曲线 c 关于 xOy 平面的投影柱面．

然后，将投影柱面的方程(8-67)与 xOy 平面的方程 $z=0$ 联立便得投影柱面与 xOy 平面的交线，此即所求之投影曲线 c_1：

$$\begin{cases}H(x,y)=0,\\ z=0.\end{cases}\tag{8-68}$$

类似地，由方程组(8-66)消去 x 得 $I(y,z)=0$，再将此方程与 yOz 平面的方程 $x=0$ 联立，便得曲线 c 在 yOz 平面上的投影曲线 c_2：

$$\begin{cases} I(y,z)=0, \\ x=0. \end{cases} \tag{8-69}$$

如果由方程组(8-66)消去 y 得 $J(z,x)=0$，再将此方程与 zOx 平面的方程 $y=0$ 联立，便得曲线 c 在 zOx 平面上的投影曲线 c_3：

$$\begin{cases} J(z,x)=0, \\ y=0. \end{cases} \tag{8-70}$$

例 5 求两球面

$$x^2+y^2+z^2=1 \tag{8-71}$$

与

$$x^2+(y-1)^2+(z-1)^2=1 \tag{8-72}$$

的交线 c 在 xOy 平面上的投影方程.

解 (1)求曲线 c 关于 xOy 平面的投影柱面，为此，将式(8-71)与式(8-72)构成的联立方程组消去 x，并化简得

$$y+z=1.$$

再将 $z=1-y$ 代入式(8-71)或者式(8-72)，即得投影柱面

__________.

(2)将投影柱面的方程与 xOy 平面的方程 $z=0$ 联立，便得所求之投影曲线的方程.

$$\begin{cases} x^2+2y^2-2y=0, \\ z=0. \end{cases}$$

习题 8.8

1. 分别画出下列曲线在第一卦限内的图形：

(1) $\begin{cases} x=1, \\ y=2; \end{cases}$

(2) $\begin{cases} z=\sqrt{4-x^2-y^2}, \\ x-y=0; \end{cases}$

(3) $\begin{cases} x^2+y^2=a^2, \\ x^2+z^2=a^2. \end{cases}$

2. 分别指出下列方程组在平面直角坐标系中与在空间直角坐标系中表示什么图形：

(1) $\begin{cases} y=5x+1, \\ y=2x-3; \end{cases}$

(2) $\begin{cases} \dfrac{x^2}{4}+\dfrac{y^2}{9}=1, \\ y=3; \end{cases}$

(3) $\begin{cases} x^2+y^2=10, \\ x=1. \end{cases}$

3. 求曲线

$$\begin{cases} x^2+y^2+z^2=9, \\ x+z=1 \end{cases}$$

关于 xOy 平面的投影柱面的方程，以及它在 xOy 平面上的投影曲线的方程.

4. 求曲线 c：

$$\begin{cases} 2y^2+z^2+4x=4z, \\ y^2+3z^2-8x=12z \end{cases}$$

在 3 个坐标平面上的投影方程.

5. 化曲线的参数方程

$$\begin{cases} x=4\cos t. \\ y=3\sin t, \\ z=2\sin t \end{cases}$$

为一般方程.

6. 化曲线的一般方程

$$\begin{cases} x^2+(y-2)^2+(z+1)^2=8, \\ x=2 \end{cases}$$

为参数方程.

7. 求上半球体 $0\leqslant z\leqslant\sqrt{a^2-x^2-y^2}$ 与圆柱体 $x^2+y^2\leqslant ax(a>0)$ 的公共部分在 xOy 平面上的投影.

8. 求旋转抛物面 $z=x^2+y^2(0\leqslant z\leqslant 4)$ 在 3 个坐标平面上的投影.

8.9 二次曲面

在空间直角坐标系中，三元一次方程

$$Ax+By+Cz+D=0$$

所表示的曲面是平面，它又称为一次曲面. 一般来说，三元二次方程也表示空间曲面，称为二次曲面. 例如前面几节所讨论过的球面、圆柱面、旋转抛物面等，它们都是二次曲面. 本节将简单介绍一些常用的二次曲面.

在平面解析几何中，我们是用描点法，或者用导数的知识，作平面曲线的图形的. 但是对于空间曲面，由于其形状比较复杂，这些方法就不适用了. 研究空间曲面的基本方法是截痕法. 所谓截痕法就是用坐标平面及平行于坐标平面的平面去截所研究的曲面，考察它们的交线(即截痕)的形状，然后加以综合，从而了解曲面的形状.

以下只对截痕法作简要的介绍.

8.9.1　椭球面

在空间直角坐标系中，由方程

$$\frac{x^2}{a^2}+\frac{y^2}{b^2}+\frac{z^2}{c^2}=1 \quad (\text{常数 } a、b、c>0) \tag{8-73}$$

所表示的曲面称为椭球面.

显然，如果 $a=b=c$，那么方程(8-73)可写成

$$x^2+y^2+z^2=a^2,$$

此方程表示球心在原点、半径为 a 的球面.

如果 a，b，c 这三个数中有两个相等，如 $a=b\neq c$，那么方程(8-73)可写成

$$\frac{x^2}{a^2}+\frac{y^2}{a^2}+\frac{z^2}{c^2}=1,$$

此方程表示旋转曲面.

下面讨论一般情形，即当 a，b，c 这三个数互不相等时，方程(8-73)所表示的曲面的形状.

(1)由方程(8-73)可看出

$$\frac{x^2}{a^2}\leqslant 1,\quad \frac{y^2}{b^2}\leqslant 1,\quad \frac{z^2}{c^2}\leqslant 1,$$

从而有

$$|x|\leqslant a,\quad |y|\leqslant b,\quad |z|\leqslant c.$$

这说明曲面(8-73)上的点 $M(x,y,z)$ 完全被包含在由 6 个平面 $x=\pm a$，$y=\pm b$，$z=\pm c$ 所围成的长方体区域之内.

(2)由方程(8-73)可看出，如果点 (x,y,z) 在曲面(8-73)上，那么点 $(\pm x, \pm y, \pm z)$（不论正负号怎样选取）也在曲面(8-73)上，这就是说，曲面(8-73)关于坐标轴、坐标平面、坐标原点都是对称的.

$(\pm a,0,0)$，$(0,\pm b,0)$，$(0,0,\pm c)$ 是曲面(8-73)的 6 个顶点，a，b，c 称为曲面(8-73)的 3 个半轴长.

(3)用截痕法讨论方程(8-73)所表示的曲面的形状.

首先，曲面(8-73)与 xOy 平面的交线

$$\begin{cases}\dfrac{x^2}{a^2}+\dfrac{y^2}{b^2}+\dfrac{z^2}{c^2}=1,\\ z=0,\end{cases}\text{即}\begin{cases}\dfrac{x^2}{a^2}+\dfrac{y^2}{b^2}=1,\\ z=0\end{cases}$$

是 xOy 平面上的椭圆.

其次，用平行于 xOy 平面的平面 $z=h$（h 为常数，且 $|h|<c$）去截曲面(8-73)，其截痕为交线

$$\begin{cases}\dfrac{x^2}{a^2}+\dfrac{y^2}{b^2}+\dfrac{z^2}{c^2}=1,\\ z=h,\end{cases}$$

即

$$\begin{cases}\dfrac{x^2}{\left(a\sqrt{1-\dfrac{h^2}{c^2}}\right)^2}+\dfrac{y^2}{\left(b\sqrt{1-\dfrac{h^2}{c^2}}\right)^2}=1,\\ z=h.\end{cases}$$

这是平面 $z=h$ 上的半轴为 $a\sqrt{1-\frac{h^2}{c^2}}$ 和 $b\sqrt{1-\frac{h^2}{c^2}}$、中心为 $(0,0,h)$ 的椭圆．当 $|h|$ 由 0 逐渐增到 c 时，这些截痕即椭圆由“大”变“小”，最后当 $z=\pm h=\pm c$ 时，椭圆收缩成点 $(0,0,c)$ 与 $(0,0,-c)$．

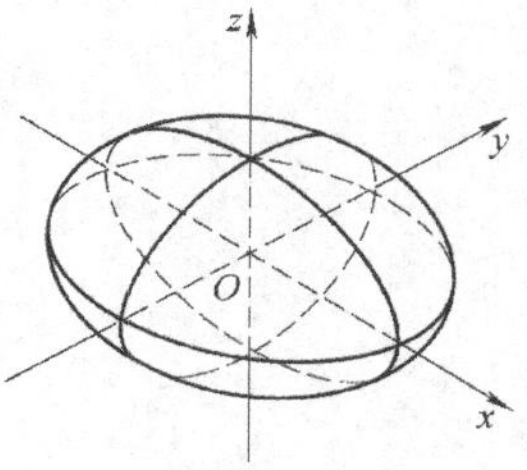

图 8-49

完全类似地分析，可知方程(8-73)所表示的曲面与 yOz 平面及平行于 yOz 平面的平面的交线都是椭圆．方程(8-73)所表示的曲面与 zOx 平面及平行于 zOx 平面的平面的交线(如果相交的话)也都是椭圆．

因此，称方程(8-73)所表示的曲面为椭球面(见图 8-49)．

完全类似地可以知道下列方程所表示的曲面的形状．

8.9.2 椭圆锥面

$$\frac{x^2}{a^2}+\frac{y^2}{b^2}=z^2 \quad (见图 8\text{-}50).$$

8.9.3 单叶双曲面

$$\frac{x^2}{a^2}+\frac{y^2}{b^2}-\frac{z^2}{c^2}=1 \quad (见图 8\text{-}51).$$

8.9.4 双叶双曲面

$$\frac{x^2}{a^2}-\frac{y^2}{b^2}-\frac{z^2}{c^2}=1 \quad (见图 8\text{-}52).$$

8.9.5 椭圆抛物面

$$\frac{x^2}{a^2}+\frac{y^2}{b^2}=z \quad (见图 8\text{-}53).$$

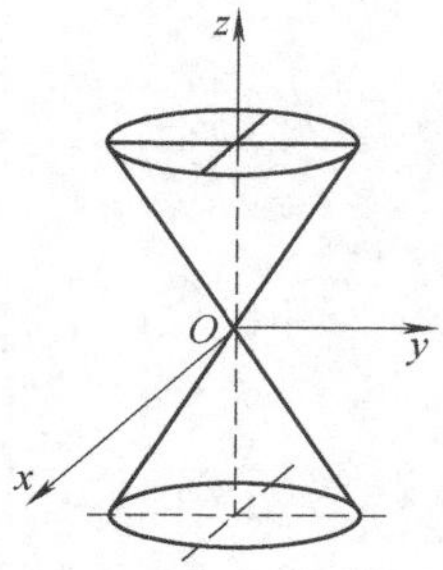

图 8-50

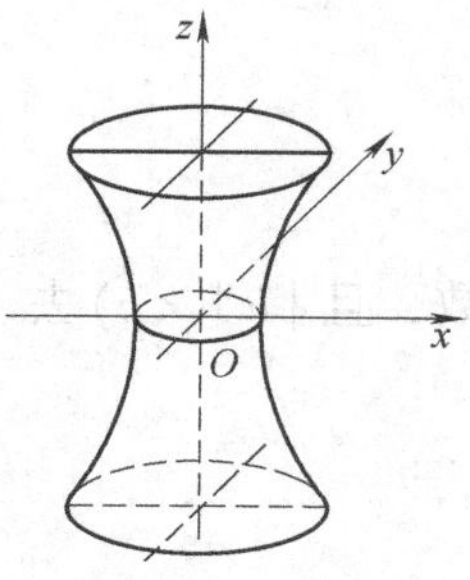

图 8-51

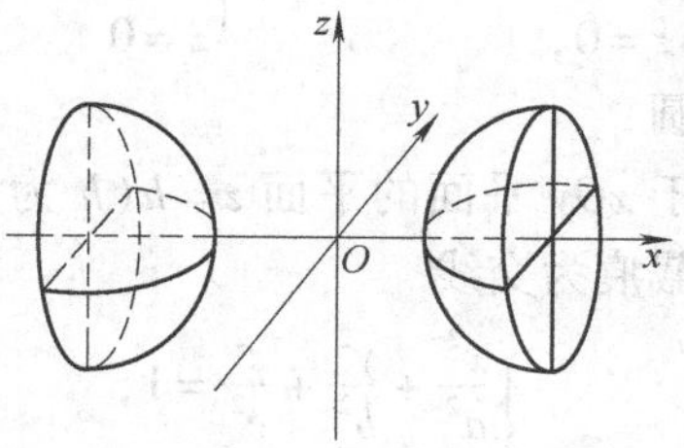

图 8-52

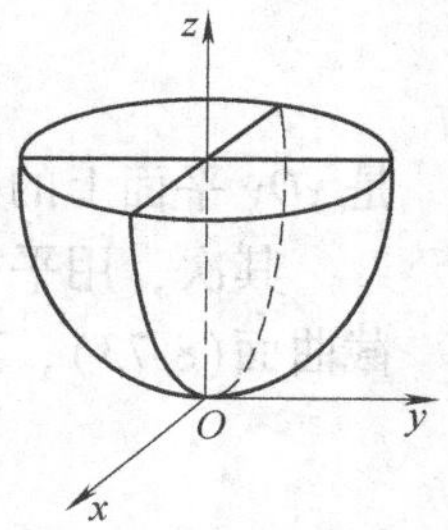

图 8-53

8.9.6　双曲抛物面

$$\frac{x^2}{a^2}-\frac{y^2}{b^2}=z$$

（见图 8-54），此曲面又称为(马)鞍面．

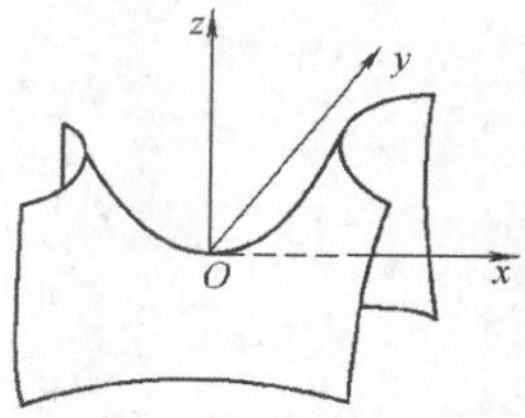

图　8-54

在有些问题中，特别是以后学习重积分时，常常需要作出由给定的几个曲面所围成的立体的图形．下面举例说明作法．

例　作出由曲面 $z=6-x^2-y^2$，$x=0$，$x=1$，$y=0$，$y=2$，$z=0$ 所围成的立体的图形．

解　首先分析并确定曲面的形状．

$$z=6-x^2-y^2=6-(x^2+y^2)$$

是 yOz 平面的抛物线 $z=6-y^2$ 绕 z 轴旋转而成的旋转抛物面，其顶点为点(0,0,6)，开口向下．

$x=0$，$y=0$，$z=0$

是 3 个坐标平面．

$x=1$ 是过点(1,0,0)且平行于 yOz 平面的平面．

$y=2$ 是过点(0,2,0)且平行于 zOx 平面的平面．

$x=0$，$y=0$，$x=1$，$y=2$ 分别与 $z=6-x^2-y^2$ 的交线都是这些平面上的抛物线．

最后在上述分析的基础上作出立体的图形(见图 8-55)．

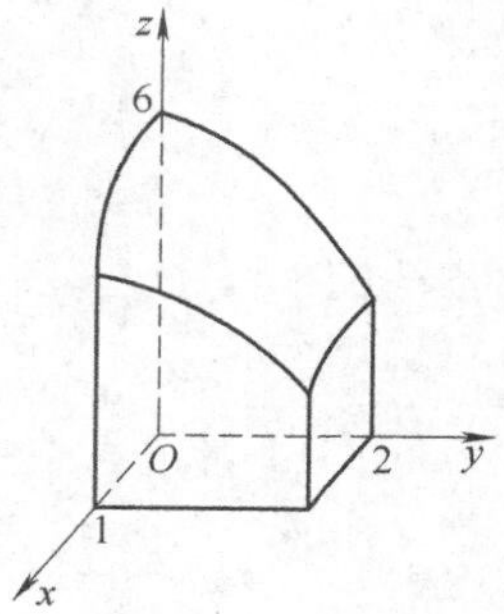

图　8-55

习题 8.9

1. 指出下列方程表示什么曲面：

(1) $\frac{x^2}{4}+\frac{y^2}{9}+\frac{z^2}{16}=1$；　　(2) $\frac{z}{3}=\frac{x^2}{4}+\frac{y^2}{9}$；

(3) $16x^2+4y^2-z^2=64$；　　(4) $4x^2-y^2+9z^2=-36$.

2. 指出下列各方程组表示什么曲线：

(1) $\begin{cases}4x^2+9y^2+z^2=37,\\ z=1;\end{cases}$　　(2) $\begin{cases}x^2-y^2+z^2=25,\\ x=-3.\end{cases}$

3. 画出由曲面 $z=2-\sqrt{x^2+y^2}$ 与 $z=x^2+y^2$ 所围成的立体的图形．

8.10　综合例题选讲

例 1　已知 $|\boldsymbol{a}|=3$，$|\boldsymbol{b}|=4$，$(\widehat{\boldsymbol{a},\boldsymbol{b}})=\frac{2}{3}\pi$，求 $\boldsymbol{c}=2\boldsymbol{a}-\frac{1}{2}\boldsymbol{b}$ 的模．

解　**解法 1**　因不知道 $\boldsymbol{a}$ 与 $\boldsymbol{b}$ 的坐标表达式，故可用几何方法求解．

任取一点 O，作 $\overrightarrow{OA}=\boldsymbol{a}$ 及 $\overrightarrow{OA'}=2\boldsymbol{a}$. 作 $\overrightarrow{OB}=\boldsymbol{b}$ 及 $\overrightarrow{OB'}=\frac{1}{2}\boldsymbol{b}$. 于是

$\angle A'OB'=\frac{2}{3}\pi$　(见图 8-56).

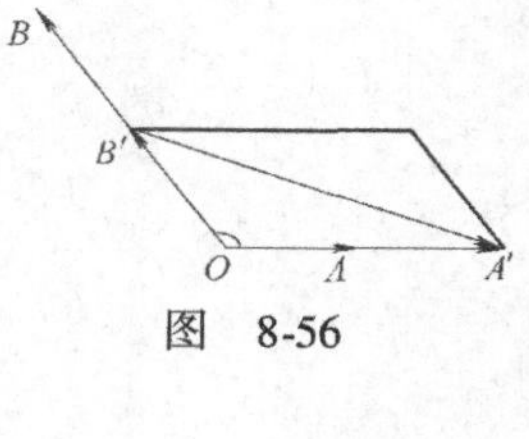

图　8-56

再由向量加法法则知

$$c=2a-\frac{1}{2}b=\overrightarrow{B'A'}.$$

对于$\triangle A'OB'$用余弦定理，可得

$$|c|^2=|\overrightarrow{B'A'}|^2=|\overrightarrow{OA'}|^2+|\overrightarrow{OB'}|^2-2|\overrightarrow{OA'}||\overrightarrow{OB'}|\cos(\overrightarrow{OA'},\overrightarrow{OB'})$$

$$=6^2+2^2-2\cdot6\cdot2\cdot\cos\frac{2}{3}\pi=52,$$

因此

$$|c|=\sqrt{52}.$$

解法2 利用$|c|^2=c\cdot c$，再利用向量线性运算的规则对表达式$c\cdot c$进行化简.

$$|c|^2=c\cdot c=\left(2a-\frac{1}{2}b\right)\cdot\left(2a-\frac{1}{2}b\right)$$

$$=4a^2-b\cdot a-a\cdot b+\frac{1}{4}b^2=4a^2-2a\cdot b+\frac{1}{4}b^2$$

$$=4\times3^2-2\cdot3\cdot4\cdot\cos\frac{2}{3}\pi+\frac{1}{4}\times4^2=52.$$

例2 已知单位向量$\overrightarrow{OA}$与3个坐标轴的夹角相等，点B是点$M(1,-3,2)$关于点$N(-1,2,1)$的对称点，求$\overrightarrow{OA}\times\overrightarrow{OB}$.

解 (1)求向量$\overrightarrow{OB}$.

设点$B(x,\ y,\ z)$，则由题设知点N是线段BM的中点，于是由习题8.4第13题的中点公式有

$$\begin{cases}\dfrac{1+x}{2}=-1,\\[2ex]\dfrac{-3+y}{2}=2,\\[2ex]\dfrac{2+z}{2}=1,\end{cases}\text{由此解得}\begin{cases}x=-3,\\y=7,\\z=0.\end{cases}$$

因此，点B的坐标为$(-3,7,0)$，$\overrightarrow{OB}=-3i+7j$.

(2)求向量$\overrightarrow{OA}$.

由题设$\overrightarrow{OA}$的3个方向角满足关系

$$\alpha=\beta=\gamma,$$

因此由$\cos^2\alpha+\cos^2\beta+\cos^2\gamma=1$有$3\cos^2\alpha=1$，

$$\cos\alpha=\pm\frac{\sqrt{3}}{3}.$$

于是单位向量

$$\overrightarrow{OA}=\cos\alpha i+\cos\beta j+\cos\gamma k=\cos\alpha\cdot(i+j+k)$$

$$=\pm\frac{\sqrt{3}}{3}(i+j+k).$$

(3) 计算$\overrightarrow{OA}\times\overrightarrow{OB}$.

$$\overrightarrow{OA}\times\overrightarrow{OB}=\pm\frac{\sqrt{3}}{3}\begin{vmatrix} \boldsymbol{i} & \boldsymbol{j} & \boldsymbol{k} \\ 1 & 1 & 1 \\ -3 & 7 & 0 \end{vmatrix}=\pm\frac{\sqrt{3}}{3}(-7\boldsymbol{i}-3\boldsymbol{j}+10\boldsymbol{k}).$$

例 3　已知向量 $\boldsymbol{p}$ 垂直于向量 $\boldsymbol{a}=\{2,3,-1\}$和 $\boldsymbol{b}=\{1,-2,3\}$，并满足条件 $\boldsymbol{p}\cdot(2\boldsymbol{i}-\boldsymbol{j}+\boldsymbol{k})=-6$，求 $\boldsymbol{p}$.

解　**解法 1**　利用向量垂直的充分必要条件，由题设可知向量 $\boldsymbol{p}=x\boldsymbol{i}+y\boldsymbol{j}+z\boldsymbol{k}$ 应满足方程组

$$\begin{cases} 2x+3y-z=0, \\ x-2y+3z=0, \\ 2x-y+z=-6, \end{cases}$$

解得 $x=-3$，$y=z=3$，故

$$\boldsymbol{p}=-3\boldsymbol{i}+3\boldsymbol{j}+3\boldsymbol{k}.$$

解法 2　由题设

$$\boldsymbol{p}\perp\boldsymbol{a}\text{ 且 }\boldsymbol{p}\perp\boldsymbol{b},$$

因而

$$\boldsymbol{p}\,/\!/\,\boldsymbol{a}\times\boldsymbol{b}=\{2,3,-1\}\times\{1,-2,3\}=\{7,-7,-7\}.$$

若设 $\boldsymbol{p}=\{x,y,z\}$，则由向量平行的充分必要条件有

$$\frac{x}{7}=\frac{y}{-7}=\frac{z}{-7}.$$

令上述比值为 t，则

$$x=7t,\quad y=-7t,\quad z=-7t.$$

于是，条件 $\boldsymbol{p}\cdot(2\boldsymbol{i}-\boldsymbol{j}+\boldsymbol{k})=-6$ 成为

$$\{7t,-7t,-7t\}\cdot\{2,-1,1\}=-6,$$

即

$$14t=-6,\quad t=-\frac{3}{7}.$$

因此

$$x=-3,\quad y=z=3.$$

例 4　已知向量$\overrightarrow{OA}=\boldsymbol{a}$，$\overrightarrow{OB}=\boldsymbol{b}$，$\angle ODA=\frac{\pi}{2}$，如图 8-57 所示.

(1) 证明$\triangle ODA$ 的面积 S 为

$$S=\frac{|\boldsymbol{a}\cdot\boldsymbol{b}|\,|\boldsymbol{a}\times\boldsymbol{b}|}{2|\boldsymbol{b}|^2};$$

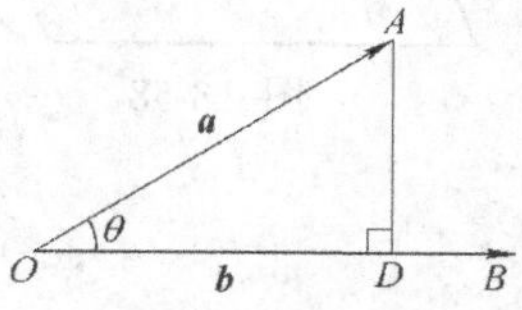

图　8-57

(2) 当 $\boldsymbol{a}$ 与 $\boldsymbol{b}$ 的夹角 θ 为何值时，$\triangle ODA$ 的面积 S 最大?

解　(1) $\triangle ODA$ 的面积为

$$S=\frac{1}{2}OD\cdot AD=\frac{1}{2}|\boldsymbol{a}|\cos\theta\cdot|\boldsymbol{a}|\sin\theta$$

$$=\frac{1}{4}|\boldsymbol{a}|^2\sin 2\theta.$$

又由于

$$|\boldsymbol{a}\cdot\boldsymbol{b}|=|\boldsymbol{a}||\boldsymbol{b}|\cos\theta,\quad |\boldsymbol{a}\times\boldsymbol{b}|=|\boldsymbol{a}||\boldsymbol{b}|\sin\theta,$$

因此

$$\frac{|\boldsymbol{a}\cdot\boldsymbol{b}||\boldsymbol{a}\times\boldsymbol{b}|}{2|\boldsymbol{b}|^2}=\frac{|\boldsymbol{a}|^2|\boldsymbol{b}|^2\sin\theta\cos\theta}{2|\boldsymbol{b}|^2}=\frac{1}{4}|\boldsymbol{a}|^2\sin 2\theta.$$

故

$$S=\frac{|\boldsymbol{a}\cdot\boldsymbol{b}||\boldsymbol{a}\times\boldsymbol{b}|}{2|\boldsymbol{b}|^2}.$$

(2)由(1)有

$$S=\frac{1}{4}|\boldsymbol{a}|^2\sin 2\theta,\qquad \theta\in\left[0,\frac{\pi}{2}\right].$$

根据三角函数的性质，当$2\theta=\frac{\pi}{2}$即$\theta=\frac{\pi}{4}$时，$\sin 2\theta$取最大值，故当$\theta=\frac{\pi}{4}$时，S取最大值$\frac{1}{4}|\boldsymbol{a}|^2$.

例5 求过点$M_0(2,-3,1)$和直线l:

$$\frac{x-5}{5}=\frac{y+1}{1}=\frac{z}{2}$$

的平面Π的方程.

分析 建立平面的方程主要有两类方法:

(1)找出平面上一点$M_0(x_0,y_0,z_0)$及平面的一个法向量$\boldsymbol{n}=\{A,B,C\}$，再利用点法式方程，直接可写出所求平面的方程.

(2)设定所求平面方程的一种形式，再利用已知条件确定所设方程中变元x，y，z的系数，便可解决问题.

至于本例，有多种解法，择其中数种，略述如下(见图8-58).

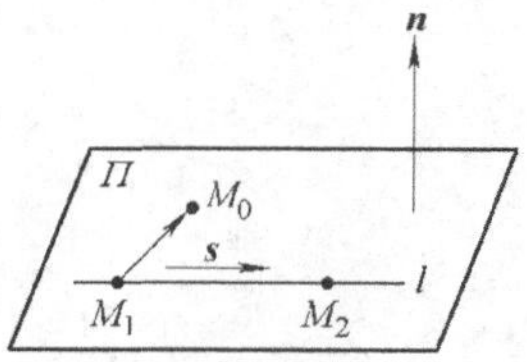

图 8-58

解 **解法1** 显然，直线l上的点$M_1(5,-1,0)$也在平面Π上，从而$\overrightarrow{M_1M_0}$在Π上，于是Π的法向量$\boldsymbol{n}\perp\overrightarrow{M_1M_0}$. 又直线$l$的方向向量$\boldsymbol{s}\perp\boldsymbol{n}$，所以必有$\boldsymbol{n}/\!/\overrightarrow{M_1M_0}\times\boldsymbol{s}$.

因为$\overrightarrow{M_1M_0}=\{2-5,-3-(-1),1-0\}=\{-3,-2,1\}$,

$$\boldsymbol{s}=\{5,1,2\},$$

所以取

$$\boldsymbol{n}=\overrightarrow{M_1M_0}\times\boldsymbol{s}=\{-5,11,7\}.$$

故所求平面Π的方程为

$$-5(x-2)+11(y+3)+7(z-1)=0,$$

即

$$5x-11y-7z-36=0.$$

解法2 设平面Π的法向量为

$$\boldsymbol{n}=\{A,B,C\}(A、B、C\text{ 不全为 }0),$$

且 Π 的方程为一般式方程(8-30)

$$Ax+By+Cz+D=0,$$

则由 $\boldsymbol{n}\perp\boldsymbol{s}=\{5,1,2\}$，有

$$5A+B+2C=0. \qquad ①$$

由点 $M_0(2,-3,1)$ 在 Π 上，有

$$2A-3B+C+D=0. \qquad ②$$

又点 $M_1(5,-1,0)$ 在 l 上，当然也在 Π 上，有

$$5A-B+D=0. \qquad ③$$

将①、②、③联立的方程组解出

$$A=-\frac{5}{36}D,\quad B=\frac{11}{36}D,\quad C=\frac{7}{36}D.$$

将 A、B、C 代入方程(8-30)，并化简，得

$$-\frac{D}{36}(5x-11y-7z-36)=0.$$

由于 $D\neq0$(否则，$A=B=C=0$，与假设矛盾)，因此有

$$5x-11y-7z-36=0,$$

此即 Π 的方程．

解法 3　设 Π 的方程为

$$A(x-2)+B(y+3)+C(z-1)=0, \qquad ①$$

则由 $\boldsymbol{n}\perp\boldsymbol{s}$，有 $5A+B+2C=0$，　②

由 $M_1(5,-1,0)$ 在 Π 上，有 $3A+2B-C=0$.　③

解由方程②、③构成的联立方程，得

$$B=-\frac{11}{5}A,\ C=-\frac{7}{5}A.$$

将 B 与 C 代入方程①，化简后得

$$\frac{A}{5}(5x-11y-7z-36)=0.$$

由于 $A\neq0$(否则，$B=C=A=0$)，因此得 Π 之方程

$$5x-11y-7z-36=0.$$

解法 4　将解法 3 中的方程①、②、③构成方程组：

$$\begin{cases}(x-2)A+(y+3)B+(z-1)C=0,\\5A+B+2C=0,\\3A+2B-C=0,\end{cases}$$

式中的 x、y、z 是所求平面上任意点的坐标，而 A、B、C 是平面 Π 的法向量 $\boldsymbol{n}$ 的坐标．因为 A、B、C 不全为 0，所以，由线性代数的知识可知：此方程组的系数行列式必为零，即

$$\begin{vmatrix}x-2&y+3&z-1\\5&1&2\\3&2&-1\end{vmatrix}=0,$$

展开此行列式得

$$5x-11y-7z-36=0.$$

本例还有好多种解法，这里就不一一介绍了．但是，有一种解法对于求解过一条直线的平面方程（本题即是如此）确实是非常简单的方法——平面束方法．对此，简要介绍如下．

设已给直线 l：

$$\begin{cases}A_1x+B_1y+C_1z+D_1=0,\\A_2x+B_2y+C_2z+D_2=0,\end{cases}$$

其中的系数 A_1、B_1、C_1 与 A_2、B_2、C_2 不成比例，则方程

$$\lambda(A_1x+B_1y+C_1z+D_1)+\mu(A_2x+B_2y+C_2z+D_2)=0,$$

当 λ 和 μ 为任意常数时，表示通过直线 l 的全体平面（证明从略），并称此方程为通过直线 l 的平面束方程．

有时，用 λ 或者 μ 去除平面束方程的两端，这就是说，常常将平面束方程改写成

$$(A_1x+B_1y+C_1z+D_1)+\mu_1(A_2x+B_2y+C_2z+D_2)=0,$$

或者

$$\lambda_1(A_1x+B_1y+C_1z+D_1)+(A_2x+B_2y+C_2z+D_2)=0$$

的形式，以便应用．

解法5 为利用平面束方程解此题，我们首先将已知直线 l 的方程化为一般式：

$$\begin{cases}\dfrac{x-5}{5}=\dfrac{y+1}{1},\\\dfrac{y+1}{1}=\dfrac{z}{2},\end{cases}\quad 即\begin{cases}x-5y-10=0,\\2y-z+2=0.\end{cases}$$

于是过直线 l 的所有平面，即平面束方程为

$$(x-5y-10)+\lambda(2y-z+2)=0,$$

即

$$x+(2\lambda-5)y-\lambda z+(2\lambda-10)=0,$$

其中 λ 为待定常数．由已知点 $M_0(2,-3,1)$ 要在所求平面 Π 上，其坐标满足 Π 的方程，因此，将 $x=2$，$y=-3$，$z=1$ 代入平面束方程，得

$$2+(2\lambda-5)(-3)-\lambda+(2\lambda-10)=0,$$

解出

$$\lambda=\frac{7}{5}.$$

最后将 $\lambda=\dfrac{7}{5}$ 代入平面束方程，便得所求平面 Π 的方程：

$$(x-5y-10)+\frac{7}{5}(2y-z+2)=0,$$

即

$$5x-11y-7z-36=0.$$

例 6 求过点 $M_0(-1,2,1)$，且平行于已知直线 l：

$$\begin{cases}x+y-2z-1=0,\\x+2y-z+1=0\end{cases}$$

的直线方程.

分析 建立直线的方程主要有两类方法：

(1)找出所求直线上一点 $M_0(x_0,y_0,z_0)$，以及直线的方向向量 $\boldsymbol{s}=\{m,n,p\}$，便可写出直线的对称式方程.

(2)设定所求直线方程的一种形式，再利用已知条件确定所设方程中变元的待定系数，便可解决问题.

至于本例，有多种解法，择其中 3 种，略述如下.

解 **解法 1** 因为已知直线 l 的方向向量为

$$\boldsymbol{s}_1=\{1,1,-2\}\times\{1,2,-1\}=\begin{vmatrix}\boldsymbol{i}&\boldsymbol{j}&\boldsymbol{k}\\1&1&-2\\1&2&-1\end{vmatrix}$$
$$=\{3,-1,1\},$$

又所求直线与已知直线平行，所以，可取 $\boldsymbol{s}_1$ 为所求直线的方向向量. 因此，所求直线的方程为

$$\frac{x+1}{3}=\frac{y-2}{-1}=\frac{z-1}{1}.$$

解法 2 设所求直线的方程为

$$\begin{cases}x=-1+mt,\\y=2+nt,\\z=1+pt,\end{cases}$$

则由于所求直线的方向向量 $\{m,n,p\}$ 平行于已知直线 l 的方向向量 $\boldsymbol{s}_1=\{3,-1,1\}$(由解法 1 已求出)，有

$$\frac{m}{3}=\frac{n}{-1}=\frac{p}{1}\overset{令}{=\!=}k,$$

这里 k 可取任何常数，为简便计，取 $k=1$，得

$$m=3,\quad n=-1,\quad p=1.$$

因此，所求直线的方程为

$$\begin{cases}x=-1+3t,\\y=2-t,\\z=1+t.\end{cases}$$

解法 3 由于已知直线 l 是两平面

$$\Pi_1:\ x+y-2z-1=0 \text{ 与 } \Pi_2:\ x+2y-z+1=0$$

的交线，因此，所求直线可作为分别平行于 Π_1 与 Π_2 的两平面 Π_1'：$x+y-2z+D_1=0$ 与 Π_2'：$x+2y-z+D_2=0$ 的交线(见图 8-59).

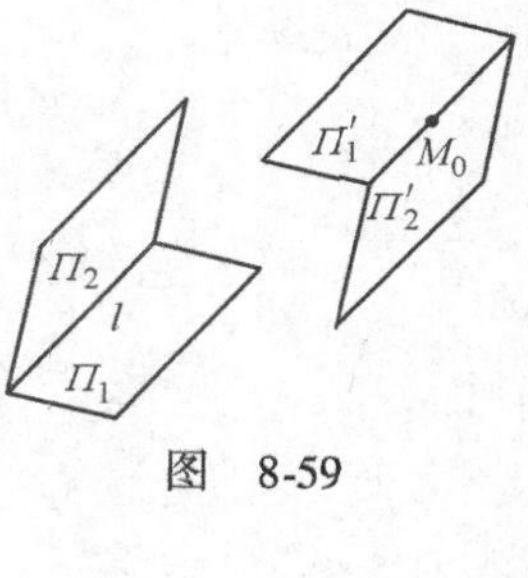

图 8-59

因点 $M_0(-1,2,1)$ 在所求直线

$$\begin{cases} x+y-2z+D_1=0, \\ x+2y-z+D_2=0 \end{cases}$$

上，所以其坐标 $x=-1$，$y=2$，$z=1$ 应满足方程，即

$$\begin{cases} -1+2-2+D_1=0, \\ -1+4-1+D_2=0, \end{cases}$$

由此得

$$D_1=1, \quad D_2=-2.$$

故所求直线的方程为

$$\begin{cases} x+y-2z+1=0, \\ x+2y-z-2=0. \end{cases}$$

例7 求原点 O 关于平面 Π:

$$6x+2y-9z+121=0$$

的对称点.

解 **解法1** 设原点关于平面 Π 的对称点为 $O'(x_0,y_0,z_0)$，则由问题的几何意义，易得如下作法(见图8-60).

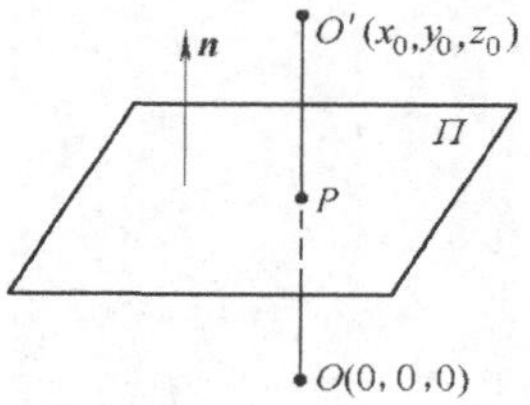

图 8-60

(1)过原点作垂直于平面 Π 的直线 OO':

$$\frac{x}{6}=\frac{y}{2}=\frac{z}{-9}.$$

(2)求直线 OO' 与平面 Π 的交点 P，即解方程组

$$\begin{cases} \dfrac{x}{6}=\dfrac{y}{2}=\dfrac{z}{-9}, \\ 6x+2y-9z+121=0, \end{cases}$$

得

$$x=-6, \quad y=-2, \quad z=9,$$

即点 P 为 $(-6,-2,9)$.

(3)点 P 为线段 OO' 的中点. 由中点公式

$$\begin{cases} \dfrac{0+x_0}{2}=-6, \\ \dfrac{0+y_0}{2}=-2, \\ \dfrac{0+z_0}{2}=9, \end{cases} \quad 得 \begin{cases} x_0=-12, \\ y_0=-4, \\ z_0=18, \end{cases}$$

故所求之对称点为 $O'(-12,-4,18)$.

解法2 利用距离公式解此题.

(1)设 $O'(x_0,y_0,z_0)$ 与 $O(0,0,0)$ 关于 Π 对称，则此两点到 Π 的距离相等，即

$$\frac{|6x_0+2y_0-9z_0+121|}{\sqrt{6^2+2^2+(-9)^2}}=\frac{|6\times0+2\times0-9\times0+121|}{\sqrt{6^2+2^2+(-9)^2}},$$

化简此式为

$$|6x_0+2y_0-9z_0+121|=121. \qquad ①$$

(2)由$\overrightarrow{OO'}\parallel \boldsymbol{n}$，有

$$\frac{x_0}{6}=\frac{y_0}{2}=\frac{z_0}{-9}. \qquad ②$$

(3)令式②中之比值为k，则有

$$x_0=6k,\quad y_0=2k,\quad z_0=-9k, \qquad ③$$

将式③代入式①，得

$$|121k+121|=121，即|k+1|=1,$$

所以

$$k=0 \text{ 或 } -2.$$

(4)分别将$k=0$与$k=-2$代入式③，得点

$$(0,0,0)与(-12,-4,18).$$

不难验证点$(-12,-4,18)$就是所求之对称点.

例8 求曲面$x^2+y^2+z^2=9$与平面$x+z=1$的交线在xOy平面的投影曲线在点$P(2,-2,0)$处的切线方程.

解 先求投影曲线，后求投影曲线的切线.

(1)求投影柱面.

由

$$\begin{cases}x^2+y^2+z^2=9,\\ x+z=1\end{cases}$$

消去z，即得投影柱面方程

$$2x^2+y^2-2x=8,$$

这是一个母线平行z轴、准线为xOy平面上的椭圆$2x^2+y^2-2x=8$的柱面——椭圆柱面.

(2)投影曲线的方程为l：

$$\begin{cases}2x^2+y^2-2x=8,\\ z=0.\end{cases}$$

(3)求l在点P处的切线的斜率.

注意到l为xOy上的平面曲线，为求切线的斜率，只要将方程

$$2x^2+y^2-2x=8$$

两端对x求导：

$$4x+2yy'-2=0,$$

并解出

$$y'=\frac{1-2x}{y}.$$

因此，斜率为

$$k=y'|_P=\frac{3}{2}.$$

(4) l 在点 $P(2,-2,0)$ 处的切线方程为

$$\begin{cases} y-(-2)=\dfrac{3}{2}(x-2), \\ z=0, \end{cases}$$

即

$$\begin{cases} 3x-2y-10=0, \\ z=0. \end{cases}$$

*8.11 空间解析几何与向量代数的 MATLAB 实现

MATLAB 的操作对象是矩阵，标量、行(列)向量都是它的特例．限于篇幅的限制，本节主要介绍 MATLAB 对于向量的操作、运算方式，至于 MATLAB 对于矩阵的详细地操作、运算方式，同学们可以在学习线性代数这门课程时再进行系统地学习．

作为一种最基本的操作，在 MATLAB 语言中表示一个向量是很容易的事，下面介绍几种最常见的输入向量的 MATLAB 语句：

$\boldsymbol{\alpha}_1=[a_1,a_2,\cdots,a_n]$	%输入一个行向量 $\boldsymbol{\alpha}_1$，它的坐标用逗号隔开
$\boldsymbol{\alpha}_2=[a_1;a_2;\cdots;a_n]$	%输入一个列向量 $\boldsymbol{\alpha}_2$，它的坐标用分号隔开
$\boldsymbol{\alpha}_1=\boldsymbol{\alpha}_2'$	%将列向量 $\boldsymbol{\alpha}_2$ 转置得到行向量 $\boldsymbol{\alpha}_1$，用单引号表示转置符号
$\boldsymbol{\alpha}_3=a_1:d:a_n$	%输入一个行向量 $\boldsymbol{\alpha}_3$，它的 n 个坐标依次为 a_1，a_2，…，a_n，构成一个公差为 d 的等差数组，当公差为1时，可以不用输入公差
$\boldsymbol{\alpha}_4=\mathrm{linspace}(a_1,a_n,n)$	%输入一个行向量 $\boldsymbol{\alpha}_4$，它的 n 个坐标构成一个等差数组，公差不必给出

MATLAB 中提供了大量的数学函数，其中有一类函数只有当它们作用于向量时才有意义，称为向量函数，常见的向量函数有：

$\max(\boldsymbol{\alpha})$	%求向量 $\boldsymbol{\alpha}$ 的最大的坐标
$\min(\boldsymbol{\alpha})$	%求向量 $\boldsymbol{\alpha}$ 的最小的坐标
$\mathrm{sum}(\boldsymbol{\alpha})$	%求向量 $\boldsymbol{\alpha}$ 所有坐标的和
$\mathrm{length}(\boldsymbol{\alpha})$	%求向量 $\boldsymbol{\alpha}$ 所有坐标的个数
$\mathrm{mean}(\boldsymbol{\alpha})$	%求向量 $\boldsymbol{\alpha}$ 所有坐标的平均值
$\mathrm{median}(\boldsymbol{\alpha})$	%求向量 $\boldsymbol{\alpha}$ 位于中间位置的坐标
$\mathrm{prod}(\boldsymbol{\alpha})$	%求向量 $\boldsymbol{\alpha}$ 所有坐标的乘积
$\mathrm{sort}(\boldsymbol{\alpha})$	%将向量 $\boldsymbol{\alpha}$ 所有坐标按照从小到大的顺序重新排列

norm($\boldsymbol{\alpha}$)　　　%求向量 $\boldsymbol{\alpha}$ 的模

例 1　已知两点 $M_1(4,\sqrt{2},1)$ 和 $M_2(3,0,2)$，计算向量 $\overrightarrow{M_1M_2}$ 的模、方向余弦和方向角.

解　令 $\boldsymbol{\alpha}=\overrightarrow{M_1M_2}=(x,y,z)$，则 $\boldsymbol{\alpha}$ 的坐标可以由以下命令得到：

```
>> alpha = [3,0,2] - [4,sqrt(2),1], x = alpha(1), y = alpha(2), z = alpha(3)
```

则 $\boldsymbol{\alpha}$ 的方向余弦为：

$$\cos\theta_1=\frac{x}{|\boldsymbol{\alpha}|},\ \cos\theta_2=\frac{y}{|\boldsymbol{\alpha}|},\ \cos\theta_3=\frac{z}{|\boldsymbol{\alpha}|},$$

相应的 MATLAB 代码为：

```
>> mo = norm(alpha), c1 = x/norm(alpha), c2 = y/norm(alpha), c3 = z/norm(alpha)
```

运行上述命令可以得到模和方向余弦的值分别为：

```
mo =
    2.0000
c1 =
    -0.5000
c2 =
    -0.7071
c3 =
    0.5000
```

即：

$$|\boldsymbol{\alpha}|=2,\ \cos\theta_1=-0.5,\ \cos\theta_2\approx-0.7071,\ \cos\theta_3=0.5,$$

最后，$\boldsymbol{\alpha}$ 的方向角可由以下公式得到：

$$\theta_1=\arccos\left(\frac{x}{|\boldsymbol{\alpha}|}\right),\quad \theta_2=\arccos\left(\frac{y}{|\boldsymbol{\alpha}|}\right),\quad \theta_3=\arccos\left(\frac{z}{|\boldsymbol{\alpha}|}\right)$$

相应的 MATLAB 代码为：

```
>> theta1 = acos(c1), theta2 = acos(c2), theta3 = acos(c3)
```

运行上述命令可以得到以下结果：

```
theta1 =
    2.0944
theta2 =
    2.3562
theta3 =
    1.0472
```

即：

$$\theta_1\approx2.0944,\quad \theta_2\approx2.3562,\quad \theta_3\approx1.0472.$$

在本章学习了曲面及其方程、空间曲线及其方程，接下来介绍如何利用 MATLAB 绘制一些常见的曲面和空间曲线.

在 MATLAB 中可以用 plot3()函数绘制空间曲线，该函数的调用格式为：

plot3(α, β, γ, 选项) % 其中 α, β, γ 是三个向量，分别存储该空间曲线上一些散点的横坐标、纵坐标及竖坐标，选项语句用来决定点、线条的形状和颜色，用一对单引号作为界定符，具体用法请参考 MATLAB 的帮助文档

例 2 绘制螺旋线

$$\begin{cases} x = 4\cos t, \\ y = 4\sin t, \ t \in [0, 8\pi] \\ z = 6t, \end{cases}$$

的图形。

解 为了编程的方便，本题在 m 文件编辑器(Editor)里编写程序，具体代码如下：

```
t=0:0.01*pi:4*pi;
x=4*cos(t); y=4*sin(t); z=6*t;
plot3(x, y, z), grid
```

将上述程序保存为 m 文件之后，在 MATLAB 命令窗口里输入该 m 文件的文件名并按回车键就可以得到如图 8-61 所示的图形：

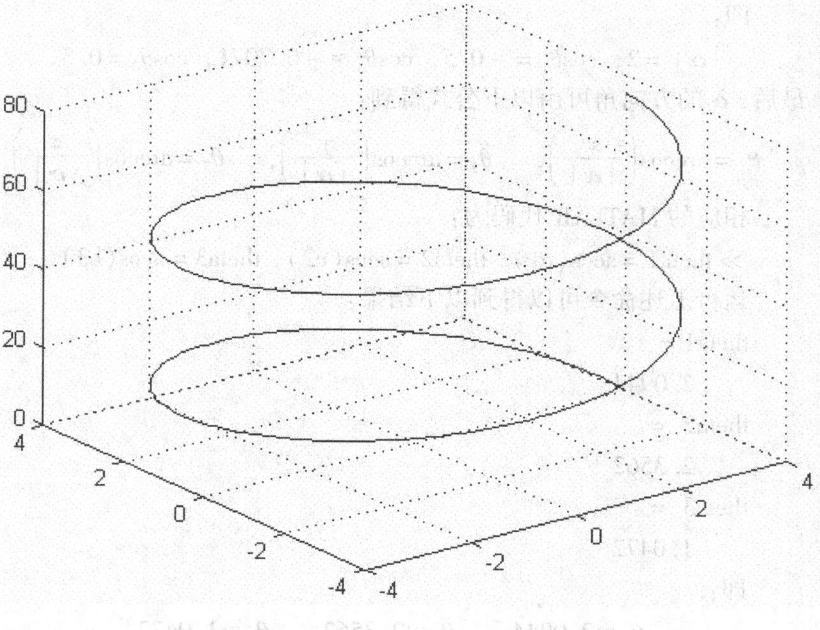

图 8-61

接下来介绍如何用 MATLAB 绘制曲面的图形．在高等数学中，一般说来，二元函数 $z=f(x,y)$ 的图形是一个空间曲面，在绘制该函数的图形之前，应该先调用 meshgrid( ) 函数生成该曲面上网格的横坐标矩阵 $\boldsymbol{x}$、纵坐标矩阵 $\boldsymbol{y}$，这样就可以根据函数公式得到竖坐标矩阵 $\boldsymbol{z}$，之后就可以用 mesh( ) 或 surf( ) 函数进行曲面图形绘制了．具体调用格式为：

$[\boldsymbol{x},\boldsymbol{y}]$ = meshgrid($\boldsymbol{v}_1$,$\boldsymbol{v}_2$)　　　%生成网格矩阵，其中 $\boldsymbol{v}_1$，$\boldsymbol{v}_2$ 分别为横、纵坐标向量

$\boldsymbol{z}=\cdots$　　　%计算竖坐标矩阵

surf($\boldsymbol{x},\boldsymbol{y},\boldsymbol{z}$) 或 mesh($\boldsymbol{x},\boldsymbol{y},\boldsymbol{z}$)　　　% surf($\boldsymbol{x},\boldsymbol{y},\boldsymbol{z}$) 绘制表面图，mesh($\boldsymbol{x},\boldsymbol{y},\boldsymbol{z}$) 绘制网格图

例 3　绘制双曲抛物面 $\frac{x^2}{4}-\frac{y^2}{9}=z$ 的图形．

解　为了编程的方便，本题在 m 文件编辑器(Editor) 里编写程序，具体代码如下：

```
v1 = -2:0.1:2; v2 = -3:0.1:3;
[x,y] = meshgrid(v1,v2);
z = x.^2/4 - y.^2/9;
surf(x,y,z)
```

将上述程序保存为 m 文件之后，在 MATLAB 命令窗口里输入该 m 文件的文件名并按回车键就可以得到如图 8-62 所示的图形：

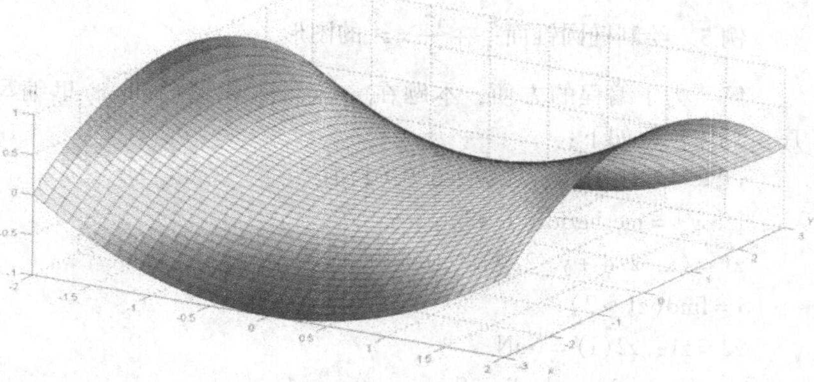

图 8-62

例 4　绘制椭圆抛物面 $\frac{x^2}{4}+\frac{y^2}{9}=z$ 的图形．

解　为了编程的方便，本题在 m 文件编辑器(Editor) 里编写程序，具体代码如下：

```
v1 = -4:0.01:4; v2 = -6:0.01:6;
[x,y] = meshgrid(v1,v2);
z = x.^2/4 + y.^2/9;
```

```
i = find(z > 4);
z1 = z; z1(i) = NaN;
surf(x,y,z1), shading flat
```

将上述程序保存为 m 文件之后，在 MATLAB 命令窗口里输入该 m 文件的文件名并按回车键就可以得到如图 8-63 所示的图形：

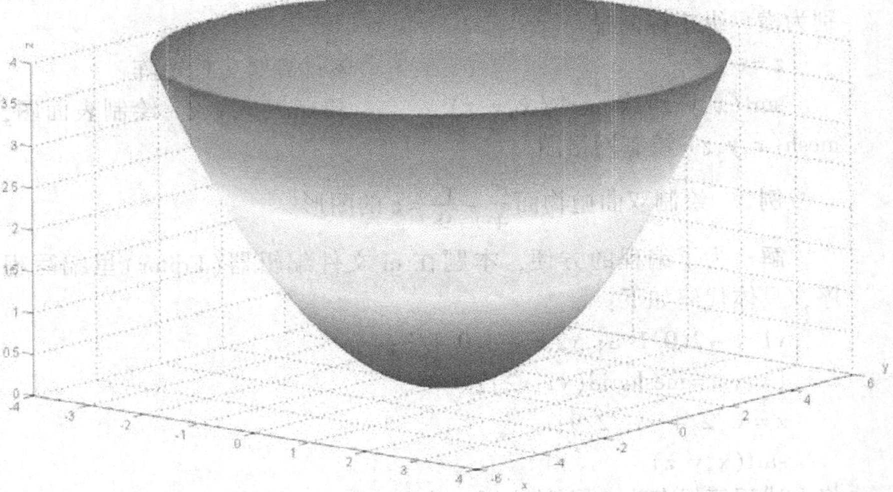

图 8-63

例 5 绘制椭圆锥面$\frac{x^2}{4}+\frac{y^2}{9}=z^2$的图形.

解 为了编程的方便，本题在 m 文件编辑器(Editor)里编写程序，具体代码如下：

```
v1 = -4:0.01:4; v2 = -6:0.01:6;
[x,y] = meshgrid(v1,v2);
z1 = (x.^2/4 + y.^2/9).^(0.5);
i = find(z1 > 2);
z2 = z1; z2(i) = NaN;
surf(x,y,z2), shading flat
hold on
z3 = -(x.^2/4 + y.^2/9).^(0.5);
i = find(z3 < -2);
z4 = z3; z4(i) = NaN;
surf(x,y,z4), shading flat
```

将上述程序保存为 m 文件之后，在 MATLAB 命令窗口里输入该 m 文件的文件名并按回车键就可以得到如图 8-64 所示的图形：

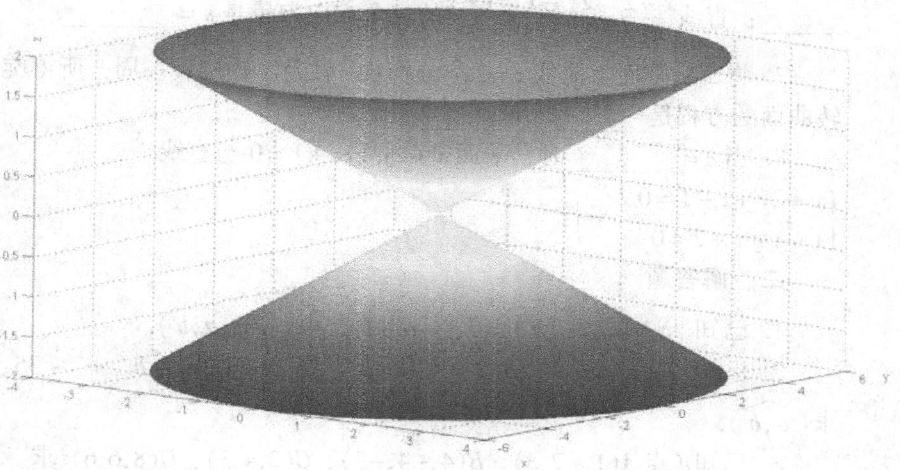

图　8-64

*习题 8.11

1. 已知两点 $P_1(4,0,5)$，$P_2(7,1,3)$，求：

(1) 向量$\overrightarrow{P_1P_2}$在各个坐标轴上的投影；

(2) 向量$\overrightarrow{P_1P_2}$的模；

(3) 向量$\overrightarrow{P_1P_2}$的方向余弦；

(4) 与向量$\overrightarrow{P_1P_2}$同向的单位向量．

2. 绘制由下列方程所表示的曲面的图形：

(1) $4x^2+y^2-z^2=4$；　　(2) $x^2-y^2-4z^2=4$；

(3) $\frac{z}{3}=\frac{x^2}{4}+\frac{y^2}{9}$.

综合练习 8

一、填空题

1. 点 $P(2,-3,1)$关于 xOy 平面的对称点是第________卦限内的点________，点 P 到 z 轴的距离是________.

2. 设 $|\boldsymbol{a}|=3$，$|\boldsymbol{b}|=4$，且 $\boldsymbol{a}\perp\boldsymbol{b}$，则 $|\boldsymbol{a}+\boldsymbol{b}|=$________，$|\boldsymbol{a}-\boldsymbol{b}|=$________.

3. 设 $|\boldsymbol{a}|=3$，$|\boldsymbol{b}|=4$，且 $\boldsymbol{a}/\!/\boldsymbol{b}$，则 $|2\boldsymbol{a}+\boldsymbol{b}|=$________或者________.

4. 设 $\boldsymbol{a}$、$\boldsymbol{b}$、$\boldsymbol{c}$ 都是向量，则$((\boldsymbol{a}+\boldsymbol{b})\cdot(\boldsymbol{a}-\boldsymbol{b}))\boldsymbol{c}-(\boldsymbol{a}\cdot\boldsymbol{b})\boldsymbol{c}$ 的结果是________量，$(2\boldsymbol{a}-3\boldsymbol{b})\cdot((\boldsymbol{a}+\boldsymbol{b})\times(\boldsymbol{a}\times\boldsymbol{b}))$的结果是________量(填“数”或“向”字).

5. 设 $\boldsymbol{a}/\!/\boldsymbol{b}$，则$(\boldsymbol{a}+\boldsymbol{b})\times(\boldsymbol{a}-\boldsymbol{b})=$________.

6. 平面 $4(x-1)+2(1-y)+3(z+5)=0$ 的一个法向量是 $\boldsymbol{n}=$__

______；直线$\frac{x-2}{3}=\frac{2y-1}{2}=\frac{1-z}{3}$的一个方向向量是$\boldsymbol{s}=$________.

7. 将zOx平面上曲线$z=2x^2$分别绕z轴及x轴旋转一周，所得旋转曲面的方程是________及________.

8. 当$c=$________时，平面$x+2y+cz+1=0$与直线$\begin{cases}x+2y+z-1=0,\\x-y-z+2=0\end{cases}$平行.

二、解答题

1. 已知$|\boldsymbol{a}|=2$，$|\boldsymbol{b}|=3$，$|\boldsymbol{a}-\boldsymbol{b}|=4$，求$(\widehat{\boldsymbol{a},\boldsymbol{b}})$.

2. 已知$|\boldsymbol{a}|=3$，$|\boldsymbol{b}|=4$，$(\boldsymbol{a}-2\boldsymbol{b})\cdot(3\boldsymbol{a}+\boldsymbol{b})=-35$，求$(\widehat{\boldsymbol{a},\boldsymbol{b}})$.

3. 已知4点$A(1,-2,3)$、$B(4,-4,-3)$、$C(2,4,3)$、$D(8,6,6)$.求：

(1)$2\overrightarrow{AB}+\overrightarrow{CD}-\overrightarrow{AC}$;

(2)$\overrightarrow{AB}\cdot\overrightarrow{CD}$;

(3)$\overrightarrow{AB}\times\overrightarrow{CD}$;

(4)同时垂直于$\overrightarrow{AB}$与$\overrightarrow{CD}$的单位向量.

4. 设$\boldsymbol{a}=\{1,3,2\}$，$\boldsymbol{b}=\{2,y,4\}$，求：

(1)$\boldsymbol{a}\perp\boldsymbol{b}$的条件；

(2)$\boldsymbol{a}/\!/\boldsymbol{b}$的条件.

5. 已知$\boldsymbol{a}$的起点为$P(1,2,3)$，$|\boldsymbol{a}|=2$，且$\boldsymbol{a}$的3个方向角依次为$\frac{\pi}{4}$，$\frac{\pi}{3}$，$\frac{2\pi}{3}$，求$\boldsymbol{a}$的终点Q的坐标.

6. 求过两点$M_1(1,1,1)$及$M_2(0,2,1)$、且平行于直线$\frac{x+3}{2}=\frac{y-1}{0}=\frac{z}{1}$的平面的方程.

7. 求过直线$x=y=z-4$、且与平面$x+y-z=1$垂直的平面方程.

8. 求过点$(-1,-4,3)$，并与两直线

$$\begin{cases}x=2+4t,\\y=-1-t,\\z=-3+2t\end{cases}\text{及}\begin{cases}2x-4y+z=1,\\3x+3y+5=0\end{cases}$$

都垂直的直线方程.

9. 研究下列两给定平面之间的位置关系(若两平面平行或重合，则求出此两平面间的距离；若两平面不平行，则求出此两平面间的夹角的余弦)：

(1) $-x+2y-z+1=0$与$y+3z-1=0$;

(2)$2x-y+z-1=0$与$-4x+2y-2z-1=0$;

(3)$2x-y-z+1=0$与$-4x+2y+2z-2=0$.

10. 求点(1,-2,1)到直线$\frac{x+3}{2}=\frac{y-1}{-3}=\frac{z+2}{4}$的垂直距离.

11. 求点$M_1(2,2,2)$关于直线$\frac{x-1}{3}=\frac{y+4}{2}=z-3$的对称点$M_2$的坐标.

12. 求椭圆抛物面$y^2+z^2=x$与平面$x+2y-z=0$的交线在3个坐标平面上的投影曲线的方程.

13. 设质点P在xOy平面上第一象限内运动，其受到该平面上的变力$\boldsymbol{F}$的作用(见图8-65)，已知$\boldsymbol{F}$的大小等于点$P(x,y)$到原点O的距离，其方向垂直于线段OP且与y轴正方向的夹角小于$\frac{\pi}{2}$，试用xOy平面上的向量表示此变力.

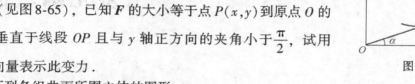

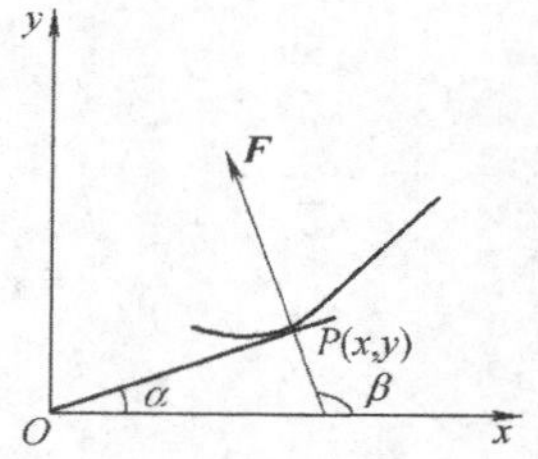

图　8-65

14. 画出下列各组曲面所围立体的图形：

(1)$x-2y^2=0$，$\frac{x}{4}+\frac{y}{2}+\frac{z}{2}=1$，$z=0$；

(2)$z=1+x^2+y^2$，$x+y=4$，$x=0$，$y=0$，$z=0$；

(3)$z=\sqrt{9-x^2-y^2}$，$z=\sqrt{1-x^2-y^2}$，$z=0$；

(4)$z=\sqrt{x^2+y^2}$，$z=1-x^2-y^2$.

第 9 章

多元函数微分学

在前面的章节中，我们讨论的函数都是只有一个自变量的一元函数．但在实际经济与工程技术问题中，往往涉及多方面的因素，反映到数学上，就是一个变量依赖于多个变量的情形．例如圆柱体的体积 V 受其底面半径 r 和高 h 的影响，我们已经知道三者之间的关系为 $V=\pi r^2 h$. 这就提出了多元函数的问题，也将涉及多元函数的微分与积分问题．本章将在一元函数微分学的基础上，讨论多元函数的微分法及其应用．讨论中以二元函数为主，再将结果推广到二元以上的多元函数．

9.1 多元函数的基本概念

在讨论一元函数时，一些概念、理论和方法，都以数轴上的点集、区间和邻域为基础．在多元函数的讨论中，首先要把这些概念加以推广．

9.1.1 区域

平面上具有某种性质 P 的点的集合，称为平面点集，一般用字母 E 表示，记作

$$E=\{(x,y)\mid(x,y)\text{ 具有性质 }P\}.$$

例如，平面上以原点为中心、以 1 为半径的圆的内部的所有点的集合就是一个平面点集，即

$$E=\{(x,y)\mid x^2+y^2<1\}.$$

在解析几何中，我们已经知道平面上的点可以用坐标 (x,y) 来表示，又知道平面上任何两点 $P_1(x_1,y_1)$ 和 $P_2(x_2,y_2)$ 之间的距离是

$$P(P_1,P_2)=\sqrt{(x_2-x_1)^2+(y_2-y_1)^2}.$$

现在，固定一点 $P_0(x_0,y_0)$，凡是与 P_0 的距离小于 δ（δ 是某一

正数）的那些点 P 组成的平面点集，叫做 P_0 的δ邻域．记为$U(P_0,\delta)$，即

$$U(P_0,\delta)=\{P\mid |PP_0|<\delta\}.$$

也就是

$$U(P_0,\delta)=\{(x,y)\mid \sqrt{(x-x_0)^2+(y-y_0)^2}<\delta\}.$$

在几何上，$U(P_0,\delta)$就是一个以 P_0 为圆心、以 δ 为半径的圆的内部，不包含圆周本身(见图9-1).

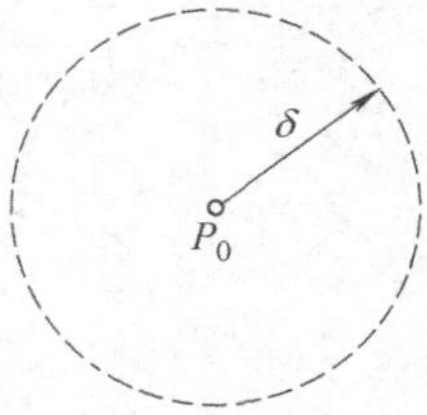

图 9-1

如果不需要强调邻域半径 δ，则用 $U(P_0)$表示 P_0 的某邻域，用 $\mathring{U}(P_0)$表示 P_0 的某去心邻域.

设 E 是平面上的一个点集，P 是平面上的一个点．如果存在点 P 的某一邻域 $U(P)$使 $U(P)\subset E$，则称 P 为 E 的内点(见图9-2).

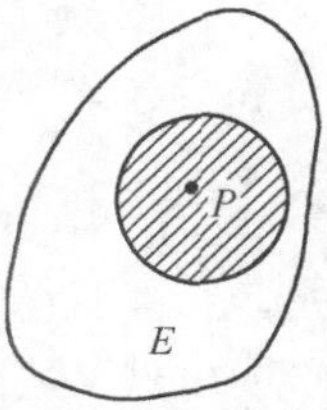

图 9-2

如果点集 E 的点都是内点，则称 E 为开集．例如 $E_1=\{(x,\ y)\mid 1<x^2+y^2<2\}$中每个点都是 E_1 的内点，因此 E_1 为开集.

如果点 P 的任一邻域内既有属于 E 的点，也有不属于 E 的点(点 P 可以属于 E，也可以不属于 E)，则称 P 为 E 的边界点(见图9-3). E 的边界点的全体称为 E 的边界．如上例中点集 E_1 的边界是圆周 $x^2+y^2=1$ 和 $x^2+y^2=2$.

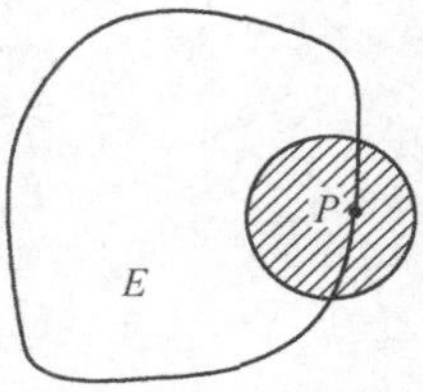

图 9-3

设 D 是点集，如果对于 D 内任何两点，都可用完全属于 D 的折线连接起来，则称点集 D 是连通的，否则称 D 为非连通的.

如下图9-4 所示平面上的点集 D_1，D_2 是____________，D_3 是____________.

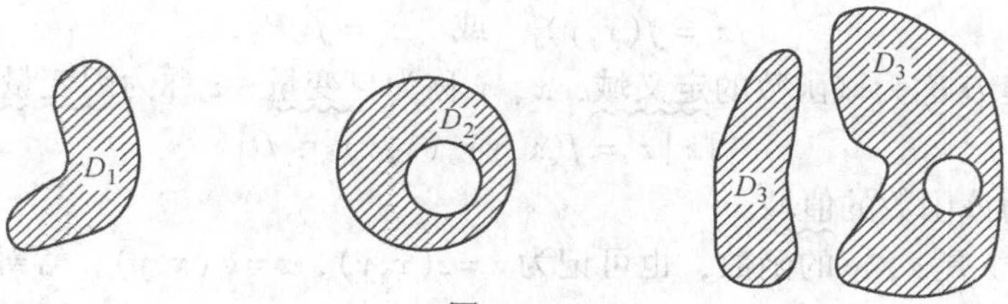

图 9-4

连通的开集称为区域或开区域，例如$\{(x,y)\mid x+y>0\}$及$\{(x,y)\mid 1<x^2+y^2<4\}$都是区域.

开区域连同它的边界一起，称为闭区域．$\{(x,y)\mid x+y\geqslant 0\}$及$\{(x,y)\mid 1\leqslant x^2+y^2\leqslant 4\}$都是闭区域.

对于点集 E，如果存在某一正数 r，使得

$$E\subset U(O,r),$$

其中 O 为坐标原点，则称 E 为有界集．一个集合如果不是有界集，就称其为无界集.

例如$\{(x,y)\mid 1\leqslant x^2+y^2\leqslant 4\}$是____________，$\{(x,y)\mid x+y>0\}$是____________.

如果对于任意给定的$\delta>0$，点P的去心邻域$\mathring{U}(P,\delta)$内总有集合E中的点，则称点P为E的聚点．显然，E的内点一定是E的聚点．此外，E的边界点也可能是E的聚点．例如，设$E=\{(x,y)\mid 0<x^2+y^2\leqslant 1\}$．满足$0<x^2+y^2<1$的一切点$(x,y)$都是$E$的内点；满足$x^2+y^2=0$的点$(x,y)$即$(0,0)$点是$E$的边界点，它不属于$E$；满足$x^2+y^2=1$的一切点$(x,y)$也是$E$的边界点，它们都属于$E$；点集$E$以及它边界上的一切点都是$E$的聚点．所以，点集$E$的聚点可以属于$E$，也可以不属于$E$.

9.1.2 二元函数的概念

不论在数学的理论问题还是实际问题中，许多量的变化，并不只由一个因素决定，而是由多个因素决定．例如圆柱体的体积V由底面半径r和高h所决定，即$V=\pi r^2h$，V是由两个变量所确定的．物体运动的动能W由物体的质量m和运动的速度v所决定，即$W=\frac{1}{2}mv^2$，W是由两个变量所确定的．

上面的两个例子虽然具体意义不同，但它们却具有共同的性质，抽出这些共同性质就可得出二元函数的定义．

定义 9.1 设D是平面上的一个点集，如果对于每个点$P(x,y)\in D$，变量z按照一定的法则总有确定的值与它对应，则称z是变量x，y的二元函数(或点P的函数)，记为

$$z=f(x,y) \quad 或 \quad z=f(P).$$

点集D称为该函数的定义域，x、y称为自变量，z称为因变量，数集

$$\{z \mid z=f(x,y),(x,y)\in D\}$$

称为该函数的值域．

z是x，y的函数，也可记为$z=z(x,y)$，$z=\varphi(x,y)$，等等．

类似地可以定义三元函数$u=f(x,y,z)$，$(x,y,z)\in D$以及三元以上的函数．

定义 9.2 设D是n维空间的非空子集，$\mathbf{R}$是实数集．如果任意点$P(x_1,x_2,\cdots,x_n)\in D$，按照一定的法则总有确定的$y\in\mathbf{R}$和它对应，则称$y$是$x_1$，$x_2$，$\cdots$，$x_n$的$n$元函数，记为

$$y=f(x_1,x_2,\cdots,x_n) \text{ 或 } y=f(P).$$

当$n=1$时，n元函数就是一元函数，当$n\geqslant 2$时，n元函数统称为多元函数．

多元函数的定义域与一元函数类似，我们约定：在一般地讨论用算式表达的多元函数$y=f(P)$的定义域时，就以使这个算式有意义的自变量的值所组成的点集为这个函数的定义域．

例 1 确定二元函数$z=\ln(x+y)$的定义域．

解　二元函数的定义域为

$$D = \underline{\qquad\qquad\qquad},$$

即定义域 D 是直线 $x+y=0$ 上方的无界区域，如图 9-5 所示．

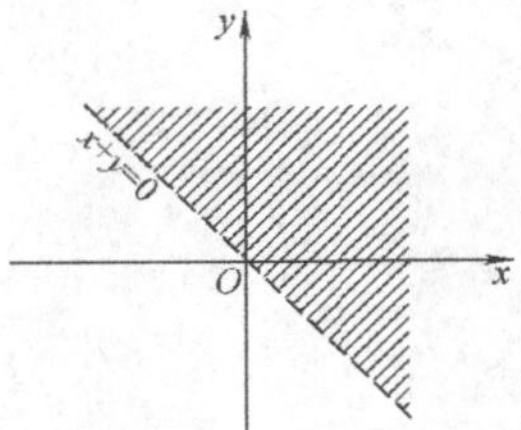

图　9-5

例 2　确定函数 $z=\arcsin(x^2+y^2)$ 的定义域．

解　此二元函数的定义域为

$$D = \underline{\qquad\qquad\qquad},$$

即定义域 D 是以原点为圆心、1 为半径的圆的内部和边界，这是一个有界闭区域，如图 9-6 所示．

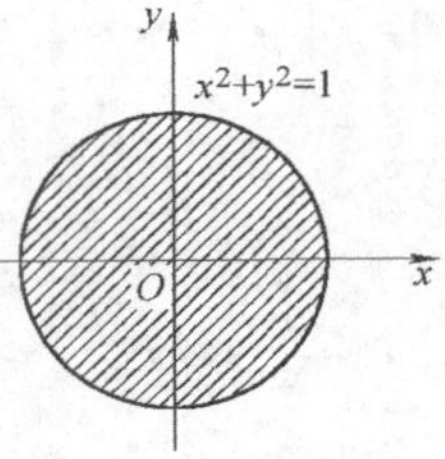

图　9-6

设函数 $z=f(x,y)$ 的定义域为 D，对于任意取定的点 $P(x,y)\in D$，对应的函数值为 $z=f(x,y)$．这样以 x 为横坐标，y 为纵坐标，$z=f(x,y)$ 为竖坐标在空间就确定一点 $M(x,y,z)$．当 (x,y) 取遍 D 上的一切点时，得到一个空间点集 $\{(x,y,z)\mid z=f(x,y),\ (x,y)\in D\}$，这个点集称为二元函数 $z=f(x,y)$ 的图形（见图 9-7）．通常我们也说二元函数的图形是一张曲面．

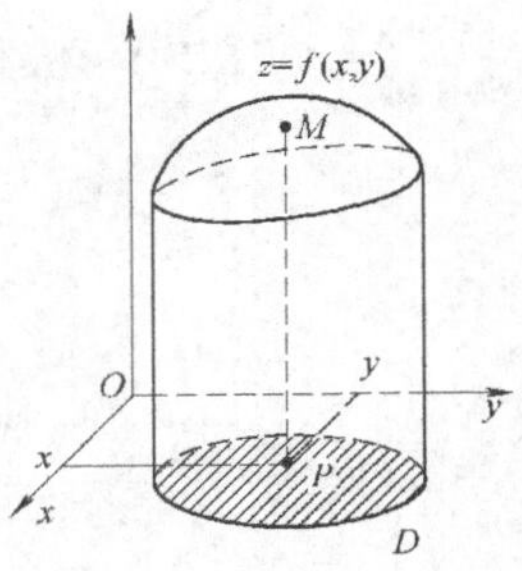

图　9-7

例如，线性函数 $z=ax+by+c$ 的图形是一个平面；由方程 $x^2+y^2+z^2=a^2(a>0)$ 所确定的函数 $z=f(x,y)$ 的图形是球心在原点，半径为 a 的球面，它的定义域是圆形闭区域

$$D=\{(x,y)\mid x^2+y^2\leqslant a^2\}.$$

9.1.3　二元函数的极限

我们先讨论二元函数 $z=f(x,y)$ 当 $(x,y)\to(x_0,y_0)$，即 $P(x,y)\to P_0(x_0,y_0)$ 时的极限．

这里 $P\to P_0$ 表示点 P 以任何方式趋于点 P_0，也就是点 P 与点 P_0 间的距离趋于零，即

$$|PP_0|=\sqrt{(x-x_0)^2+(y-y_0)^2}\to 0.$$

与一元函数的极限概念类似，如果在 $P(x,y)\to P_0(x_0,y_0)$ 的过程中，对应的函数值 $f(x,y)$ 无限接近于一个确定的常数 A，我们就说 A 是函数 $f(x,y)$ 当 $(x,y)\to(x_0,y_0)$ 时的极限．用“ε-δ”语言描述如下．

定义 9.3　设二元函数 $f(P)=f(x,y)$ 的定义域为 D，$P_0(x_0,y_0)$ 是 D 的聚点．如果存在常数 A，对于任意给定的正数 ε，总存在正数 δ，使得当点 $P(x,y)\in D\cap\mathring{U}(P_0,\delta)$ 时，都有

$$|f(P)-A|=|f(x,y)-A|<\varepsilon$$

成立，那么就称常数 A 为函数 $f(x,y)$ 当 $(x,y)\to(x_0,y_0)$ 时的极限，记作

$$\lim_{(x,y)\to(x_0,y_0)} f(x,y)=A \quad 或 \quad f(P)\to A(P\to P_0).$$

这个定义与一元函数的极限定义几乎是一样的，所不同的是一元

函数 $y=f(x)$ 的极限定义中，点 x 只是从 x_0 的左右两侧沿 x 轴趋向于点 x_0，而二元函数 $z=f(x,y)$ 的极限定义中，点 P 是以任意方式趋向于 P_0 的．所以在二维空间中，$P\to P_0$ 更具有“任意性”，这也是考察二元函数的极限需要特别注意的问题．

关于二元函数的极限运算，有与一元函数类似的运算法则．

例 3 考察函数

$$f(x,y)=\begin{cases}\dfrac{2xy}{x^2+y^2}, & x^2+y^2\neq 0,\\ 0, & x^2+y^2=0\end{cases}$$

当 $(x,y)\to(0,0)$ 时极限是否存在．

解 显然，当点 $P(x,y)$ 沿 x 轴趋于点 $(0,0)$ 时，

$$\lim_{\substack{(x,y)\to(0,0)\\ y=0}} f(x,y)=\lim_{x\to 0}f(x,0)=\lim_{x\to 0}0=0.$$

又当点 $P(x,y)$ 沿 y 轴趋于 $(0,0)$ 时，

$$\lim_{\substack{(x,y)\to(0,0)\\ x=0}} f(x,y)=\lim_{y\to 0}f(0,y)=\lim_{y\to 0}0=0.$$

但当点 $P(x,y)$ 沿直线 $y=kx$ 趋于点 $(0,0)$ 时，

$$\lim_{\substack{(x,y)\to(0,0)\\ y=kx}} \frac{2xy}{x^2+y^2}=\lim_{x\to 0}\frac{2kx^2}{x^2+k^2x^2}=\frac{2k}{1+k^2}.$$

显然，极限随 k 值的不同而改变，由此可见，当 $(x,y)\to(0,0)$ 时，$f(x,y)$ 的极限不存在．

例 4 求：(1) $\displaystyle\lim_{(x,y)\to(0,0)} e^{-\frac{1}{x^2}}\sin\frac{1}{x^2+y^2}$；

(2) $\displaystyle\lim_{(x,y)\to(0,0)}\frac{\sin(x^2+y^2)}{x^2+y^2}$.

解 (1) 由于 $\displaystyle\lim_{x\to 0}e^{-\frac{1}{x^2}}=0$，又 $\sin\dfrac{1}{x^2+y^2}$ 有界，故

$$\lim_{(x,y)\to(0,0)} e^{-\frac{1}{x^2}}\sin\frac{1}{x^2+y^2}=\boxed{0}.$$

(2) 由于 $(x,\ y)\to(0,0)$，当且仅当 $x^2+y^2\to 0$，因此令 $x^2+y^2=\rho$，即有

$$\lim_{(x,y)\to(0,0)}\frac{\sin(x^2+y^2)}{x^2+y^2}=\lim_{\rho\to 0}\frac{\sin\rho}{\rho}=1.$$

9.1.4 二元函数的连续性

有了二元函数极限的概念，就不难说明二元函数的连续性．

定义 9.4 设二元函数 $f(P)=f(x,y)$ 的定义域为 D，$P_0(x_0,y_0)$ 为 D 的聚点，且 $P_0\in D$. 如果

$$\lim_{(x,y)\to(x_0,y_0)} f(x,y)=f(x_0,y_0),$$

则称函数 $f(x,y)$ 在点 $P_0(x_0,y_0)$ 连续．

如果函数$f(x,y)$在D的每一点连续，那么就称$f(x,y)$在D上连续，或者称$f(x,y)$为D上的连续函数.

例5 讨论函数$f(x,y)=\begin{cases}\dfrac{x^2y}{x^2+y^2}, & x^2+y^2\neq 0,\\ 0, & x=y=0\end{cases}$在(0,0)处的连续性.

解 因$|f(x,y)-0|=\left|\dfrac{x^2y}{x^2+y^2}-0\right|=\dfrac{x^2}{x^2+y^2}\cdot|y|\leqslant|y|$. 而$\lim\limits_{y\to 0}|y|=0$.

因此$\lim\limits_{(x,y)\to(0,0)}f(x,y)=0$.

故$f(x,y)$在(0,0)处连续.

如果$f(P)=f(x,y)$在P_0点不连续，则称P_0为函数$f(P)$的间断点. 如例3，因为$(x,y)\to(0,0)$时函数极限不存在，所以点(0,0)为$f(x,y)$的间断点. 二元函数的间断点也可以是一条曲线. 如

$$z=\frac{1}{x^2+y^2-1},$$

其定义域为

$$D=\{(x,y)\mid x^2+y^2\neq 1\}.$$

圆周$C=\{(x,y)\mid x^2+y^2=1\}$上的点都是$D$的聚点，而$f(x,y)$在$C$上没有定义，所以该圆周上的点都是该函数的间断点.

前面已经指出：一元函数中关于极限的运算法则对于多元函数仍然适用，根据极限的运算法则，易证多元连续函数的和、差、积、商(分母不为零处)均为连续函数. 可以证明多元连续函数的复合函数也是连续函数.

与一元初等函数类似，多元初等函数是指可用一个式子表示的多元函数，这个式子是由常数及具有不同自变量的一元基本初等函数经过有限次的四则运算和复合运算而得到的.

由初等函数的连续性，可以得到以下**结论**：

一切多元初等函数在其定义区域内是连续的. 所谓定义区域是指包含在定义域内的区域或闭区域.

由多元初等函数的连续性，如果要求它在P_0点的极限，且P_0点在其定义区域内，则极限值就等于函数在该点的函数值，即

$$\lim_{P\to P_0}f(P)=f(P_0).$$

例6 求$\lim\limits_{(x,y)\to(0,1)}\dfrac{2xy+1}{x^2+y^2}$.

解 函数$f(x,y)=\dfrac{2xy+1}{x^2+y^2}$在其定义域$D=\{(x,y)\mid x\neq 0,\ y\neq 0\}$内连续，而$P_0(0,1)\in D$，所以

$$\lim_{(x,y)\to(0,1)}\frac{2xy+1}{x^2+y^2}=f(0,1)=1.$$

与闭区间上一元连续函数的性质类似，在有界闭区域上连续的二元函数具有如下性质：

性质 9.1（最大值、最小值定理） 在有界闭区域 D 上连续的二元函数 $f(x,y)$，在 D 上一定有最大值和最小值. 即在 D 上至少有一点 P_1 和一点 P_2，使得 $f(P_1)$ 为最大值，$f(P_2)$ 为最小值.

性质 9.2（介值定理） 在有界闭区域上连续的二元函数 $f(x,y)$，如果在 D 上取得两个不同的函数值，则它在 D 上必取得介于这两个值之间的任何值. 特别地，u 是函数在 D 上的最小值和最大值之间的一个数，则在 D 上至少存在一点 P，使 $f(P)=u$.

* **性质 9.3**（一致连续性定理） 在有界闭区域上连续的二元函数 $f(x,y)$ 必定在 D 上一致连续. 即，若 $f(x,y)$ 在有界闭区域 D 上连续，那么对于任意 $\varepsilon>0$，总存在 $\delta>0$，对任意 $P_1(x_1,y_1)$，$P_2(x_2,y_2)\in D$，只要 $|P_1-P_2|<\delta$，都有 $|f(P_1)-f(P_2)|<\varepsilon$ 成立.

习题 9.1

1. 判断下列平面点集中哪些是开集、闭集、区域、有界集、无界集，并分别指出它们的聚点集和边界：

(1) $\{(x,y)\mid x\neq 0\}$；

(2) $\{(x,y)\mid 1\leqslant x^2+y^2<4\}$；

(3) $\{(x,y)\mid y<x^2\}$；

(4) $\{(x,y)\mid (x-1)^2+y^2\leqslant 1\}\cup\{(x,y)\mid (x+1)^2+y^2\leqslant 1\}$.

2. 已知函数 $f(x,y)=x^2+y^2+x^y$，试求 $f(xy,x+y)$.

3. 已知 $f(u,v,w)=u^w+w^{u+v}$，试求 $f(x+y,x-y,xy)$.

4. 试求下列各函数的定义域：

(1) $z=\ln(y^2-3x+2)$；

(2) $z=\sqrt{x-\sqrt{y}}$；

(3) $z=\sqrt{1-\dfrac{x^2}{a^2}-\dfrac{y^2}{b^2}}$；

(4) $z=\ln(y-x)+\dfrac{\sqrt{x}}{\sqrt{1-x^2-y^2}}$；

(5) $u=\arccos\dfrac{z}{\sqrt{x^2+y^2}}$；

(6) $z=\dfrac{\sqrt{4x-y^2}}{\ln(1-x^2-y^2)}$；

(7) $z=\arcsin\dfrac{x^2+y^2}{4}+\operatorname{arcsec}(x^2+y^2)$.

5. 求下列各极限：

(1) $\lim\limits_{(x,y)\to(1,0)}\dfrac{\ln(x+e^y)}{\sqrt{x^2+y^2}}$； (2) $\lim\limits_{(x,y)\to(0,0)}\dfrac{\sin xy}{x}$；

(3) $\lim\limits_{(x,y)\to(0,0)}\dfrac{2-\sqrt{xy+4}}{xy}$； (4) $\lim\limits_{(x,y)\to(0,0)}\dfrac{1}{x^2+y^2}$；

(5) $\lim\limits_{(x,y)\to(0,0)}(1+xy)^{\frac{1}{x}}$； (6) $\lim\limits_{(x,y)\to(0,0)}\dfrac{1-\cos(x^2+y^2)}{(x^2+y^2)e^{x^2+y^2}}$.

6. 判断下列函数在原点 $O(0,0)$ 处是否连续：

(1) $z=\begin{cases}\dfrac{\sin(x^3+y^3)}{x^2+y^2}, & x^2+y^2\neq0,\\ 0, & x^2+y^2=0;\end{cases}$

(2) $z=\begin{cases}\dfrac{\sin(x^3+y^3)}{x^3+y^3}, & x^3+y^3\neq0,\\ 0, & x^3+y^3=0;\end{cases}$

(3) $z=\begin{cases}\dfrac{x^2y}{x^4+y^2}, & x^2+y^2\neq0,\\ 0, & x^2+y^2=0;\end{cases}$

(4) $z=\begin{cases}\dfrac{x^3y}{x^4+y^2}, & x^2+y^2\neq0,\\ 0, & x^2+y^2=0.\end{cases}$

7. 证明下列极限不存在：

(1) $\lim\limits_{(x,y)\to(0,0)}\dfrac{x+y}{x-y}$；

(2) $\lim\limits_{(x,y)\to(0,0)}\dfrac{x^2y^2}{x^2y^2+(x-y)^2}$.

9.2 偏导数

9.2.1 偏导数的概念

对一元函数 $f(x)$，我们讨论了它关于 x 的导数，也就是 $f(x)$ 关于 x 的变化率. 对于多元函数，同样需要讨论它的变化率. 但由于变量的增多，情况较一元函数复杂. 我们首先考虑多元函数关于其中一个自变量的变化率. 以二元函数 $z=f(x,y)$ 为例，如果把 y 固定不变，这时它就是关于 x 的一元函数，对 x 求导，所得导数就称为二元函数 $f(x,y)$ 关于 x 的偏导数. 同样，也可以把 x 固定不变，对 y 求导，就得到 $f(x,y)$ 关于 y 的偏导数.

定义 9.5 设函数 $z=f(x,y)$ 在点 (x_0,y_0) 的某一邻域内有定义，当 y 固定在 y_0 而 x 在 x_0 处有增量 Δx 时，相应地函数有增量 $f(x_0+\Delta x,y_0)-f(x_0,y_0)$，如果

$$\lim_{\Delta x\to0}\frac{f(x_0+\Delta x,y_0)-f(x_0,y_0)}{\Delta x} \tag{9-1}$$

存在，则称此极限为函数 $z=f(x,y)$ 在点 (x_0,y_0) 处对 x 的偏导数，记作 $\left.\dfrac{\partial z}{\partial x}\right|_{\substack{x=x_0\\y=y_0}}$，$\left.\dfrac{\partial f}{\partial x}\right|_{\substack{x=x_0\\y=y_0}}$，$\left.z_x\right|_{\substack{x=x_0\\y=y_0}}$，$\left.z'_x\right|_{\substack{x=x_0\\y=y_0}}$ 或 $f_x(x_0,y_0)$，$f_x'(x_0,y_0)$. 例如，极限(9-1)可以表示为

$$f_x(x_0,y_0)=\lim_{\Delta x\to 0}\frac{f(x_0+\Delta x,y_0)-f(x_0,y_0)}{\Delta x} \tag{9-2}$$

类似地，函数 $z=f(x,y)$ 在点 (x_0,y_0) 处对 y 的偏导数定义为

$$\lim_{\Delta y\to 0}\frac{f(x_0,y_0+\Delta y)-f(x_0,y_0)}{\Delta y} \tag{9-3}$$

记作

$$\left.\frac{\partial z}{\partial y}\right|_{\substack{x=x_0\\y=y_0}},\left.\frac{\partial f}{\partial y}\right|_{\substack{x=x_0\\y=y_0}},\left.z_y\right|_{\substack{x=x_0\\y=y_0}},\left.z'_y\right|_{\substack{x=x_0\\y=y_0}}\quad 或\quad f_y(x_0,y_0),f_y'(x_0,y_0).$$

如果函数 $z=f(x,y)$ 在区域 D 内每一点 (x,y) 处对 x 的偏导数都存在，那么这个偏导数就是 x，y 的函数，此函数称为函数 $z=f(x,y)$ 对自变量 x 的偏导函数，记作

$$\frac{\partial z}{\partial x},\frac{\partial f}{\partial x},z_x,z'_x\ 或\ f_x(x,y),f_x'(x,y).$$

类似地，可以定义函数 $z=f(x,y)$ 对自变量 y 的偏导函数，记作

$$\frac{\partial z}{\partial y},\frac{\partial f}{\partial y},z_y,z'_y\ 或\ f_y(x,y),f_y'(x,y).$$

今后，在不至于混淆的情况下，偏导函数也简称为偏导数.

偏导数的概念还可以推广到二元以上的函数. 例如三元函数 $u=f(x,y,z)$ 在点 (x,y,z) 处对 x 的偏导数定义为

$$f_x(x,y,z)=\lim_{\Delta x\to 0}\frac{f(x+\Delta x,y,z)-f(x,y,z)}{\Delta x}, \tag{9-4}$$

其中 (x,y,z) 是函数 $u=f(x,y,z)$ 的定义域的内点.

9.2.2 偏导数的计算

计算二元函数 $z=f(x,y)$ 的偏导数并不需要新的方法，只需将两个自变量中的一个看作变量，另一个自变量看成常数，用一元函数的求导方法即可.

例1 求函数 $f(x,y)=x^2+2xy-y^2$ 在点 $(1,2)$ 处对 x 和 y 的偏导数.

解 $f_x(x,y)=2x+2y$,

$f_y(x,y)=2x-2y$,

故 $f_x(1,2)=6$，$f_y(1,2)=-2$.

例2 求 $z=x^3\sin 3y$ 的偏导数.

解 $\dfrac{\partial z}{\partial x}=$ ____________,

$\dfrac{\partial z}{\partial y}=$______.

例 3　设 $r=\sqrt{x^2+y^2+z^2}$，求证

$$\left(\frac{\partial r}{\partial x}\right)^2+\left(\frac{\partial r}{\partial y}\right)^2+\left(\frac{\partial r}{\partial z}\right)^2=1.$$

证　$\dfrac{\partial r}{\partial x}=\dfrac{1}{2\sqrt{x^2+y^2+z^2}}\cdot(x^2+y^2+z^2)'_x$

$=$______.

类似地，可得

$$\frac{\partial r}{\partial y}=\frac{y}{r},\ \frac{\partial r}{\partial z}=\frac{z}{r}.$$

所以　$$\left(\frac{\partial r}{\partial x}\right)^2+\left(\frac{\partial r}{\partial y}\right)^2+\left(\frac{\partial r}{\partial z}\right)^2=\frac{x^2+y^2+z^2}{r^2}=1.$$

例 4　设 $f(x,\ y)=\begin{cases}\dfrac{xy}{x^2+y^2}, & x^2+y^2\neq 0,\\ 0, & x=y=0.\end{cases}$ 求 $f(x,y)$ 在点 $(0,0)$ 处的偏导数.

解　$f_x(0,0)=\lim\limits_{\Delta x\to 0}\dfrac{f(0+\Delta x,0)-f(0,0)}{\Delta x}=0.$

同理，$f_y(0,0)=0.$

从上例中可看出，二元函数的连续与一元函数连续与导数是不同的，这在今后学习中要引起重视.

9.2.3　偏导数的几何意义

我们知道，一元函数 $y=f(x)$ 的导数的几何意义是曲线 $y=f(x)$ 在点 (x_0,y_0) 处切线的斜率，而二元函数 $z=f(x,y)$ 在 (x_0,y_0) 的偏导数有下述的**几何意义**.

设 $M_0(x_0,y_0,z_0)$ 为曲面 $z=f(x,y)$ 上的一点，过 M_0 作平面 $y=y_0$ 截此曲面得一曲线，此曲线在平面 $y=y_0$ 上的方程为 $z=f(x,y_0)$，则 $f_x(x_0,y_0)=\dfrac{\mathrm{d}}{\mathrm{d}x}f(x,y_0)\big|_{x=x_0}$ 就是这条曲线在点 M_0 处的切线 M_0T_x 对 x 轴的斜率（见图 9-8）. 同样，偏导数 $f_y(x_0,y_0)$ 的几何意义是曲面被平面 $x=x_0$ 所截得的曲线在点 M_0 处的切线 M_0T_y 对 y 轴的斜率.

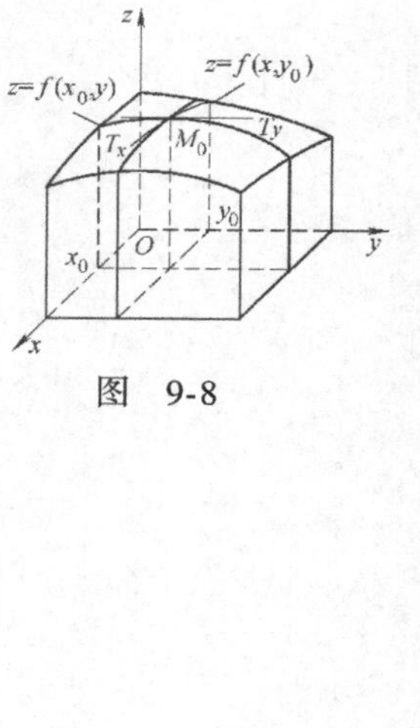

图　9-8

我们知道，如果一元函数在一点有导数，则它在该点必连续. 但对于多元函数来说，即使各偏导数在某点都存在，也不能保证在该点连续. 这是因为各偏导数存在只能保证点 P 沿着平行于坐标轴的方向趋于 P_0 时，函数值 $f(P)$ 趋于 $f(P_0)$，但不能保证点 P 按任何方式趋于 P_0 时，函数值 $f(P)$ 都趋于 $f(P_0)$. 例如，函数

$$z=f(x,y)=\begin{cases}\dfrac{2xy}{x^2+y^2}, & x^2+y^2\neq 0,\\ 0, & x^2+y^2=0\end{cases}$$

在(0,0)的偏导数为

$$f_x(0,0)=\lim_{\Delta x\to 0}\frac{f(0+\Delta x,0)-f(0,0)}{\Delta x}=\lim_{\Delta x\to 0}0=0,$$

$$f_y(0,0)=\lim_{\Delta y\to 0}\frac{f(0,0+\Delta y)-f(0,0)}{\Delta y}=\lim_{\Delta y\to 0}0=0.$$

但在本章第一节中已经知道此函数在点(0, 0)并不连续.

9.2.4 偏导数的经济意义

与一元经济函数的导数类似，多元经济函数的偏导数也有其经济意义.

设某产品的需求量

$$Q=Q(p,y),$$

其中 p 为该产品的价格，y 为消费者收入.

记需求量 Q 对于价格 p、消费者收入 y 的偏改变量分别为

$$\Delta_p Q=Q(p+\Delta p,y)-Q(p,y) \quad 和 \quad \Delta_y Q=Q(p,y+\Delta y)-Q(p,y).$$

易见，$\dfrac{\Delta_p Q}{\Delta p}$表示 Q 对价格 p 由 p 变到 $p+\Delta p$ 的平均变化率，而

$$\frac{\partial Q}{\partial p}=\lim_{\Delta p\to 0}\frac{\Delta_p Q}{\Delta p}$$

表示当价格为 p、消费者收入为 y 时，Q 对于 p 的变化率，因而称

$$E_p=-\lim_{\Delta p\to 0}\frac{\Delta_p Q/Q}{\Delta p/p}=-\frac{\partial Q}{\partial p}\cdot\frac{p}{Q}$$

为需求 Q 对价格 p 的偏弹性.

同理，$\dfrac{\Delta_y Q}{\Delta y}$表示 Q 对收入 y 由 y 变到 $y+\Delta y$ 的平均变化率，而

$$\frac{\partial Q}{\partial y}=\lim_{\Delta y\to 0}\frac{\Delta_y Q}{\Delta y}$$

表示当价格为 p、消费者收入为 y 时，Q 对于 y 的变化率，因而称

$$E_y=-\lim_{\Delta y\to 0}\frac{\Delta_y Q/Q}{\Delta y/y}=-\frac{\partial Q}{\partial y}\cdot\frac{y}{Q}$$

为需求 Q 对收入 y 的偏弹性.

9.2.5 高阶偏导数

设函数 $z=f(x,y)$ 在区域 D 内具有偏导数

$$\frac{\partial z}{\partial x}=f_x(x,y),\quad \frac{\partial z}{\partial y}=f_y(x,y),$$

那么在 D 内 $f_x(x,y)$，$f_y(x,y)$ 都是 x，y 的函数. 如果它们的偏导数也

存在，则称它们是函数 $z=f(x,y)$ 的二阶偏导数．按照对变量求导次序的不同有下列 4 个二阶偏导数：

$$\frac{\partial}{\partial x}\left(\frac{\partial z}{\partial x}\right)=\frac{\partial^2 z}{\partial x^2}=f_{xx}(x,y)=f''_{xx}(x,y),$$

$$\frac{\partial}{\partial y}\left(\frac{\partial z}{\partial x}\right)=\frac{\partial^2 z}{\partial x\partial y}=f_{xy}(x,y)=f''_{xy}(x,y),$$

$$\frac{\partial}{\partial x}\left(\frac{\partial z}{\partial y}\right)=\frac{\partial^2 z}{\partial y\partial x}=f_{yx}(x,y)=f''_{yx}(x,y),$$

$$\frac{\partial}{\partial y}\left(\frac{\partial z}{\partial y}\right)=\frac{\partial^2 z}{\partial y^2}=f_{yy}(x,y)=f''_{yy}(x,y).$$

其中 $f_{xy}(x,y)$，$f_{yx}(x,y)$ 称为混合偏导数．同样可得三阶、四阶、…，n 阶偏导数．二阶及二阶以上的偏导数统称为高阶偏导数．

例 5　求 $z=x^2y^3-2x^3y+xy+5$ 的二阶偏导数．

解　$\dfrac{\partial z}{\partial x}=$ ________，

$\dfrac{\partial z}{\partial y}=$ ________，

$\dfrac{\partial^2 z}{\partial x^2}=$ ________，　$\dfrac{\partial^2 z}{\partial x\partial y}=6xy^2-6x^2+1$，

$\dfrac{\partial^2 z}{\partial y\partial x}=$ ________，　$\dfrac{\partial^2 z}{\partial y^2}=6x^2y$.

上例中，两个二阶混合偏导数 $\dfrac{\partial^2 z}{\partial x\partial y}$ 和 $\dfrac{\partial^2 z}{\partial y\partial x}$ 相等．但这个结论并不是普遍成立的，它成立的条件如下面的定理所述．

定理 9.1　如果函数 $z=f(x,y)$ 的两个二阶混合偏导数 $\dfrac{\partial^2 z}{\partial x\partial y}$ 及 $\dfrac{\partial^2 z}{\partial y\partial x}$ 在区域 D 内连续，那么在该区域内这两个二阶混合偏导数必相等．

证明从略．

对于二元以上的函数，也可以类似地定义高阶偏导数，而且高阶混合偏导数在偏导数连续的条件下也与求导次序无关．

例 6　设 $z=\ln(\mathrm{e}^x+\mathrm{e}^y)$，求 $\dfrac{\partial^2 z}{\partial x^2}\cdot\dfrac{\partial^2 z}{\partial y^2}-\left(\dfrac{\partial^2 z}{\partial x\partial y}\right)^2$.

解

$$\frac{\partial z}{\partial x}=\frac{\mathrm{e}^x}{\mathrm{e}^x+\mathrm{e}^y},\quad \frac{\partial z}{\partial y}=\frac{\mathrm{e}^y}{\mathrm{e}^x+\mathrm{e}^y},$$

$$\frac{\partial^2 z}{\partial x^2}=\frac{\mathrm{e}^x(\mathrm{e}^x+\mathrm{e}^y)-\mathrm{e}^x\cdot\mathrm{e}^x}{(\mathrm{e}^x+\mathrm{e}^y)^2}=\frac{\mathrm{e}^x\cdot\mathrm{e}^y}{(\mathrm{e}^x+\mathrm{e}^y)^2},$$

$$\frac{\partial^2 z}{\partial y^2}=\frac{\mathrm{e}^y(\mathrm{e}^x+\mathrm{e}^y)-\mathrm{e}^y\cdot\mathrm{e}^y}{(\mathrm{e}^x+\mathrm{e}^y)^2}=\frac{\mathrm{e}^x\cdot\mathrm{e}^y}{(\mathrm{e}^x+\mathrm{e}^y)^2},$$

$$\frac{\partial^2 z}{\partial x\partial y}=-\frac{e^x\cdot e^y}{(e^x+e^y)^2},$$

所以

$$\frac{\partial^2 z}{\partial x^2}\cdot\frac{\partial^2 z}{\partial y^2}-\left(\frac{\partial^2 z}{\partial x\partial y}\right)^2$$

$$=\frac{(e^x\cdot e^y)^2}{(e^x+e^y)^4}-\left[\frac{-e^xe^y}{(e^x+e^y)^2}\right]^2$$

$$=0.$$

例 7 验证函数 $z=\ln\sqrt{x^2+y^2}$ 满足方程

$$\frac{\partial^2 z}{\partial x^2}+\frac{\partial^2 z}{\partial y^2}=0.$$

证 因为 $\frac{\partial z}{\partial x}=$ ____________, $\frac{\partial z}{\partial y}=$ ____________,

$$\frac{\partial^2 z}{\partial x^2}=\frac{(x^2+y^2)-x\cdot 2x}{(x^2+y^2)^2}=\frac{y^2-x^2}{(x^2+y^2)^2},$$

$$\frac{\partial^2 z}{\partial y^2}=\frac{(x^2+y^2)-y\cdot 2y}{(x^2+y^2)^2}=\frac{x^2-y^2}{(x^2+y^2)^2},$$

所以 $\frac{\partial^2 z}{\partial x^2}+\frac{\partial^2 z}{\partial y^2}=\frac{y^2-x^2}{(x^2+y^2)^2}+\frac{x^2-y^2}{(x^2+y^2)^2}=0.$

习题 9.2

1. 求下列函数的偏导数：

(1) $z=x^2y+\frac{x}{y^2}$； (2) $z=x\ln\sqrt{x^2+y^2}$；

(3) $s=\frac{u^2+v^2}{uv}$； (4) $z=\ln\tan\frac{x}{y}$；

(5) $z=(1+xy)^y$； (6) $u=x^{\frac{y}{z}}$.

2. 已知 $z=e^{-\left(\frac{1}{x}+\frac{1}{y}\right)}$，求证 $x^2\frac{\partial z}{\partial x}+y^2\frac{\partial z}{\partial y}=2z$.

3. 已知 $u=\frac{x^2y^2}{x+y}$，求证 $x\frac{\partial u}{\partial x}+y\frac{\partial u}{\partial y}=3u$.

4. 求曲线 $\begin{cases}z=\frac{x^2+y^2}{4},\\ y=4\end{cases}$ 在点(2,4,5)处的切线与横轴正方向所成的角度.

5. 求曲线 $\begin{cases}z=\sqrt{1+x^2+y^2},\\ x=1\end{cases}$ 在点 $(1,1,\sqrt{3})$ 处的切线与 y 轴正向的夹角是多少？

6. 求下列函数的 $\frac{\partial^2 z}{\partial x^2},\frac{\partial^2 z}{\partial y^2},\frac{\partial^2 z}{\partial x\partial y}$：

(1) $z=x^3y-xy$；

（2）$z=\arcsin(xy)$；

（3）$z=y^x$.

7. 设 $f(x,y,z)=xy^2+yz^2+zx^2$，求 $f_{xx}(0,0,1)$，$f_{xz}(1,0,2)$，$f_{yz}(0,-1,0)$ 及 $f_{zx}(2,0,1)$.

8. 设 $r=\sqrt{x^2+y^2+z^2}$，验证 $\frac{\partial^2 r}{\partial x^2}+\frac{\partial^2 r}{\partial y^2}+\frac{\partial^2 r}{\partial z^2}=\frac{2}{r}$.

9.3 全微分

9.3.1 全微分的概念

对一元函数 $y=f(x)$，我们曾研究过 y 关于 x 的微分，对于二元函数 $z=f(x,y)$ 也可引入全微分的概念．先看下面的例子：

设矩形的长和宽分别用 x，y 表示，则此矩形的面积 $S=xy$.

若将长、宽分别增加 Δx，Δy，那么这个矩形的面积增加值为（见图 9-9）

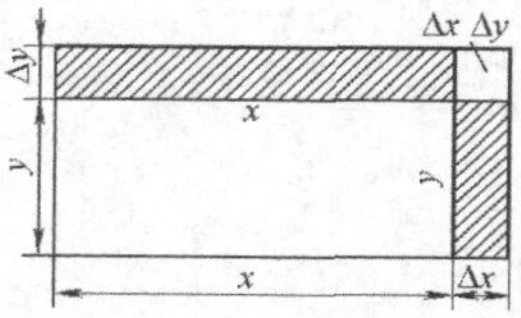

图　9-9

$$\begin{aligned}\Delta S&=(x+\Delta x)(y+\Delta y)-xy\\&=y\Delta x+x\Delta y+\Delta x\Delta y.\end{aligned}$$

上式右端包含两部分，一部分是 $y\Delta x+x\Delta y$，它是关于 Δx，Δy 的线性函数．另一部分是 $\Delta x\Delta y$，当 $\Delta x\to 0$，$\Delta y\to 0$，即当 $\rho=\sqrt{(\Delta x)^2+(\Delta y)^2}\to 0$ 时，$\Delta x\Delta y$ 是比 ρ 高阶的无穷小量．因此，如果忽略 $\Delta x\Delta y$，而用 $y\Delta x+x\Delta y$ 近似表示 ΔS，则 $\Delta S-(y\Delta x+x\Delta y)=\Delta x\cdot\Delta y$ 是一个比 ρ 高阶的无穷小量．我们把线性函数 $y\Delta x+x\Delta y$ 就叫作函数 $S=xy$ 在点 (x,y) 的全微分，并把二元函数 $S=xy$ 在点 (x,y) 对应于自变量增量 Δx，Δy 的改变量 ΔS 叫作函数 S 在点 (x,y) 对应于 Δx，Δy 的全增量．而 $S(x+\Delta x,y)-S(x,y)$ 与 $S(x,y+\Delta y)-S(x,y)$ 则分别叫作二元函数 $S(x,y)$ 对 x 和 y 的偏增量．

一般说来，计算全增量 Δz 比较复杂，我们希望用自变量的增量 Δx，Δy 的线性函数来近似地代替函数的全增量，故引入如下定义．

定义 9.6　如果函数 $z=f(x,y)$ 在点 (x,y) 的某邻域内有定义，并且它的全增量

$$\Delta z=f(x+\Delta x,y+\Delta y)-f(x,y) \tag{9-5}$$

可表示为

$$\Delta z=A\Delta x+B\Delta y+o(\rho), \tag{9-6}$$

其中 A、B 不依赖于 Δx，Δy 而仅与 x，y 有关，$\rho=\sqrt{(\Delta x)^2+(\Delta y)^2}$，则称函数 $z=f(x,y)$ 在点 (x,y) 可微分，而 $A\Delta x+B\Delta y$ 称为函数 $z=f(x,y)$ 在点 (x,y) 的全微分，记作 $\mathrm{d}z$，即

$$\mathrm{d}z=A\Delta x+B\Delta y.$$

如果函数在区域 D 内每一点都可微分，那么称这个函数在 D 内

可微分.

这个定义与一元函数的微分定义几乎一样.

9.3.2 可微分的条件

二元函数 $z=f(x,y)$ 在点 (x,y) 的可微性与函数在该点处的两个一阶偏导数及函数的连续性有如下关系:

定理 9.2(可微的必要条件) 如果函数 $z=f(x,y)$ 在点 (x,y) 可微分,则该函数在点 (x,y) 的偏导数 $\frac{\partial z}{\partial x}$、$\frac{\partial z}{\partial y}$ 必存在,且函数 $z=f(x,y)$ 在点 (x,y) 的全微分为

$$dz=\frac{\partial z}{\partial x}\Delta x+\frac{\partial z}{\partial y}\Delta y. \tag{9-7}$$

证 由函数 $z=f(x,y)$ 在点 (x,y) 处可微知

$$\Delta z=A\Delta x+B\Delta y+o(\rho),$$

其中 A、B 与 Δx、Δy 无关.

上式对点 $P(x,y)$ 的某个邻域内的任意一点 $(x+\Delta x,y+\Delta y)$ 均成立. 特别地,当 $\Delta y=0$ 时也成立,这时 $\rho=|\Delta x|$,全增量化为偏增量,即式(9-6)成为

$$f(x+\Delta x,y)-f(x,y)=A\Delta x+o(|\Delta x|),$$

因此

$$\lim_{\Delta x\to 0}\frac{f(x+\Delta x,y)-f(x,y)}{\Delta x}=\lim_{\Delta x\to 0}\left(A+\frac{o(|\Delta x|)}{\Delta x}\right)=A.$$

从而偏导数 $\frac{\partial z}{\partial x}$ 存在且等于 A. 同样可证偏导数 $\frac{\partial z}{\partial y}=B$. 所以式(9-7)成立.

在一元函数中,可导是可微的充要条件,但在多元函数中,偏导数存在不是可微的充分条件,例如函数

$$z=f(x,y)=\begin{cases}\dfrac{2xy}{\sqrt{x^2+y^2}}, & x^2+y^2\neq 0,\\ 0, & x^2+y^2=0\end{cases}$$

在点 $(0,0)$ 处偏导数存在,但函数在该点并不可微. 下面的定理给出了函数可微的充分条件.

定理 9.3(可微的充分条件) 如果函数 $z=f(x,y)$ 的偏导数 $\frac{\partial z}{\partial x}$、$\frac{\partial z}{\partial y}$ 在点 (x,y) 处连续,则函数在该点可微分.

证明从略.

以上关于二元函数全微分的定义及可微的必要条件、充分条件可以类似地推广到三元及三元以上的函数. 例如三元函数 $u=f(x,y,z)$,

如果 3 个偏导数$\frac{\partial u}{\partial x}$,$\frac{\partial u}{\partial y}$,$\frac{\partial u}{\partial z}$连续,则它可微且其全微分为

$$du = \frac{\partial u}{\partial x}\Delta x + \frac{\partial u}{\partial y}\Delta y + \frac{\partial u}{\partial z}\Delta z.$$

习惯上,我们将自变量的增量 Δx、Δy 分别记作 dx、dy,并分别称为自变量 x、y 的微分. 因此,函数 $z=f(x,y)$ 的全微分可写成

$$dz = \frac{\partial z}{\partial x}dx + \frac{\partial z}{\partial y}dy. \tag{9-8}$$

例 1　计算函数 $z=x^2y+xy^2$ 在点(1,2)的全微分.

解　因为

$$\frac{\partial z}{\partial x} = \underline{\qquad\qquad}, \quad \frac{\partial z}{\partial y} = \underline{\qquad\qquad},$$

$$\left.\frac{\partial z}{\partial x}\right|_{\substack{x=1\\y=2}} = 4+4=8, \quad \left.\frac{\partial z}{\partial y}\right|_{\substack{x=1\\y=2}} = 1+4=5,$$

所以

$$dz = 8dx + 5dy.$$

例 2　求 $u=(x+z)\sin(e^x+y)$的全微分.

解　因为$\frac{\partial u}{\partial x}=\underline{\qquad\qquad}$,

$$\frac{\partial u}{\partial y}=(x+z)\cos(e^x+y),$$

$$\frac{\partial u}{\partial z}=\underline{\qquad\qquad},$$

所以

$$du = [\sin(e^x+y)+(x+z)e^x\cos(e^x+y)]dx + \underline{\qquad\qquad}dy + \sin(e^x+y)dz.$$

9.3.3　全微分在近似计算中的应用

当二元函数 $z=f(x,y)$在点 $P(x,y)$的两个偏导数f_x, f_y 连续, 且 $|\Delta x|$, $|\Delta y|$很小时, 有近似等式

$$\Delta z \approx dz = f_x(x,y)\Delta x + f_y(x,y)\Delta y. \tag{9-9}$$

上式可写成

$$f(x+\Delta x, y+\Delta y) \approx f(x,y) + f_x(x,y)\Delta x + f_y(x,y)\Delta y. \tag{9-10}$$

与一元函数类似, 我们可用式(9-9)、式(9-10)对二元函数作近似计算和误差估计.

例 3　计算$(1.01)^{2.02}$的近似值.

解　设函数$f(x,y)=x^y$. 显然, 要计算当 $x=1.01$, $y=2.02$ 时的函数值 $f(1.01,2.02)$, 取 $x=1$, $y=2$, $\Delta x=0.01$, $\Delta y=0.02$, 由于

$$f_x(1,2)=2,$$
$$f_y(1,2)=0,$$

$$f(1,2)=1,$$

因此 $(1.01)^{2.02}\approx 1+2\times 0.01+0\times 0.02=1.02.$

例4 设有一无盖的薄壁圆桶，其内径 $R=5\text{cm}$，高 $H=20\text{cm}$，侧壁与底的厚均为 $h=0.1\text{cm}$. 试求该圆桶的壳体体积的近似值(见图9-10).

解 圆桶壳体体积

$$V=\pi(R+h)^2(H+h)-\pi R^2H,$$

设函数 $z=f(R,H)=\pi R^2H$，当 $\Delta R=\Delta H=h$ 时，由于 h 很小，因此增量 Δz 可用微分(即近似增量)计算，即

$$\begin{aligned}V=\Delta z&\approx \mathrm{d}z\\&=f_R'(R,H)\Delta R+f_H'(R,H)\Delta H\\&=2\pi RHh+\pi R^2h\\&=200\pi\times 0.1+25\pi\times 0.1\\&\approx 70.69(\text{cm}^3).\end{aligned}$$

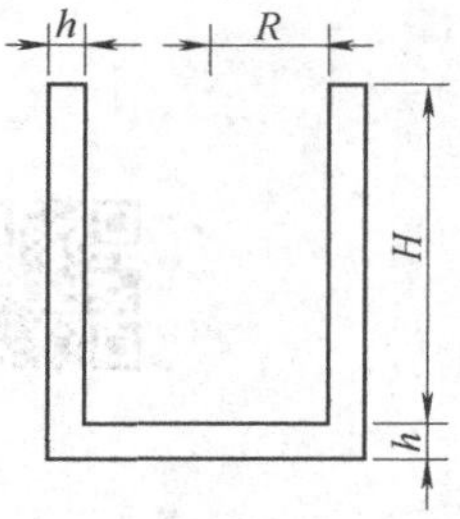

图 9-10

习题 9.3

1. 求下列函数的全微分：

(1) $z=x^2y$； (2) $z=\mathrm{e}^{x^2+y^2}$；

(3) $u=x^{\frac{y}{z}}$； (4) $z=\arcsin(y\sqrt{x})$.

2. 求函数 $z=x^2y^3$ 当 $x=2$，$y=-1$，$\Delta x=0.02$，$\Delta y=-0.01$ 时的全微分及全增量.

3. 求函数 $z=\ln(1+x^2+y^2)$ 当 $x=1$，$y=2$ 时的全微分.

4. 计算 $\sqrt{(1.02)^3+(0.97)^3}$ 的近似值.

5. 计算 $(1.97)^{1.05}$ 的近似值($\ln 2=0.693$).

6. 矩形一边长 $a=10\text{cm}$，另一边长 $b=24\text{cm}$. 当 a 增加 4mm 而 b 缩小 1mm 时，求对角线长的变化.

7. 用公式 $g=\dfrac{4\pi^2 l}{T^2}$ 计算重力加速度时，测量摆长 l 和周期 T 均有误差，设已知 $l=100\text{cm}$，$\delta_l=0.1\text{cm}$，$T=2\text{s}$，$\delta_T=0.004\text{s}$，求重力加速度的绝对误差和相对误差.

9.4 复合函数微分法

本节我们要将一元函数微分学中复合函数的求导法则推广到多元复合函数的情形. 按照多元复合函数不同的复合情形，分情形讨论.

9.4.1 全导数

定理 9.4 如果函数 $u=u(t)$，$v=v(t)$ 都在点 t 可导，函数 $z=$

$f(u,v)$在对应点(u,v)处可微，则复合函数$z=f(u(t),v(t))$在点t可导，且有

$$\frac{\mathrm{d}z}{\mathrm{d}t}=\frac{\partial z}{\partial u}\cdot\frac{\mathrm{d}u}{\mathrm{d}t}+\frac{\partial z}{\partial v}\cdot\frac{\mathrm{d}v}{\mathrm{d}t}.\tag{9-11}$$

证　设t获得增量Δt，这时$u=u(t)$，$v=v(t)$的对应增量为Δu，Δv，由此，函数$z=f(u,v)$相应地获得增量Δz. 因为$z=f(u,v)$在(u,v)处可微，故

$$\Delta z=\frac{\partial z}{\partial u}\Delta u+\frac{\partial z}{\partial v}\Delta v+o(\sqrt{(\Delta u)^2+(\Delta v)^2}).$$

所以

$$\frac{\Delta z}{\Delta t}=\frac{\partial z}{\partial u}\frac{\Delta u}{\Delta t}+\frac{\partial z}{\partial v}\frac{\Delta v}{\Delta t}+\frac{o(\sqrt{(\Delta u)^2+(\Delta v)^2})}{\Delta t}.$$

因为$u=u(t)$,$v=v(t)$在t处可导,故

$$\lim_{\Delta t\to 0}\frac{\Delta u}{\Delta t}=\frac{\mathrm{d}u}{\mathrm{d}t},\quad \lim_{\Delta t\to 0}\frac{\Delta v}{\Delta t}=\frac{\mathrm{d}v}{\mathrm{d}t}.$$

又

$$\lim_{\Delta t\to 0}\frac{o(\sqrt{(\Delta u)^2+(\Delta v)^2})}{\Delta t}$$

$$=\lim_{\Delta t\to 0}\frac{o(\sqrt{(\Delta u)^2+(\Delta v)^2})}{\sqrt{(\Delta u)^2+(\Delta v)^2}}\cdot\sqrt{\left(\frac{\Delta u}{\Delta t}\right)^2+\left(\frac{\Delta v}{\Delta t}\right)^2}\cdot\frac{|\Delta t|}{\Delta t}=0.$$

所以

$$\lim_{\Delta t\to 0}\frac{\Delta z}{\Delta t}=\lim_{\Delta t\to 0}\left(\frac{\partial z}{\partial u}\cdot\frac{\Delta u}{\Delta t}+\frac{\partial z}{\partial v}\cdot\frac{\Delta v}{\Delta t}\right)+\lim_{\Delta t\to 0}\frac{o(\sqrt{(\Delta u)^2+(\Delta v)^2})}{\Delta t}$$

$$=\frac{\partial z}{\partial u}\cdot\frac{\mathrm{d}u}{\mathrm{d}t}+\frac{\partial z}{\partial v}\cdot\frac{\mathrm{d}v}{\mathrm{d}t},$$

即

$$\frac{\mathrm{d}z}{\mathrm{d}t}=\frac{\partial z}{\partial u}\cdot\frac{\mathrm{d}u}{\mathrm{d}t}+\frac{\partial z}{\partial v}\cdot\frac{\mathrm{d}v}{\mathrm{d}t}.$$

公式(9-11)中的导数称为全导数.

用同样的方法,可把定理推广到复合函数的中间变量多于两个的情形. 例如,设$z=f(u,v,w)$,$u=u(t)$,$v=v(t)$,$w=w(t)$,则在与定理相类似的条件下,有

$$\frac{\mathrm{d}z}{\mathrm{d}t}=\frac{\partial z}{\partial u}\cdot\frac{\mathrm{d}u}{\mathrm{d}t}+\frac{\partial z}{\partial v}\cdot\frac{\mathrm{d}v}{\mathrm{d}t}+\frac{\partial z}{\partial w}\cdot\frac{\mathrm{d}w}{\mathrm{d}t}.\tag{9-12}$$

例 1　设$z=uv+\mathrm{e}^{u+v}$,而$u=\mathrm{e}^t$,$v=\sin t$,求全导数$\frac{\mathrm{d}z}{\mathrm{d}t}$.

解　$$\frac{\mathrm{d}z}{\mathrm{d}t}=\frac{\partial z}{\partial u}\cdot\frac{\mathrm{d}u}{\mathrm{d}t}+\frac{\partial z}{\partial v}\cdot\frac{\mathrm{d}v}{\mathrm{d}t}$$

$$=(v+\mathrm{e}^{u+v})\cdot\mathrm{e}^t+(u+\mathrm{e}^{u+v})\cdot\cos t$$

$$=\mathrm{e}^t(\sin t+\cos t)+\mathrm{e}^{\mathrm{e}^t+\sin t}(\mathrm{e}^t+\cos t).$$

9.4.2 多个自变量复合的情形

定理9.4可以推广到中间变量为多元函数的情形.

定理9.5 如果函数 $u=\varphi(x,y)$，$v=\psi(x,y)$ 都在点 (x,y) 具有对 x 及对 y 的偏导数，函数 $z=f(u,v)$ 在对应点 (u,v) 可微分，则复合函数 $z=f(\varphi(x,y),\psi(x,y))$ 在点 (x,y) 的两个偏导数存在，且有

$$\frac{\partial z}{\partial x}=\frac{\partial z}{\partial u}\cdot\frac{\partial u}{\partial x}+\frac{\partial z}{\partial v}\cdot\frac{\partial v}{\partial x}, \tag{9-13}$$

$$\frac{\partial z}{\partial y}=\frac{\partial z}{\partial u}\cdot\frac{\partial u}{\partial y}+\frac{\partial z}{\partial v}\cdot\frac{\partial v}{\partial y}, \tag{9-14}$$

证明从略.

类似地，可将定理9.5推广到中间变量为3个的情形，如设 $z=f(u,v,w)$，$u=\varphi(x,y)$，$v=\psi(x,y)$，$w=\omega(x,y)$，则在与定理9.5相类似的条件下，有

$$\frac{\partial z}{\partial x}=\frac{\partial z}{\partial u}\cdot\frac{\partial u}{\partial x}+\frac{\partial z}{\partial v}\cdot\frac{\partial v}{\partial x}+\frac{\partial z}{\partial w}\cdot\frac{\partial w}{\partial x}, \tag{9-15}$$

$$\frac{\partial z}{\partial y}=\frac{\partial z}{\partial u}\cdot\frac{\partial u}{\partial y}+\frac{\partial z}{\partial v}\cdot\frac{\partial v}{\partial y}+\frac{\partial z}{\partial w}\cdot\frac{\partial w}{\partial y}. \tag{9-16}$$

定理9.6 如果函数 $u=\varphi(x,y)$ 在点 (x,y) 具有对 x 及对 y 的偏导数，函数 $v=\psi(x)$ 在点 x 可导，函数 $z=f(u,v)$ 在对应点 (u,v) 可微，则复合函数 $z=f(\varphi(x,y),\psi(x))$ 在点 (x,y) 的两个偏导数存在，且有

$$\frac{\partial z}{\partial x}=\frac{\partial z}{\partial u}\cdot\frac{\partial u}{\partial x}+\frac{\partial z}{\partial v}\cdot\frac{\mathrm{d}v}{\mathrm{d}x}, \tag{9-17}$$

$$\frac{\partial z}{\partial y}=\frac{\partial z}{\partial u}\cdot\frac{\partial u}{\partial y}. \tag{9-18}$$

我们还会遇到其他情形，如设 $z=f(u,x,y)$ 可微，而 $u=\varphi(x,y)$ 具有偏导数，则复合函数 $z=f(\varphi(x,y),x,y)$ 在点 (x,y) 的两个偏导数为

$$\frac{\partial z}{\partial x}=\frac{\partial f}{\partial u}\cdot\frac{\partial u}{\partial x}+\frac{\partial f}{\partial x}, \tag{9-19}$$

$$\frac{\partial z}{\partial y}=\frac{\partial f}{\partial u}\cdot\frac{\partial u}{\partial y}+\frac{\partial f}{\partial y}. \tag{9-20}$$

值得**注意**的是，这里 $\frac{\partial z}{\partial x}$ 和 $\frac{\partial f}{\partial x}$ 的含义是不同的，$\frac{\partial z}{\partial x}$ 是把 u 看作 x 和 y 的函数，求复合函数 $z=f(\varphi(x,y),x,y)$ 对 x 的偏导数；而 $\frac{\partial f}{\partial x}$ 是把 u 与 x,y 都看作独立自变量，求三元函数 $z=f(u,x,y)$ 对 x 的偏导数. $\frac{\partial z}{\partial y}$ 与 $\frac{\partial f}{\partial y}$ 也有类似的区别.

复合函数的复合情形多种多样，不可能一一列举. 如果我们把因变量、中间变量及自变量的关系用图9-11表示，我们称之为复合函

数的复合路径图，则“链式法则”体现为：找出从因变量到某个自变量的所有路径（或链），先将同一路径上前一变量对后一变量求偏导数（或导数），并相乘；再把不同路径上所得的结果相加．

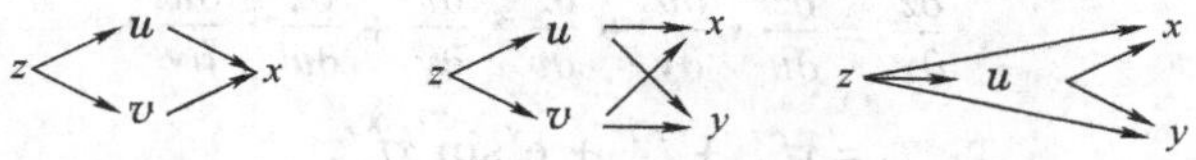

图 9-11

复合函数求导过程中，如果其中出现某一个中间变量是一元函数，则涉及它的偏导数记号应该改为一元函数的导数记号，例如 $z=f(u,v)$，而 $u=\varphi(x,y), v=\psi(x)$，则复合路径如图 9-12 所示．此时，

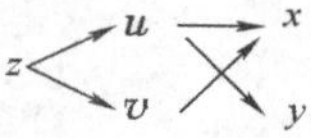

图 9-12

$$\frac{\partial z}{\partial x}=\frac{\partial z}{\partial u}\cdot\frac{\partial u}{\partial x}+\frac{\partial z}{\partial v}\cdot\frac{\mathrm{d}v}{\mathrm{d}x}.$$

$$\frac{\partial z}{\partial y}=\frac{\partial z}{\partial u}\cdot\frac{\partial u}{\partial y}.$$

图 9-12 中 z 通往 y 的路径只有一条，因此 $\frac{\partial z}{\partial y}$ 只有一项；v 是关于 x 的一元函数，因此在 $\frac{\partial z}{\partial x}$ 中采用符号 $\frac{\mathrm{d}v}{\mathrm{d}x}$.

例 2 设 $z=u^2\cos v$，而 $u=x+y, v=x-y$，求 $\frac{\partial z}{\partial x}$ 和 $\frac{\partial z}{\partial y}$.

解 $\frac{\partial z}{\partial x}=\frac{\partial z}{\partial u}\cdot\frac{\partial u}{\partial x}+\frac{\partial z}{\partial v}\cdot\frac{\partial v}{\partial x}$

$=2u\cos v-u^2\sin v$

$=$______________.

$\frac{\partial z}{\partial y}=\frac{\partial z}{\partial u}\cdot\frac{\partial u}{\partial y}+\frac{\partial z}{\partial v}\cdot\frac{\partial v}{\partial y}$

$=2u\cos v+u^2\sin v$

$=$______________.

例 3 设 $z=uv+\sin t, u=\mathrm{e}^t, v=\cos t$，求全导数 $\frac{\mathrm{d}z}{\mathrm{d}t}$.

解

$$\frac{\mathrm{d}z}{\mathrm{d}t}=\frac{\partial z}{\partial u}\cdot\frac{\mathrm{d}u}{\mathrm{d}t}+\frac{\partial z}{\partial v}\cdot\frac{\mathrm{d}v}{\mathrm{d}t}+\frac{\partial f}{\partial t}$$

$$=v\mathrm{e}^t-u\sin t+\cos t$$

$$=\mathrm{e}^t(\cos t-\sin t)+\cos t.$$

例 4 设 $z=f(xy,2x+y,\mathrm{e}^y\sin x)$，求 $\frac{\partial z}{\partial x}$ 与 $\frac{\partial z}{\partial y}$.

解 令 $u=xy, v=2x+y, w=\mathrm{e}^y\sin x$，于是 $z=f(u,v,w)$．故

$$\begin{aligned}\frac{\partial z}{\partial x}&=\frac{\partial z}{\partial u}\cdot\frac{\partial u}{\partial x}+\frac{\partial z}{\partial v}\cdot\frac{\partial v}{\partial x}+\frac{\partial z}{\partial w}\cdot\frac{\partial w}{\partial x}\\&=yf_u'+2f_v'+e^y\cos xf_w'.\\\frac{\partial z}{\partial y}&=\frac{\partial z}{\partial u}\cdot\frac{\partial u}{\partial y}+\frac{\partial z}{\partial v}\cdot\frac{\partial v}{\partial y}+\frac{\partial z}{\partial w}\cdot\frac{\partial w}{\partial y}\\&=xf_u'+f_v'+e^y\sin xf_w'.\end{aligned}$$

9.4.3 全微分形式的不变性

设函数 $z=f(u,v)$ 具有连续偏导数，则

$$dz=\frac{\partial z}{\partial u}du+\frac{\partial z}{\partial v}dv. \tag{9-21}$$

如果 u,v 又是 x,y 的函数 $u=\varphi(x,y)$，$v=\psi(x,y)$，且这两个函数也具有连续偏导数，则复合函数

$$z=f(\varphi(x,y),\psi(x,y))$$

的全微分为

$$\begin{aligned}dz&=\frac{\partial z}{\partial x}dx+\frac{\partial z}{\partial y}dy\\&=\left(\frac{\partial z}{\partial u}\cdot\frac{\partial u}{\partial x}+\frac{\partial z}{\partial v}\cdot\frac{\partial v}{\partial x}\right)dx+\left(\frac{\partial z}{\partial u}\cdot\frac{\partial u}{\partial y}+\frac{\partial z}{\partial v}\cdot\frac{\partial v}{\partial y}\right)dy\\&=\frac{\partial z}{\partial u}\left(\frac{\partial u}{\partial x}dx+\frac{\partial u}{\partial y}dy\right)+\frac{\partial z}{\partial v}\left(\frac{\partial v}{\partial x}dx+\frac{\partial v}{\partial y}dy\right)\\&=\frac{\partial z}{\partial u}du+\frac{\partial z}{\partial v}dv.\end{aligned}$$

由此可见，对于函数 $z=f(u,v)$，不论 u,v 是自变量还是中间变量，它们的全微分都可以写成式(9-21)表示的形式，这就是二元函数的全微分形式不变性.

利用全微分形式的不变性求偏导数式全微分，在许多情况下显得便捷且不易出错.

例 5 设 $z=e^u\ln v$，$u=xy$，$v=x+y$，求 $\frac{\partial z}{\partial x},\frac{\partial z}{\partial y}$.

解 $dz=d(e^u\ln v)$

$$=e^u\ln v\,du+\frac{e^u}{v}dv.$$

而
$$du=d(xy)=ydx+xdy,$$
$$dv=d(x+y)=dx+dy,$$

则
$$dz=e^{xy}\ln(x+y)(ydx+xdy)+\frac{e^{xy}}{x+y}(dx+dy)$$
$$=\left(ye^{xy}\ln(x+y)+\frac{e^{xy}}{x+y}\right)dx+\left(xe^{xy}\ln(x+y)+\frac{e^{xy}}{x+y}\right)dy.$$

而
$$dz=\frac{\partial z}{\partial x}dx+\frac{\partial z}{\partial y}dy,$$

因此 $$\frac{\partial z}{\partial x}=e^{xy}\left(y\ln(x+y)+\frac{1}{x+y}\right),$$

$$\frac{\partial z}{\partial y}=e^{xy}\left(x\ln(x+y)+\frac{1}{x+y}\right).$$

这个结果与利用复合函数的求导法则所得的结果一样,读者不妨自己验证.

9.4.4 复合函数的高阶偏导数

对于多元的复合函数,在其偏导数或二阶及其以上的高阶偏导数满足可微性条件下,也可以求二阶及二阶以上的高阶偏导数.只是其求偏导数过程更为复杂.

例6 设 $z=f(xy,x+y)$,f 具有二阶连续偏导数,求$\frac{\partial z}{\partial x}$及$\frac{\partial^2 z}{\partial x\partial y}$.

解 令 $u=xy,v=x+y$,则 $z=f(u,v)$.

$$\frac{\partial z}{\partial x}=\frac{\partial f}{\partial u}\cdot\frac{\partial u}{\partial x}+\frac{\partial f}{\partial v}\cdot\frac{\partial v}{\partial x}$$

$$=\frac{\partial f}{\partial u}\cdot y+\frac{\partial f}{\partial v}\cdot 1=yf_u'+f_v'.$$

$$\frac{\partial^2 z}{\partial x\partial y}=\frac{\partial}{\partial y}(yf_u'+f_v')$$

$$=\frac{\partial}{\partial y}(y\cdot f_u')+\frac{\partial}{\partial y}(f_v')$$

$$=1\cdot f_u'+y\cdot\frac{\partial}{\partial y}f_u'+\frac{\partial}{\partial y}f_v'$$

$$=f_u'+y\left(\frac{\partial f_u'}{\partial u}\cdot\frac{\partial u}{\partial y}+\frac{\partial f_u'}{\partial v}\cdot\frac{\partial v}{\partial y}\right)+\frac{\partial f_v'}{\partial u}\cdot\frac{\partial u}{\partial y}+\frac{\partial f_v'}{\partial v}\cdot\frac{\partial v}{\partial y}$$

$$=f_u'+y(f_{uu}''\cdot x+f_{uv}''\cdot 1)+f_{vu}''\cdot x+f_{vv}''\cdot 1$$

$$=xyf_{uu}''+(x+y)f_{uv}''+f_{vv}''+f_u'.$$

在上述求二阶偏导数的过程中,要注意 f_u' 与 f_v' 仍然是以 u,v 为中间变量的关于自变量 x,y 的复合函数,因此,在求$\frac{\partial}{\partial y}f_u'$与$\frac{\partial}{\partial y}f_v'$时仍要按照复合函数的求导法则计算.

习题 9.4

1. 设 $z=\frac{y}{x},x=e^t,y=1-e^{2t}$,求$\frac{dz}{dt}$.

2. 设 $z=\arctan\frac{x}{y},x=u+v,y=u-v$, 求$\frac{\partial z}{\partial u},\frac{\partial z}{\partial v}$.

3. 设 $u=\ln(e^x+e^y)$, $y=x^3$, 求$\frac{du}{dx}$.

4. 设 $z=u\ln v$, $u=\frac{x}{y}$, $v=x-y$, 求$\frac{\partial z}{\partial x}$, $\frac{\partial z}{\partial y}$.

5. 设 $z=\arcsin(x-y)$, $x=3t$, $y=4t^3$, 求$\frac{dz}{dt}$.

6. 求下列函数的一阶偏导数(其中f具有一阶连续偏导数)：

(1) $u=f(x^2-y^2,\sin(xy))$；

(2) $u=f\left(\frac{x}{y},\frac{z}{x}\right)$；

(3) $u=f(x,xy,xyz)$.

7. 设 $z=\frac{y}{f(x^2-y^2)}$, 其中f为可导函数, 验证$\frac{1}{x}\frac{\partial z}{\partial x}+\frac{1}{y}\frac{\partial z}{\partial y}=\frac{z}{y^2}$.

8. 设 $z=\frac{y^2}{3x}+\varphi(xy)$, 验证 $x^2\frac{\partial z}{\partial x}+y^2-xy\frac{\partial z}{\partial y}=0$.

9. 求下列函数的$\frac{\partial^2 z}{\partial x^2}$, $\frac{\partial^2 z}{\partial x\partial y}$, $\frac{\partial^2 z}{\partial y^2}$(其中$f$具有二阶连续偏导数)：

(1) $z=f(xy,y)$；

(2) $z=f(xy,x^2+y^2)$；

(3) $z=f\left(x,\frac{x}{y}\right)$.

10. 设 $z=f(x,y)$二次可微, 且 $x=e^u\cos v$, $y=e^u\sin v$, 试证

$$\frac{\partial^2 z}{\partial x^2}+\frac{\partial^2 z}{\partial y^2}=e^{2u}\left(\frac{\partial^2 z}{\partial u^2}+\frac{\partial^2 z}{\partial v^2}\right).$$

11. 设 $u=x\varphi(x+y)+y\psi(x+y)$, 其中函数 φ,ψ 具有二阶连续导数, 试证

$$\frac{\partial^2 u}{\partial x^2}-2\frac{\partial^2 u}{\partial x\partial y}+\frac{\partial^2 u}{\partial y^2}=0.$$

9.5 隐函数的微分法

9.5.1 一个方程确定的隐函数

在一元函数中，我们学习了求隐函数的导数的方法，但并未给出一般的求导公式．现在可以根据多元复合函数的求导法，给出一元隐函数的求导公式．

定理 9.7（隐函数存在定理 1） 设二元函数 $F(x,y)$ 在点 $P_0(x_0,y_0)$ 的某个邻域内具有连续偏导数，且 $F(x_0,y_0)=0$, $F_y(x_0,y_0)\neq 0$，则方程$F(x,y)=0$ 在点(x_0,y_0)的某一邻域内恒能唯一确定一个连续且具有连续导数的函数 $y=f(x)$，它满足条件 $y_0=f(x_0)$，并有

$$\frac{dy}{dx}=-\frac{F_x}{F_y}. \tag{9-22}$$

公式(9-22)就是隐函数的求导公式.

关于隐函数的存在性问题,我们这里不证明,仅就公式(9-22)作出推导.

事实上,设 $F(x,y)=0$ 所确定的函数为 $y=f(x)$,则

$$F(x,f(x))\equiv 0,$$

两端对 x 求导,得

$$\frac{\partial F}{\partial x}+\frac{\partial F}{\partial y}\cdot\frac{\mathrm{d}y}{\mathrm{d}x}=0.$$

由于 F_y 连续且 $F_y(x_0,y_0)\neq 0$,因此存在(x_0,y_0)的一个邻域,在这个邻域内,$F_y\neq 0$,于是得

$$\frac{\mathrm{d}y}{\mathrm{d}x}=-\frac{F_x}{F_y}.$$

如果 $F(x,y)$的二阶偏导数连续,把式(9-22)两端看做 x 的复合函数再求导,得

$$\begin{aligned}\frac{\mathrm{d}^2y}{\mathrm{d}x^2}&=\frac{\partial}{\partial x}\left(-\frac{F_x}{F_y}\right)+\frac{\partial}{\partial y}\left(-\frac{F_x}{F_y}\right)\cdot\frac{\mathrm{d}y}{\mathrm{d}x}\\&=-\frac{F_{xx}F_y-F_{yx}F_x}{F_y^2}-\frac{F_{xy}F_y-F_{yy}F_x}{F_y^2}\left(-\frac{F_x}{F_y}\right)\\&=-\frac{F_{xx}F_y^2-2F_{xy}F_xF_y+F_{yy}F_x^2}{F_y^3}.\end{aligned}$$

例 1　求由方程 $\mathrm{e}^{x+y}+\sin(xy)+1=0$ 所确定的隐函数 $y=f(x)$的导数.

解　令 $F(x,y)=\mathrm{e}^{x+y}+\sin(xy)+1$,则

$$F_x=\underline{\qquad\qquad},\quad F_y=\underline{\qquad\qquad}.$$

由公式(9-22),得

$$\frac{\mathrm{d}y}{\mathrm{d}x}=-\frac{F_x}{F_y}=\underline{\qquad\qquad},(\mathrm{e}^{x+y}+x\cos(xy)\neq 0).$$

隐函数存在定理 1 还可以推广到多元函数,三元函数的隐函数存在定理如下.

定理 9.8（隐函数存在定理 2）　设函数 $F(x,y,z)$ 在点 $P_0(x_0,y_0,z_0)$的某一邻域内具有连续偏导数,且 $F(x_0,y_0,z_0)=0$,$F_z(x_0,y_0,z_0)\neq 0$,则方程 $F(x,y,z)=0$ 在点(x_0,y_0,z_0)的某一邻域内恒能唯一确定一个连续且具有连续偏导数的函数 $z=f(x,y)$,它满足条件 $z_0=f(x_0,y_0)$,并有

$$\frac{\partial z}{\partial x}=-\frac{F_x}{F_z},\quad\frac{\partial z}{\partial y}=-\frac{F_y}{F_z}.\tag{9-23}$$

对于公式(9-23)我们可作如下推导得到:

由于 $F(x,y,f(x,y))\equiv 0$，两端分别关于 x 和 y 求偏导数，得

$$F_x+F_z\frac{\partial z}{\partial x}=0,\quad F_y+F_z\frac{\partial z}{\partial y}=0.$$

因为 F_z 连续，且 $F_z(x_0,y_0,z_0)\neq 0$，所以存在点 (x_0,y_0,z_0) 的一个邻域，在这个邻域内 $F_z\neq 0$，于是

$$\frac{\partial z}{\partial x}=-\frac{F_x}{F_z},\quad \frac{\partial z}{\partial y}=-\frac{F_y}{F_z}.$$

例 2 求由方程 $x(y+z)=1-e^{xy+z}$ 所确定的函数 $z=f(x,y)$ 的偏导数.

解 令 $F(x,y,z)=x(y+z)-1+e^{xy+z}$，则

$$\frac{\partial z}{\partial x}=-\frac{F_x}{F_z}=-\frac{y+z+ye^{xy+z}}{x+e^{xy+z}},$$

$$\frac{\partial z}{\partial y}=-\frac{F_y}{F_z}=-\frac{x+xe^{xy+z}}{x+e^{xy+z}}.$$

例 3 设 $z=z(x,y)$ 由方程 $e^z=xyz$ 所确定，求 dz.

解 令 $F(x,y,z)=e^z-xyz$，则

$$\frac{\partial z}{\partial x}=-\frac{F_x}{F_z}=-\frac{-yz}{e^z-xy}=\frac{yz}{e^z-xy},$$

$$\frac{\partial z}{\partial y}=-\frac{F_y}{F_z}=-\frac{-xz}{e^z-xy}=\frac{xz}{e^z-xy},$$

$$dz=\frac{\partial z}{\partial x}dx+\frac{\partial z}{\partial y}dy=\underline{\qquad\qquad}\,dx+\underline{\qquad\qquad}\,dy.$$

例 4 设 $z=z(x,y)$ 由方程 $x^2+y^2+z^2=4z$ 所确定，求 $\frac{\partial^2 z}{\partial x^2}$.

解 设 $F(x,y,z)=x^2+y^2+z^2-4z$，则

$$\frac{\partial z}{\partial x}=-\frac{F_x}{F_z}=\underline{\qquad\qquad}.$$

再对 $\frac{\partial z}{\partial x}$ 关于 x 求偏导数，得

$$\frac{\partial^2 z}{\partial x^2}=\frac{(2-z)+x\cdot\frac{\partial z}{\partial x}}{(2-z)^2}=\frac{(2-z)+x\left(\frac{x}{2-z}\right)}{(2-z)^2}=\frac{(2-z)^2+x^2}{(2-z)^3}.$$

9.5.2 方程组确定的隐函数

设有方程组

$$\begin{cases}F(x,y,u,v)=0,\\ G(x,y,u,v)=0,\end{cases}\tag{9-24}$$

在 4 个变量中一般只能有两个变量独立变化(不妨设为 x,y)，因此方程组(9-24)有可能确定两个二元函数．此时，我们可由函数 F，G 的性质来判定由方程组所确定的两个二元函数的存在以及它们的性质，有如下的定理．

定理 9.9（隐函数存在定理 3）　设 $F(x,y,u,v)$，$G(x,y,u,v)$ 在点 $P_0(x_0,y_0,u_0,v_0)$ 的邻域内具有对各个变量的连续偏导数，又 $F(x_0,y_0,u_0,v_0)=0$，$G(x_0,y_0,u_0,v_0)=0$，且偏导数所组成的函数行列式(或称雅可比行列式)

$$J=\frac{\partial(F,G)}{\partial(u,v)}=\begin{vmatrix}\dfrac{\partial F}{\partial u} & \dfrac{\partial F}{\partial v}\\ \dfrac{\partial G}{\partial u} & \dfrac{\partial G}{\partial v}\end{vmatrix}$$

在点 $P_0(x_0,y_0,u_0,v_0)$ 不等于零，则方程组 $F(x,y,u,v)=0$，$G(x,y,u,v)=0$ 在点 (x_0,y_0,u_0,v_0) 的某一邻域内恒能唯一确定一组连续且具有连续偏导数的函数 $u=u(x,y)$，$v=v(x,y)$，它们满足条件 $u_0=u(x_0,y_0)$，$v_0=v(x_0,y_0)$，并有

$$\frac{\partial u}{\partial x}=-\frac{1}{J}\,\frac{\partial(F,G)}{\partial(x,v)}=-\frac{\begin{vmatrix}F_x & F_v\\ G_x & G_v\end{vmatrix}}{\begin{vmatrix}F_u & F_v\\ G_u & G_v\end{vmatrix}},$$

$$\frac{\partial v}{\partial x}=-\frac{1}{J}\,\frac{\partial(F,G)}{\partial(u,x)}=-\frac{\begin{vmatrix}F_u & F_x\\ G_u & G_x\end{vmatrix}}{\begin{vmatrix}F_u & F_v\\ G_u & G_v\end{vmatrix}},$$

$$\frac{\partial u}{\partial y}=-\frac{1}{J}\,\frac{\partial(F,G)}{\partial(y,v)}=-\frac{\begin{vmatrix}F_y & F_v\\ G_y & G_v\end{vmatrix}}{\begin{vmatrix}F_u & F_v\\ G_u & G_v\end{vmatrix}},$$

$$\frac{\partial v}{\partial y}=-\frac{1}{J}\,\frac{\partial(F,G)}{\partial(u,y)}=-\frac{\begin{vmatrix}F_u & F_y\\ G_u & G_y\end{vmatrix}}{\begin{vmatrix}F_u & F_v\\ G_u & G_v\end{vmatrix}}.\tag{9-25}$$

这个定理我们不予证明，仅就公式作如下推导．

由于

$$F(x,\ y,\ u(x,\ y),\ v(x,\ y))\equiv 0,$$
$$G(x,\ y,\ u(x,\ y),\ v(x,\ y))\equiv 0,$$

将恒等式两边分别对 x 求偏导数，得

$$\begin{cases}F_x+F_u\cdot\dfrac{\partial u}{\partial x}+F_v\cdot\dfrac{\partial v}{\partial x}=0,\\ G_x+G_u\cdot\dfrac{\partial u}{\partial x}+G_v\cdot\dfrac{\partial v}{\partial x}=0.\end{cases}$$

这是关于$\dfrac{\partial u}{\partial x}$、$\dfrac{\partial v}{\partial x}$的线性方程组，由假设在可知点$P_0(x_0,y_0,u_0,v_0)$的一个邻域内，系数行列式$J\neq0$，从而可以解出$\dfrac{\partial u}{\partial x}$、$\dfrac{\partial v}{\partial x}$，得

$$\frac{\partial u}{\partial x}=-\frac{1}{J}\frac{\partial(F,G)}{\partial(x,v)},\quad \frac{\partial v}{\partial x}=-\frac{1}{J}\frac{\partial(F,G)}{\partial(u,x)}.$$

同理可得

$$\frac{\partial u}{\partial y}=-\frac{1}{J}\frac{\partial(F,G)}{\partial(y,v)},\quad \frac{\partial v}{\partial y}=-\frac{1}{J}\frac{\partial(F,G)}{\partial(u,y)}.$$

例5 方程组$\begin{cases}x^2+y^2-uv=0,\\ xy-u^2+v^2=0\end{cases}$

确定了函数$u=u(x,y)$，$v=v(x,y)$，试求$\dfrac{\partial u}{\partial x},\dfrac{\partial u}{\partial y},\dfrac{\partial v}{\partial x},\dfrac{\partial v}{\partial y}$.

解 设$F(x,y,u,v)=x^2+y^2-uv$;

$G(x,y,u,v)=xy-u^2+v^2$.

于是有

$$F_x=2x,\quad F_y=2y,\quad F_u=-v,\quad F_v=-u;$$
$$G_x=y,\quad G_y=x,\quad G_u=-2u,\quad G_v=2v.$$

由此可得

$$J=\begin{vmatrix}F_u & F_v\\ G_u & G_v\end{vmatrix}=\begin{vmatrix}-v & -u\\ -2u & 2v\end{vmatrix}=-2(u^2+v^2),$$

$$\frac{\partial(F,G)}{\partial(x,v)}=\begin{vmatrix}F_x & F_v\\ G_x & G_v\end{vmatrix}=\begin{vmatrix}2x & -u\\ y & 2v\end{vmatrix}=4xv+yu,$$

$$\frac{\partial(F,G)}{\partial(u,x)}=\begin{vmatrix}F_u & F_x\\ G_u & G_x\end{vmatrix}=\begin{vmatrix}-v & 2x\\ -2u & y\end{vmatrix}=4xu-yv,$$

所以

$$\frac{\partial u}{\partial x}=-\frac{1}{J}\frac{\partial(F,G)}{\partial(x,v)}=\frac{4xv+yu}{2(u^2+v^2)},$$

$$\frac{\partial v}{\partial x}=-\frac{1}{J}\frac{\partial(F,G)}{\partial(u,x)}=\frac{4xu-yv}{2(u^2+v^2)}.$$

同理

$$\frac{\partial u}{\partial y}=\frac{4yv+xu}{2(u^2+v^2)},\quad \frac{\partial v}{\partial y}=\frac{4yu-xv}{2(u^2+v^2)}.$$

习题 9.5

1. 设$\sin y+e^x-xy^2=0$，求$\dfrac{dy}{dx}$.

2. 设 $\ln\sqrt{x^2+y^2}=\arctan\dfrac{y}{x}$，求 $\dfrac{dy}{dx}$.

3. 设 $x+2y+z-2\sqrt{xyz}=0$，求 $\dfrac{\partial z}{\partial x}$，$\dfrac{\partial z}{\partial y}$.

4. 设 $e^z-xyz=0$，求 $\dfrac{\partial z}{\partial x}$，$\dfrac{\partial z}{\partial y}$，$\dfrac{\partial^2 z}{\partial x^2}$.

5. 设 $xyz=a^3$，证明：$x\dfrac{\partial z}{\partial x}+y\dfrac{\partial z}{\partial y}=-2z$.

6. 设 $\Phi(u,v)$ 具有连续偏导数，证明由方程 $\Phi(cx-az,cy-bz)=0$ 所确定的函数 $z=f(x,y)$ 满足 $a\dfrac{\partial z}{\partial x}+b\dfrac{\partial z}{\partial y}=c$.

7. 求由下列方程组所确定的函数的导数或偏导数：

（1）设 $\begin{cases}x+y+z=0,\\x^2+y^2+z^2=1,\end{cases}$ 求 $\dfrac{dx}{dz}$，$\dfrac{dy}{dz}$；

（2）设 $\begin{cases}x=e^u+u\sin v,\\y=e^u-u\cos v,\end{cases}$ 求 $\dfrac{\partial u}{\partial x}$，$\dfrac{\partial u}{\partial y}$，$\dfrac{\partial v}{\partial x}$，$\dfrac{\partial v}{\partial y}$.

9.6 方向导数与梯度

9.6.1 方向导数

偏导数反映的是多元函数沿坐标轴方向的变化率，但在许多实际问题中，仅考虑沿坐标轴方向的变化率是不够的. 例如，设 $f(P)$ 表示某物体内点 P 的温度，那么该物体的热传导就依赖于内点温度沿各方向下降的速度（速率）；又如，要预报某地的风向和风力，就必须知道气压在该地沿某些方向的变化率. 为此，要引进多元函数在一点 P 沿一给定方向的变化率问题.

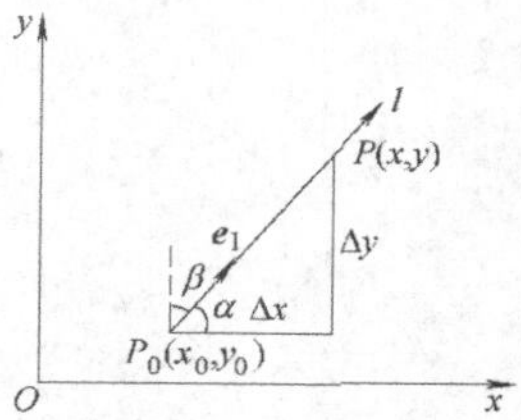

图 9-13

定义 9.7　设函数 $z=f(x,y)$ 在点 $P_0(x_0,y_0)$ 的某邻域 $U(P_0)$ 内有定义，$\boldsymbol{e}_l=\{\cos\alpha,\ \cos\beta\}$ 是与以 P_0 为始点的射线 l 同方向的单位向量（见图9-13），如果点 $P(x,y)\in U(P_0)$ 沿射线 l 趋于 P_0 时，函数增量 $f(x_0+\Delta x,\ y_0+\Delta y)-f(x_0,y_0)$ 与 P 到 P_0 的距离 $\rho=|PP_0|=\sqrt{(\Delta x)^2+(\Delta y)^2}$ 的比值为

$$\frac{f(x_0+\Delta x,\ y_0+\Delta y)-f(x_0,y_0)}{\sqrt{(\Delta x)^2+(\Delta y)^2}}.$$

当 P 沿着 l 趋于 P_0（即 $\rho\to 0$）时的极限存在，则称此极限为函数 $f(x,y)$ 在点 P_0 沿方向 l 的方向导数，记作 $\left.\dfrac{\partial f}{\partial l}\right|_{(x_0,y_0)}$ 或 $\left.\dfrac{\partial z}{\partial l}\right|_{(x_0,y_0)}$，即

$$\left.\frac{\partial f}{\partial l}\right|_{(x_0,y_0)}=\lim_{\rho\to 0^+}\frac{f(x_0+\Delta x,y_0+\Delta y)-f(x_0,y_0)}{\rho},\qquad(9\text{-}26)$$

其中 $\Delta x=\rho\cdot\cos\alpha$，$\Delta y=\rho\cos\beta$，$\alpha$、$\beta$ 分别是 l 与 x 轴、y 轴正向的夹角.

从方向导数的定义可知，方向导数$\left.\frac{\partial f}{\partial l}\right|_{(x_0,\,y_0)}$就是函数$f(x,y)$在点$P_0(x_0,y_0)$处沿方向$l$的变化率.

关于方向导数的存在及计算，有如下定理.

定理 9.10 如果函数$z=f(x,y)$在点$P_0(x_0,y_0)$处可微分，那么函数在该点沿任一方向l的方向导数存在，且有

$$\left.\frac{\partial f}{\partial l}\right|_{(x_0,\,y_0)}=f_x(x_0,y_0)\cos\alpha+f_y(x_0,y_0)\cos\beta,\tag{9-27}$$

其中$\cos\alpha$，$\cos\beta$是方向l的方向余弦.

证 由假设，$f(x,y)$在$P_0(x_0,y_0)$处可微分，故

$$\begin{aligned}&f(x_0+\Delta x,\ y_0+\Delta y)-f(x_0,y_0)\\&=f_x(x_0,y_0)\Delta x+f_y(x_0,y_0)\Delta y+o\left(\sqrt{(\Delta x)^2+(\Delta y)^2}\right)\\&=f_x(x_0,y_0)\Delta x+f_y(x_0,\ y_0)\Delta y+o(\rho),\end{aligned}$$

两边同除以ρ，得

$$\begin{aligned}&\frac{f(x_0+\Delta x,y_0+\Delta y)-f(x_0,\,y_0)}{\rho}\\&=f_x(x_0,\ y_0)\frac{\Delta x}{\rho}+f_y(x_0,\ y_0)\frac{\Delta y}{\rho}+\frac{o(\rho)}{\rho}\\&=f_x(x_0,\ y_0)\cos\alpha+f_y(x_0,\ y_0)\cos\beta+\frac{o(\rho)}{\rho},\end{aligned}$$

所以

$$\lim_{\rho\to0^+}\frac{f(x_0+\Delta x,y_0+\Delta y)-f(x_0,y_0)}{\rho}=f_x(x_0,y_0)\cos\alpha+f_y(x_0,y_0)\cos\beta.$$

这就证明了方向导数存在，且其值为

$$\left.\frac{\partial f}{\partial l}\right|_{(x_0,\,y_0)}=f_x(x_0,y_0)\cos\alpha+f_y(x_0,y_0)\cos\beta.$$

从这个定理可以看出方向导数中射线l的意义仅仅表示一个方向，因此可用单位向量$\{\cos\alpha,\cos\beta\}$来表示.

例1 求函数$z=x^2+y^2$在点$P(1,2)$处沿点$P(1,2)$到点$Q(2,2+\sqrt{3})$的方向导数.

解 这里l的方向即向量$\overrightarrow{PQ}=\{1,\sqrt{3}\}$的方向，与$l$同方向的单位向量$\boldsymbol{e}_l=$________.

因为函数可微分，且

$\left.\frac{\partial z}{\partial x}\right|_{(1,\,2)}=2x\,\big|_{(1,\,2)}=$________，$\left.\frac{\partial z}{\partial y}\right|_{(1,\,2)}=2y\,\big|_{(1,\,2)}=$________，

故所求方向导数为

$$\left.\frac{\partial z}{\partial l}\right|_{(1,\,2)}=\text{________}.$$

对于三元函数 $f(x,y,z)$ 来说，它在空间一点 $P_0(x_0,y_0,z_0)$ 沿方向 $\boldsymbol{e}_l\{\cos\alpha,\ \cos\beta,\ \cos\gamma\}$ 的方向导数为

$$\left.\frac{\partial f}{\partial l}\right|_{(x_0,\ y_0,\ z_0)}=\lim_{\rho\to 0^+}\frac{f(x_0+\Delta x,y_0+\Delta y,z_0+\Delta z)-f(x_0,y_0,z_0)}{\rho},\tag{9-28}$$

其中 $\rho=\sqrt{(\Delta x)^2+(\Delta y)^2+(\Delta z)^2}$，$\Delta x=\rho\cos\alpha$，$\Delta y=\rho\cos\beta$，$\Delta z=\rho\cos\gamma$.

同样可以证明：如果函数 $f(x,y,z)$ 在点 (x_0,y_0,z_0) 可微分，那么函数在该点沿着方向 $\boldsymbol{e}_l=\{\cos\alpha,\ \cos\beta,\ \cos\gamma\}$ 的方向导数为

$$\begin{aligned}\left.\frac{\partial f}{\partial l}\right|_{(x_0,\ y_0,\ z_0)}&=f_x(x_0,\ y_0,\ z_0)\cos\alpha+f_y(x_0,\ y_0,\ z_0)\cos\beta+\\&\quad f_z(x_0,y_0,z_0)\cos\gamma.\end{aligned}\tag{9-29}$$

例 2 求 $f(x,y,z)=xy-y^2z+ze^x$ 在点 $P(1,0,2)$ 沿方向 $(2,1,-1)$ 的方向导数.

解 $f_x=y+ze^x$，$f_y=x-2yz$，$f_z=-y^2+e^x$，

则 $f_x(1,0,2)=2e$，$f_y(1,0,2)=1$，$f_z(1,0,2)=e$.

向量 $\{2,\ 1,\ -1\}$ 的方向余弦为

$$\cos\alpha=\frac{2}{\sqrt6},\ \cos\beta=\frac{1}{\sqrt6},\ \cos\gamma=-\frac{1}{\sqrt6}.$$

所以

$$\left.\frac{\partial f}{\partial l}\right|_{(1,\ 0,\ 2)}=2e\,\frac{2}{\sqrt6}+\frac{1}{\sqrt6}-e\,\frac{1}{\sqrt6}=\frac{1}{\sqrt6}(3e+1).$$

9.6.2 梯度

当点 P 固定时，方向 l 变化其方向导数也随之变化. 这说明对于固定的点，函数在不同的方向上的变化率也有所不同，那么在点 P 处沿什么方向函数变化率最大呢？为此我们引入梯度的概念.

定义 9.8 在二元函数中，设 $z=f(x,y)$ 在平面区域 D 内具有一阶连续偏导数，则对于每一个点 $P_0(x_0,y_0)\in D$，都可以定出一个向量

$$f_x(x_0,\ y_0)\boldsymbol{i}+f_y(x_0,\ y_0)\boldsymbol{j},$$

这个向量称为函数 $z=f(x,y)$ 在点 $P_0(x_0,y_0)$ 的梯度，记作 $\mathbf{grad}f(x_0,y_0)$，即

$$\mathbf{grad}f(x_0,\ y_0)=f_x(x_0,\ y_0)\boldsymbol{i}+f_y(x_0,\ y_0)\boldsymbol{j}.\tag{9-30}$$

如果函数 $f(x,\ y)$ 在点 $P_0(x_0,y_0)$ 可微分，$\boldsymbol{e}_l=\{\cos\alpha,\ \cos\beta\}$ 是与方向 l 同方向的单位向量，则由方向导数的计算公式知

$$\begin{aligned}\left.\frac{\partial f}{\partial l}\right|_{(x_0,\ y_0)}&=f_x(x_0,y_0)\cos\alpha+f_y(x_0,y_0)\cos\beta\\&=\mathbf{grad}f(x_0,y_0)\cdot\boldsymbol{e}_l\end{aligned}$$

$$= |\mathbf{grad}f(x_0,y_0)| \cdot \cos(\widehat{\mathbf{grad}f(x_0,y_0),\boldsymbol{e}_l}).$$

这里$(\widehat{\mathbf{grad}f(x_0,y_0),\boldsymbol{e}_l})$表示向量$\mathbf{grad}f(x_0,y_0)$与$\boldsymbol{e}_l$的夹角，由此可知，$\left.\frac{\partial f}{\partial l}\right|_{(x_0,y_0)}$就是梯度在射线$l$上的投影，当方向$l$与梯度的方向相同，即沿梯度方向时，$\cos(\widehat{\mathbf{grad}f(x_0,y_0),\boldsymbol{e}_l})=1$，$\left.\frac{\partial f}{\partial l}\right|_{(x_0,y_0)}$取得最大值$|\mathbf{grad}f(x_0,y_0)|$. 这就是说，函数在一点的梯度是个向量，它的方向是函数在这点的方向导数取得最大值的方向，而它的模就是方向导数的最大值.

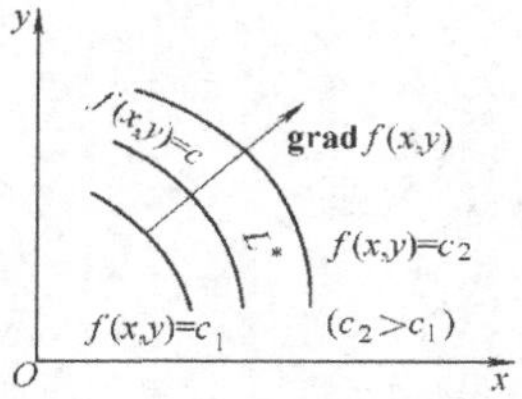

图 9-14

一般来说，二元函数$z=f(x,y)$在几何上表示一个曲面，这个曲面被平面$z=c$(c为常数)所截得的曲线L的方程为

$$\begin{cases} z=f(x,y), \\ z=c. \end{cases}$$

这条曲线L在xOy面上的投影是一条平面曲线L^*(见图9-14)，它在xOy平面直角坐标系中的方程为

$$f(x,y)=c.$$

对于曲线L^*上的所有点，已给函数的函数值都是c，所以我们称平面曲线L^*为函数$z=f(x,y)$的等值线.

如果f_x，f_y不同时为零，那么等值线$f(x,y)=c$上任意一点$P_0(x_0,y_0)$处的一个单位法向量为

$$\boldsymbol{n}=\frac{1}{\sqrt{f_x^2(x_0,y_0)+f_y^2(x_0,y_0)}}\{f_x(x_0,y_0),f_y(x_0,y_0)\}.$$

这表明梯度$\mathbf{grad}f(x_0,y_0)$的方向与等值线上该点的一个法线方向相同，而沿这个方向的方向导数$\frac{\partial f}{\partial n}$就等于$|\mathbf{grad}f(x_0,y_0)|$，于是

$$\mathbf{grad}f(x_0,y_0)=\frac{\partial f}{\partial n}\cdot\boldsymbol{n}.$$

这说明函数在一点P处的梯度方向与等值线在这点的一个法线方向相同，且从数值较低的等值线指向数值较高的等值线. 梯度的模等于函数沿法线方向的方向导数.

以下是关于梯度的**基本运算法则**：

(1) 两个函数代数和的梯度，等于各函数梯度的代数和，即$\mathbf{grad}(f_1\pm f_2)=\mathbf{grad}f_1\pm\mathbf{grad}f_2$；

(2) 两个函数乘积的梯度

$$\mathbf{grad}(f_1f_2)=f_1\mathbf{grad}f_2+f_2\mathbf{grad}f_1;$$

(3) 复合函数的梯度

$$\mathbf{grad}F(u)=F'(u)\mathbf{grad}u.$$

上面所说的梯度的概念可以完全类似地推广到三元函数的情形.

例3　设$f(x,y,z)=xy-y^2z+ze^x$，求$f(x,y,z)$在点$(1,0,2)$的梯度.（参见例2）

解　$f_x(1,0,2)=2e$，$f_y(1,0,2)=1$，$f_z(1,0,2)=e$，故$\mathbf{grad}f(1,0,2)=(2e,1,e)$，$|\mathbf{grad}f(1,0,2)|=\sqrt{1+5e^2}$，这表示数量函数$f(x,y,z)$在点$(1,0,2)$沿方向$\{2e,1,e\}$的方向导数最大，其最大值为$\sqrt{1+5e^2}$.

对于空间区域G内的任一点M，如果有一个确定的数量$f(M)$，则称在这个空间区域G内确定了一个数量场（例如温度场、密度场）. 一个数量场可以用一个数量函数$f(M)$来确定. 如果与点M相对应的是一个向量$F(M)$，则称在这个空间区域G内确定了一个向量场（如力场、速度场）. 一个向量场可以用一个向量值函数$F(M)$来确定，而

$$F(M)=P(M)\boldsymbol{i}+Q(M)\boldsymbol{j}+R(M)\boldsymbol{k},$$

其中$P(M)$、$Q(M)$、$R(M)$是点M的数量函数.

利用上述场的概念，我们可以说数量函数$f(M)$的梯度即向量函数$\mathbf{grad}f(M)$确定了一个向量场——梯度场，它由数量场$f(M)$产生. 通常称函数$f(M)$为这个向量场的势，而这个向量场又称为势场. 值得注意的是，任意一个向量场由于不一定是某个数量场的梯度场，因此它不一定是势场.

习题9.6

1. 求函数$z=xe^{2y}$在点$(1,0)$处沿从点$(1,0)$到点$(2,-1)$的方向的方向导数.

2. 求函数$z=\ln(x+y)$在抛物线$y^2=4x$上点$(1,2)$处，沿着这条抛物线在该点处偏向x轴正向的切线方向的方向导数.

3. 求函数$z=3x^4+xy+y^3$在点$(1,2)$处与Ox轴正向成135°角方向的方向导数.

4. 求函数$u=xyz$在点$(5,1,2)$处沿该点到$\{9,4,14\}$方向上的方向导数.

5. 求函数$u=x+y+z$在球面$x^2+y^2+z^2=1$上点(x_0,y_0,z_0)处，沿球面在该点的外法线方向的方向导数.

6. 求函数$u=xy^2+z^3-xyz$在点$(1,1,2)$处沿方向角为$\alpha=\dfrac{\pi}{3}$，$\beta=\dfrac{\pi}{4}$，$\gamma=\dfrac{\pi}{3}$的方向的方向导数.

7. 设$f(x,y,z)=x^2+2y^2+3z^2+xy+3x-2y-6z$. 求$\mathbf{grad}f(0,0,0)$及$\mathbf{grad}f(1,1,1)$.

8. 函数$u=xy^2z$在点$(1,-1,2)$处沿什么方向的方向导数最大？并求此方向导数的最大值.

9.7 多元函数微分学在几何上的应用

9.7.1 空间曲线的切线和法平面

若空间曲线 Γ 的方程由参数方程表示为

$$x=x(t),\ y=y(t),\ z=z(t)\quad (\alpha\leqslant t\leqslant\beta) \tag{9-31}$$

且式(9-31)的三个函数都在$[\alpha, \beta]$上可导.

与平面情形相仿，将通过此曲线上点 $M_0(x_0,y_0,z_0)$(这里 $x_0=x(t_0)$, $y_0=y(t_0)$, $z_0=z(t_0)$)的切线定义为当点$M(x,y,z)$沿着曲线 Γ 趋于 M_0 时，割线 M_0M 的极限位置，而通过 M_0 和 $M(x,y,z)$的割线方程是(见图 9-15)

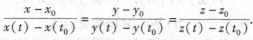

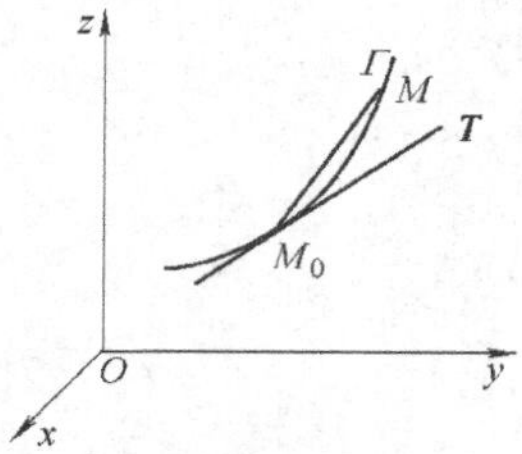

图 9-15

$$\frac{x-x_0}{x(t)-x(t_0)}=\frac{y-y_0}{y(t)-y(t_0)}=\frac{z-z_0}{z(t)-z(t_0)}.$$

用 $t-t_0$ 除上式各分母，得

$$\frac{x-x_0}{\dfrac{x(t)-x(t_0)}{t-t_0}}=\frac{y-y_0}{\dfrac{y(t)-y(t_0)}{t-t_0}}=\frac{z-z_0}{\dfrac{z(t)-z(t_0)}{t-t_0}},$$

因为我们假设 $x(t)$, $y(t)$, $z(t)$在 t_0 处导数存在，那么当 $t\to t_0$ 时，割线就变为切线，即得空间曲线在点 M_0 的切线方程为

$$\frac{x-x_0}{x'(t_0)}=\frac{y-y_0}{y'(t_0)}=\frac{z-z_0}{z'(t_0)}. \tag{9-32}$$

向量 $\boldsymbol{T}=\{x'(t_0),y'(t_0),z'(t_0)\}$是曲线在点 M_0 的切向量.

曲线在点 M_0 的法平面就是过点 M_0 且与该点的切线垂直的平面，因为切向量$\{x'(t_0),y'(t_0),z'(t_0)\}$就是过该点的法平面的法向量，所以过 M_0 点的法平面方程为

$$x'(t_0)(x-x_0)+y'(t_0)(y-y_0)+z'(t_0)(z-z_0)=0. \tag{9-33}$$

如果曲线的方程由下式表示

$$y=y(x),\quad z=z(x),$$

这时我们可以把它看成如下的参数方程

$$\begin{cases}x=x,\\ y=y(x),\\ z=z(x),\end{cases} \tag{9-34}$$

这里 x 是参数. 于是可得曲线在点 $M_0(x_0,y_0,z_0)$的切线方程是

$$\frac{x-x_0}{1}=\frac{y-y_0}{y'(x_0)}=\frac{z-z_0}{z'(x_0)}, \tag{9-35}$$

这里设 $y'(x_0)$, $z'(x_0)$都存在，$y_0=y(x_0)$, $z_0=z(x_0)$. 显然曲线在 M_0 的切向量为$\{1,y'(x_0),z'(x_0)\}$.

同样，可得法平面方程为

$$x-x_0+y'(x_0)(y-y_0)+z'(x_0)(z-z_0)=0. \tag{9-36}$$

如果曲线表示为两个曲面的交线

$$\begin{cases} F(x,y,z)=0, \\ G(x,y,z)=0. \end{cases} \tag{9-37}$$

$M_0(x_0,y_0,z_0)$ 为曲线上的一个点，设 F，G 对各个变量的偏导数连续，且

$$\left.\frac{\partial(F,G)}{\partial(y,z)}\right|_{(x_0,y_0,z_0)}\neq 0,$$

这时方程组(9-37)在点 $M_0(x_0,y_0,z_0)$ 的某一邻域内确定了一对函数 $y=y(x)$，$z=z(x)$. 它表示方程(9-37)所表示的空间曲线. 要求这条曲线在 M_0 处的切线方程和法平面方程，只需求出 $y'(x_0)$，$z'(x_0)$，然后代入(9-35)、(9-36)两式即可. 为此，将方程组(9-37)对 x 求导，得

$$\begin{cases} F_x+F_y\dfrac{\mathrm{d}y}{\mathrm{d}x}+F_z\dfrac{\mathrm{d}z}{\mathrm{d}x}=0, \\ G_x+G_y\dfrac{\mathrm{d}y}{\mathrm{d}x}+G_z\dfrac{\mathrm{d}z}{\mathrm{d}x}=0. \end{cases}$$

由假设知，在 M_0 的某邻域内 $J=\dfrac{\partial(F,G)}{\partial(y,z)}\neq 0$. 故

$$\frac{\mathrm{d}y}{\mathrm{d}x}=y'(x)=\frac{\begin{vmatrix} F_z & F_x \\ G_z & G_x \end{vmatrix}}{\begin{vmatrix} F_y & F_z \\ G_y & G_z \end{vmatrix}},\quad \frac{\mathrm{d}z}{\mathrm{d}x}=z'(x)=\frac{\begin{vmatrix} F_x & F_y \\ G_x & G_y \end{vmatrix}}{\begin{vmatrix} F_y & F_z \\ G_y & G_z \end{vmatrix}}.$$

有了 $y'(x)$ 和 $z'(x)$ 以后. 就很容易得到曲线在点(x_0,y_0,z_0)的切线方程为

$$\frac{x-x_0}{\left.\dfrac{\partial(F,G)}{\partial(y,z)}\right|_{(x_0,y_0,z_0)}}=\frac{y-y_0}{\left.\dfrac{\partial(F,G)}{\partial(z,x)}\right|_{(x_0,y_0,z_0)}}=\frac{z-z_0}{\left.\dfrac{\partial(F,G)}{\partial(x,y)}\right|_{(x_0,y_0,z_0)}}. \tag{9-38}$$

相应地，曲线在(x_0,y_0,z_0)的法平面方程为

$$\left.\frac{\partial(F,G)}{\partial(y,z)}\right|_{(x_0,y_0,z_0)}(x-x_0)+\left.\frac{\partial(F,G)}{\partial(z,x)}\right|_{(x_0,y_0,z_0)}(y-y_0)+\left.\frac{\partial(F,G)}{\partial(x,y)}\right|_{(x_0,y_0,z_0)}(z-z_0)=0. \tag{9-39}$$

例 1　求螺旋线 $\begin{cases} x=a\cos t, \\ y=a\sin t, \\ z=amt \end{cases}$ 在 $t=\dfrac{\pi}{4}$ 处的切线方程和法平面方程.

解　由 $x'(t)=-a\sin t$，$y'(t)=a\cos t$，$z'(t)=am$，则曲线在 $t=\dfrac{\pi}{4}$ 处的切向量为

$$\left\{-\frac{\sqrt{2}}{2}a, \frac{\sqrt{2}}{2}a, am\right\},$$

因此曲线在 $t=\frac{\pi}{4}$ 处的切线方程为

$$\frac{x-\frac{\sqrt{2}}{2}a}{-1}=\frac{y-\frac{\sqrt{2}}{2}a}{1}=\frac{z-\frac{am\pi}{4}}{\sqrt{2}m},$$

法平面方程为

$$-\frac{\sqrt{2}}{2}a\left(x-\frac{\sqrt{2}}{2}a\right)+\frac{\sqrt{2}}{2}a\left(y-\frac{\sqrt{2}}{2}a\right)+am\left(z-\frac{am\pi}{4}\right)=0,$$

即

$$-x+y+\sqrt{2}mz=\frac{\sqrt{2}}{4}am^2\pi.$$

例2 求曲线 $\begin{cases}x^2+y^2+z^2=9,\\ z=xy\end{cases}$ 在点 $M_0(1,2,2)$ 处的切线方程和法平面方程.

解 本题可以用公式(9-38)及(9-39)直接代入求解. 但下面我们采用推导公式的方法求解.

将所给方程组两边对 x 求导并移项，有

$$\begin{cases}y\frac{\mathrm{d}y}{\mathrm{d}x}+z\frac{\mathrm{d}z}{\mathrm{d}x}=-x,\\ x\frac{\mathrm{d}y}{\mathrm{d}x}-\frac{\mathrm{d}z}{\mathrm{d}x}=-y.\end{cases}$$

由此得

$$\frac{\mathrm{d}y}{\mathrm{d}x}=\frac{\begin{vmatrix}-x & z\\ -y & -1\end{vmatrix}}{\begin{vmatrix}y & z\\ x & -1\end{vmatrix}}=\frac{x+yz}{-y-xz},$$

$$\frac{\mathrm{d}z}{\mathrm{d}x}=\frac{\begin{vmatrix}y & -x\\ x & -y\end{vmatrix}}{\begin{vmatrix}y & z\\ x & -1\end{vmatrix}}=\frac{x^2-y^2}{-y-xz}.$$

从而 $$\left.\frac{\mathrm{d}y}{\mathrm{d}x}\right|_{(1,2,2)}=-\frac{5}{4},\quad \left.\frac{\mathrm{d}z}{\mathrm{d}x}\right|_{(1,2,2)}=\frac{3}{4},$$

则曲线在点 M_0 的切向量为 $\left\{1,-\frac{5}{4},\frac{3}{4}\right\}$，故所求切线方程为

$$\frac{x-1}{1}=\frac{y-2}{-\frac{5}{4}}=\frac{z-2}{\frac{3}{4}},$$

即 $$\frac{x-1}{4}=\frac{y-2}{-5}=\frac{z-2}{3}.$$

法平面方程为

$$(x-1)+\left(-\frac{5}{4}\right)\cdot(y-2)+\frac{3}{4}(z-2)=0,$$

即

$$4x-5y+3z=0.$$

9.7.2　曲面的切平面与法线

若曲面 Σ 的方程为

$$F(x,y,z)=0. \tag{9-40}$$

设 $F(x,y,z)$ 对各个变量具有连续偏导数，点 $M_0(x_0,y_0,z_0)$ 为曲面上一点，过点 M_0 任作一条在曲面上的曲线 Γ（见图 9-16），设 Γ 的参数方程为

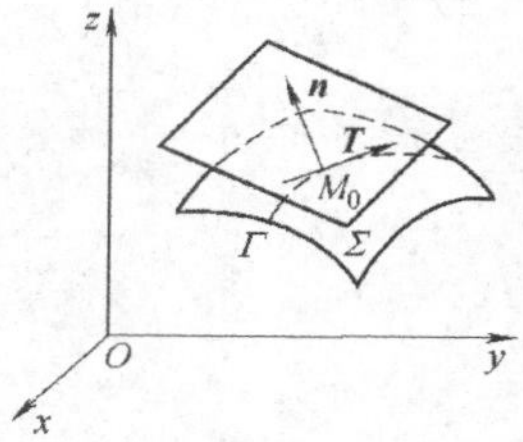

图　9-16

$$x=x(t),\ y=y(t),\ z=z(t)\quad(\alpha\leqslant t\leqslant\beta). \tag{9-41}$$

显然

$$F(x(t),\ y(t),\ z(t))=0,$$

对 t 求导，在点 M_0（设此时对应于 $t=t_0$）有

$$F_x(x_0,y_0,z_0)x'(t_0)+F_y(x_0,y_0,z_0)y'(t_0)+F_z(x_0,y_0,z_0)z'(t_0)=0. \tag{9-42}$$

在 9.7.1 中我们已经知道向量 $\{x'(t_0),y'(t_0),z'(t_0)\}$ 正是曲线 Γ 在 M_0 点的切向量 $\boldsymbol{T}$，记向量

$$\boldsymbol{n}=\{F_x(x_0,y_0,z_0),\ F_y(x_0,y_0,z_0),\ F_z(x_0,y_0,z_0)\},$$

则式(9-42)说明向量 $\boldsymbol{n}$ 与切向量 $\boldsymbol{T}$ 垂直．事实上，由曲线 Γ 的任意性，可知曲面 Σ 上过点 M_0 的任一条曲线在该点的切线都与向量 $\boldsymbol{n}$ 垂直，因此这些切线应在同一平面上，这个平面就称为曲面 Σ 在点 M_0 的切平面，而向量 $\boldsymbol{n}$ 就是切平面的法向量．从而可写出曲面 Σ 在点 M_0 的切平面方程为

$$F_x(x_0,y_0,z_0)(x-x_0)+F_y(x_0,y_0,z_0)(y-y_0)+F_z(x_0,y_0,z_0)(z-z_0)=0. \tag{9-43}$$

通过点 $M_0(x_0,y_0,z_0)$ 并与切平面垂直的直线，称为曲面在点 M_0 的法线，它的方程是

$$\frac{x-x_0}{F_x(x_0,y_0,z_0)}=\frac{y-y_0}{F_y(x_0,y_0,z_0)}=\frac{z-z_0}{F_z(x_0,y_0,z_0)}. \tag{9-44}$$

垂直于曲面上切平面的向量称为曲面的法向量，这里向量 $\boldsymbol{n}=\{F_x(x_0,y_0,z_0),\ F_y(x_0,y_0,z_0),\ F_z(x_0,y_0,z_0)\}$ 就是曲面 Σ 在点 M_0 处的一个法向量．

如果曲面方程是

$$z=f(x,y), \tag{9-45}$$

它很容易化为刚才讨论过的情形．

令

$$F(x,y,z)=f(x,y)-z,$$

可见

$$F_x=f_x,\quad F_y=f_y,\quad F_z=-1.$$

于是，当函数 $f(x, y)$ 的偏导数 $f_x(x, y)$，$f_y(x, y)$ 在点 (x_0, y_0) 连续时，曲面(9-45)在点 $M_0(x_0, y_0, z_0)$ 处的法向量为

$$\boldsymbol{n}=\{f_x(x_0, y_0), f_y(x_0, y_0), -1\},$$

因此，切平面方程为

$$\underline{\qquad\qquad\qquad}, \tag{9-46}$$

而法线方程为

$$\underline{\qquad\qquad\qquad}. \tag{9-47}$$

如果用 α、β、γ 分别表示曲面的法向量与 x 轴、y 轴、z 轴正向之间的夹角，那么法向量的方向余弦为

$$\cos\alpha=\frac{-f_x}{\sqrt{1+f_x^2+f_y^2}},$$

$$\cos\beta=\frac{-f_y}{\sqrt{1+f_x^2+f_y^2}},$$

$$\cos\gamma=\frac{1}{\sqrt{1+f_x^2+f_y^2}}.$$

例3 求曲面 $z=x^2+y^2-1$ 在点 $(2,1,4)$ 的切平面及法线方程.

解 此时 $f(x,y)=x^2+y^2-1$，

$$\boldsymbol{n}=\{f_x,f_y,-1\}=\{2x,2y,-1\},$$

$$\boldsymbol{n}\big|_{(2,1,4)}=\{4,2,-1\}.$$

所以在点 $(2,1,4)$ 处的切平面方程为

$$4(x-2)+2(y-1)-(z-4)=0,$$

即

$$4x+2y-z=6.$$

法线方程为

$$\frac{x-2}{4}=\frac{y-1}{2}=\frac{z-4}{-1}.$$

习题 9.7

1. 求曲线 $x=t$，$y=t^2$，$z=t^3$ 在点 $(1,1,1)$ 处的切线方程及法平面方程.

2. 求曲线 $x=a\cos t$，$y=a\sin t$，$z=bt$ 在对应于 $t=\frac{\pi}{4}$ 的点处的切线方程及法平面方程.

3. 求曲线 $\begin{cases}x^2+y^2+z^2=6,\\x+y+z=0\end{cases}$ 在点 $(1,-2,1)$ 处的切线方程及法平面方程.

4. 求曲线 $y^2=2mx$，$z^2=m-x$ 在点 (x_0, y_0, z_0) 处的切线及法平面方程.

5. 求曲面 $x^2-xy-8x+z+5=0$ 在点 $(2,-3,1)$ 处的切平面与法线方程.

6. 求球面 $x^2+y^2+z^2=14$ 在点 $(1,2,3)$ 处的切平面及法线方程.

7. 求旋转抛物面 $z=x^2+y^2-1$ 在点 $(2,1,4)$ 处的切平面及法线方程.

8. 在曲面 $xy=z$ 上求一点，使该点的法线垂直于平面 $x+3y+z+9=0$，并写出该法线方程.

9. 求椭球面 $3x^2+y^2+z^2=16$ 上的点 $(-1,-2,3)$ 处的切平面与平面 $z=0$ 的夹角.

9.8 多元函数的极值

9.8.1 二元函数极值的概念

在一元函数中，我们曾引入了极值的概念，这个概念也可以引入到多元函数中.

定义 9.9 设函数 $z=f(x,y)$ 在点 (x_0,y_0) 的某个邻域内有定义，对于该邻域内异于 (x_0,y_0) 的点 (x,y)，如果都满足不等式

$$f(x,y)<f(x_0,y_0),$$

则称函数在点 (x_0,y_0) 有极大值；如果都满足不等式

$$f(x,y)>f(x_0,y_0),$$

则称函数在 (x_0,y_0) 有极小值. 函数的极大值和极小值统称为函数的极值，使函数取得极值的点称为极值点.

例 1 函数 $z=2x^2+3y^2$ 在点 $(0,0)$ 处有极小值，因为对于点 $(0,0)$ 的任一邻域内异于 $(0,0)$ 的点，函数值均为正，而在 $(0,0)$ 点的函数值等于零. 从几何上看这是显然的，因为点 $(0,0,0)$ 是开口向上的椭圆抛物面 $z=2x^2+3y^2$ 的顶点.

例 2 函数 $z=\sqrt{R^2-x^2-y^2}$ 在点 $(0,0)$ 处有极大值，因为在点 $(0,0)$ 处函数值为 R，而对于点 $(0,0)$ 的任一邻域内异于点 $(0,0)$ 的点，函数值都小于 R. 从几何上看，点 $(0,0,R)$ 是位于 xOy 平面上方的上半球面 $z=\sqrt{R^2-x^2-y^2}$ 的顶点.

例 3 函数 $z=xy$ 在点 $(0,0)$ 处既不能取得极大值也不能取得极小值，因为在点 $(0,0)$ 处函数 $z=xy$ 的函数值为零，而在点 $(0,0)$ 的任一邻域内，总有使函数值为正的点，也有使函数值为负的点.

上述关于二元函数的极值的概念，也可以推广到 n 元函数. 设 n 元函数 $u=f(P)$ 在点 P_0 的某个邻域内有定义，如果对于该邻域内异于 P_0 的任何点 P 都满足不等式

$$f(P)<f(P_0)\ (\text{或} f(P)>f(P_0)),$$

则称函数 $f(P)$ 在点 P_0 有极大值(或极小值) $f(P_0)$.

9.8.2 二元函数极值存在的必要条件

从定义可知，若二元函数 $z=f(x,y)$ 在点 P_0 有极值，则固定 $y=y_0$ 后的一元函数 $f(x,y_0)$ 必在点 x_0 有极值. 于是由一元函数在极值点的

必要条件，有

$$\left.\frac{\partial f(x,y_0)}{\partial x}\right|_{x=x_0}=0,$$

同理可知

$$\left.\frac{\partial f(x_0,y)}{\partial y}\right|_{y=y_0}=0.$$

这就是说，对偏导数存在的函数 $f(x,y)$ 来说，在点 $P_0(x_0,y_0)$ 有极值的必要条件是

$$f_x(x_0,y_0)=f_y(x_0,y_0)=0,$$

对于可微函数，也就是

$$\mathrm{d}f(x_0,y_0)=0.$$

对于二元函数的极值问题，一般都可以利用偏导数来解决，下面两个定理给出了关于这个问题的结论.

定理 9.11（极值存在的必要条件） 设函数 $z=f(x,y)$ 在点 (x_0,y_0) 的偏导数 $f_x(x_0,y_0)$，$f_y(x_0,y_0)$ 存在，且在点 (x_0,y_0) 处有极值，则有

$$f_x(x_0,y_0)=f_y(x_0,y_0)=0.$$

类似地，可以推得如果三元函数 $u=f(x,y,z)$ 在点 (x_0,y_0,z_0) 具有偏导数，那么它在点 (x_0,y_0,z_0) 取得极值的必要条件为 $f_x(x_0,y_0,z_0)=f_y(x_0,y_0,z_0)=f_z(x_0,y_0,z_0)=0$.

与一元函数类似，能使 $f_x(x,y)=0$，$f_y(x,y)=0$ 同时成立的点称为函数 $f(x,y)$ 的驻点. 从定理 9.11 可知，具有偏导数的函数的极值点一定是驻点. 但函数的驻点__________极值点. 例如函数 $z=xy$ 在点 $(0,0)$ 有 $f_x(0,0)=f_y(0,0)=0$，但函数在该点并无极值. 换句话说，上面定理 9.11 中极值存在的必要条件并非同时也是充分条件. 下面我们讨论二元函数极值存在的充分条件.

9.8.3 二元函数极值存在的充分条件

定理 9.12（极值存在的充分条件） 设函数 $z=f(x,y)$ 在点 (x_0,y_0) 的某邻域内连续且有一阶及二阶连续偏导数，又 $f_x(x_0,y_0)=f_y(x_0,y_0)=0$，令

$$f_{xx}(x_0,y_0)=A,\quad f_{xy}(x_0,y_0)=B,\quad f_{yy}(x_0,y_0)=C,$$

于是：

（1）当 $AC-B^2>0$，且 $A<0$ 时，函数 $f(x,y)$ 在 (x_0,y_0) 处取得极大值 $f(x_0,y_0)$；

当 $AC-B^2>0$，且 $A>0$ 时，函数 $f(x,y)$ 在 (x_0,y_0) 处取得极小值 $f(x_0,y_0)$；

（2）当 $AC-B^2<0$ 时，函数 $f(x,y)$ 在 (x_0,y_0) 处无极值；

（3）当 $AC-B^2=0$ 时，函数 $f(x,y)$ 在 (x_0,y_0) 处可能有极值也可能没有极值.

本定理的证明从略.

利用定理 9.11 和定理 9.12，我们可以得到具有二阶连续偏导数的函数 $z=f(x,y)$ 的极值求法的一般步骤：

第一步，求 $f(x,y)$ 的一、二阶偏导数 $f_x, f_y, f_{xx}, f_{xy}, f_{yy}$；

第二步，解方程组 $\begin{cases} f_x(x,y)=0, \\ f_y(x,y)=0, \end{cases}$ 求出一切驻点；

第三步，求出每个驻点在点 (x_0,y_0) 处 A，B，C 的值及 $AC-B^2$ 的符号，根据定理 9.12 判定 $f(x_0,y_0)$ 的极值情况.

例 4　求函数 $f(x,y)=x^3+y^3-3(x^2+y^2)$ 的极值.

解　函数 $f(x,y)$ 的偏导数为

$f_x(x,y)=$ $\underline{\qquad\qquad\qquad}$，　$f_y(x,y)=$ $\underline{\qquad\qquad\qquad}$，
$f_{xx}(x,y)=$ $\underline{\qquad\qquad\qquad}$，　$f_{xy}(x,y)=$ $\underline{\qquad\qquad\qquad}$，　$f_{yy}(x,y)$ $=$ $\underline{\qquad\qquad\qquad}$.

解方程组 $\begin{cases} f_x(x,y)=3x^2-6x=0, \\ f_y(x,y)=3y^2-6y=0 \end{cases}$ 得驻点 $(0,0)$，$(2,0)$，$(0,2)$，$(2,2)$.

在点 $(0,0)$ 处，$AC-B^2=(-6)\times(-6)-0=36>0$ 且 $A=-6<0$，所以函数在点 $(0,0)$ 处有极大值 $f(0,0)=0$.

在点 $(2,0)$ 处，$AC-B^2=6\times(-6)-0=-36<0$，所以函数在点 $(2,0)$ 处无极值.

在点 $(0,2)$ 处，$AC-B^2=(-6)\times 6-0=-36<0$，所以 $f(0,2)$ 不是极值.

在点 $(2,2)$ 处，$AC-B^2=36>0$，且 $A=6>0$，所以函数 $f(x,y)$ 在 $(2,2)$ 处取得极小值 $f(2,2)=-8$.

另外，与一元函数类似，函数在偏导数不存在的点仍然可能有极值，例如

$$z=\begin{cases} x, & x\geqslant 0, \\ -x, & x<0, \end{cases}$$

在空间直角坐标系中，它是交于 y 轴的两个平面. 显然，凡 $x=0$ 的点都是函数的极小值点，但是

$$\text{当 } x>0 \text{ 时，} \frac{\partial z}{\partial x}=1;$$

$$\text{当 } x<0 \text{ 时，} \frac{\partial z}{\partial x}=-1,$$

因此当 $x=0$ 时偏导数不存在.

由此可见二元函数的极值点必为 $f_x(x,y)$ 和 $f_y(x,y)$ 同时为零或至少有一个偏导数不存在的点.

9.8.4 最大值与最小值

与一元函数类似，我们可以利用函数的极值来求函数的最大值与最小值. 设函数 $z=f(x,y)$ 在某一有界闭区域 D 中连续，那么它必在 D 上有最大值(或最小值). 如果这样的点 P_0 位于区域的内部，则函数在这点 P_0 显然有极大值(或极小值). 因此，在这种情形中函数取得最大值(或最小值)的点必是极值点之一，然而函数 $f(x,y)$ 的最大值(或最小值)也可能在区域 D 的边界上取得. 因此，为了寻找函数 $f(x,y)$ 在区域 D 上的最大值(或最小值)，必须要指出一切极值存在的内点，计算这些点的函数值，再与函数在区域 D 的边界上的最大值、最小值相比较，所有这些数值中，最大者(或最小者)就是函数 $z=f(x,y)$ 在区域 D 上的最大值(或最小值).

在通常遇到的实际问题中，多根据问题的实际意义来判断.

例5 要制造一个体积为 4m^3 的无盖长方体水箱，问该水箱的长、宽、高各为多少时，才能使用料最省?

解 设水箱的长为 xm，宽为 ym，则其高为$\frac{4}{xy}$m，此水箱所用材料的面积

$$S=2\cdot\left(y\cdot\frac{4}{xy}+x\cdot\frac{4}{xy}\right)+xy,$$

即
$$S=\frac{8}{x}+\frac{8}{y}+xy\quad(x>0,\ y>0).$$

材料的面积 S 是 x 和 y 的二元函数，下面求使这个函数取得最小值的点 (x,y).

解方程组

$$\begin{cases}\dfrac{\partial S}{\partial x}=-\dfrac{8}{x^2}+y=0,\\[2mm]\dfrac{\partial S}{\partial y}=-\dfrac{8}{y^2}+x=0,\end{cases}$$

得 $x=2$，$y=2$.

根据问题的实际意义，水箱所用材料面积的最小值一定存在，而函数 $S(x,y)$ 在其定义域内偏导数存在，且只有唯一驻点(2, 2). 因此当水箱的长为 2m，宽为 2m，高为 $\frac{4}{2\times2}=1\text{m}$ 时，水箱所用材料最省.

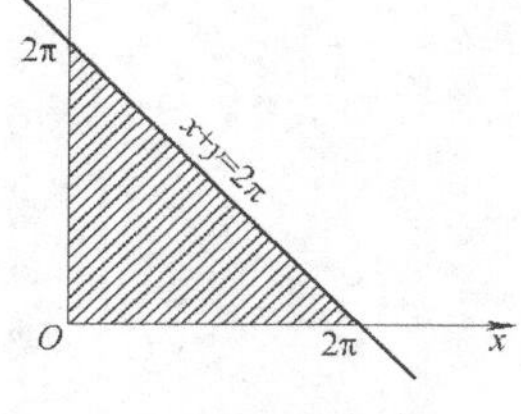

图 9-17

例6 试在 x 轴、y 轴与直线 $x+y=2\pi$ 所围成的三角形闭区域(见图9-17)上求函数 $u=\sin x+\sin y-\sin(x+y)$ 的最大值.

解 因为

$$\frac{\partial u}{\partial x}=\cos x-\cos(x+y),$$

$$\frac{\partial u}{\partial y}=\cos y-\cos(x+y).$$

在区域内部，仅在点$\left(\frac{2\pi}{3},\frac{2\pi}{3}\right)$上两个偏导数同时为零，而在此点处函数值为$u=\frac{3\sqrt{3}}{2}$，因为在区域的边界，即直线$x=0$，$y=0$及$x+y=2\pi$上此函数值为零，因此函数显然在点$\left(\frac{2\pi}{3},\frac{2\pi}{3}\right)$上达到最大值，最大值为$\frac{3\sqrt{3}}{2}$.

习题 9.8

1. 求函数$z=e^{2x}(x+y^2+2y)$的极值.
2. 求函数$z=(x^2+y^2)e^{-(x^2+y^2)}$的极值.
3. 设$2x^2+2y^2+z^2+8xz-z+8=0$，确定了函数$z=z(x,y)$，研究函数$z=z(x,y)$的极值.

*9.9 最小二乘法

在实践中，常常需要根据实际测量得到的一系列数据找出函数关系，通常叫做配曲线或找经验公式．这里我们介绍一种寻找直线型经验公式的方法，它是广泛采用的一种处理数据的方法.

为了确定变量x和y之间存在的某种关系，通过试验找到了n组相关数据：

$$(x_1,y_1),(x_2,y_2),\cdots,(x_n,y_n),$$

将这些数据看做平面直角坐标系xOy中的点，并把它们描在坐标平面上（见图9-18）.

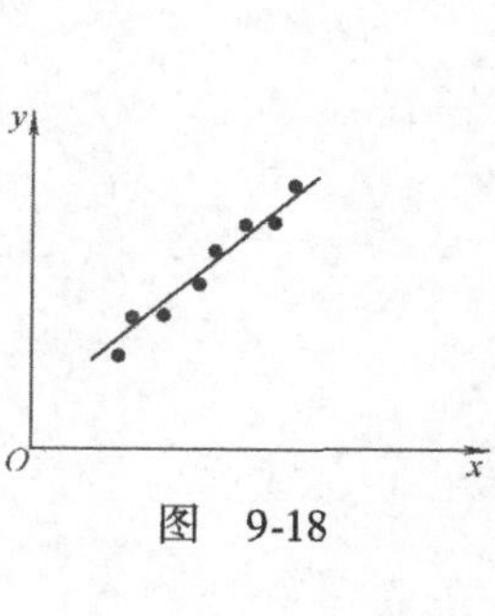

图　9-18

如果这些点几乎分布在一条直线上，我们就认为x和y之间存在着某种线性关系，设其方程为

$$y=ax+b,$$

其中a，b为待定参数．于是确定变量x和y之间关系的问题就成为如何合理选择系数a和b．从图上看，可以作出不同的直线，使描出来的点都在这些直线附近，这就是说a和b可以有不同的取法，那么怎样选择最合理呢？

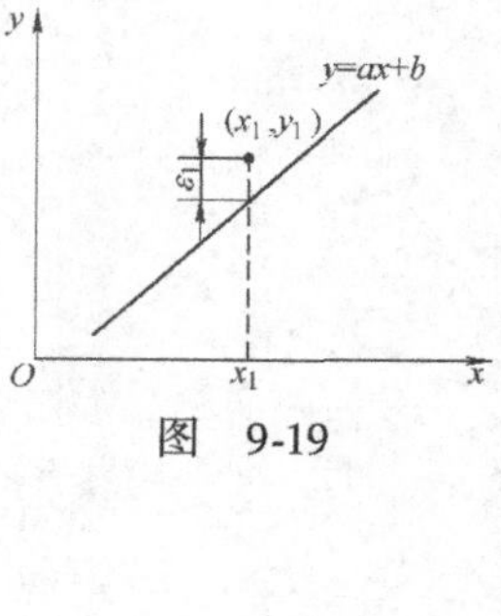

图　9-19

我们从图9-19上来分析，如果点(x_1,y_1)恰好在直线$y=ax+b$上，那么应该有$y_1=ax_1+b$，即$y_1-ax_1-b=0$，这时该函数$y=ax+b$准确地反映了x与y的关系.

如果点(x_1,y_1)不在直线$y=ax+b$上，那么$y_1-ax_1-b=\varepsilon_1$，$\varepsilon_1\neq 0$，ε_1表示用函数$y=ax+b$来反映x与y的关系时所产生的偏差. 我们当然希望选择合适的a，b，使这个偏差越小越好.

当我们用(x_1,y_1)，(x_2,y_2)，…，(x_n,y_n)表示测得的一组数据时，就用$\varepsilon_1=y_1-ax_1-b$，$\varepsilon_2=y_2-ax_2-b$，…，$\varepsilon_n=y_n-ax_n-b$表示相应的偏差. 我们称这些偏差的平方和叫做总偏差，记为ε，即

$$\varepsilon=\sum_{i=1}^{n}\varepsilon_i^2=\sum_{i=1}^{n}(y_i-ax_i-b)^2, \tag{9-48}$$

它是a和b的函数$\varepsilon(a,b)$. 根据问题的要求，我们应该确定a和b，使得总偏差$\varepsilon(a,b)$达到最小值，这样确定系数的方法叫做最小二乘法.

这里我们不取各个偏差的代数和$\sum\limits_{i=1}^{n}\varepsilon_i$作为总偏差，这是因为这些偏差本身有正有负，如果简单地取它们的代数和，就可能互相抵消. 这时虽然偏差的代数和很小，却不能保证各个偏差都很小，而按上面的做法，使这些偏差的平方和最小，就可以保证每一个偏差都很小.

为了选择a和b，使总偏差$\varepsilon(a,b)$达到最小，由极值的必要条件，有

$$\begin{aligned}\frac{\partial\varepsilon}{\partial a}&=-2(y_1-ax_1-b)x_1-2(y_2-ax_2-b)x_2-\cdots-2(y_n-ax_n-b)x_n\\&=-2(x_1y_1+x_2y_2+\cdots+x_ny_n)+2a(x_1^2+x_2^2+\cdots+x_n^2)+\\&\quad 2b(x_1+x_2+\cdots+x_n)=0,\end{aligned}$$

$$\begin{aligned}\frac{\partial\varepsilon}{\partial b}&=-2(y_1-ax_1-b)-2(y_2-ax_2-b)-\cdots-2(y_n-ax_n-b)\\&=-2(y_1+y_2+\cdots+y_n)+2a(x_1+x_2+\cdots+x_n)+2nb\\&=0,\end{aligned}$$

即a和b满足下列代数方程组

$$\begin{cases}\left(\sum\limits_{i=1}^{n}x_i^2\right)a+\left(\sum\limits_{i=1}^{n}x_i\right)b=\sum\limits_{i=1}^{n}x_iy_i,\\\left(\sum\limits_{i=1}^{n}x_i\right)a+nb=\sum\limits_{i=1}^{n}y_i,\end{cases} \tag{9-49}$$

这个方程组称为最小二乘法标准方程组. 由它解出a和b，再代入线性方程，即可得到所求的经验公式

$$y=ax+b.$$

例 为了测定刀具的磨损速度，我们做这样一个实验：经过一定时间(如每隔一小时)，测量一次刀具的厚度，得到的实验数据如下表.

时间 t_i/h	0	1	2	3	4	5	6	7
刀具厚度 y_i/mm	27.0	26.8	26.5	26.3	26.1	25.7	25.3	24.8

试根据上面的数据建立 y 和 t 之间的函数关系.

解 首先，要确定 $y=f(t)$ 的函数类型. 为此在直角坐标系下描点(见图 9-20)，从图中可以看出，这些点大致接近一条直线. 因此设 $f(t)=at+b$，求 $u=\sum_{i=0}^{7}(y_i-at_i-b)^2$ 的最小值. 即求方程组

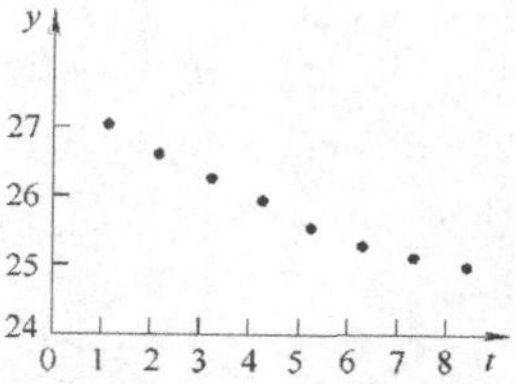

图 9-20

$$\begin{cases}\left(\sum_{i=0}^{7}t_i^2\right)a+\left(\sum_{i=0}^{7}t_i\right)b=\sum_{i=0}^{7}y_it_i,\\ \left(\sum_{i=0}^{7}t_i\right)a+8b=\sum_{i=0}^{7}y_i\end{cases}$$

的解. 把 (t_i,y_i) 代入方程组，得

$$\begin{cases}140a+28b=717,\\ 28a+8b=208.5,\end{cases}$$

解得

$$\begin{cases}a=-0.3036,\\ b=27.125,\end{cases}$$

即所求 y 与 t 的关系为

$$y=-0.3036t+27.125.$$

习题 9.9

1. 设空间有 n 个点，坐标为 $(x_i,y_i,z_i)\ (i=1,2,\cdots,n)$，试在 xOy 平面上找一点，使此点与这 n 个点的距离的平方和最小.

2. 已知过去几年产量和利润的数据如下表所示，试求产量和利润的函数关系，并预测生产量达到 120 千件时工厂的利润.

产量 x/千件	40	47	55	70	90	100
利润 y/千元	32	34	43	54	72	85

9.10 约束最优化问题

9.10.1 约束最优化问题的提法

我们在 9.8 中所讨论的以二元函数为主的多元函数的极值问题，对于函数的自变量，仅限制在定义域内，并无其他的条件，也就是说各自变量是相互独立变化的. 有时候我们也把这样的极值问题称为无条件极值. 但是，在实际问题中，我们会遇到对函数的自变量有附加约束条件的极值问题. 例如，确定一点 (x_0,y_0,z_0) 到一曲面 $G(x,y,z)=0$ 的最短距离的问题就是这种情形. 我们知道点 (x,y,z) 到点 (x_0,y_0,z_0) 的距离的平方为

$$F(x,y,z)=(x-x_0)^2+(y-y_0)^2+(z-z_0)^2.$$

现在的问题是要求出曲面 $G(x,y,z)=0$ 上的点 (x,y,z)，使 F 为最小. 因此问题可以归结为求函数 $F(x,y,z)$ 在约束条件 $G(x,y,z)=0$ 的限制下的最小值问题.

又如，在总和为 C 的 n 个正数 x_1，x_2，…，x_n 中，求一组数，使函数值 $f=x_1^2+x_2^2+\cdots+x_n^2$ 为最小，这也是在约束条件

$$x_1+x_2+\cdots+x_n=C(x_i>0,\ i=1,\ \cdots,\ n)$$

的限制下，求函数 f 的最小值问题.

这样的问题叫做条件极值问题(或限制极值问题). 也就是在某些约束条件的限制下求某个函数的最大值或最小值问题. 我们也称其为约束最优化问题，常记作(以二元函数为例)

$$\left.\begin{aligned}&\min(\text{或}\max)z=f(x,y)\\&\text{s.t.}\quad \varphi(x,y)=0\end{aligned}\right\}\tag{9-50}$$

其中函数 $f(x,y)$ 称为目标函数，$\varphi(x,y)=0$ 称为约束条件，s.t. 是 subject to的缩写，表示满足约束条件. 能够使目标函数取得最小值(或最大值)的解就称为最优解. 下面我们来讨论求解约束最优化问题的一种方法.

9.10.2 拉格朗日乘数法

现在我们来寻找函数

$$z=f(x,y)\tag{9-51}$$

在条件

$$\varphi(x,y)=0\tag{9-52}$$

下取得极值的必要条件.

如果函数 $f(x,y)$ 在 (x_0,y_0) 处取得极值，那么有

$$\varphi(x_0,y_0)=0.\tag{9-53}$$

假定在 (x_0,y_0) 的某个邻域内 $f(x,y)$ 与 $\varphi(x,y)$ 都有连续的一阶偏导数，而 $\varphi_y(x_0,y_0)\neq0$. 由隐函数存在定理知，方程(9-52)确定了一个连续且具有连续偏导数的函数 $y=\psi(x)$，将其代入式(9-51)，得到一个关于变量 x 的函数

$$z=f(x,\psi(x)).\tag{9-54}$$

于是函数 $z=f(x,y)$ 在点 (x_0,y_0) 处取得极值，就相当于函数 $f(x,\psi(x))$ 在 $x=x_0$ 处取得极值. 由一元函数极值存在的必要条件知

$$\left.\frac{\mathrm{d}z}{\mathrm{d}x}\right|_{x=x_0}=f_x(x_0,y_0)+f_y(x_0,y_0)\cdot\left.\frac{\mathrm{d}y}{\mathrm{d}x}\right|_{x=x_0}=0,\tag{9-55}$$

而对式(9-52)由隐函数求导公式知

$$\left.\frac{\mathrm{d}y}{\mathrm{d}x}\right|_{x=x_0}=-\frac{\varphi_x(x_0,y_0)}{\varphi_y(x_0,y_0)},$$

将其代入式(9-55)中，得

$$f_x(x_0,y_0)-f_y(x_0,y_0)\frac{\varphi_x(x_0,y_0)}{\varphi_y(x_0,y_0)}=0. \tag{9-56}$$

因此我们得到了函数(9-51)在约束条件(9-52)下在(x_0,y_0)处取得极值的必要条件即为

$$\varphi(x_0,y_0)=0,$$

且
$$f_x(x_0,y_0)-f_y(x_0,y_0)\frac{\varphi_x(x_0,y_0)}{\varphi_y(x_0,y_0)}=0.$$

如果设$\lambda=-\frac{f_y(x_0,y_0)}{\varphi_y(x_0,y_0)}$，则上述必要条件为

$$\begin{cases}f_x(x_0,y_0)+\lambda\varphi_x(x_0,y_0)=0,\\ f_y(x_0,y_0)+\lambda\varphi_y(x_0,y_0)=0,\\ \varphi(x_0,y_0)=0,\end{cases} \tag{9-57}$$

注意到式(9-57)的结构形式，我们考虑引入辅助函数

$$L(x,y)=f(x,y)+\lambda\varphi(x,y),$$

则式(9-57)中前两式就是

$$L_x(x_0,y_0)=0,\quad L_y(x_0,y_0)=0.$$

我们称函数$L(x,y)$为拉格朗日函数，称参数λ为拉格朗日乘子. 我们有以下结论.

拉格朗日乘数法 要求约束最优化问题

$$\left.\begin{array}{l}\min(\text{或}\max)\quad z=f(x,y)\\ \text{s. t.}\ \ \varphi(x,y)=0\end{array}\right\}$$

的最优解，可以先作拉格朗日函数

$$L(x,y)=f(x,y)+\lambda\varphi(x,y),$$

其中λ为参数，然后分别求其对x和y的偏导数，并解方程组

$$\begin{cases}f_x(x,y)+\lambda\varphi_x(x,y)=0,\\ f_y(x,y)+\lambda\varphi_y(x,y)=0,\\ \varphi(x,y)=0,\end{cases} \tag{9-58}$$

得出x，y和λ. 这样得到的(x,y)就是函数$f(x,y)$在约束条件$\varphi(x,y)$下的可能极值点.

从上述结论看，由于引进了拉格朗日函数$L(x,y)$，我们就把条件极值的问题转化成了讨论函数$L(x,y)$的无条件极值问题.

这个方法也可以推广到自变量为多个且条件也多于一个的情形. 例如要求约束最优化问题

$$\left.\begin{array}{l}\min(\text{或}\max)\quad u=f(x,y,z,t)\\ \text{s. t.}\ \ \varphi(x,y,z,t)=0\\ \qquad\ \psi(x,y,z,t)=0\end{array}\right\}. \tag{9-59}$$

的最优解，可以先作拉格朗日函数

$$L(x,y,z,t)=f(x,y,z,t)+\lambda\varphi(x,y,z,t)+\mu\psi(x,y,z,t),$$

其中 λ，μ 均为参数，求其关于 x，y，z，t 的一阶偏导数，并解方程组

$$\begin{cases}f_x(x,y,z,t)+\lambda\varphi_x(x,y,z,t)+\mu\psi_x(x,y,z,t)=0,\\ f_y(x,y,z,t)+\lambda\varphi_y(x,y,z,t)+\mu\psi_y(x,y,z,t)=0,\\ f_z(x,y,z,t)+\lambda\varphi_z(x,y,z,t)+\mu\psi_z(x,y,z,t)=0,\\ f_t(x,y,z,t)+\lambda\varphi_t(x,y,z,t)+\mu\psi_t(x,y,z,t)=0,\\ \varphi(x,y,z,t)=0,\\ \psi(x,y,z,t)=0.\end{cases}\tag{9-60}$$

得出 x，y，z，t，λ 和 μ. 这样求出的 (x,y,z,t) 就是函数 $f(x,y,z,t)$ 在约束条件 $\varphi(x,y,z,t)=0$ 和 $\psi(x,y,z,t)=0$ 下的可能极值点.

在实际问题中我们再根据问题本身的情形来确定所求的点是否为极值点.

例 1 用拉格朗日乘数法求解 9.8 节中的例 5.

解 设水箱底面两边之长分别为 x 和 y，高为 z，那么需用的材料的面积为 $S=xy+2xz+2yz$，而 $V=xyz=4$，因而问题归结为求函数 $S=xy+2xz+2yz$ 在条件 $xyz=4$ 的限制下的极值.

根据拉格朗日乘数法，作函数

$$L(x,y,z)=xy+2xz+2yz+\lambda(xyz-4),$$

解方程组

$$\begin{cases}L_x=y+2z+\lambda yz=0,\\ L_y=x+2z+\lambda xz=0,\\ L_z=2x+2y+\lambda xy=0,\\ xyz=4,\end{cases}$$

得 $x=y=2$，$z=1$. 根据问题的实际意义，最小值必存在，因此水箱的底是边长为 2m 的正方形，高为 1m 时，用料最省为 $12\mathrm{m}^3$.

例 2 求函数 $u=xyz$ 在约束条件

$$\frac{1}{x}+\frac{1}{y}+\frac{1}{z}=\frac{1}{a}\quad(x>0,\ y>0,\ z>0,\ a>0)$$

下的极值.

解 作拉格朗日函数

$$L(x,y,z)=xyz+\lambda\left(\frac{1}{x}+\frac{1}{y}+\frac{1}{z}-\frac{1}{a}\right),$$

解方程组

$$\begin{cases} L_x = yz - \dfrac{\lambda}{x^2} = 0, & ① \\ L_y = xz - \dfrac{\lambda}{y^2} = 0, & ② \\ L_z = xy - \dfrac{\lambda}{z^2} = 0, & ③ \\ \dfrac{1}{x} + \dfrac{1}{y} + \dfrac{1}{z} = \dfrac{1}{a}. & ④ \end{cases}$$

令 $x \cdot ① + y \cdot ② + z \cdot ③$，得

$$3xyz - \lambda\left(\frac{1}{x} + \frac{1}{y} + \frac{1}{z}\right) = 0,$$

将④代入上式，得

$$xyz = \frac{\lambda}{3a}.$$

将 $xyz = \dfrac{\lambda}{3a}$ 分别代入①、②、③，得

$$x = y = z = 3a.$$

由此得到 $(3a,3a,3a)$ 是函数 $u = xyz$ 在条件 $\dfrac{1}{x} + \dfrac{1}{y} + \dfrac{1}{z} = \dfrac{1}{a}(x>0, y>0, z>0, a>0)$ 下的唯一可能的极值点. 把由条件确定的隐函数记作 $z = z(x,y)$，将目标函数看做 $u = xyz(x,y) = F(x,y)$，再应用二元函数极值的充分条件判断，可知点 $(3a,3a,3a)$ 是函数 $u = xyz$ 在约束条件下的极小值点. 因此，目标函数 $u = xyz$ 在约束条件下在点 $(3a,3a,3a)$ 处取得极小值 $27a^3$.

习题 9.10

1. 求函数 $z = xy$ 在约束条件 $x + y = 1$ 下的极大值.
2. 从斜边之长为 l 的一切直角三角形中，求有最大周长的直角三角形.
3. 将周长为 $2p$ 的矩形绕它的一边旋转而构成一个圆柱体，问矩形的边长各为多少时，才可使圆柱体的体积为最大？
4. 在 xOy 平面上求一点，使它到 $x = 0$，$y = 0$ 及 $x + 2y - 16 = 0$ 三直线的距离的平方和最小.
5. 求表面积为 a^2 而体积为最大的长方体的体积.
6. 求内接于半轴为 a、b、c 的椭球体体内的最大长方体的体积.
7. 要造一个容积 V 等于定值 k 的无盖长方体水池，在怎样的尺寸大小下有最小表面积.
8. 求旋转抛物面 $z = x^2 + y^2$ 与平面 $x + y - z = 1$ 之间的最短距离.
9. 抛物面 $z = x^2 + y^2$ 被平面 $x + y + z = 1$ 截成一个椭圆，求原点到这个椭圆的最长与最短距离.

*9.11 多元函数微分学的 MATLAB 实现

在上册中已讲解过了如何利用 MATLAB 符号运算工具箱中的 limit( ) 函数来求解单变量函数的极限，实际上利用该函数也能方便地求出多变量函数的极限. 假设二元函数的极限

$$A=\lim_{(x,y)\to(x_0,y_0)} f(x,y)$$

存在，其中 x_0，y_0 既可以是常数也可以是无穷大，则可以采取自变量特殊的逼近方式来求该极限：先固定 y，求 $x\to x_0$ 时的极限，然后再求 $y\to y_0$ 时的极限. 这一方法在 MATLAB 中即嵌套使用 limit( ) 函数. 例如：

limit(limit(fun, x, x_0), y, y_0)　　% $\lim\limits_{y\to y_0}(\lim\limits_{x\to x_0} f(x,y))$

limit(limit(fun, y, y_0), x, x_0)　　% $\lim\limits_{x\to x_0}(\lim\limits_{y\to y_0} f(x,y))$

例 1 求极限 $\lim\limits_{(x,y)\to(0,2)}\dfrac{\sin(xy)}{x}$.

解 由于使用的是 MATLAB 的符号运算工具箱，故所有用字母表示的量都必须被声明为符号变量，本题的 MATLAB 代码如下：

```
>> syms x y;
>> f = sin(x * y)/x;
>> limit(limit(f,x,0),y,2)
```

上述代码的运行结果为：

```
ans =
2
```

即

$$\lim_{(x,y)\to(0,2)}\frac{\sin(xy)}{x}=2.$$

MATLAB 的符号运算工具箱中并未提供专门求偏导数的函数，实际上，高等数学中求偏导数时采用的是固定一个变量对另一个变量求导的方法，所以在 MATLAB 中可以采用嵌套使用 diff( ) 函数的方法来求偏导数. 假设已知二元函数 $f(x,y)$，则

$$\frac{\partial^{m+n} f(x,y)}{\partial x^m \partial y^n}$$

可以由下面的 MATLAB 代码求出：

diff(diff(f, x, m), y, n) 或 diff(diff(f, y, n), x, m),

例 2 试求出二元函数 $z=(x^2-2x)\mathrm{e}^{-x^2-y^2-xy}$ 的偏导数.

解 由下面的语句可以直接求解：

```
>> syms x y;
```

```
>> z=(x^2-2*x)*exp(-x^2-y^2-x*y);
>> zx=simple(diff(z,x))
>> zy=diff(z,y)
```

运行上述代码可以得到如下结果：

```
zx =
(2*x + 2*x*y - x^2*y + 4*x^2 - 2*x^3 - 2)/exp(x^2 +
x*y + y^2)
zy =
((2*x - x^2)*(x + 2*y))/exp(x^2 + x*y + y^2)
```

即

$$z_x = -\mathrm{e}^{-x^2-y^2-xy}(-2x+2+2x^3+x^2y-4x^2-2xy),$$

$$z_y = -x(x-2)(x+2y)\mathrm{e}^{-x^2-y^2-xy}.$$

例3 已知三元函数 $f(x,y,z)=\sin(x^2y)\mathrm{e}^{-x^2y-z^2}$，试求出偏导数 $\dfrac{\partial^4 f(x,y,z)}{\partial x^2\partial y\partial z}$.

解 该偏导数可以由下面的语句直接求解：

```
>> syms x y z;
>> f=sin(x^2*y)*exp(-x^2*y-z^2);
>> df=diff(diff(diff(f,x,2),y),z);
>> df=simple(df)
```

上述代码运行结果冗长，故省略，其数学表示为：

$$\frac{\partial^4 f(x,y,z)}{\partial x^2\partial y\partial z}=\frac{-4z[\cos(x^2y)-10\cos(x^2y)yx^2+4x^4\sin(x^2y)y^2+4\cos(x^2y)x^4y^2-\sin(x^2y)]}{\mathrm{e}^{x^2y+z^2}}.$$

下面介绍如何用 MATLAB 求多元函数的极值. 高等数学的理论指出，多元函数有可能在驻点处取得极值，至于是不是真正的极值点还需作进一步判断；在求驻点时需要求解多元方程组，该方程组在很多情况下是非线性的. 因此实际上大多数情况下用解析法求极值是不现实的. 在 MATLAB 中提供了求解多元函数极小值的函数 fminunc ( )，使用该函数需要提供自变量的初值，fminunc ( )只能找到离初值最近的极小值点，故使用一次该函数很有可能找不到全部极小值点，只有多次改变初始值才有可能找到全部极小值点. 如果要求解极大值问题，那么只需要在目标函数前面乘以一个负号就能够立即转化为极小值问题.

fminunc ( )函数的调用格式存在多种形式，其中有很多选项的理解需要用到很多本课程之外的数学知识，在这里不做介绍，只介绍该函数最基本的调用格式：

$[x,f]$ = fminunc(fun, x_0)　% 向量 x 的分量为极小值点的坐标，f 为相应的函数较小值，fun 为目标函

数，向量 x 的分量为各自变量的初始值

例 4 已知二元函数 $z=f(x,y)=(x^2-2x)e^{-x^2-y^2-xy}$，试用 fminunc ( )函数求 z 的极小值.

解 首先画出该函数的图形，以便找到初始值，绘图代码如下：

```
v1 = -4：0.05：4；v2 = -4：0.05：4；
[x,y] = meshgrid(v1,v2)；
z = (x.^2 - 2 * x). * exp( - x.^2 - y.^2 - x. * y)；
surf(x,y,z), shading flat
```

上述代码运行之后可以得到如图 9-21 所示的图像.

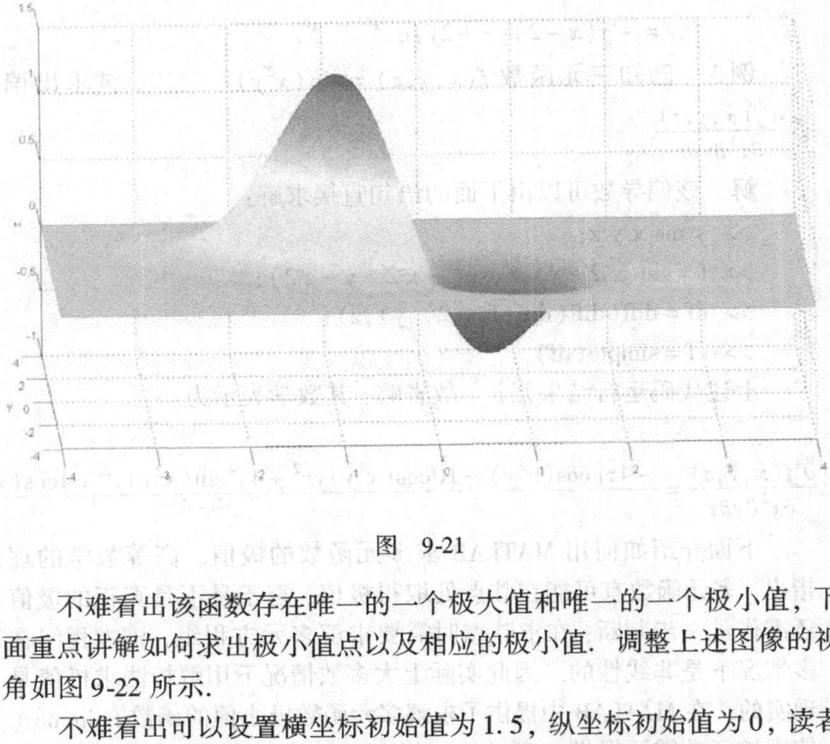

图 9-21

不难看出该函数存在唯一的一个极大值和唯一的一个极小值，下面重点讲解如何求出极小值点以及相应的极小值. 调整上述图像的视角如图 9-22 所示.

不难看出可以设置横坐标初始值为 1.5，纵坐标初始值为 0，读者可以自行设置为其他的初始值. 在上述代码的基础之上继续编写如下代码：

```
fun = @ (x)(x(1)^2 - 2 * x(1)) * exp( - x(1)^2 - x(2)^2 - x(1) * x
(2))；
x0 = [2;1]；
[x,f] = fminunc(fun,x0)
```

运行上述代码可得：

```
x =
    0.6110
```

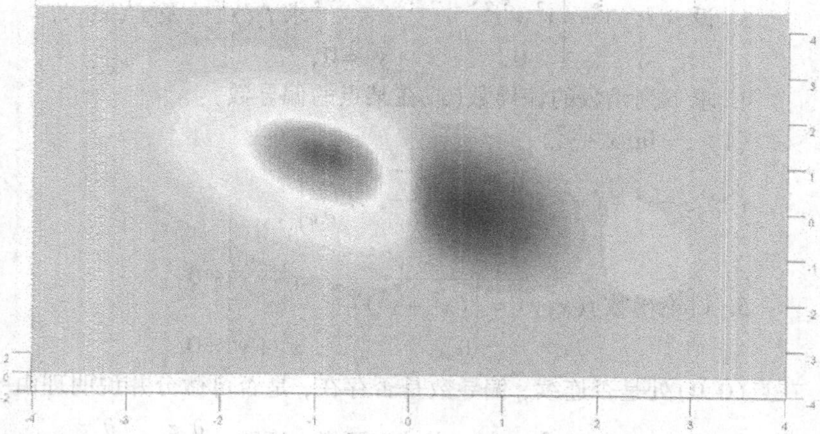

图 9-22

    -0.3055
f =
    -0.6414

即该函数的极小值点为(0.611, -0.3055)，相应的极小值为-0.6414.

*习题 9.11

1. 求下列各极限：

(1) $\lim\limits_{(x,y)\to(0,1)}\dfrac{1-xy}{x^2+y^2}$；　　(2) $\lim\limits_{(x,y)\to(1,0)}\dfrac{\ln(x+e^y)}{\sqrt{x^2+y^2}}$.

2. 求下列函数的偏导数：

(1) $z=\sqrt{\ln(xy)}$；　　(2) $z=\sin(xy)+\cos^2(xy)$；

(3) $z=\arctan(x-y)$.

3. 已知 $z=\arctan\dfrac{y}{x}$，求该函数的混合偏导数 $\dfrac{\partial^2 z}{\partial x\partial y}$.

4. 求函数 $z=x^3-y^3+3x^2+3y^2-9x$ 的极值.

综合练习 9

1. 求函数 $z=\sqrt{(x^2+y^2-a^2)(2a^2-x^2-y^2)}\ (a>0)$ 的定义域.

2. 求下列极限：

(1) $\lim\limits_{(x,y)\to(0,0)}\dfrac{(y-x)x}{\sqrt{x^2+y^2}}$；　　(2) $\lim\limits_{(x,y)\to\left(\frac{1}{2},0\right)}\dfrac{\sqrt{4x-y^2}}{\ln(1-x^2-y^2)}$.

3. 设$f(x,y)=\begin{cases}\dfrac{x^2y}{x^2+y^2}, & x^2+y^2\neq 0,\\ 0, & x^2+y^2=0,\end{cases}$求$f_x(x,y)$及$f_y(x,y)$.

4. 求下列函数的偏导数(或在某点的偏导数):

(1) $z=\ln(x+y^2)$;

(2) $z=x^2+(y-1)\arcsin\sqrt{\dfrac{y}{x}}$, 求$\left.\dfrac{\partial z}{\partial x}\right|_{(2,1)}$.

5. 讨论函数$f(x,y)=\begin{cases}\dfrac{x^2y^2}{(x^2+y^2)^{\frac{3}{2}}}, & x^2+y^2\neq 0,\\ 0, & x^2+y^2=0\end{cases}$

在点(0,0)处是否连续, 偏导数是否存在, 是否可微分并说明理由.

6. 设$x+y=zf(x^2-y^2)$, 其中f可微, 证明$y\dfrac{\partial z}{\partial x}+x\dfrac{\partial z}{\partial y}=z$.

7. 设$z=f(u,x,y)$, $u=xe^y$, 其中f具有连续的二阶偏导数, 求$\dfrac{\partial^2 z}{\partial x\partial y}$.

8. 设$z=z(x,y)$是由方程$e^{-xy}-2z+e^z=0$所确定的二元函数, 求dz及$\dfrac{\partial^2 z}{\partial x}$.

9. 问球面$x^2+y^2+z^2=104$上哪一点的切平面与平面$3x+4y+z=2$平行, 并求此切平面方程.

10. 求函数$z=x^2+y^2-xy+x+y$在区域$D=\{(x,y)\mid x\leqslant 0, y\leqslant 0, x+y\geqslant -3\}$上的最大值与最小值.

11. 设$u=x^y$, 而$x=\varphi(t)$, $y=\psi(t)$都是可微函数, 求$\dfrac{du}{dt}$.

12. 设$x=e^u\cos v$, $y=e^u\sin v$, $z=uv$, 试求$\dfrac{\partial z}{\partial x}$和$\dfrac{\partial z}{\partial y}$.

13. 设$\boldsymbol{e}_l=\{\cos\theta, \sin\theta\}$, 求函数$f(x,y)=x^2-xy+y^2$在点(1,1)沿方向$l$的方向导数, 并分别确定角$\theta$, 使此导数有: (1)最大值; (2)最小值; (3)等于0.

14. 求函数$u=x^2+y^2+z^2$在椭球面$\dfrac{x^2}{a^2}+\dfrac{y^2}{b^2}+\dfrac{z^2}{c^2}=1$上点$M_0(x_0,y_0,z_0)$处沿外法线方向的方向导数.

15. 求平面$\dfrac{x}{3}+\dfrac{y}{4}+\dfrac{z}{5}=1$和柱面$x^2+y^2=1$的交线上与$xOy$平面距离最短的点.

第10章 重积分

从一元函数积分学中我们知道了定积分是某种特定形式的和的极限，本章我们将把这种思想方法推广到多元函数的情形，从而得到重积分的概念，建立起多元函数积分学的理论.

10.1 二重积分

10.1.1 二重积分的引入

1. 曲顶柱体的体积

设 $z=f(x,y)$ 是定义在有界闭区域 D 上的非负连续函数，以曲面 $z=f(x,y)$ 为顶，以 $z=f(x,y)$ 的边界曲线关于 xOy 面的投影柱面为侧面，投影区域 D 为底的几何体叫作曲顶柱体(见图 10-1). 下面我们来研究如何计算这种几何体的体积.

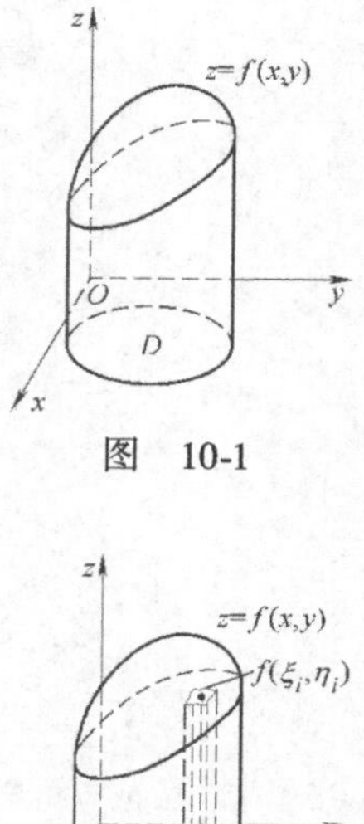

图 10-1

经过分析，我们知道它与求曲边梯形的面积问题是类似的，可以用类似的思想方法来解决它(见图 10-2).

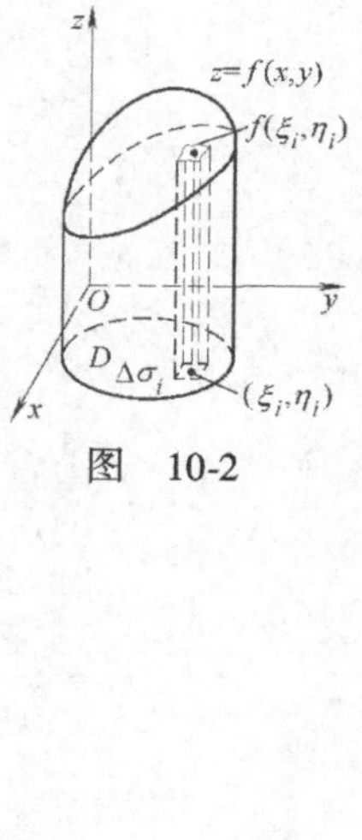

图 10-2

(1) 用一组曲线网把闭区域 D 分割成 n 个小闭区域

$$\Delta\sigma_1,\ \Delta\sigma_2,\ \cdots,\ \Delta\sigma_n.$$

同时也用 $\Delta\sigma_i$ 表示第 i 个小闭区域的面积，分别以这些小闭区域的边界曲线为准线，作母线平行于 z 轴的柱面，这些柱面把原来的曲顶柱体分割成 n 个细小的曲顶柱体.

(2) 在第 i 个小闭区域 $\Delta\sigma_i$ 上任取一点

$$(\xi_i,\eta_i)(i=1,2,\cdots,n),$$

则第 i 个小曲顶柱体的体积 ΔV_i，可用高为 $f(\xi_i,\eta_i)$ 而底为 $\Delta\sigma_i$ 的平顶柱体的体积来近似代替，即

$$\Delta V_i\approx f(\xi_i,\eta_i)\Delta\sigma_i(i=1,2,\cdots,n).$$

(3) 曲顶柱体体积 V 的近似值为这 n 个平顶柱体的体积之和

$$V \approx \sum_{i=1}^{n} f(\xi_i,\eta_i)\Delta\sigma_i.$$

(4) 用 $\lambda=\max d(\Delta\sigma_i)$ 表示 n 个小闭区域 $\Delta\sigma_i$ 的直径的最大值(闭区域上任意两点间距离的最大值称为这个闭区域的直径). 当 $\lambda\to 0$(可理解为 $\Delta\sigma_i$ 收缩为一点)时, 上述和式的极限, 就是曲顶柱体的体积

$$V=\lim_{\lambda\to 0}\sum_{i=1}^{n} f(\xi_i,\eta_i)\Delta\sigma_i.$$

2. 平面薄片的质量

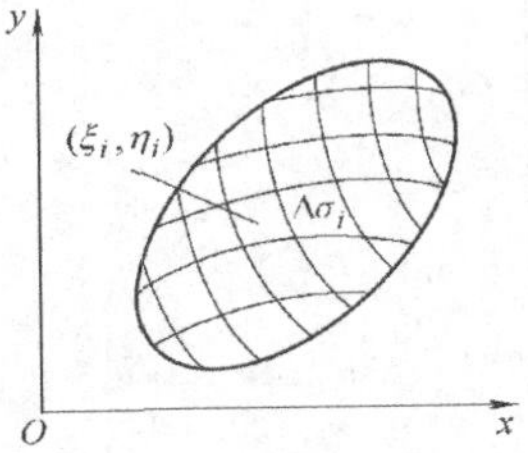

图 10-3

设一平面薄片占有 xOy 面上的闭区域 D, 它在点 (x,y) 处的面密度为 $\rho=\rho(x,y)$, 这里 $\rho(x,y)>0$ 且在 D 上连续. 下面求该薄片的质量 M(见图 10-3).

我们知道, 如果薄片是均匀的, 即面密度是常数, 那么薄片的质量可以用公式

质量 = 面密度 × 面积

来计算. 现在面密度 $\rho(x,y)$ 是变量, 薄片的质量就不能直接用上式来计算. 但我们可以用处理曲顶柱体体积的方法来处理本问题.

分割薄片成 n 个小块, 使每个小块所占的小闭区域 $\Delta\sigma_i$ 的直径很小, 这些小块就可近似地视为均匀薄片. 即可用其上任意一点 (ξ_i,η_i) 的密度 $\rho(\xi_i,\eta_i)$ 来代替整小块的密度, 则第 i 小块的质量的近似值为

$$\rho(\xi_i,\eta_i)\Delta\sigma_i,\quad (i=1,2,\cdots,n).$$

再求和、取极限, 便得到

$$M=\lim_{\lambda\to 0}\sum_{i=1}^{n}\rho(\xi_i,\eta_i)\Delta\sigma_i.$$

10.1.2 二重积分的定义

以上两个实际问题, 虽然背景不同, 但所求量都可归结为同一形式的和的极限. 抽象出来就得到下述二重积分的定义.

定义 10.1 设 $f(x,y)$ 是定义在有界闭区域 D 上的有界函数, 将 D 分为 n 个小区域

$$\Delta\sigma_1,\ \Delta\sigma_2,\ \cdots,\ \Delta\sigma_n,$$

同时用 $\Delta\sigma_i$ 表示该小区域的面积, 记 $\Delta\sigma_i$ 的直径为 $d(\Delta\sigma_i)$, 并令 $\lambda=\max d(\Delta\sigma_i)$, 在 $\Delta\sigma_i$ 上任取一点 (ξ_i,η_i), 作乘积

$$f(\xi_i,\eta_i)\Delta\sigma_i,\quad (i=1,2,\cdots,n).$$

若和式 $\sum\limits_{i=1}^{n} f(\xi_i,\eta_i)\Delta\sigma_i$ 当 $\lambda\to 0$ 时的极限存在(它不依赖于 D 的分法和点 (ξ_i,η_i) 的取法), 则称这个极限值为函数 $z=f(x,y)$ 在区域 D 上

的二重积分，记作 $\iint\limits_D f(x,y)\mathrm{d}\sigma$ ，即

$$\iint\limits_D f(x,y)\mathrm{d}\sigma = \lim_{\lambda\to 0}\sum_{i=1}^{n} f(\xi_i,\eta_i)\Delta\sigma_i,$$

其中 D 叫作积分区域，$f(x,y)$ 叫作被积函数，$\mathrm{d}\sigma$ 叫作面积元素，$f(x,y)\mathrm{d}\sigma$叫作被积表达式，x 与 y 叫作积分变量，$\sum\limits_{i=1}^{n} f(\xi_i,\eta_i)\Delta\sigma_i$ 叫作积分和.

在二重积分的定义中对闭区域 D 的划分是任意的，如果在直角坐标系中用平行于坐标轴的网线来分割 D，那么除了包含边界点的一些小区域(这些小区域面积的极限为零)外，其余小闭区域都是矩形. 设矩形闭区域 $\Delta\sigma_i$ 的边长为 Δx_j 和 Δy_k，则 $\Delta\sigma_i=\Delta x_j\cdot\Delta y_k$. 因此在直角坐标系中有时也把面积元素 $\mathrm{d}\sigma$ 记作 $\mathrm{d}x\mathrm{d}y$，而把二重积分记作

$$\iint\limits_D f(x,y)\,\mathrm{d}x\mathrm{d}y,$$

其中 $\mathrm{d}x\mathrm{d}y$ 叫作直角坐标系中的面积元素.

有了二重积分的定义，前面的两个实际问题即体积和质量都可以用二重积分来表示. 曲顶柱体的体积 V 是函数 $z=f(x,y)$ 在区域 D 上的二重积分

$$V=\iint\limits_D f(x,y)\mathrm{d}\sigma,$$

薄片的质量 M 是面密度 $\rho=\rho(x,y)$ 在区域 D 上的二重积分

$$M=\iint\limits_D \rho(x,y)\mathrm{d}\sigma.$$

和定积分的几何意义类似，当$f(x,y)$为正时，二重积分的**几何意义**就是曲顶柱体的体积；当$f(x,y)$为负时，二重积分就是曲顶柱体体积的负值.

这里我们不加证明地指出：如果 $z=f(x,y)$ 是闭区域 D 上的连续函数或分块连续的函数，则$f(x,y)$在 D 上是可积的.

以后我们总假定 $f(x,y)$ 在 D 上是可积的，并不再每次加以说明了.

10.1.3 二重积分的性质

根据二重积分的定义，不难推出二重积分的性质，现叙述于下.

性质 10.1 设 α、β 为常数，则

$$\iint\limits_D [\alpha f(x,y)+\beta g(x,y)]\mathrm{d}\sigma=\alpha\iint\limits_D f(x,y)\mathrm{d}\sigma+\beta\iint\limits_D g(x,y)\mathrm{d}\sigma.$$

性质 10.2 设闭区域 D 由 D_1、D_2 组成，且 D_1、D_2 除边界点外无公共点，则$f(x,y)$在 D 上的二重积分等于在 D_1 及 D_2 上的二重积

分之和，即

$$\iint_D f(x,y)\,\mathrm{d}\sigma = \iint_{D_1} f(x,y)\,\mathrm{d}\sigma + \iint_{D_2} f(x,y)\,\mathrm{d}\sigma.$$

性质 10.3 设在闭区域 D 上 $f(x,y)\equiv 1$，σ 为 D 的面积，则

$$\iint_D f(x,y)\,\mathrm{d}\sigma = \iint_D \mathrm{d}\sigma = \sigma.$$

性质 10.4 设在闭区域 D 上有 $f(x,y)\leqslant g(x,y)$，则

$$\iint_D f(x,y)\,\mathrm{d}\sigma \leqslant \iint_D g(x,y)\,\mathrm{d}\sigma.$$

性质 10.5 $\left|\iint_D f(x,y)\,\mathrm{d}\sigma\right| \leqslant \iint_D |f(x,y)|\,\mathrm{d}\sigma.$

证 显然在 D 上有

$$-|f(x,y)| \leqslant f(x,y) \leqslant |f(x,y)|.$$

由性质 10.4 得

$$-\iint_D |f(x,y)|\,\mathrm{d}\sigma \leqslant \iint_D f(x,y)\,\mathrm{d}\sigma \leqslant \iint_D |f(x,y)|\,\mathrm{d}\sigma,$$

于是得到

$$\left|\iint_D f(x,y)\,\mathrm{d}\sigma\right| \leqslant \iint_D |f(x,y)|\,\mathrm{d}\sigma.$$

性质 10.6（二重积分的估值定理） 设 M、m 分别是 $f(x,y)$ 在闭区域 D 上的最大值和最小值，σ 是 D 的面积，则有

$$m\sigma \leqslant \iint_D f(x,y)\,\mathrm{d}\sigma \leqslant M\sigma.$$

性质 10.7（二重积分的中值定理） 设函数 $f(x,y)$ 在闭区域 D 上连续，σ 是 D 的面积，则在 D 上至少存在一点 (ξ,η)，使得

$$\iint_D f(x,y)\,\mathrm{d}\sigma = f(\xi,\eta)\sigma.$$

证 显然 $\sigma\neq 0$，将性质 10.6 中的不等式除以 σ，有

$$m \leqslant \frac{1}{\sigma}\iint_D f(x,y)\,\mathrm{d}\sigma \leqslant M.$$

这就是说，确定常数 $\frac{1}{\sigma}\iint_D f(x,y)\,\mathrm{d}\sigma$ 是介于函数 $f(x,y)$ 的最大值 M 与最小值 m 之间的数．根据在闭区域上连续函数的介值定理，在 D 上至少存在一点 (ξ,η)，使得函数在该点的值与这个确定的常数相等，即

$$\frac{1}{\sigma}\iint_D f(x,y)\,\mathrm{d}\sigma = f(\xi,\eta).$$

等式两端同乘以 σ，就得所需证明的公式．

习题 10.1

1. 设有一平面薄板(不计其厚度)，占有 xOy 面上的闭区域 D，薄板上分布有面密度为 $\rho=\rho(x,y)$ 的电荷，且 $\rho(x,y)$ 在 D 上连续，试用二重积分表示该板上的全部电荷 Q.

2. 利用二重积分定义证明二重积分的性质 10.2.

3. 根据二重积分的性质，比较下列积分的大小：

(1) $\iint\limits_D (x+y)^2 d\sigma$ 与 $\iint\limits_D (x+y)^3 d\sigma$，其中积分区域 D 由 x 轴、y 轴与直线 $x+y=1$ 所围成；

(2) $\iint\limits_D (x+y)^2 d\sigma$ 与 $\iint\limits_D (x+y)^3 d\sigma$，其中积分区域 D 由圆周 $(x-2)^2+(y-1)^2=2$ 所围成；

(3) $\iint\limits_D \ln(x+y)d\sigma$ 与 $\iint\limits_D [\ln(x+y)]^2 d\sigma$，其中 $D=\{(x,y)\mid 3\leqslant x\leqslant 5,\ 0\leqslant y\leqslant 1\}$.

4. 利用二重积分的估值定理估计下列积分的值；

(1) $I=\iint\limits_D (x^2+y^2)d\sigma$，其中 $D=\{(x,y)\mid x^2+y^2\leqslant 1\}$；

(2) $I=\iint\limits_D \sin^2 x\cos^2 y d\sigma$，其中 $D=\{(x,y)\mid 0\leqslant x\leqslant \pi, 0\leqslant y\leqslant \pi\}$；

(3) $I=\iint\limits_D (x^2+4y^2+9)d\sigma$，其中 $D=\{(x,y)\mid x^2+y^2\leqslant 4\}$.

5. 根据二重积分的几何意义，确定下列积分的值：

(1) $\iint\limits_D (a-\sqrt{x^2+y^2})d\sigma$，其中 $D=\{(x,y)\mid x^2+y^2\leqslant a^2\}$；

(2) $\iint\limits_D \sqrt{a^2-x^2-y^2}d\sigma$，其中 $D=\{(x,y)\mid x^2+y^2\leqslant a^2\}$.

10.2 二重积分的计算

对于某些特殊的二重积分，我们可以用二重积分的定义或二重积分的几何意义来计算，但这种方法并非总是可行的，因此，本节将介绍一种计算二重积分的方法，这种方法是把二重积分转化为两次单积分(即两次定积分)来计算.

10.2.1 二重积分在直角坐标系中的计算

按照二重积分的几何意义，二重积分 $\iint\limits_D f(x,y)d\sigma$ 的值等于以 D 为底、以曲面 $z=f(x,y)$ 为顶的曲顶柱体的体积. 下面我们用"切片法"来求曲顶柱体的体积 V.

设积分区域 D 由两条直线 $x=a$，$x=b$ 及两条连续曲线 $y=\varphi_1(x)$，$y=\varphi_2(x)$ 所围成(见图 10-4)，且在 $[a,b]$ 上 $\varphi_1(x)\leqslant\varphi_2(x)$.

这时 D 可表示为

$$D=\{(x,y)\mid a\leqslant x\leqslant b,\ \varphi_1(x)\leqslant y\leqslant\varphi_2(x)\}.$$

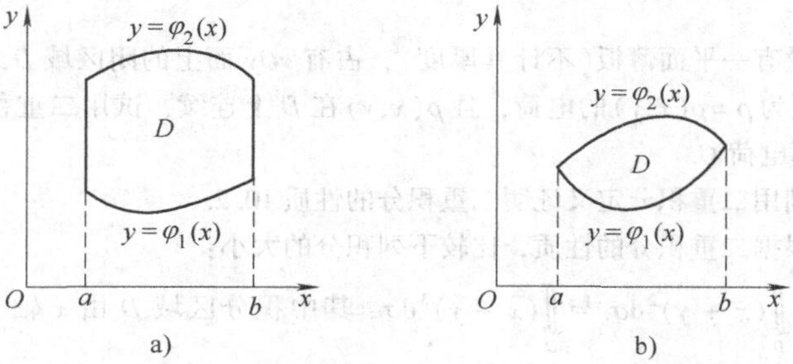

图 10-4

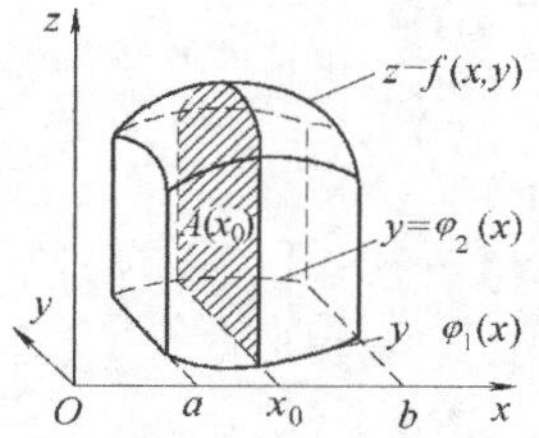

图 10-5

用平行于 yOz 面的平面 $x=x_0(a\leqslant x_0\leqslant b)$ 去截曲顶柱体，得一截面，它是以区间 $[\varphi_1(x_0),\varphi_2(x_0)]$ 为底，以 $z=f(x_0,y)$ 为曲边的曲边梯形(见图 10-5)，该截面的面积为

$$A(x_0)=\int_{\varphi_1(x_0)}^{\varphi_2(x_0)}f(x_0,y)\,\mathrm{d}y.$$

一般地，过区间 $[a,b]$ 上任一点 x 且平行于 yOz 面的平面截曲顶柱体所得截面的面积为

$$A(x)=\int_{\varphi_1(x)}^{\varphi_2(x)}f(x,y)\,\mathrm{d}y,$$

其中 y 是积分变量，x 在积分过程中保持不变(即视为常数). 因此在区间 $[a,b]$ 上，$A(x)$ 是 x 的函数.

现在用平行于 yOz 面的平面，把曲顶柱体切割成许多薄片，考虑位于 x 与 $x+\mathrm{d}x$ 之间的薄片，这个薄片的厚度为 $\mathrm{d}x$，于是薄片的体积近似为

$$\mathrm{d}V=A(x)\,\mathrm{d}x.$$

所以曲顶柱体的体积为

$$V=\int_a^b A(x)\,\mathrm{d}x=\int_a^b\left[\int_{\varphi_1(x)}^{\varphi_2(x)}f(x,y)\,\mathrm{d}y\right]\mathrm{d}x$$

或记作

$$V=\iint_D f(x,y)\,\mathrm{d}\sigma=\int_a^b\mathrm{d}x\int_{\varphi_1(x)}^{\varphi_2(x)}f(x,y)\,\mathrm{d}y. \tag{10-1}$$

上式右端是一个先对 y、后对 x 积分的累次积分(或称二次积分). 这里应当**注意**的是：在做第一次积分时，因为是在求 x 处的截面积 $A(x)$，所以 x 是 a、b 之间任何一个固定的值，y 是积分变量；在做第二次积分时，是沿 x 轴累加这些薄片的体积 $A(x)\,\mathrm{d}x$，所以 x 是积分变量.

在上面的讨论中，我们实际上假定了 $f(x,y)\geqslant 0$，而事实上，没有这个条件，上述结论仍然正确.

类似地，如果积分区域 D 可以表示为

$$D=\{(x,y)\mid\psi_1(y)\leqslant x\leqslant\psi_2(y),\ c\leqslant y\leqslant d\},$$

其中函数 $\psi_1(y)$、$\psi_2(y)$ 在区间 $[c,d]$ 上连续(见图 10-6)，那么有

$$\iint_D f(x,y)\mathrm{d}\sigma=\int_c^d\left[\int_{\psi_1(y)}^{\psi_2(y)}f(x,y)\mathrm{d}x\right]\mathrm{d}y$$

或

$$\iint_D f(x,y)\mathrm{d}\sigma=\int_c^d\mathrm{d}y\int_{\psi_1(y)}^{\psi_2(y)}f(x,y)\mathrm{d}x.\qquad(10\text{-}2)$$

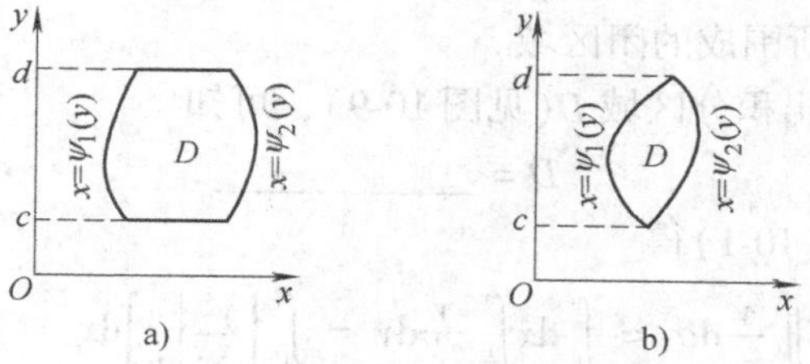

图 10-6

这就是把二重积分转化为先对 x 后对 y 的二次积分的公式．

例 1 计算二重积分 $\iint_D(x+y)\mathrm{d}\sigma$，其中 $D=\{(x,y)\mid x\geqslant 0,\ y\geqslant 0,\ x+y\leqslant 1\}$.

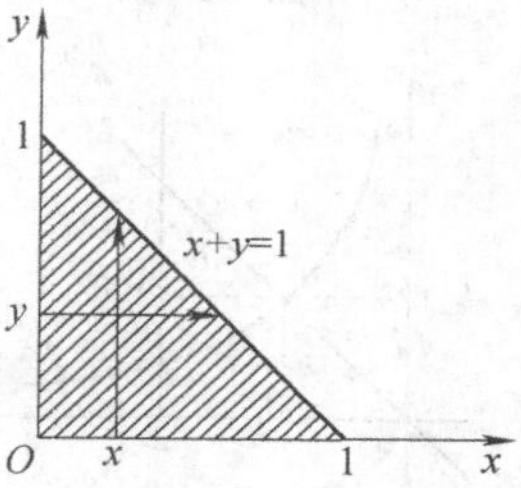

图 10-7

解 先画出区域 D 的图形(见图 10-7)，再将 D 表示为：$D=\{(x,y)\mid 0\leqslant x\leqslant 1,\ 0\leqslant y\leqslant 1-x\}$，因此由公式(10-1)得

$$\begin{aligned}\iint_D(x+y)\mathrm{d}\sigma&=\int_0^1\mathrm{d}x\int_0^{1-x}(x+y)\mathrm{d}y\\&=\int_0^1\left[xy+\frac{1}{2}y^2\right]_0^{1-x}\mathrm{d}x\\&=\frac{1}{2}\int_0^1(1-x^2)\mathrm{d}x\\&=\frac{1}{3}.\end{aligned}$$

也可以化为先对 x 后对 y 的积分，这时积分区域 D 可表示为：$D=\{(x,y)\mid 0\leqslant x\leqslant 1-y,\ 0\leqslant y\leqslant 1\}$. 由公式(10-2)得

$$\iint_D(x+y)\mathrm{d}\sigma=\underline{\qquad\qquad},$$

积分后与上面结果相同，请读者自行完成．

例 2 计算二重积分 $\iint_D xy\mathrm{d}\sigma$，其中 D 是由直线 $y=x$ 与抛物线 $y^2=x$ 所围成的闭区域．

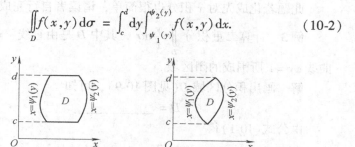

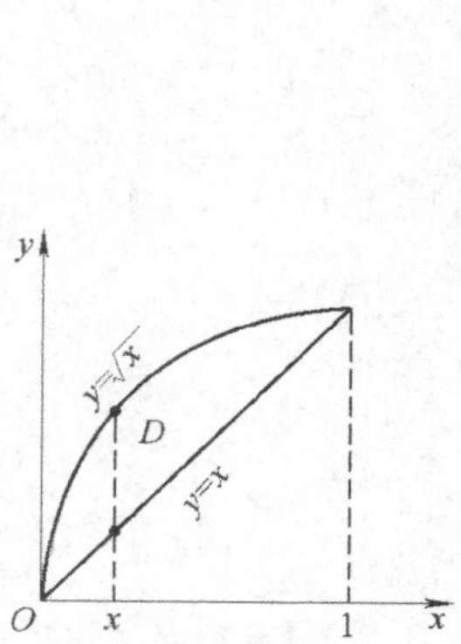

图 10-8

解 画出积分区域 D(见图 10-8)，可知 $D=\{(x,y)\mid 0\leqslant x\leqslant 1,\ x\leqslant y\leqslant\sqrt{x}\}$. 于是由公式(10-1)得

$$\iint_D xy\mathrm{d}\sigma = \int_0^1 x\mathrm{d}x\int_x^{\sqrt{x}} y\mathrm{d}y$$
$$= \frac{1}{2}\int_0^1 (x^2 - x^3)\mathrm{d}x$$
$$= \frac{1}{24}.$$

此题若化成先对 x 积分也很简单，请读者自行完成．

例 3 计算二重积分 $\iint\limits_D \frac{y}{x}\mathrm{d}\sigma$，其中 D 是由直线 $y=x$，$x=2$ 和双曲线 $xy=1$ 所围成的闭区域．

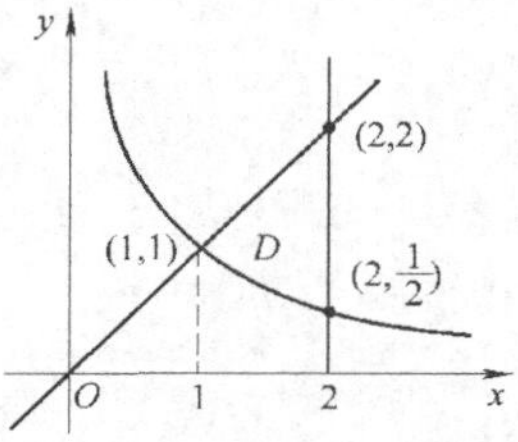

图 10-9

解 画出积分区域 D(见图 10-9)，可知

$$D = \underline{\qquad\qquad}.$$

由公式(10-1)得

$$\iint_D \frac{y}{x}\mathrm{d}\sigma = \int_1^2 \mathrm{d}x\int_{\frac{1}{x}}^{x} \frac{y}{x}\mathrm{d}y = \int_1^2 \left[\frac{y^2}{2x}\Bigg|_{\frac{1}{x}}^{x}\right]\mathrm{d}x$$
$$= \int_1^2 \left(\frac{x}{2} - \frac{1}{2x^3}\right)\mathrm{d}x = \frac{9}{16}.$$

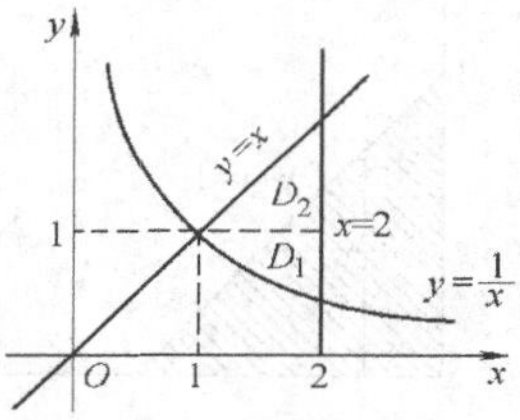

图 10-10

此题若想先对 x 积分，则必须将 D 分割成 D_1、D_2(见图 10-10)，即

$$D_1 = \left\{(x,y)\,\middle|\,\frac{1}{y}\leqslant x\leqslant 2,\ \frac{1}{2}\leqslant y\leqslant 1\right\},$$
$$D_2 = \{(x,y)\mid y\leqslant x\leqslant 2,\ 1\leqslant y\leqslant 2\}.$$

由二重积分的性质 10.2 及公式(10-2)得

$$\iint_D \frac{y}{x}\mathrm{d}\sigma = \iint_{D_1} \frac{y}{x}\mathrm{d}\sigma + \iint_{D_2} \frac{y}{x}\mathrm{d}\sigma$$
$$= \int_{\frac{1}{2}}^1 \mathrm{d}y\int_{\frac{1}{y}}^2 \frac{y}{x}\mathrm{d}x + \int_1^2 \mathrm{d}y\int_y^2 \frac{y}{x}\mathrm{d}x.$$

由此可见，这里先对 x 积分比较麻烦．

上述几个例子说明，在化二重积分为二次积分时，为了计算简便，需要选择适宜的二次积分的次序．这时，既要考虑积分区域 D 的形状，又要考虑被积函数 $f(x,y)$ 先对哪个变量积分比较容易．

例 4 求两个底圆半径都等于 R 的直交圆柱面所围成的立体的体积．

解 设两个圆柱面的方程分别为

$$x^2+y^2=R^2 \text{ 及 } x^2+z^2=R^2.$$

利用所围立体关于坐标面的对称性，只要算出它在第一卦限部分(见图 10-11)的体积 V_1，然后再乘以 8 就可得该立体的体积 V.

所求立体在第一卦限部分是一个以柱面 $z=\sqrt{R^2-x^2}$ 为顶，以区

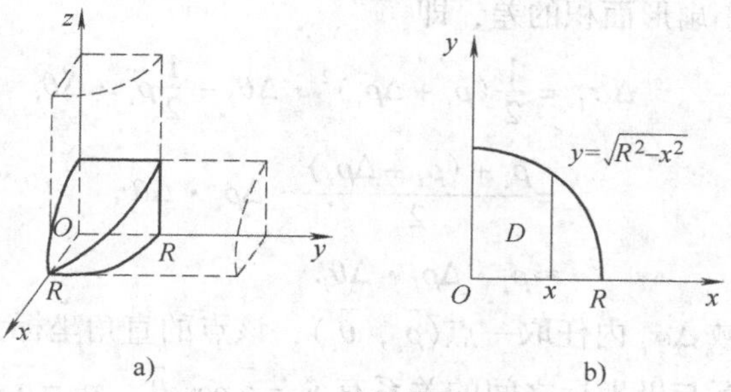

图　10-11

域 $D=\{(x,y)\mid 0\leqslant y\leqslant \sqrt{R^2-x^2},\ 0\leqslant x\leqslant R\}$ 为底的曲顶柱体，于是，由二重积分的几何意义得

$$
\begin{aligned}
V_1 &= \iint_D \underline{\qquad\qquad\qquad} \,\mathrm{d}\sigma \\
&= \int_0^R \mathrm{d}x\int_0^{\sqrt{R^2-x^2}} \sqrt{R^2-x^2}\,\mathrm{d}y \\
&= \int_0^R \left[y\sqrt{R^2-x^2}\right]_0^{\sqrt{R^2-x^2}}\mathrm{d}x \\
&= \int_0^R (R^2-x^2)\,\mathrm{d}x = \frac{2}{3}R^3.
\end{aligned}
$$

从而所求立体的体积为

$$V=8V_1=\frac{16}{3}R^3.$$

10.2.2　二重积分在极坐标系中的计算

有些二重积分，积分区域 D 的边界曲线用极坐标方程来表示比较方便，且被积函数用极坐标变量 ρ、θ 表达比较简单．这时，我们就可以考虑利用极坐标来计算二重积分 $\iint\limits_D f(x,y)\,\mathrm{d}\sigma$.

回忆二重积分的定义

$$\iint_D f(x,y)\,\mathrm{d}\sigma = \lim_{\lambda\to 0}\sum_{i=1}^{n} f(\xi_i,\eta_i)\Delta\sigma_i.$$

下面我们来研究这个和的极限在极坐标系中的形式．

从二重积分的定义知道，定义中和的极限值与积分区域 D 的分割方式无关，因此我们可将区域 D 作如下分割．

图　10-12

假定从极点 O 出发且穿过闭区域 D 内部的射线与 D 的边界曲线相交不多于两点．我们用以极点为中心的一族同心圆：$\rho=$ 常数，以及从极点出发的一族射线：$\theta=$ 常数，把 D 分成 n 个小闭区域(见图 10-12)．除了包含边界点的一些小闭区域外，小闭区域的面积 $\Delta\sigma_i$

等于两个小扇形面积的差，即

$$\begin{aligned}\Delta\sigma_i &= \frac{1}{2}(\rho_i+\Delta\rho_i)^2\cdot\Delta\theta_i-\frac{1}{2}\rho_i^2\cdot\Delta\theta_i\\ &=\frac{\rho_i+(\rho_i+\Delta\rho_i)}{2}\cdot\Delta\rho_i\cdot\Delta\theta_i\\ &\approx\rho_i\cdot\Delta\rho_i\cdot\Delta\theta_i.\end{aligned}$$

在小闭区域 $\Delta\sigma_i$ 内任取一点$(\bar{\rho}_i, \bar{\theta}_i)$，该点的直角坐标为$(\xi_i,\eta_i)$，则由直角坐标与极坐标之间的关系有 $\xi_i=\bar{\rho}_i\cos\bar{\theta}_i$，$\eta_i=\bar{\rho}_i\sin\bar{\theta}_i$，代入和式有

$$\sum_{i=1}^{n}f(\xi_i,\eta_i)\Delta\sigma_i\approx\sum_{i=1}^{n}f(\bar{\rho}_i\cos\bar{\theta}_i,\bar{\rho}_i\sin\bar{\theta}_i)\rho_i\cdot\Delta\rho_i\cdot\Delta\theta_i,$$

于是

$$\lim_{\lambda\to 0}\sum_{i=1}^{n}f(\xi_i,\eta_i)\Delta\sigma_i=\lim_{\lambda\to 0}\sum_{i=1}^{n}f(\bar{\rho}_i\cos\bar{\theta}_i,\bar{\rho}_i\sin\bar{\theta}_i)\rho_i\cdot\Delta\rho_i\cdot\Delta\theta_i,$$

即

$$\iint\limits_D f(x,y)\,\mathrm{d}\sigma=\iint\limits_D f(\rho\cos\theta,\rho\sin\theta)\rho\,\mathrm{d}\rho\,\mathrm{d}\theta. \tag{10-3}$$

这就是二重积分从直角坐标系下转换成极坐标系下的变换公式，其中 $\rho\mathrm{d}\rho\mathrm{d}\theta$ 是极坐标系中的面积元素.

把极坐标系下的二重积分化成二次积分，一般是先对 ρ 后对 θ 积分，具体有下列几种情况：

（1）极点是区域 D 的外点(见图 10-13a 和图 10-13b)，则 D 可以表示为

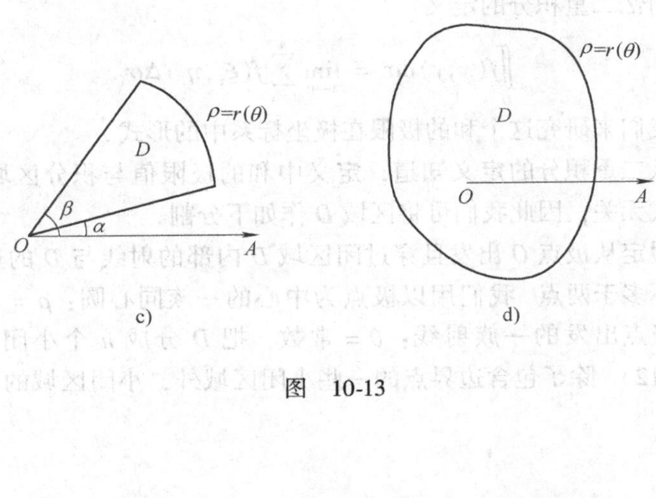

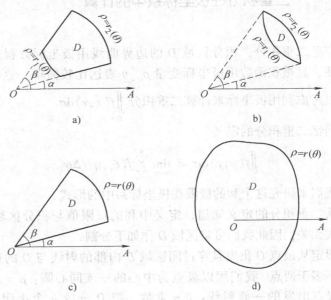

图 10-13

$$D=\{(\rho,\theta)\mid r_1(\theta)\leqslant\rho\leqslant r_2(\theta),\ \alpha\leqslant\theta\leqslant\beta\},$$

于是

$$\iint_D f(\rho\cos\theta,\rho\sin\theta)\rho\mathrm{d}\rho\mathrm{d}\theta=\int_\alpha^\beta\mathrm{d}\theta\int_{r_1(\theta)}^{r_2(\theta)}f(\rho\cos\theta,\rho\sin\theta)\rho\mathrm{d}\rho.$$

(2) 极点是区域 D 的边界点(见图 10-13c),则 D 可以表示为

$$D=\{(\rho,\ \theta)\mid 0\leqslant\rho\leqslant r(\theta),\ \alpha\leqslant\theta\leqslant\beta\},$$

于是

$$\iint_D f(\rho\cos\theta,\rho\sin\theta)\rho\mathrm{d}\rho\mathrm{d}\theta=\int_\alpha^\beta\mathrm{d}\theta\int_0^{r(\theta)}f(\rho\cos\theta,\rho\sin\theta)\rho\mathrm{d}\rho.$$

(3) 极点是区域的内点(见图 10-13d),则 D 可表示为

$$D=\{(\rho,\ \theta)\mid 0\leqslant\rho\leqslant r(\theta),\ 0\leqslant\theta\leqslant 2\pi\},$$

于是

$$\iint_D f(\rho\cos\theta,\rho\sin\theta)\rho\mathrm{d}\rho\mathrm{d}\theta=\int_0^{2\pi}\mathrm{d}\theta\int_0^{r(\theta)}f(\rho\cos\theta,\rho\sin\theta)\rho\mathrm{d}\rho.$$

例 5 计算 $\iint\limits_D \mathrm{e}^{-x^2-y^2}\mathrm{d}\sigma$,其中 D 是圆环 $0<r^2\leqslant x^2+y^2\leqslant R^2$ 在第一象限的部分.

解 画出积分区域 D(见图 10-14). 区域 D 可表示为

$$D=\left\{(\rho,\theta)\,\middle|\,0\leqslant\theta\leqslant\frac{\pi}{2},r\leqslant\rho\leqslant R\right\}.$$

由公式(10-3)得

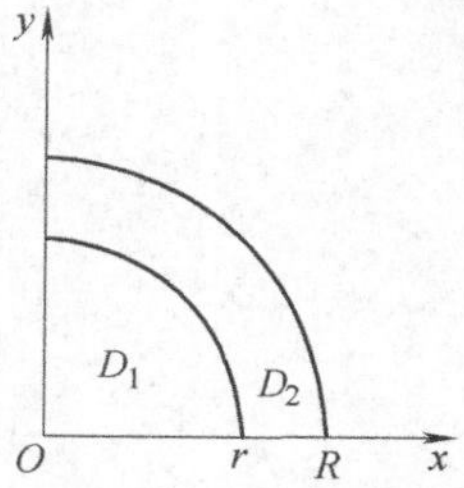

图 10-14

$$\begin{aligned}\iint_D \mathrm{e}^{-x^2-y^2}\mathrm{d}\sigma&=\iint_D \mathrm{e}^{-\rho^2}\rho\mathrm{d}\rho\mathrm{d}\theta\\&=\int_0^{\frac{\pi}{2}}\mathrm{d}\theta\int_r^R \mathrm{e}^{-\rho^2}\rho\mathrm{d}\rho\\&=\frac{\pi}{4}(\mathrm{e}^{-r^2}-\mathrm{e}^{-R^2}).\end{aligned}$$

此题如果用直角坐标计算,由于 $\int \mathrm{e}^{-x^2}\mathrm{d}x$ 不能用初等函数表示,因此算不出来.

例 6 计算 $I=\iint\limits_D\sqrt{x^2+y^2}\mathrm{d}x\mathrm{d}y$,其中区域 D 为

$$D=\{(x,y)\mid x\leqslant x^2+y^2\leqslant 2x\}.$$

解 画出积分区域 D(见图 10-15),于是 D 可表示为

$$D=\left\{(\rho,\theta)\,\middle|\,-\frac{\pi}{2}\leqslant\theta\leqslant\frac{\pi}{2},\cos\theta\leqslant\rho\leqslant 2\cos\theta\right\}.$$

由公式(10-3)得

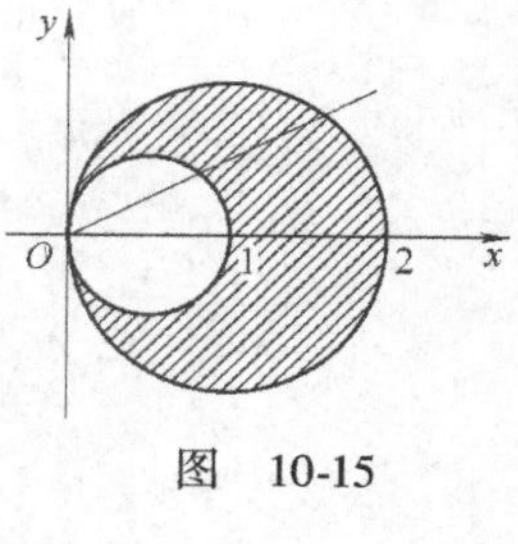

图 10-15

$$\begin{aligned}I&=\iint_D\rho^2\mathrm{d}\rho\mathrm{d}\theta\\&=\int_{-\frac{\pi}{2}}^{\frac{\pi}{2}}\mathrm{d}\theta\int_{\cos\theta}^{2\cos\theta}\rho^2\mathrm{d}\rho\end{aligned}$$

$$= \frac{7}{3}\int_{-\frac{\pi}{2}}^{\frac{\pi}{2}} \cos^3\theta \mathrm{d}\theta$$

$$= \frac{14}{3}\int_{0}^{\frac{\pi}{2}} \cos^3\theta \mathrm{d}\theta = \frac{28}{9}.$$

习题 10.2

1. 计算下列二重积分：

(1) $\iint\limits_D (x^2+y^2)\mathrm{d}\sigma$，其中 $D=\{(x,y) \mid |x|\leqslant 1, |y|\leqslant 1\}$；

(2) $\iint\limits_D (3x+2y)\mathrm{d}\sigma$，其中 D 是由两坐标轴及直线 $x+y=2$ 所围成的闭区域；

(3) $\iint\limits_D xy\mathrm{d}\sigma$，其中 D 是由直线 $y=1$，$x=2$ 及 $y=x$ 所围成的闭区域；

(4) $\iint\limits_D xy\mathrm{d}\sigma$，其中 D 是由抛物线 $y^2=x$ 及直线 $y=x-2$ 所围成的闭区域；

(5) $\iint\limits_D x\cos(x+y)\mathrm{d}\sigma$，其中 D 是顶点分别为 $(0,0)$，$(\pi,0)$ 和 (π,π) 的三角形闭区域；

(6) $\iint\limits_D (x^2+y^2-x)\mathrm{d}\sigma$，其中 D 是由直线 $y=2$，$y=x$ 及 $y=2x$ 所围成的闭区域.

2. 化二重积分

$$I=\iint\limits_D f(x,y)\mathrm{d}\sigma$$

为二次积分，其中积分区域 D 是：

(1) 由直线 $y=x$ 及抛物线 $y^2=4x$ 所围成的闭区域；

(2) 由 x 轴及半圆周 $x^2+y^2=r^2(y\geqslant 0)$ 所围成的闭区域；

(3) 由两条抛物线 $y^2=x$ 及 $y=x^2$ 所围成的闭区域；

(4) 由直线 $y=2$，$y=x$ 及双曲线 $xy=1$ 所围成的闭区域.

3. 利用极坐标计算下列各题：

(1) $\iint\limits_D (x^2+y^2)\mathrm{d}\sigma$，其中 D 是由 $y=0$ 及 $y=\sqrt{2ax-x^2}$ 所围成的闭区域；

(2) $\iint\limits_D \mathrm{e}^{x^2+y^2}\mathrm{d}\sigma$，其中 D 是由圆周 $x^2+y^2=4$ 所围成的闭区域；

(3) $\iint\limits_D \sqrt{x^2+y^2}\mathrm{d}\sigma$，其中 D 是环形闭区域 $\{(x,y) \mid 1\leqslant x^2+y^2\leqslant 4\}$；

(4) $\iint\limits_D \arctan\frac{y}{x}\mathrm{d}\sigma$，其中 D 是由圆周 $x^2+y^2=4$，$x^2+y^2=1$ 及直线 $y=0$，$y=x$ 所围成的在第一象限内的闭区域.

4. 设平面薄片所占的闭区域 D 由直线 $y=x$，$x+y=2$ 及 x 轴所围成，它的面密度 $\rho(x,y)=x^2+y^2$，求该薄片的质量.

5. 计算由4个平面 $x=0$，$y=0$，$x=1$，$y=1$ 所围成的柱体被平面 $z=0$ 及 $2x+3y+z=6$ 截得的立体的体积.

6. 求由平面 $x=0$，$y=0$，$x+y=1$ 所围成的柱体被平面 $z=0$ 及抛物面 $x^2+y^2=6-z$ 截得的立体的体积.

7. 计算以 xOy 面上的圆周 $x^2+y^2=ax$ 围成的闭区域为底，以曲面 $z=x^2+y^2$ 为顶的曲顶柱体的体积.

8. 求由曲线 $y=x^3$，$y=4x^3$，$x=y^3$，$x=4y^3$ 所围成的在第一象限部分的闭区域 D 的面积.

9. 设 $f(x,y)$ 为连续函数，求证：

$$\int_a^b dx\int_a^x f(x,y)\,dy = \int_a^b dy\int_y^b f(x,y)\,dx.$$

10. 设 $f(r)$ 是半径为 r 的圆的周长，试证

$$\frac{1}{2\pi}\iint\limits_{x^2+y^2\leqslant a^2} e^{-(x^2+y^2)/2}\,dxdy = \frac{1}{2\pi}\int_0^a f(t)e^{-t^2/2}\,dt.$$

10.3　三重积分

10.3.1　三重积分的定义及性质

定积分及二重积分作为“和式极限”的概念可以推广到三重积分.

定义 10.2　设 $f(x,y,z)$ 是定义在空间有界闭区域 Ω 上的有界函数. 将 Ω 任意分成 n 个小闭区域

$$\Delta V_1,\ \Delta V_2,\ \cdots,\ \Delta V_n,$$

其中 ΔV_i 表示第 i 个小闭区域，也表示它的体积，λ_i 是 ΔV_i 的直径，记 $\lambda=\max\lambda_i$，在每个 ΔV_i 上任取一点 (ξ_i,η_i,ζ_i)，作和

$$\sum_{i=1}^{n} f(\xi_i,\eta_i,\zeta_i)\Delta V_i.$$

如果当 $\lambda\to 0$ 时，对 Ω 的任意分法和 (ξ_i,η_i,ζ_i) 的任意取法，上述和式的极限均存在且相等，则称此极限值为函数 $f(x,y,z)$ 在闭区域 Ω 上的三重积分，记作 $\iiint\limits_{\Omega} f(x,y,z)\,dV$，即

$$\iiint\limits_{\Omega} f(x,y,z)\,dV = \lim_{\lambda\to 0}\sum_{i=1}^{n} f(\xi_i,\eta_i,\zeta_i)\Delta V_i,$$

其中 $f(x,y,z)$ 叫作被积函数，$f(x,y,z)\,dV$ 叫作被积表达式，dV 叫作体积元素，Ω 为积分区域.

在直角坐标系中，若对区域 Ω 用平行于三个坐标面的平面来分割，则把区域 Ω 分成一些小长方体，和二重积分完全类似，此时体积元素 dV 可记为 $dxdydz$，而把三重积分记为

$$\iiint\limits_{\Omega} f(x,y,z)\,dxdydz,$$

其中 $dxdydz$ 叫作直角坐标系中的体积元素.

当函数$f(x,y,z)$在有界闭区域Ω上连续时，$f(x,y,z)$在Ω上的三重积分存在，今后我们总假定$f(x,y,z)$在闭区域Ω上连续.

三重积分和定积分及二重积分一样，有类似的线性性质、分域性质、不等式性质和中值定理，这里不再复述了，有兴趣的读者可自己给出.

如果$f(x,y,z)\equiv 1$，那么有

$$\iiint_{\Omega} \mathrm{d}V = V,$$

其中V是Ω的体积.

如果$\rho(x,y,z)$表示某物体在点(x,y,z)处的质量体密度，Ω是该物体所占有的空间有界闭区域，$\rho(x,y,z)$在Ω上连续，和二重积分一样，有

$$M = \iiint_{\Omega} \rho(x,y,z)\,\mathrm{d}V,$$

其中M是该物体的总质量.

10.3.2 三重积分在直角坐标系中的计算

与二重积分类似，三重积分也可以化成累次积分来计算，下面介绍化三重积分为累次积分的方法.

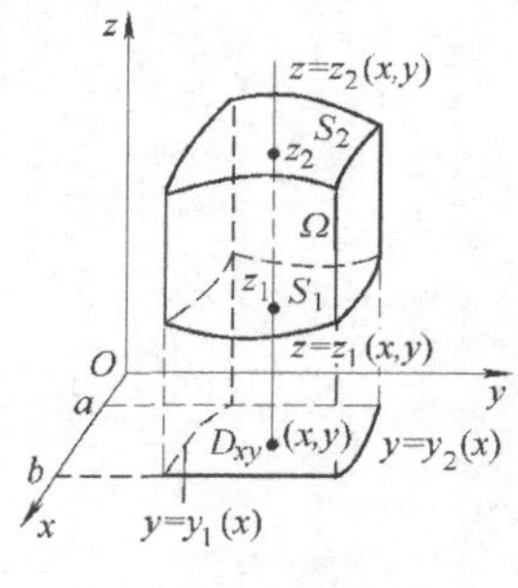

图 10-16

设Ω在xOy面上的投影区域为D_{xy}，过D_{xy}的内部任一点(x,y)作平行于z轴且穿过Ω的直线，和Ω的边界按z轴方向依次只交于两点（穿入点和穿出点）. 记穿入点与穿出点的竖坐标分别为$z=z_1(x,y)$和$z=z_2(x,y)$（见图10-16），于是，积分区域Ω可表示为

$$\Omega=\{(x,y,z)\mid z_1(x,y)\leqslant z\leqslant z_2(x,y),\ (x,y)\in D_{xy}\}.$$

这时，可将三重积分$\iiint\limits_{\Omega} f(x,y,z)\,\mathrm{d}x\mathrm{d}y\mathrm{d}z$化成先以$z$为积分变量的定积分再以$x$、$y$为积分变量的累次积分，即先将$x$、$y$看做定值，将被积函数$f(x,y,z)$只看做$z$的函数，计算在区间$[z_1(x,y),\ z_2(x,y)]$上对$z$的定积分，积分的结果是$x$、$y$的函数，记为$F(x,y)$，即

$$F(x,y) = \int_{z_1(x,y)}^{z_2(x,y)} f(x,y,z)\,\mathrm{d}z.$$

然后计算$F(x,y)$在D_{xy}上的二重积分，即得

$$\iiint_{\Omega} f(x,y,z)\,\mathrm{d}x\mathrm{d}y\mathrm{d}z = \iint_{D_{xy}} \left[\int_{z_1(x,y)}^{z_2(x,y)} f(x,y,z)\,\mathrm{d}z\right]\mathrm{d}x\mathrm{d}y$$

或记为

$$\iiint_{\Omega} f(x,y,z)\,\mathrm{d}x\mathrm{d}y\mathrm{d}z = \iint_{D_{xy}} \mathrm{d}x\mathrm{d}y \int_{z_1(x,y)}^{z_2(x,y)} f(x,y,z)\,\mathrm{d}z. \tag{10-4}$$

式(10-4)右端是先对z求定积分再对x、y求二重积分.

进一步，如果D_{xy}可以表示为

$$D_{xy}=\{(x,y)\mid y_1(x)\leqslant y\leqslant y_2(x),\ a\leqslant x\leqslant b\}.$$

就可将式(10-4)右端的二重积分化为二次积分，从而将三重积分化成三次积分：

$$\iiint\limits_{\Omega} f(x,y,z)\,\mathrm{d}x\mathrm{d}y\mathrm{d}z=\int_a^b \mathrm{d}x\int_{y_1(x)}^{y_2(x)}\mathrm{d}y\int_{z_1(x,y)}^{z_2(x,y)} f(x,y,z)\,\mathrm{d}z \qquad (10\text{-}5)$$

这就是三重积分的计算公式.

类似地，我们也可先计算一个二重积分，再计算一个定积分，于是有

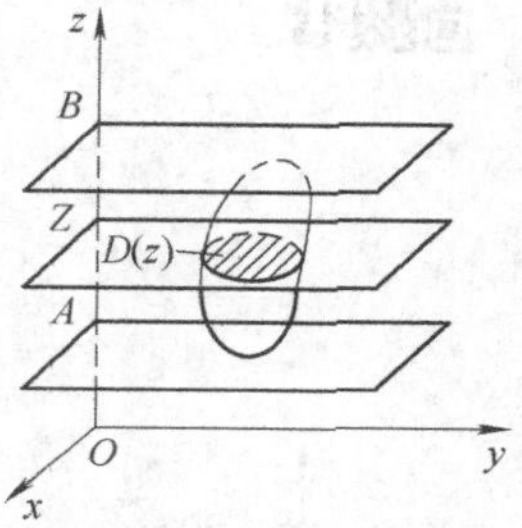

图 10-17

$$\iiint\limits_{\Omega} f(x,y,z)\,\mathrm{d}x\mathrm{d}y\mathrm{d}z=\int_\alpha^\beta \mathrm{d}z\iint\limits_{D(z)} f(x,y,z)\,\mathrm{d}x\mathrm{d}y. \qquad (10\text{-}6)$$

其中$[\alpha,\ \beta]$是Ω在z轴上的投影区间，$D(z)$是平行于xOy面的平面截Ω所得的一个平面闭区域.

进一步，也可将式(10-6)右端化成三次积分，请有兴趣的读者自己完成.

例1 计算三重积分$\iiint\limits_{\Omega} x\mathrm{d}x\mathrm{d}y\mathrm{d}z$，其中$\Omega$为三个坐标面及平面$x+2y+z=1$所围成的闭区域.

解 **解法1** 作闭区域Ω(见图10-18). 将Ω投影到xOy面上，得投影区域D_{xy}为三角形闭区域AOB. 直线OA、OB及AB的方程依次为$y=0$、$x=0$及$x+2y=1$，所以

$$D_{xy}=\underline{\qquad\qquad\qquad}.$$

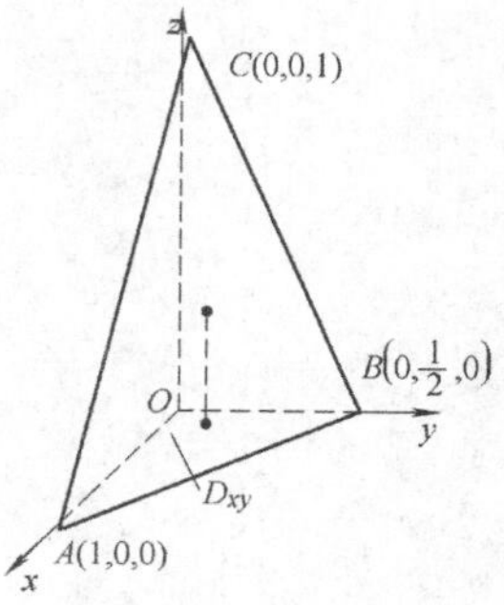

图 10-18

在D_{xy}内任取一点(x,y)，过点(x,y)作平行于z轴的直线并穿过Ω，穿入点的竖坐标$z=0$，穿出点的竖坐标$z=1-x-2y$，所以

$$\Omega=\{(x,y,z)\mid 0\leqslant z\leqslant 1-x-2y,\ (x,y)\in D_{xy}\},$$

由式(10-4)得

$$\begin{aligned}\iiint\limits_{\Omega} x\mathrm{d}x\mathrm{d}y\mathrm{d}z&=\iint\limits_{D_{xy}}\mathrm{d}x\mathrm{d}y\int_0^{1-x-2y} x\mathrm{d}z\\&=\int_0^1\mathrm{d}x\int_0^{\frac{1-x}{2}}\mathrm{d}y\int_0^{1-x-2y} x\mathrm{d}z\\&=\int_0^1\mathrm{d}x\int_0^{\frac{1-x}{2}}[xz]_0^{1-x-2y}\mathrm{d}y\\&=\int_0^1\mathrm{d}x\int_0^{\frac{1-x}{2}} x(1-x-2y)\mathrm{d}y\\&=\frac{1}{4}\int_0^1(x-2x^2+x^3)\mathrm{d}x=\frac{1}{48}.\end{aligned}$$

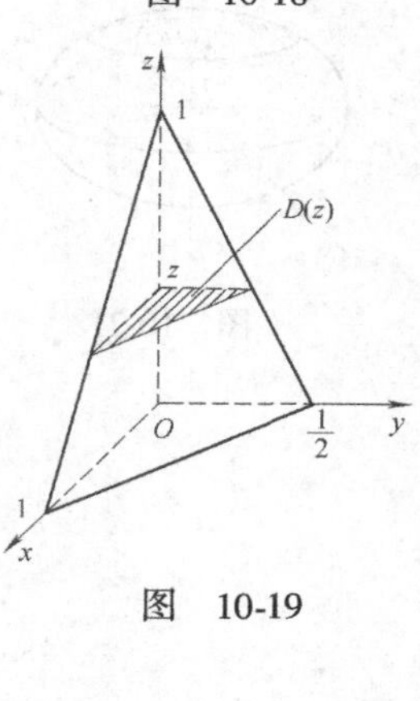

图 10-19

解法2 Ω在z轴上的投影区间为$[0,1]$，过区间$[0,1]$内任意点z作垂直于z轴的平面截Ω所得截面是三角形区域$D(z)$(见图10-19)且$D(z)$可以表示为

$$D(z)=\left\{(x,y)\mid 0\leqslant x\leqslant 1-z-2y,\ 0\leqslant y\leqslant \frac{1-z}{2}\right\},$$

由公式(10-6)得

$$\iiint_{\Omega}x\mathrm{d}x\mathrm{d}y\mathrm{d}z=\int_0^1\mathrm{d}z\iint_{D(z)}x\mathrm{d}x\mathrm{d}y$$

$$=\underline{\qquad\qquad\qquad\qquad}$$

$$=\frac{1}{48}.$$

例 2 计算三重积分 $\iiint\limits_{\Omega}z\mathrm{d}x\mathrm{d}y\mathrm{d}z$，其中 Ω：$x\geqslant 0$，$y\geqslant 0$，$z\geqslant 0$ 及 $x^2+y^2+z^2\leqslant R^2$.

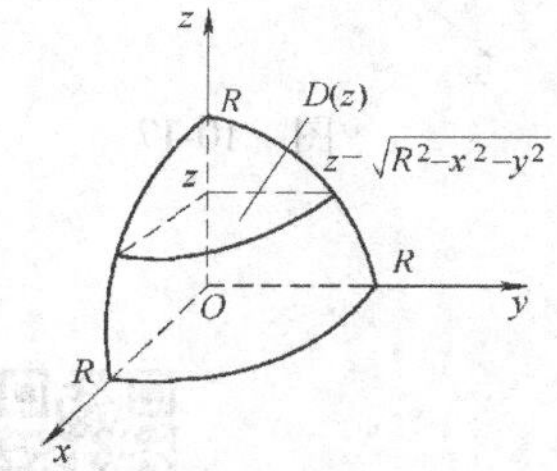

图 10-20

解 闭区域 Ω 在 z 轴上的投影区间为 $[0,R]$，过区间 $[0,R]$ 内任意点 z 作垂直于 z 轴的平面截 Ω 所得截面为 $D(z)$（见图 10-20），其面积为 $S_{D(z)}=\frac{1}{4}\pi(R^2-z^2)$. 于是由公式(10-6)得

$$\iiint_{\Omega}z\mathrm{d}x\mathrm{d}y\mathrm{d}z=\int_0^R z\mathrm{d}z\iint_{D(z)}\mathrm{d}x\mathrm{d}y$$

$$=\frac{\pi}{4}\int_0^R(R^2z-z^3)\mathrm{d}z$$

$$=\frac{\pi}{16}R^4.$$

从本例可看出，当被积函数只是变量 z 的函数时，应用二重积分的几何意义得

$$\iint_{D(z)}\mathrm{d}x\mathrm{d}y=S_{D(z)}=\frac{1}{4}\pi(R^2-z^2).$$

从而将式(10-6)的方法发挥到了极致.

例 3 计算三重积分 $\iiint\limits_{\Omega}z^2\mathrm{d}V$，其中 Ω：$\frac{x^2}{a^2}+\frac{y^2}{b^2}+\frac{z^2}{c^2}\leqslant 1$.

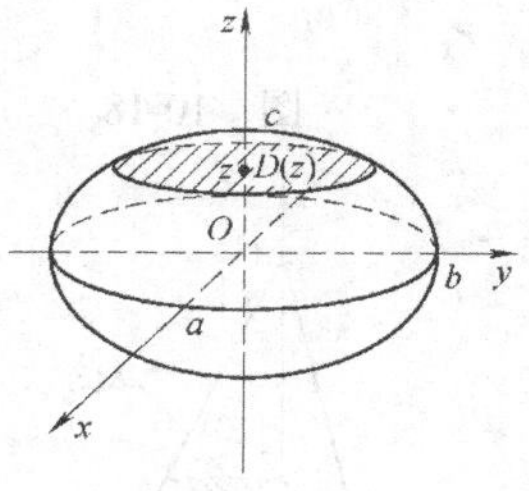

图 10-21

解 区域 Ω 在 z 轴上的投影区间为 $[-c,c]$，过区间 $[-c,c]$ 内任意一点 z 作垂直于 z 轴的平面截 Ω 所得的截面是一个椭圆区域 $D(z)$（见图 10-21），其面积为 $\pi ab\left(1-\frac{z^2}{c^2}\right)$，于是由公式(10-6)得

$$\iiint_{\Omega}z^2\mathrm{d}V=\int_{-c}^{c}z^2\mathrm{d}z\iint_{D(z)}\mathrm{d}x\mathrm{d}y$$

$$=\pi ab\int_{-c}^{c}z^2\left(1-\frac{z^2}{c^2}\right)\mathrm{d}z$$

$$=\frac{4}{15}\pi abc^3.$$

10.3.3 三重积分在柱面坐标系中的计算

设$M(x,y,z)$为空间任意一点，并设点M在xOy面上的投影P的极坐标为ρ、θ，则这样的三个数ρ、θ、z所构成的有序数组(ρ,θ,z)就叫作点M的柱面坐标(见图10-22)，这里规定ρ、θ、z的变化范围为：

$$0\leqslant\rho<+\infty,\quad 0\leqslant\theta\leqslant 2\pi,\quad -\infty<z<+\infty.$$

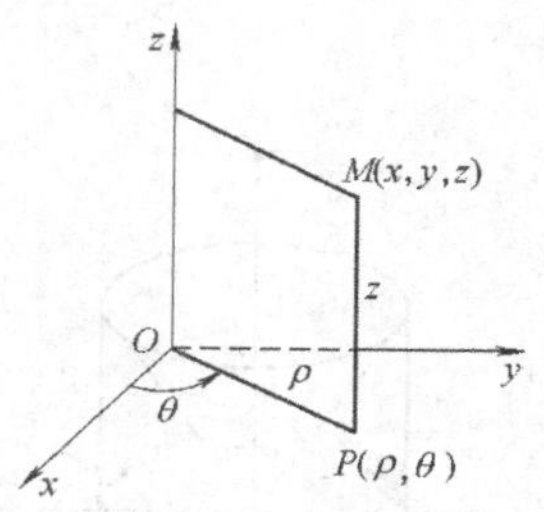

图 10-22

三组坐标面分别为：

$\rho=$常数，即以z轴为旋转轴的圆柱面；

$\theta=$常数，即过z轴的半平面；

$z=$常数，即与xOy面平行的平面.

点M的直角坐标与柱面坐标的关系为

$$\begin{cases}x=\rho\cos\theta,\\ y=\rho\sin\theta,\\ z=z.\end{cases}$$

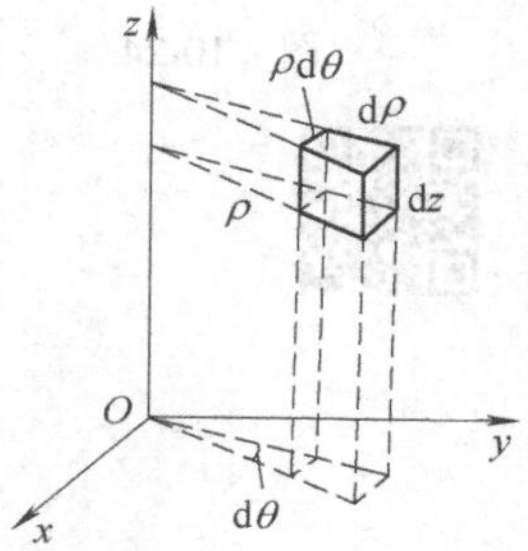

图 10-23

现在要把三重积分$\iiint\limits_{\Omega}f(x,y,z)\,\mathrm{d}V$中的变量变换为柱面坐标. 为此，用3组坐标面$\rho=$常数、$\theta=$常数、$z=$常数把$\Omega$分成许多小闭区域，除了含$\Omega$的边界点的一些不规则小区域外，其余小区域都是柱体，今考虑由ρ、θ、z各取得微小增量$\mathrm{d}\rho$、$\mathrm{d}\theta$、$\mathrm{d}z$所成的柱体(见图10-23). 这个体积等于高与底面积之积，现在高为$\mathrm{d}z$、底面积在不计高阶无穷小时为$\rho\mathrm{d}\rho\mathrm{d}\theta$(即极坐标系中的面积元素)，于是得

$$\mathrm{d}V=\rho\mathrm{d}\rho\mathrm{d}\theta\mathrm{d}z,$$

这就是柱面坐标系中的体积元素，所以有

$$\iiint\limits_{\Omega}f(x,y,z)\,\mathrm{d}x\mathrm{d}y\mathrm{d}z=\iiint\limits_{\Omega}f(\rho\cos\theta,\rho\sin\theta,z)\rho\mathrm{d}\rho\mathrm{d}\theta\mathrm{d}z.\qquad(10\text{-}7)$$

这就是把三重积分的变量从直角坐标变换为柱面坐标的公式，至于变换为柱面坐标后的三重积分的计算，则可化为三次积分来进行，此时积分限是根据ρ、θ、z在积分区域Ω中的变化范围来确定，下面以例子来说明.

例4 利用柱面坐标计算三重积分$\iiint\limits_{\Omega}z\mathrm{d}x\mathrm{d}y\mathrm{d}z$，其中$\Omega$是由曲面$z=x^2+y^2$与平面$z=4$所围成的闭区域.

解 把区域Ω投影到xOy面上，得半径为2的圆形闭区域$D_{xy}=\{(\rho,\theta)\mid 0\leqslant\rho\leqslant 2,\ 0\leqslant\theta\leqslant 2\pi\}$. 在$D_{xy}$内任取一点$(\rho,\theta)$，过此点作平行于$z$轴的直线，此直线通过曲面$z=x^2+y^2$穿入$\Omega$内，然后通过平面$z=4$穿出$\Omega$外. 因此闭区域$\Omega$可表示为

$$\Omega=\{(\rho,\theta,z)\mid\rho^2\leqslant z\leqslant 4,0\leqslant\rho\leqslant 2,0\leqslant\theta\leqslant 2\pi\},$$

于是

$$\iiint\limits_{\Omega}z\mathrm{d}x\mathrm{d}y\mathrm{d}z=\iiint\limits_{\Omega}z\rho\mathrm{d}\rho\mathrm{d}\theta\mathrm{d}z$$

$$= \int_0^{2\pi} d\theta \int_0^2 \rho d\rho \int_{\rho^2}^4 z dz$$

$$= \frac{1}{2}\int_0^{2\pi} d\theta \int_0^2 \rho(16-\rho^4)d\rho$$

$$= \frac{64}{3}\pi.$$

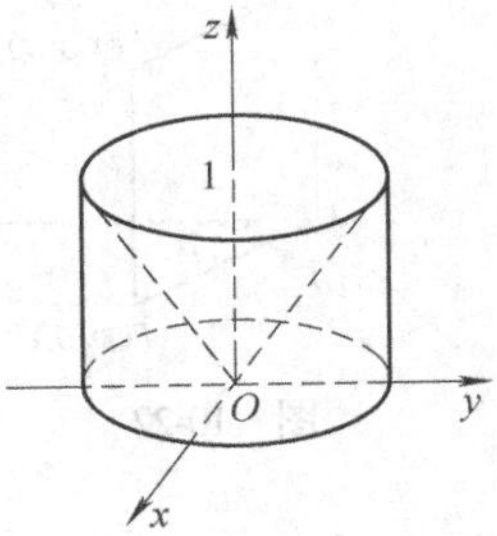

图 10-24

例5 计算三重积分 $\iiint\limits_{\Omega} z\sqrt{x^2+y^2}\,dxdydz$，其中 Ω 是由锥面 $z=\sqrt{x^2+y^2}$ 与平面 $z=1$ 所围成的闭区域.

解 在柱面坐标系下，积分区域 Ω(见图 10-24)可表示为 $\Omega=\{(\rho,\theta,z)\mid \rho\leqslant z\leqslant 1, 0\leqslant\rho\leqslant 1, 0\leqslant\theta\leqslant 2\pi\}$.
所以

$$\iiint\limits_{\Omega} z\sqrt{x^2+y^2}\,dxdydz = \underline{\qquad\qquad\qquad\qquad}$$

$$= 2\pi\int_0^1 \frac{1}{2}\rho^2(1-\rho^2)d\rho$$

$$= \frac{2}{15}\pi.$$

10.3.4 三重积分在球面坐标系中的计算

变换

$$\begin{cases} x=\rho\sin\varphi\cos\theta, \\ y=\rho\sin\varphi\sin\theta, \\ z=\rho\cos\varphi \end{cases}$$

称为球面坐标变换，它把空间点 M 与 (ρ,φ,θ) 建立了一一对应关系，我们称 (ρ,φ,θ) 为点 M 的球面坐标(见图 10-25)，其中

$$0\leqslant\rho<+\infty,\quad 0\leqslant\varphi\leqslant\pi,\ 0\leqslant\theta\leqslant 2\pi.$$

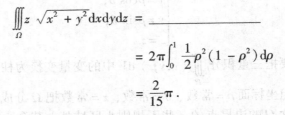

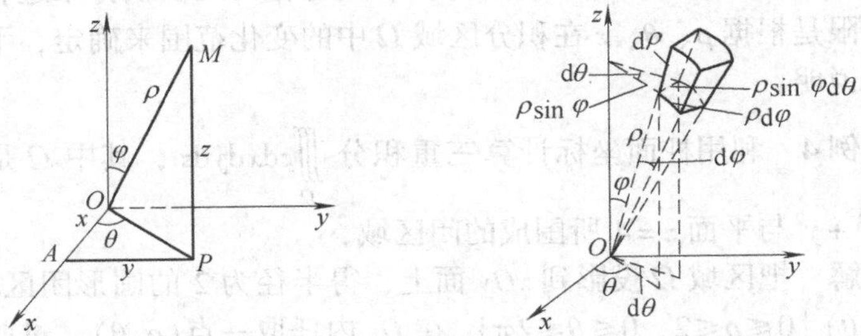

图 10-25

球面坐标系的 3 组坐标面为：

$\rho=$ 常数，即以原点为中心的球面；

$\varphi=$ 常数，即以原点为顶点，z 轴为轴，半顶角为 φ 的圆锥面；

$\theta=$ 常数，即过 z 轴的半平面.

与柱面坐标系中类似

$$dV=\rho^2\sin\varphi d\rho d\varphi d\theta$$

为球面坐标系中的体积元素，于是有

$$\iiint\limits_{\Omega}f(x,y,z)\,dxdydz=\iiint\limits_{\Omega}F(\rho,\varphi,\theta)\rho^2\sin\varphi d\rho d\varphi d\theta. \quad (10\text{-}8)$$

其中 $F(\rho,\varphi,\theta)=f(\rho\sin\varphi\cos\theta,\rho\sin\varphi\sin\theta,\rho\cos\theta)$，式(10-8)就是把三重积分从直角坐标变换为球面坐标的公式.

例6 求半径为 a 的球面与半顶角为 α 的内接锥面所围成的立体(见图10-26)的体积 V.

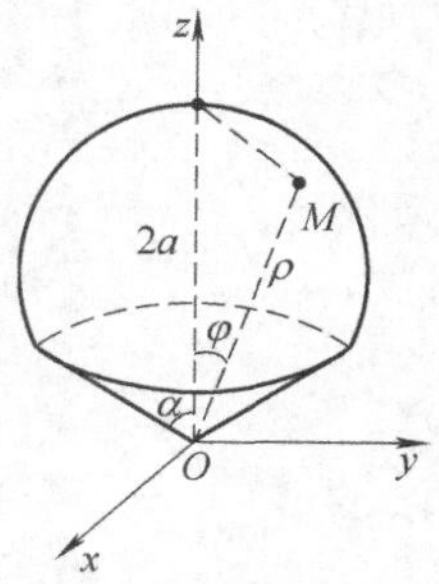

图 10-26

解 设球面通过原点 O，球心在 z 轴上，又内接锥面的顶点在原点 O，其轴与 z 轴重合，则球面方程为 $\rho=2a\cos\varphi$，锥面方程为 $\varphi=\alpha$. 立体所占有的空间闭区域 Ω 可以表示为

$$\Omega=\{(\rho,\varphi,\theta)\mid 0\leqslant\rho\leqslant 2a\cos\varphi,0\leqslant\varphi\leqslant\alpha,0\leqslant\theta\leqslant 2\pi\}.$$

所以

$$\begin{aligned}V&=\iiint\limits_{\Omega}\rho^2\sin\varphi d\rho d\varphi d\theta\\&=\int_0^{2\pi}d\theta\int_0^{\alpha}d\varphi\int_0^{2a\cos\varphi}\rho^2\sin\varphi d\rho\\&=\frac{16\pi a^3}{3}\int_0^{\alpha}\cos^3\varphi\sin\varphi d\varphi\\&=\frac{4\pi a^3}{3}(1-\cos^4\alpha).\end{aligned}$$

例7 计算三重积分 $\iiint\limits_{\Omega}(2y+\sqrt{x^2+z^2})\,dxdydz$，其中 Ω 是由曲面 $x^2+y^2+z^2=a^2,x^2+y^2+z^2=4a^2$，$\sqrt{x^2+z^2}=y$ 所围成的闭区域.

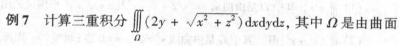

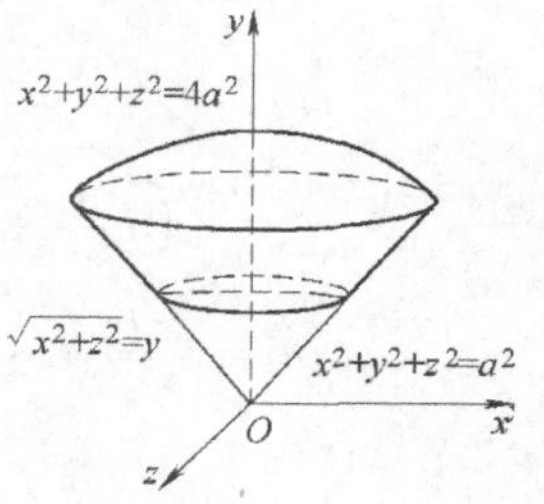

图 10-27

解 画出积分区域 Ω(见图10-27). 在球面坐标系中积分区域 Ω 可表示为

$$\Omega=\left\{(\rho,\varphi,\theta)\;\middle|\;a\leqslant\rho\leqslant 2a,0\leqslant\varphi\leqslant\frac{\pi}{4},0\leqslant\theta\leqslant 2\pi\right\},$$

所以

$$\begin{aligned}&\iiint\limits_{\Omega}(2y+\sqrt{x^2+z^2})\,dxdydz\\&=\int_0^{2\pi}d\theta\int_0^{\frac{\pi}{4}}d\varphi\int_a^{2a}(2\rho\cos\varphi+\rho\sin\varphi)\rho^2\sin\varphi d\rho\\&=\left(\frac{15}{8}+\frac{15}{16}\pi\right)a^4\pi.\end{aligned}$$

习题 10.3

1. 设有一物体，占有空间闭区域 $\Omega=\{(x,y,z)\mid 0\leqslant x\leqslant 1,\ 0\leqslant y\leqslant 1,\ 0\leqslant z\leqslant 1\}$，在点 (x,y,z) 处的密度为 $\rho(x,y,z)=x+y+z$，计算该物体的质量.

2. 化三重积分 $I=\iiint\limits_{\Omega}f(x,y,z)\,\mathrm{d}x\mathrm{d}y\mathrm{d}z$ 为三次积分，其中积分区域 Ω 分别是：

(1) 由双曲抛物面 $xy=z$ 及平面 $x+y-1=0$，$z=0$ 所围成的闭区域；

(2) 由曲面 $z=x^2+y^2$ 及平面 $z=1$ 所围成的闭区域；

(3) 由曲面 $z=x^2+2y^2$ 及 $z=2-x^2$ 所围成的闭区域；

(4) 由曲面 $cz=xy(c>0)$，$\dfrac{x^2}{a^2}+\dfrac{y^2}{b^2}=1$，$z=0$ 所围成的在第一卦限内的闭区域.

3. 计算三重积分 $\iiint\limits_{\Omega}x\,\mathrm{d}x\mathrm{d}y\mathrm{d}z$，其中 Ω 是3个坐标面与平面 $x+y+z=1$ 所围成的闭区域.

4. 计算三重积分 $\iiint\limits_{\Omega}xyz\,\mathrm{d}x\mathrm{d}y\mathrm{d}z$，其中 Ω 为球面 $x^2+y^2+z^2=1$ 及3个坐标面所围成的在第一卦限内的闭区域.

5. 计算三重积分 $\iiint\limits_{\Omega}z\,\mathrm{d}x\mathrm{d}y\mathrm{d}z$，其中 Ω 由3个坐标面及平面 $\dfrac{x}{a}+\dfrac{y}{b}+\dfrac{z}{c}=1$（这里 a、b、c 均为正数）所围成的闭区域.

6. 计算三重积分 $\iiint\limits_{\Omega}xz\,\mathrm{d}x\mathrm{d}y\mathrm{d}z$，其中 Ω 是由平面 $z=0$，$z=y$，$y=1$ 以及抛物柱面 $y=x^2$ 所围成的闭区域.

7. 计算三重积分 $\iiint\limits_{\Omega}z\,\mathrm{d}x\mathrm{d}y\mathrm{d}z$，其中 Ω 是由锥面 $z=\dfrac{h}{R}\sqrt{x^2+y^2}$ 与平面 $z=h(R>0,h>0)$ 所围成的闭区域.

8. 利用柱面坐标计算下列三重积分：

(1) $\iiint\limits_{\Omega}z\,\mathrm{d}V$，其中 Ω 是由曲面 $z=\sqrt{2-x^2-y^2}$ 及 $z=x^2+y^2$ 所围成的闭区域；

(2) $\iiint\limits_{\Omega}(x^2+y^2)\,\mathrm{d}V$，其中 Ω 是由曲线 $y^2=2z$，$x=0$ 绕 z 轴旋转一周而成的曲面与平面 $z=8$ 所围成的闭区域.

9. 利用球面坐标计算下列三重积分：

(1) $\iiint\limits_{\Omega}(x^2+y^2+z^2)\,\mathrm{d}V$，其中 Ω 是球体 $x^2+y^2+z^2\leqslant 1$；

(2) $\iiint\limits_{\Omega}z\,\mathrm{d}V$，其中 Ω 是由不等式 $x^2+y^2+(z-a)^2\leqslant a^2$，$x^2+y^2\leqslant z^2$ 所确定的封闭的几何体.

10. 利用三重积分计算下列立体 Ω 的体积 V：

(1) Ω 由 $z=6-x^2-y^2$ 及 $z=\sqrt{x^2+y^2}$ 所围成；

(2) Ω 由 $x^2+y^2=2z$ 及 $z=2$ 所围成；

(3) Ω 由 $z=\sqrt{5-x^2-y^2}$ 及 $x^2+y^2=4z$ 所围成.

11. 球心在原点、半径为 R 的球体，在其上任意一点的密度的大小与这点到球心的距离成正比，求该球体的质量.

10.4 重积分的应用

由重积分的概念我们知道，曲顶柱体的体积、平面薄片的质量以及空间物体的质量都可用重积分来计算．这里我们将把定积分的“极限法”或“元素法”推广到重积分的应用中，从而解决重积分在几何、物理方面的应用．

10.4.1 二重积分在几何上的应用

我们已经学会了用二重积分求有界平面区域的面积和曲顶柱体的体积．下面仅介绍空间曲面的面积的计算．

设曲面 S 由方程

$$z=f(x,y)$$

给出，D 为曲面 S 在 xOy 上的投影区域；函数 $f(x,y)$ 在 D 上具有连续偏导数 $f_x(x,y)$ 和 $f_y(x,y)$．我们要计算曲面 S 的面积 A.

在 D 上任取一面积元素 $d\sigma$，在 $d\sigma$ 内任取一点 $P(x,y)$，对应曲面 S 上的点 $M(x,y,\ f(x,y))$ 在 xOy 平面上的投影即点 P，点 M 处曲面 S 有切平面设为 T(见图 10-28)，以小区域 $d\sigma$ 的边界为准线，作母线平行于 z 轴的柱面，该柱面在曲面 S 上截下一小片曲面，其面积记为 ΔA，柱面在切平面上截下一小片平面，其面积记为 dA，由于 $d\sigma$ 的直径很小，切平面 T 上的那一小片平面的面积 dA 可近似代替曲面 S 上相应的那一小片曲面的面积 ΔA，即 $\Delta A\approx dA$.

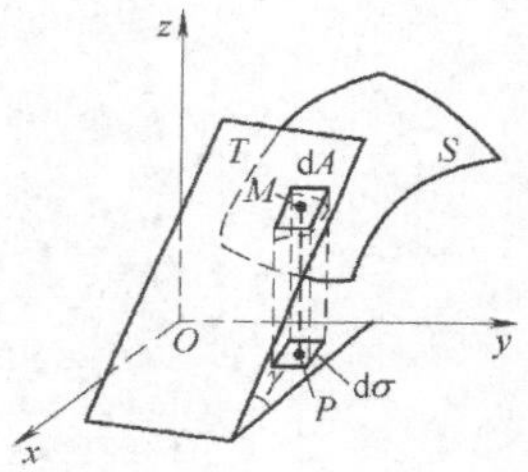

图 10-28

设点 M 处曲面 S 的法线(向上方向)与 z 轴正向的夹角为 γ，则根据投影定理有

$$dA=\frac{d\sigma}{\cos\gamma}.$$

因为

$$\cos\gamma=\frac{1}{\sqrt{1+f_x^2(x,y)+f_y^2(x,y)}},$$

所以

$$dA=\sqrt{1+f_x^2(x,y)+f_y^2(x,y)}\,d\sigma.$$

这就是曲面 S 的面积元素，以它为被积表达式在闭区域 D 上积分，得

$$A=\iint_D\sqrt{1+f_x^2(x,y)+f_y^2(x,y)}\,d\sigma.$$

这就是曲面 S 面积的计算公式，或记为

$$A=\iint_D\sqrt{1+\left(\frac{\partial z}{\partial x}\right)^2+\left(\frac{\partial z}{\partial y}\right)^2}\,dxdy. \tag{10-9}$$

若曲面方程为 $x=g(y,z)$ 或 $y=h(z,x)$，则可把曲面投影到 yOz 面上(或 zOx 面上)，得投影区域 D_{yz}(或 D_{zx})，类似可得

$$A=\iint_{D_{yz}}\sqrt{1+\left(\frac{\partial x}{\partial y}\right)^2+\left(\frac{\partial x}{\partial z}\right)^2}\,dydz$$

或

$$A=\iint_{D_{zx}}\sqrt{1+\left(\frac{\partial y}{\partial z}\right)^2+\left(\frac{\partial y}{\partial x}\right)^2}\,\mathrm{d}z\mathrm{d}x.$$

例1　求半径为 a 的球的表面积．

解　取上半球面方程为 $z=\sqrt{a^2-x^2-y^2}$，则它在 xOy 面上的投影区域 $D=\{(x,y)\mid x^2+y^2\leqslant a^2\}$.

由 $\dfrac{\partial z}{\partial x}=-\dfrac{x}{\sqrt{a^2-x^2-y^2}},\dfrac{\partial z}{\partial y}=-\dfrac{y}{\sqrt{a^2-x^2-y^2}}$ 得

$$\sqrt{1+\left(\frac{\partial z}{\partial x}\right)^2+\left(\frac{\partial z}{\partial y}\right)^2}=\frac{a}{\sqrt{a^2-x^2-y^2}}.$$

因为该函数式在闭区域 D 上无界，我们不能直接应用曲面面积公式计算，所以先取区域 $D_1=\{(x,y)\mid x^2+y^2\leqslant b^2,\ 0<b<a\}$ 为积分区域，算出相应于 D_1 上的球面面积 A_1 后，令 $b\to a$ 取 A_1 的极限就得半球面的面积，即

$$A_1=\iint_{D_1}\frac{a}{\sqrt{a^2-x^2-y^2}}\mathrm{d}x\mathrm{d}y,$$

用极坐标得

$$A_1=\iint_{D_1}\frac{a}{\sqrt{a^2-\rho^2}}\rho\mathrm{d}\rho\mathrm{d}\theta=a\int_0^{2\pi}\mathrm{d}\theta\int_0^b\frac{\rho\mathrm{d}\rho}{\sqrt{a^2-\rho^2}}$$

$$=2\pi a\int_0^b\frac{\rho\mathrm{d}\rho}{\sqrt{a^2-\rho^2}}=2\pi a(a-\sqrt{a^2-b^2}).$$

于是

$$\lim_{b\to a}A_1=\lim_{b\to a}2\pi a(a-\sqrt{a^2-b^2})=2\pi a^2.$$

这就是半个球面的面积，因此整个球面的面积为

$$A=4\pi a^2.$$

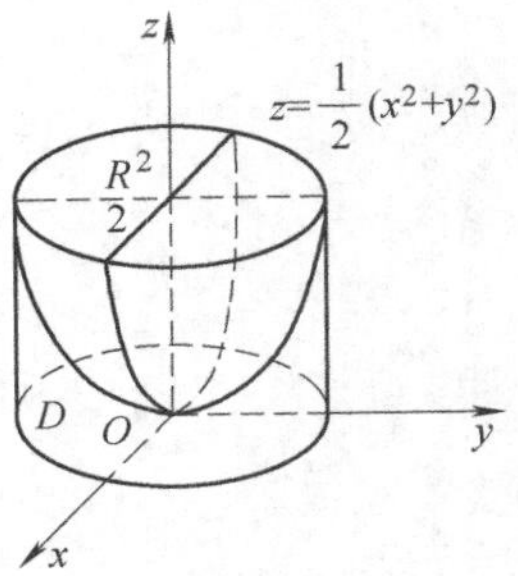

图　10-29

例2　求旋转抛物面 $z=\dfrac{1}{2}(x^2+y^2)$ 被圆柱面 $x^2+y^2=R^2$ 所截下部分的曲面面积 S(见图10-29).

解　如图可知，曲面的方程为 $z=\dfrac{1}{2}(x^2+y^2)$，它在 xOy 面上的投影区域为 $D=\{(x,y)\mid x^2+y^2\leqslant R^2\}$.

由于　$\dfrac{\partial z}{\partial x}=x,\dfrac{\partial z}{\partial y}=y$，因此

$$S=\iint_D\sqrt{1+\left(\frac{\partial z}{\partial x}\right)^2+\left(\frac{\partial z}{\partial y}\right)^2}\mathrm{d}x\mathrm{d}y=\iint_D\sqrt{1+x^2+y^2}\mathrm{d}x\mathrm{d}y.$$

用极坐标，得

$$S=\iint_D\sqrt{1+\rho^2}\rho\mathrm{d}\rho\mathrm{d}\theta=\int_0^{2\pi}\mathrm{d}\theta\int_0^R\rho\sqrt{1+\rho^2}\mathrm{d}\rho$$

$$=2\pi\cdot\frac{1}{2}\int_0^R\sqrt{1+\rho^2}\mathrm{d}(1+\rho^2)=\frac{2}{3}\pi[(1+R^2)^{\frac{3}{2}}-1].$$

例3 设有一颗地球同步轨道通信卫星，距地面的高度为 $h=36\ 000\text{km}$，运行的角速度与地球自转的角速度相同．试计算该通信卫星的覆盖面积与地球表面积的比值(地球半径 $R=6\ 400\text{km}$).

解 取地心为坐标原点，地心到通信卫星中心的连线为 z 轴，建立空间直角坐标系(见图10-30).

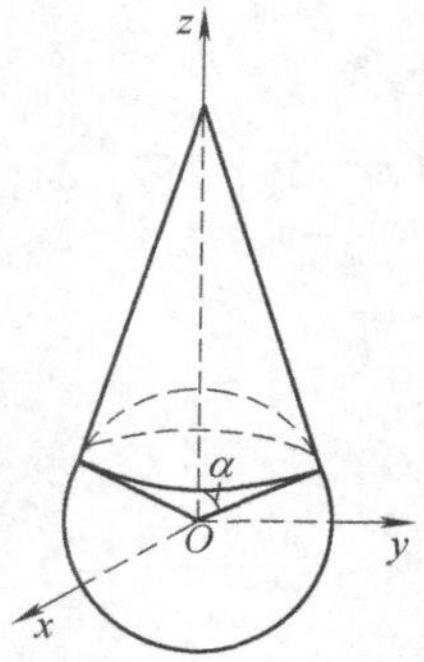

图 10-30

通信卫星覆盖的曲面 S 是上半球面被半顶角为 α 的圆锥面所截得的部分．S 的方程为

$$z=\sqrt{R^2-x^2-y^2},\ x^2+y^2\leqslant R^2\sin^2\alpha,$$

于是通信卫星的覆盖面积为

$$A=\iint_{D_{xy}}\frac{R}{\sqrt{R^2-x^2-y^2}}\mathrm{d}x\mathrm{d}y,$$

其中 D_{xy} 是曲面 S 在 xOy 面上的投影区域，即

$$D_{xy}=\{(x,y)\mid x^2+y^2\leqslant R^2\sin^2\alpha\}.$$

用极坐标，得

$$A=\int_0^{2\pi}\mathrm{d}\theta\int_0^{R\sin\alpha}\frac{R}{\sqrt{R^2-\rho^2}}\rho\mathrm{d}\rho=2\pi R\int_0^{R\sin\alpha}\frac{\rho}{\sqrt{R^2-\rho^2}}\mathrm{d}\rho$$
$$=2\pi R^2(1-\cos\alpha),$$

由于 $\cos\alpha=\frac{R}{R+h}$，代入上式得

$$A=2\pi R^2\left(1-\frac{R}{R+h}\right)=2\pi R^2\cdot\frac{h}{R+h}.$$

由此得这颗通信卫星的覆盖面积与地球表面积之比为

$$\frac{A}{4\pi R^2}=\frac{h}{2(R+h)}=\frac{36\times10^6}{2(36+6.4)\times10^6}\approx42.5\%.$$

由以上结果可知，卫星覆盖了全球1/3以上的面积，故使用3颗相隔 $\frac{2}{3}\pi$ 角度的通信卫星就可以覆盖地球全部表面．

10.4.2 二重积分在物理上的应用

1. 平面薄片的质心

设 xOy 平面上有 n 个质点，它们分别位于 (x_1,y_1)，(x_2,y_2)，…，(x_n,y_n) 处，其质量分别为 m_1，m_2，…，m_n，我们把这几个质点称为离散质点系．由力学知道，该离散质点系的总质量为

$$M=\sum_{i=1}^n m_i,$$

重心坐标为

$$\bar{x}=\frac{M_y}{M}=\frac{\sum\limits_{i=1}^n x_im_i}{M},\quad \bar{y}=\frac{M_x}{M}=\frac{\sum\limits_{i=1}^n y_im_i}{M},\qquad(10\text{-}10)$$

其中$M_y=\sum_{i=1}^{n} x_i m_i$，$M_x=\sum_{i=1}^{n} y_i m_i$分别为该质点系对$y$轴和$x$轴的静力矩．

现设有一块质量分布不均匀的平面薄片，其形状为平面上的闭区域D，在点(x,y)处的质量面密度为$\rho(x,y)$，且$\rho(x,y)$在D上连续，我们把这种平面薄片称为连续质点系．求该平面薄片（连续质点系）的质心$(\overline{x},\overline{y})$．

从前面的研究，我们已经知道，该平面薄片的总质量为

$$M=\iint_D \rho(x,y)\,\mathrm{d}\sigma.$$

将D分成n个小闭区域：$\Delta\sigma_1$，$\Delta\sigma_2$，…，$\Delta\sigma_n$，在$\Delta\sigma_i$上任取一点(ξ_i,η_i)．如果$\Delta\sigma_i$的直径很小，我们可将小平面薄片近似看成为一个质点，即位于点(ξ_i,η_i)，质量为$\rho(\xi_i,\eta_i)\Delta\sigma_i$的质点．从而有

$$\overline{x}\approx\frac{1}{M}\sum_{i=1}^{n}\xi_i\rho(\xi_i,\eta_i)\Delta\sigma_i,$$

$$\overline{y}\approx\frac{1}{M}\sum_{i=1}^{n}\eta_i\rho(\xi_i,\eta_i)\Delta\sigma_i,$$

其中$(\overline{x},\overline{y})$是平面薄片质心的坐标．若$\lambda$是诸$\Delta\sigma_i$的直径的最大值，则当$\lambda\to0$时，上述的“近似值”就变成“精确值”了，即

$$\overline{x}=\frac{1}{M}\lim_{\lambda\to0}\sum_{i=1}^{n}\xi_i\rho(\xi_i,\eta_i)\Delta\sigma_i,$$

$$\overline{y}=\frac{1}{M}\lim_{\lambda\to0}\sum_{i=1}^{n}\eta_i\rho(\xi_i,\eta_i)\Delta\sigma_i,$$

根据二重积分定义，有

$$\overline{x}=\frac{1}{M}\iint_D x\rho(x,y)\,\mathrm{d}\sigma,\qquad\qquad (10\text{-}11)$$
$$\overline{y}=\frac{1}{M}\iint_D y\rho(x,y)\,\mathrm{d}\sigma.$$

这就是求平面薄片质心的公式或数学模型．

比较公式(10-10)和(10-11)，可以看出，对于连续质点系，只要在离散点系的公式(10-10)中，将“离散”坐标x_i(或y_i)换成“连续”坐标x(或y)，将质量m_i换成质量元素$\rho(x,y)\mathrm{d}\sigma$，将“离散和$\sum$”换成“连续和$\iint_D$”，就可得到连续质点系的相应公式(10-11)．

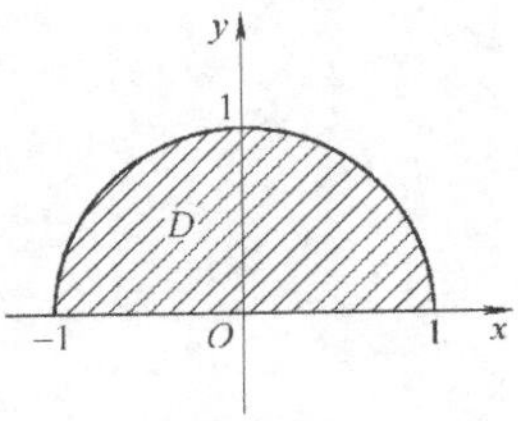

图 10-31

例4 一半径为1的半圆形薄片，在各点处的质量面密度等于该点到圆心的距离．求此半圆形薄片的质心．

解 将此半圆形薄片的圆心放在原点O，且置于上半平面上（见图10-31）．根据题意，其质量面密度为

$$\rho(x,y)=\sqrt{x^2+y^2},$$

则总质量为

$$M=\iint_D \sqrt{x^2+y^2}\mathrm{d}\sigma=\underline{\qquad\qquad\qquad}=\frac{\pi}{3}.$$

由于

$$\iint_D x\sqrt{x^2+y^2}\mathrm{d}\sigma=\int_0^{\pi}\mathrm{d}\theta\int_0^1\rho^3\cos\theta\mathrm{d}\rho=0,$$

$$\iint_D y\sqrt{x^2+y^2}\mathrm{d}\sigma=\int_0^{\pi}\mathrm{d}\theta\int_0^1\rho^3\sin\theta\mathrm{d}\rho=\frac{1}{2}.$$

因此，该平面薄片的质心为$\left(0,\dfrac{3}{2\pi}\right)$.

2. 平面薄片的转动惯量

在 xOy 面上有一离散质点系：第 i 个质点位于(x_i,y_i)，质量为 m_i $(i=1,2,\cdots,n)$. 由力学知道，该质点系关于 l 轴的转动惯量为

$$I_l=\sum_{i=1}^{n}r_i^2m_i,$$

其中 r_i 是点(x_i,y_i)到转轴 l 的距离．特别地，该质点系关于 x 轴及 y 轴的转动惯量依次为

$$I_x=\sum_{i=1}^{n}y_i^2m_i,\quad I_y=\sum_{i=1}^{n}x_i^2m_i.$$

现有一连续质点系：占有 xOy 面上的闭区域 D，在点(x,y)处的质量面密度为$\rho(x,y)$ [$\rho(x,y)$在 D 上连续]. 与求连续质点系质心的坐标类似，可求得该质点系关于 l 轴的转动惯量为

$$I_l=\iint_D r^2(x,y)\rho(x,y)\mathrm{d}\sigma, \tag{10-12}$$

其中 $r(x,y)$是点(x,y)到转轴 l 的距离．特别地，关于 x 轴及 y 轴的转动惯量依次为

$$I_x=\iint_D y^2\rho(x,y)\mathrm{d}\sigma,\quad I_y=\iint_D x^2\rho(x,y)\mathrm{d}\sigma. \tag{10-13}$$

例5 求例4中的半圆形薄片关于直径边的转动惯量．

解 半圆形薄片所占闭区域 D(见图10-31)．直径边在 x 轴上，因此有

$$\begin{aligned}I_x&=\iint_D y^2\sqrt{x^2+y^2}\mathrm{d}\sigma=\int_0^{\pi}\mathrm{d}\theta\int_0^1\rho^4\sin^2\theta\mathrm{d}\rho\\&=\frac{1}{5}\int_0^{\pi}\sin^2\theta\mathrm{d}\theta=\frac{1}{10}\int_0^{\pi}(1-\cos2\theta)\mathrm{d}\theta\\&=\frac{\pi}{10}.\end{aligned}$$

例6 求质量均匀分布的圆形薄片(半径为 R)关于过圆心且和该圆盘垂直的转轴的转动惯量．

解 取坐标系，圆心在原点 O，且圆盘在 xOy 面上，因此 D 为圆

域：$x^2+y^2\leqslant R^2$，$z=0$，转轴为 z 轴.

依题意，设质量面密度为常数 ρ_0，点 (x,y) 到 z 轴的距离为 $\sqrt{x^2+y^2}$，因此有

$$\begin{aligned} I_z &= \iint_D (x^2+y^2)\rho_0 \mathrm{d}\sigma \\ &= \rho_0 \int_0^{2\pi} \mathrm{d}\theta \int_0^R \rho^3 \mathrm{d}\rho = \frac{1}{2}\pi\rho_0 R^4 = \frac{MR^2}{2}, \end{aligned}$$

其中 $M=\rho_0\pi R^2$ 为圆盘的总质量.

3. 平面薄片对质点的引力

设有一平面薄片，占有 xOy 面上的闭区域 D，在点 (x,y) 处的面密度为 $\rho(x,y)$，假定 $\rho(x,y)$ 在 D 上连续. 现在要计算该薄片对位于 z 轴上的点 $M_0(0,0,a)(a>0)$ 处的单位质量的质点的引力.

我们应用元素法来求引力 $F=(F_x,F_y,F_z)$. 在闭区域 D 上任取一直径很小的闭区域 $\mathrm{d}\sigma$（同时 $\mathrm{d}\sigma$ 也表示该小区域的面积），(x,y) 是 $\mathrm{d}\sigma$ 上的一个点. 薄片中相应于 $\mathrm{d}\sigma$ 的部分的质量近似等于 $\rho(x,y)\mathrm{d}\sigma$，这部分质量可近似看做集中在点 (x,y) 处，于是，按两质点间的引力公式，可得出薄片中相应于 $\mathrm{d}\sigma$ 的部分对该质点的引力的大小近似地为 $G\dfrac{\rho(x,y)\mathrm{d}\sigma}{r^2}$，引力的方向与 $(x,y,-a)$ 一致，其中 $r=\sqrt{x^2+y^2+a^2}$，G 为引力常数. 于是薄片对该质点的引力在3个坐标轴上的投影 F_x、F_y、F_z 的元素为

$$\mathrm{d}F_x = G\frac{\rho(x,y)x\mathrm{d}\sigma}{r^3},$$

$$\mathrm{d}F_y = G\frac{\rho(x,y)y\mathrm{d}\sigma}{r^3},$$

$$\mathrm{d}F_z = G\frac{\rho(x,y)(-a)\mathrm{d}\sigma}{r^3}.$$

以这些元素为被积表达式，在闭区域 D 上积分，便得到

$$\begin{aligned} F_x &= G\iint_D \frac{\rho(x,y)x}{\sqrt{(x^2+y^2+a^2)^3}}\mathrm{d}\sigma, \\ F_y &= G\iint_D \frac{\rho(x,y)y}{\sqrt{(x^2+y^2+a^2)^3}}\mathrm{d}\sigma, \qquad (10\text{-}14) \\ F_z &= -aG\iint_D \frac{\rho(x,y)}{\sqrt{(x^2+y^2+a^2)^3}}\mathrm{d}\sigma. \end{aligned}$$

例 7 设有一质量均匀分布的圆盘（半径为 R），在圆盘中点处公垂直线上距圆心 a 处 $(a>0)$，有一单位质量的质点. 求圆盘对该质点的引力.

解 取坐标系及圆盘位置，设质量面密度为常数 ρ_0，点 M_0 的坐

标为(0,0,a). 由公式(10-14)得

$$F_x = G\rho_0 \iint_D \frac{x}{\sqrt{(x^2+y^2+a^2)^3}}\mathrm{d}\sigma,$$

$$F_y = G\rho_0 \iint_D \frac{y}{\sqrt{(x^2+y^2+a^2)^3}}\mathrm{d}\sigma,$$

$$F_z = -G\rho_0 a \iint_D \frac{1}{\sqrt{(x^2+y^2+a^2)^3}}\mathrm{d}\sigma.$$

由积分区域 D 和被积函数的对称性，有 $F_x = F_y = 0$，而

$$F_z = -G\rho_0 a \int_0^{2\pi} \mathrm{d}\theta \int_0^R \frac{\rho \mathrm{d}\rho}{(\rho^2+a^2)^{\frac{3}{2}}} = 2\pi G\rho_0 a\left(\frac{1}{\sqrt{R^2+a^2}} - \frac{1}{a}\right),$$

故所求引力为$\left\{0,0,2\pi G\rho_0 a\left(\frac{1}{\sqrt{R^2+a^2}} - \frac{1}{a}\right)\right\}$.

习题 10.4

1. 求球面 $x^2+y^2+z^2=a^2$ 含在圆柱面 $x^2+y^2=ax$ 内部的那部分面积.

2. 求锥面 $z^2=x^2+y^2$ 被柱面 $z^2=2x$ 所截下部分的曲面面积.

3. 求位于半径 $R=1$，$R=2$ 之间的均匀半圆环薄片的质心.

4. 设平面薄片所占的闭区域 D 由抛物线 $y=x^2$ 及直线 $y=x$ 所围成，它在点(x,y)处的面密度为$\rho(x,y)=x^2y$，求该薄片的质心.

5. 设有一等腰直角三角形薄片，腰长为 a，各点处的面密度等于该点到直角顶点的距离的平方，求该薄片的质心.

6. 求由 $y^2=4ax, y=2a$ 及 y 轴所围成的均匀薄片(面密度 $\rho=1$)关于 y 轴的转动惯量.

7. 设均匀薄片(面密度为常数 1)所占闭区域 D 如下，求指定的转动惯量：

(1)D：$\frac{x^2}{a^2}+\frac{y^2}{b^2}\leqslant 1$，求 I_y；

(2)D 由抛物线 $y^2=\frac{9}{2}x$ 与直线 $x=2$ 所围成，求 I_x 和 I_y；

(3)D 为矩形闭区域：$0\leqslant x\leqslant a$，$0\leqslant y\leqslant b$，求 I_x 和 I_y.

8. 求直线$\frac{x}{a}+\frac{y}{b}=1$ 与坐标轴所围成的三角区域($a>0, b>0$)对 x 轴及坐标原点的转动惯量(面密度为常数 ρ_0).

9. 求面密度为常量ρ_0 的均匀圆环形薄片：$\sqrt{R_1^2-y^2}\leqslant |x| \leqslant \sqrt{R_2^2-y^2}$，$z=0$ 对位于 z 轴上点 $M_0(0,0,a)(a>0)$处单位质量的质点的引力 F.

10.5 典型例题选讲

例 1 计算 $\iint_D \frac{x^2}{y^2}\mathrm{d}\sigma$，其中 D 是由 $xy=1$，$y=x$，$x=2$ 所围成的闭

区域(见图 10-32).

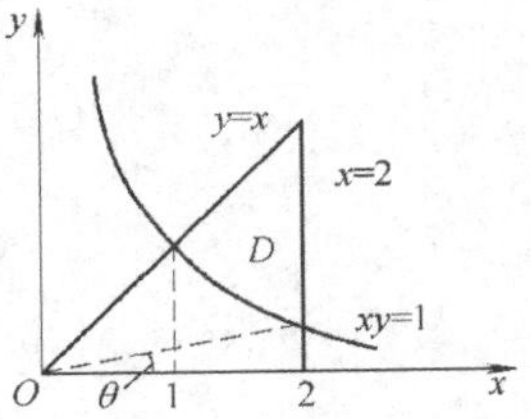

图 10-32

分析 一般先把区域 D 在坐标系中画出，但并不要求精确，只需借以判断它们是否构成一个闭区域，以及勾画出曲线之间的相对位置；然后，根据区域形状和被积函数的形式考虑采用什么坐标系；再借助于几何图形把积分区域表示为坐标所满足的不等式组．据此再把二重积分化为累次积分．本例可以采用直角坐标系．

解 先把整个区域 D 投影至 x 轴上，有 $1\leqslant x\leqslant 2$，再对任意 $x\in[1,2]$ 作平行于 y 轴的直线，可见其上均介于 $xy=1$ 与 $y=x$ 间的一段，属于 D，因此 D 可表示为

$$\frac{1}{x}\leqslant y\leqslant x,\quad 1\leqslant x\leqslant 2,$$

则

$$\iint_D \frac{x^2}{y^2}\mathrm{d}\sigma=\int_1^2\mathrm{d}x\int_{\frac{1}{x}}^{x}\frac{x^2}{y^2}\mathrm{d}y=\int_1^2 x^2\left(\frac{-1}{y}\right)\Bigg|_{\frac{1}{x}}^{x}\mathrm{d}x$$

$$=\int_1^2 x^2\left(-\frac{1}{x}+x\right)\mathrm{d}x=\left(-\frac{x^2}{2}+\frac{x^4}{4}\right)\Bigg|_1^2=\frac{9}{4}.$$

例2 计算累次积分 $\int_0^1\mathrm{d}x\int_{\sqrt{x}}^{x}\frac{\sin y}{y}\mathrm{d}y$.

分析 先积分 $\int\frac{\sin y}{y}\mathrm{d}y$ 是已知积不出的积分(即其原函数是有的，但是不能用初等函数表出)，因此为计算出具体的数值，必须交换积分次序．交换积分次序时，首先把原累次积分看成是由二重积分转化而得的，然后再把该二重积分转化成先对 x 积分后对 y 积分，从而换成另一累次积分．

由累次积分的上、下限

$$\sqrt{x}\leqslant y\leqslant x,\quad 0\leqslant x\leqslant 1$$

画出相应的曲线，发现这个不等式组不能表示一个区域，而

$$x\leqslant y\leqslant\sqrt{x},\quad 0\leqslant x\leqslant 1$$

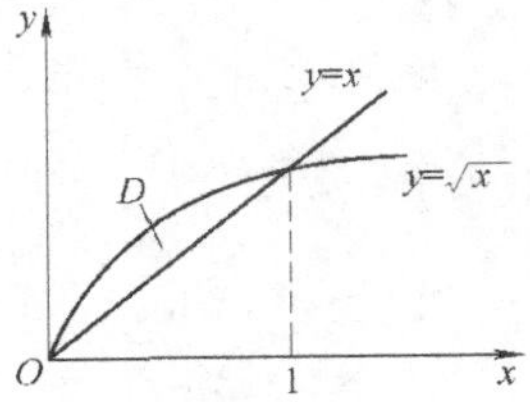

图 10-33

才表示一个平面区域 D(见图 10-33)．于是首先交换积分上下限，再看成是 D 上的二重积分，再把 D 改成另外的不等式表达，以实现交换积分次序的目的．

解
$$\int_0^1\mathrm{d}x\int_{\sqrt{x}}^{x}\frac{\sin y}{y}\mathrm{d}y=-\int_0^1\mathrm{d}x\int_x^{\sqrt{x}}\frac{\sin y}{y}\mathrm{d}y$$

$$=-\iint_D\frac{\sin y}{y}\mathrm{d}\sigma.$$

而 D 可表示为

$$y^2\leqslant x\leqslant y,\quad 0\leqslant y\leqslant 1,$$

$$\text{原式}=-\int_0^1\mathrm{d}y\int_{y^2}^{y}\frac{\sin y}{y}\mathrm{d}x=-\int_0^1\left(\frac{\sin y}{y}x\right)\Bigg|_{y^2}^{y}\mathrm{d}y$$

$$= -\int_0^1 \frac{\sin y}{y}(y-y^2)\,dy = -\int_0^1 \sin y\,dy + \int_0^1 y\sin y\,dy$$

$$= -1+\sin 1.$$

例3 设函数$f(x)$连续，证明

$$\int_0^a f(x)\,dx\int_x^a f(y)\,dy = \frac{1}{2}\left[\int_0^a f(x)\,dx\right]^2.$$

分析 所证等式的右边是定积分，左边是累次积分，而且发现式子左边无论是先对y还是先对x积分，均无法积出，因此要另辟蹊径. 若把左边看成二重积分

$$\int_0^a\int_x^a f(x)f(y)\,dy\,dx,$$

则积分区域如图10-34所示.

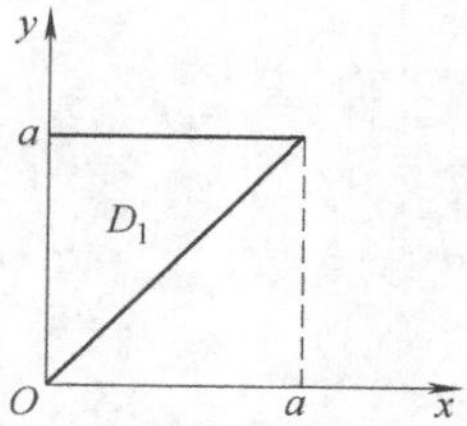

图 10-34

右边亦视为二重积分

$$\frac{1}{2}\int_0^a\int_0^a f(x)f(y)\,dy\,dx,$$

则显然能找到它们之间的联系.

证 左边 $= \int_0^a\int_x^a f(x)f(y)\,dy\,dx$

$$= \iint_{D_1} f(x)f(y)\,dy\,dx = \frac{1}{2}\int_0^a\int_0^a f(x)f(y)\,dy\,dx$$

$$= \frac{1}{2}\int_0^a f(x)\,dx\int_0^a f(y)\,dy$$

$$= \frac{1}{2}\left[\int_0^a f(x)\,dx\right]^2 = \text{右边}.$$

例4 在直角坐标系、柱坐标系和球坐标系下将积分

$$I = \iiint_\Omega z^2\,dV$$

化为累次积分，并选择其中一种坐标系计算，其中Ω是由$x^2+y^2+z^2\leqslant R^2$和$x^2+y^2+(z-R)^2\leqslant R^2$所围部分.

分析 采用直角坐标系一般做法是：先把整个积分区域投影到一个坐标面，再把投影域投影至一坐标轴上定出第一个坐标(夹在两个点之间)，再由投影域定出第二个坐标(夹在两条线之间)，最后再定第三个坐标(夹在两个面之间).

解 (1)直角坐标系.

画出Ω的草图如图10-35所示，解方程组

$$\begin{cases} x^2+y^2+z^2=R^2, \\ x^2+y^2+(z-R)^2=R^2, \end{cases}$$

得到$z=\dfrac{R}{2}$，于是Ω在xOy面上的投影域为

$$x^2+y^2\leqslant\left(\frac{\sqrt{3}}{2}R\right)^2.$$

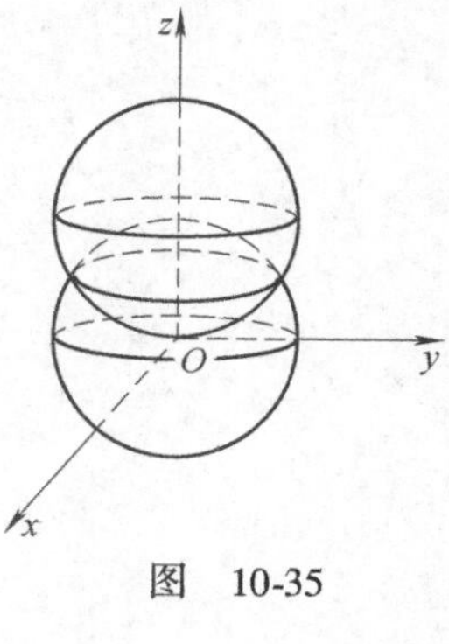

图 10-35

① 先把Ω投影至一坐标面，该方法称为先一后二法，于是把积分化为

$$I=\iint\limits_{x^2+y^2\leqslant\frac{3}{4}R^2}\mathrm{d}x\mathrm{d}y\int_{R-\sqrt{R^2-x^2-y^2}}^{\sqrt{R^2-x^2-y^2}}z^2\mathrm{d}z.$$

② 若先把Ω直接投影至一坐标轴，本例投影至z轴上为$0\leqslant z\leqslant R$，而对$\forall z\in[0,R]$，相应平面和Ω之交D_z均为圆：当$0\leqslant z\leqslant\frac{R}{2}$时，截圆半径为$\sqrt{x^2+y^2}=\sqrt{2Rz-z^2}$；当$\frac{R}{2}\leqslant z\leqslant R$时，截圆半径为$\sqrt{x^2+y^2}=\sqrt{R^2-z^2}$. 这样就把三重积分化为以下累次积分(此法称为“先二后一”法)

$$\begin{aligned}I&=\int_0^R\mathrm{d}z\iint\limits_{D_z}z^2\mathrm{d}x\mathrm{d}y\\&=\int_0^{\frac{R}{2}}z^2\mathrm{d}z\iint\limits_{x^2+y^2\leqslant R^2-(z-R)^2}\mathrm{d}x\mathrm{d}y+\int_{\frac{R}{2}}^{R}z^2\mathrm{d}z\iint\limits_{x^2+y^2\leqslant R^2-z^2}\mathrm{d}x\mathrm{d}y.\end{aligned}$$

(2)柱面坐标系.

Ω：$R-\sqrt{R^2-r^2}\leqslant z\leqslant\sqrt{R^2-r^2}$，$0\leqslant r\leqslant\frac{\sqrt{3}}{2}R$，$0\leqslant\theta\leqslant2\pi$，

$$I=\int_0^{2\pi}\mathrm{d}\theta\int_0^{\frac{\sqrt{3}}{2}R}r\mathrm{d}r\int_{R-\sqrt{R^2-r^2}}^{\sqrt{R^2-r^2}}z^2\mathrm{d}z.$$

(3)球面坐标系.

$$\Omega:0\leqslant\rho\leqslant R,\ 0\leqslant\varphi\leqslant\frac{\pi}{3},\ 0\leqslant\theta\leqslant2\pi$$

和

$$0\leqslant\rho\leqslant2R\cos\varphi,\ \frac{\pi}{3}\leqslant\varphi\leqslant\frac{\pi}{2},\ 0\leqslant\theta\leqslant2\pi,$$

$$I=\int_0^{2\pi}\mathrm{d}\theta\int_0^{\frac{\pi}{3}}\cos^2\varphi\sin\varphi\mathrm{d}\varphi\int_0^R\rho^4\mathrm{d}\rho+\int_0^{2\pi}\mathrm{d}\theta\int_{\frac{\pi}{3}}^{\frac{\pi}{2}}\cos^2\varphi\sin\varphi\mathrm{d}\varphi\int_0^{2R\cos\varphi}\rho^4\mathrm{d}\rho.$$

若采用直角坐标系“先二后一”法计算，则

$$\begin{aligned}I&=\int_0^{\frac{R}{2}}z^2\mathrm{d}z\iint\limits_{x^2+y^2\leqslant R^2-(z-R)^2}\mathrm{d}x\mathrm{d}y+\int_{\frac{R}{2}}^{R}z^2\mathrm{d}z\iint\limits_{x^2+y^2\leqslant R^2-z^2}\mathrm{d}x\mathrm{d}y\\&=\pi\int_0^{\frac{R}{2}}z^2(2Rz-z^2)\mathrm{d}z+\pi\int_{\frac{R}{2}}^{R}z^2(R^2-z^2)\mathrm{d}z\\&=\pi\left[\frac{R}{2}z^4-\frac{1}{5}z^5\right]\Bigg|_0^{\frac{R}{2}}+\pi\left[\frac{R^2}{3}z^3-\frac{1}{5}z^5\right]\Bigg|_{\frac{R}{2}}^{R}\\&=\frac{59}{480}\pi R^5.\end{aligned}$$

例5 计算三重积分$\iiint\limits_{\Omega}(3x^2+5y^2+7z^2)\mathrm{d}V$，其中

$$\Omega:0\leqslant z\leqslant\sqrt{R^2-x^2-y^2}.$$

分析 直接计算比较麻烦．考虑Ω是上半球，且注意到被积函数具有对称性，因此可把所求积分视为沿整个球体V积分的一半，又由对称性知

$$\iiint_V z^2\mathrm{d}V=\iiint_V y^2\mathrm{d}V=\iiint_V x^2\mathrm{d}V=\frac{1}{3}\iiint_V(x^2+y^2+z^2)\mathrm{d}V.$$

解 $\iiint_\Omega(3x^2+5y^2+7z^2)\mathrm{d}V=\frac{1}{2}\iiint_V(3x^2+5y^2+7z^2)\mathrm{d}V$

$$=\frac{1}{2}\cdot\frac{15}{3}\iiint_V(x^2+y^2+z^2)\mathrm{d}V$$

$$=\frac{5}{2}\int_0^{2\pi}\mathrm{d}\theta\int_0^{\pi}\sin\varphi\mathrm{d}\varphi\int_0^R\rho^4\mathrm{d}\rho=2\pi R^5.$$

*10.6 重积分的 MATLAB 实现

在上册中已经介绍了定积分的符号积分法以及数值积分法，本节将介绍如何利用 MATLAB 计算重积分．

10.6.1 计算积分的 MATLAB 符号法

使用 MATLAB 的符号计算功能，可以计算出许多积分的解析解和精确解．求定积分的符号运算命令 int（取自 integrate 的前三个字母），调用格式为：

s = int(fun,v,a,b)

(1)参量 fun 是被积函数的符号表达式，可以是函数向量或函数矩阵；

(2)参量 v 是积分变量，必须被界定成符号变量；

(3)参量 a，b 为定积分的积分限；

(4)参量 s 为积分结果．

计算重积分时，需先将重积分转化为累次积分的形式，再利用定积分的符号运算命令 int 进行积分．

例 1 计算单位圆域上的积分：

$$I=\iint_{x^2+y^2\leqslant 1}\mathrm{e}^{-\frac{x^2}{2}}\sin(x^2+y)\mathrm{d}x\mathrm{d}y.$$

解 先将二重积分转化为二次积分的形式：

$$I=\int_{-1}^{1}\mathrm{d}y\int_{-\sqrt{1-y^2}}^{\sqrt{1-y^2}}\mathrm{e}^{-\frac{x^2}{2}}\sin(x^2+y)\mathrm{d}x.$$

在命令窗口输入：

```
>> syms x y;
>> Q = int(int('exp(-x^2/2)*sin(x^2+y)', x, -sqrt(1-y^2), sqrt(1-y^2)), y, -1, 1)
```

回车得到

```
Warning: Explicit integral could not be found.
 > In sym. int at 58
Q =
int( -i * pi^(1/2) * (exp(i * y)^2 * erf(1/2 * (1 - y^2)^(1/2) * (2 -4 * i)^(1/2)) * (2 +4 * i)^(1/2) - erf(1/2 * (1 - y^2)^(1/2) * (2 +4 * i)^(1/2)) * (2 -4 * i)^(1/2))/(2 -4 * i)^(1/2)/exp(i * y)/(2 +4 * i)^(1/2), y = -1 .. 1)
```

结果过于复杂，再输入：

```
>> vpa(Q, 6)
```

回车得到

```
ans =
.536860 -.171355e -8 * i
```

例 2 计算 $I = \int_1^4 \mathrm{d}y \int_{\sqrt{y}}^2 (x^2 + y^2)\mathrm{d}x$.

解 在命令窗口输入：

```
>> syms x y;
>> f = x^2 + y^2;
>> xlower = sqrt(y); xupper = 2;
>> ss = int(int(f, x, xlower, xupper),y,1,4);
>> vpa(ss, 6)
ans =
   9.58095
```

10.6.2 重积分的数值积分法

1. dblquad 函数

dblquad 是在矩形区域上求二重积分的函数，其调用格式为

I = dblquad(fun,a,b,c,d,tol)

其中，fun 是二元被积函数 $f(x,y)$，可用 inline( )定义函数或写出外部函数 fun. m；a，b 是变量 x 的下限和上限；c，d 是变量 y 的下限和上限；tol 为积分的精度要求，缺省值为 1e-6.

例 3 用 dblquad 命令计算二重积分

$$\iint_D \left(\frac{y}{\sin x} + xe^y\right)\mathrm{d}x\mathrm{d}y,$$

其中 $D = \{(x,y) \mid 1 \leqslant x \leqslant 3,\ 5 \leqslant y \leqslant 7\}$，且精度要求为 10^{-6}.

解 该函数的图形如图10-36 所示，生成方法如下：

```
>> ezplot('y. /sin(x) + x. * exp(y)')
```

在窗口输入

```
>> fun = inline('y. /sin(x) + x. * exp(y)'), Q = dblquad(fun,1,
```

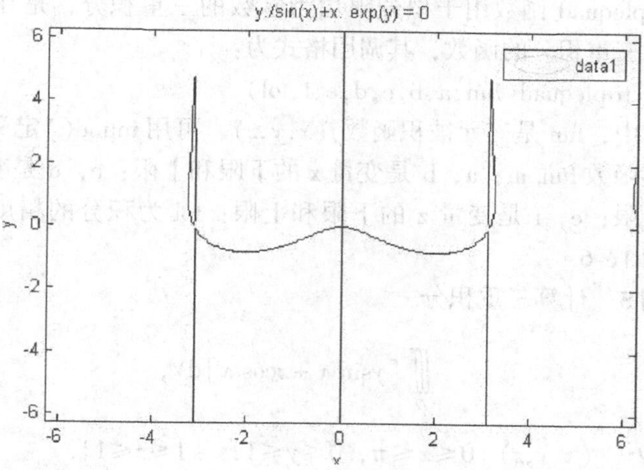

图　10-36

3,5,7)

回车得到

fun =

Inline function:

fun(x,y) = y. /sin(x) + x. * exp(y)

Q =

3. 8319e + 003

对于非矩形积分区域，也可以用矩形积分区域来处理，但需要令超出边界部分函数值为 0. 下面举例来说明这种方法的应用.

例 4　用 dblquad 命令计算二重积分

$$\iint_D \sqrt{1-x^2-y^2}\mathrm{d}x\mathrm{d}y,$$

其中 $D=\{(x,y)x^2+y^2\leqslant 1\}$.

解　解法一　在矩形域内构造函数 fun(x,y)，在命令窗口输入：

```
≫fun = inline('sqrt(max(1 - (x. ^2 + y. ^2),0))'); Q = dblquad(fun,
-1,1,-1,1)
```

Q =

2. 0944

解法二　还可以用另外一种方法构造函数 fun(x,y)，在命令窗口输入：

```
≫fun = inline('sqrt(1 - (x. ^2 + y. ^2)). * (x. ^2 + y. ^2 < = 1)'); Q =
dblquad(fun, - 1,1, - 1,1)
```

Q =

2. 0944

在很多情况下，这种方法更便于构造复杂的边界函数.

2. triplequad 函数

triplequad 函数用于积分限均为常数的三重积分，是在长方体区域上求三重积分的函数，其调用格式为：

I = triplequad(fun,a,b,c,d,e,f,tol)

其中，fun 是三元被积函数 $f(x,y,z)$，可用 inline( )定义函数或写出外部函数 fun.m；a，b 是变量 x 的下限和上限；c，d 是变量 y 的下限和上限；e，f 是变量 z 的下限和上限；tol 为积分的精度要求，缺省值为 1e-6.

例 5 计算三重积分

$$\iiint_{\Omega}[y\sin x+z\cos x]\mathrm{d}V,$$

其中 $\Omega=\{(x,y,z)\mid 0\leqslant x\leqslant\pi,\ 0\leqslant y\leqslant 1,\ -1\leqslant z\leqslant 1\}$.

解 在命令窗口输入：

```
>> fun = inline('y. * sin(x) + z. * cos(x)');I = triplequad(fun,0,pi,0,
1,-1,1)
I =
    2.0000
```

对于非长方体的积分区域，也可以采用类似于二重积分的方法来处理.

例 6 计算三重积分

$$\iiint_{\Omega}\left|\sqrt{x^2+y^2+z^2}-1\right|\mathrm{d}V,$$

其中 $\Omega=\{(x,y,z)\mid z\geqslant\sqrt{x^2+y^2},\ z\leqslant 1\}$.

解 在命令窗口输入

```
>> fun = inline('abs(sqrt(x.^2 + y.^2 + z.^2) - 1). * (z <= 1&z >=
sqrt(x.^2 + y.^2))');
>> I = triplequad(fun,-1,1,-1,1,0,1)
I =
    0.2169
```

*习题 10.6

计算下列积分：

(1) $\int_{-1}^{2}\left[\int_{y^2}^{y+2}xy\,\mathrm{d}x\right]\mathrm{d}y$；

(2) $\iiint_{\Omega}|x+y+z|\,\mathrm{d}V$，式中 $\Omega=\{(x,y,z)\mid x^2+y^2+z^2\leqslant 1\}$.

综合练习10

一、填空题

1. 交换积分次序 $\int_0^1 \mathrm{d}y \int_{\sqrt{y}}^{\sqrt{2-y}} f(x,y)\,\mathrm{d}x$ ________.

2. 积分 $\int_0^2 \mathrm{d}x \int_x^2 \mathrm{e}^{-y^2}\mathrm{d}y$ 的值等于__________.

3. $\iint\limits_{|x|+|y|\leqslant 1} |xy|\,\mathrm{d}x\mathrm{d}y =$ __________.

4. 设Ω是由球面 $z=\sqrt{2-x^2-y^2}$ 与锥面 $z=\sqrt{x^2+y^2}$ 围成的，则三重积分 $I=\iiint\limits_{\Omega} f(x^2+y^2+z^2)\,\mathrm{d}x\mathrm{d}y\mathrm{d}z$ 在球坐标系下的三次积分表达式为________.

二、选择题

1. 设有平面闭区域 $D=\{(x,y)\mid -a\leqslant x\leqslant a, x\leqslant y\leqslant a\}$，$D_1=\{(x,y)\mid 0\leqslant x\leqslant a, x\leqslant y\leqslant a\}$，则 $\iint\limits_{D}(xy+\cos x\sin y)\,\mathrm{d}x\mathrm{d}y=$ ______.

(A) $2\iint\limits_{D_1}\cos x\sin y\,\mathrm{d}x\mathrm{d}y$　　(B) $2\iint\limits_{D_1} xy\,\mathrm{d}x\mathrm{d}y$

(C) $4\iint\limits_{D_1}(xy+\cos x\sin y)\,\mathrm{d}x\mathrm{d}y$　　(D) 0

2. 设有空间闭区域 $\Omega_1=\{(x,y,z)\mid x^2+y^2+z^2\leqslant R^2, z\geqslant 0\}$，$\Omega_2=\{(x,y,z)\mid x^2+y^2+z^2\leqslant R^2,\ x\geqslant 0,\ y\geqslant 0,\ z\geqslant 0\}$，则有______.

(A) $\iiint\limits_{\Omega_1} x\,\mathrm{d}V=4\iiint\limits_{\Omega_2} x\,\mathrm{d}V$　　(B) $\iiint\limits_{\Omega_1} y\,\mathrm{d}V=4\iiint\limits_{\Omega_2} y\,\mathrm{d}V$

(C) $\iiint\limits_{\Omega_1} z\,\mathrm{d}V=4\iiint\limits_{\Omega_2} z\,\mathrm{d}V$　　(D) $\iiint\limits_{\Omega_1} xyz\,\mathrm{d}V=4\iiint\limits_{\Omega_2} xyz\,\mathrm{d}V$

3. 二次积分 $I=\int_0^{\frac{\pi}{2}}\mathrm{d}\theta\int_0^{\cos\theta} f(r\cos\theta, r\sin\theta)\,r\mathrm{d}r$ 可写成________.

(A) $\int_0^1 \mathrm{d}y\int_0^{\sqrt{y-y^2}} f(x,y)\,\mathrm{d}x$　　(B) $\int_0^1 \mathrm{d}y\int_0^{\sqrt{1-y^2}} f(x,y)\,\mathrm{d}x$

(C) $\int_0^1 \mathrm{d}x\int_0^1 f(x,y)\,\mathrm{d}y$　　(D) $\int_0^1 \mathrm{d}x\int_0^{\sqrt{x-x^2}} f(x,y)\,\mathrm{d}y$

4. $I=\iint\limits_{x^2+y^2\leqslant 1}(1-x^2-y^2)^{\frac{1}{2}}\mathrm{d}x\mathrm{d}y$，则有__________.

(A) $I>0$　　(B) $I<0$

(C) $I=0$　　(D) $I\neq 0$ 但符号无法判定

三、解答题

1. 交换下列积分的次序：

(1) $I=\int_0^1 \mathrm{d}x\int_x^{\sqrt{x}}\frac{\sin y}{y}\mathrm{d}y$；

（2）$I=\int_0^1 dx\int_0^{1-x} dy\int_{x+y}^1 \frac{\sin z}{z}dz$；

（3）$I=\int_{-1}^0 dx\int_{-x}^1 f(x,y)dy+\int_0^1 dx\int_{1-\sqrt{1-x^2}}^1 f(x,y)dy$.

2. 计算下列重积分：

（1）$I=\iint\limits_D \sin\frac{\pi x}{2y}d\sigma$，其中 D 由曲线 $y=\sqrt{x}$，$y=x, y=2$ 围成；

（2）$I=\iint\limits_D y^2 d\sigma$，其中 D 由摆线 $\begin{cases} x=a(t-\sin t), \\ y=a(1-\cos t) \end{cases}(0\leqslant t\leqslant 2\pi)$ 与 x 轴所围成；

（3）$I=\iint\limits_D \frac{x+y}{x^2+y^2}d\sigma$，其中 D 由 $x^2+y^2\leqslant 1$，$x+y\geqslant 1$ 围成；

（4）$I=\iint\limits_D (|x|+|y|)dxdy$，其中 D：$x^2+y^2\leqslant 1$；

（5）$I=\iiint\limits_\Omega y\sqrt{1-x^2}dV$，其中 Ω 是由曲面 $y=-\sqrt{1-x^2-z^2}$，$x^2+z^2=1$，$y=1$ 所围成的区域；

（6）$I=\iiint\limits_\Omega (x+y+z+1)^2 dV$，其中 Ω：$x^2+y^2+z^2\leqslant R^2(R>0)$.

3. 证明下列各题：

（1）已知 $f(x)$ 在 $[0, a]$ 上连续，证明

$$2\left[\int_0^a f(x)dx\int_x^a f(y)dy\right]=\left[\int_0^a f(x)dx\right]^2;$$

（2）曲面 $x^2+y^2=az$ 将球体 $x^2+y^2+z^2\leqslant 4az$ 分成两部分，证明：这两部分体积之比为 37:27.

4. 设有平面圆环形薄板，其内外半径分别为 a 和 b，薄板各点处的面密度与该点到圆心的距离成反比，且在内圆的圆周上密度为 1.

（1）求圆环的质量；

（2）在过圆心且与薄板垂直的直线上距圆心 C 处有一质量为 m 的质点 p，求圆环对该质点的引力 .

5. 求由抛物线 $y=x^2$ 及直线 $y=1$ 所围成的均匀薄片(面密度为常数 μ)对于直线 $y=-1$ 的转动惯量 .

6. 求均匀半球体的质心 .

第 11 章

曲线积分与曲面积分

11.1 对弧长的曲线积分

11.1.1 对弧长的曲线积分的概念与性质

曲线形构件的质量 根据构件各部分的受力情况及使用环境，曲线形构件各部分的粗细程度往往被设计得不一样. 因此，可以认为这种构件的线密度是变量. 假设一曲线形构件对应着 xOy 面内的一段曲线弧 L，弧段 L 的端点分别为 A、B，在 L 上任一点 (x,y) 处，对应构件的线密度为 $\rho(x,y)$. 现求该构件的质量 M（见图 11-1）.

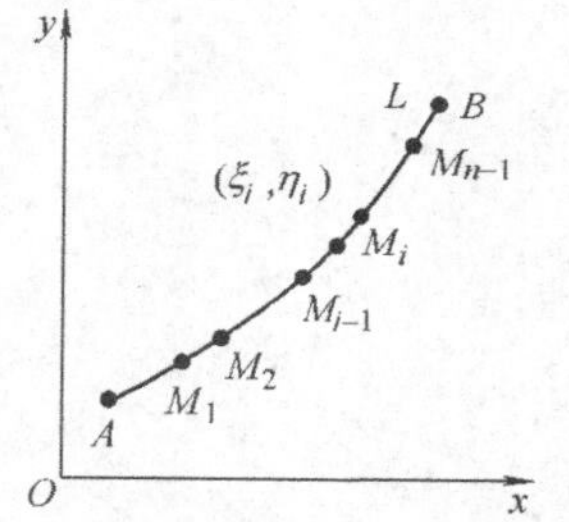

图 11-1

由物理学知识可知，当 $\rho(x,y)=\rho_0$（常数）时，设曲线 L 的长度为 l，则构件的质量为 $m=\rho_0 l$. 现在构件上各点处的线密度是变量，我们只能用“分割、近似求和、取极限”的方法来求构件的质量. 用分点 $A=M_0$，M_1，…，M_{n-1}，$M_n=B$ 将曲线段 L 任意分成几个小弧段 $\Delta s_i=M_{i-1}M_i$，且第 i 个小弧段 Δs_i 的弧长也记为 $\Delta s_i(i=1,2,\cdots,n)$. 在每个小弧段 Δs_i 上任取一点 (ξ_i,η_i)，在线密度连续变化的前提下，只要这一小弧段足够短，就可以用 $\rho(\xi_i,\eta_i)$ 近似地表示 Δs_i 上各点处的线密度，从而得到这一小弧段构件的质量的近似值为

$$m_i \approx \rho(\xi_i,\eta_i)\Delta s_i,$$

将它们求和，可得该构件总质量的近似值

$$M=\sum_{i=1}^{n} m_i \approx \sum_{i=1}^{n}\rho(\xi_i,\eta_i)\Delta s_i.$$

记 $\lambda=\max\{\Delta s_i\}$，并令 $\lambda\to 0$ 对上式右端之和取极限，从而得到

$$M=\lim_{\lambda\to 0}\sum_{i=1}^{n}\rho(\xi_i,\eta_i)\Delta s_i.$$

这种和的极限在研究其他问题时也会遇到，现在引入下面的定义.

定义 11.1 设 L 为 xOy 平面内的一条光滑曲线弧，函数 $f(x,y)$ 在 L 上有界. 将曲线 L 任意分成 n 个小曲线段 $L_i(i=1,2,\cdots,n)$，设第 i 个小曲线段 L_i 的长度为 Δs_i，记 $\lambda=\max\{\Delta s_i\}$，在 L_i 上任取一点 (ξ_i,η_i)，作乘积 $f(\xi_i,\eta_i)\Delta s_i$，并作和 $\sum\limits_{i=1}^{n}f(\xi_i,\eta_i)\Delta s_i$，如果当 $\lambda\to 0$ 时，这个和的极限总存在，则称此极限为函数 $f(x,y)$ 在曲线弧 L 上对弧长的曲线积分或第一类曲线积分，并记作 $\int_L f(x,y)\,\mathrm{d}s$，即

$$\int_L f(x,y)\,\mathrm{d}s=\lim_{\lambda\to 0}\sum_{i=1}^{n}f(\xi_i,\eta_i)\Delta s_i,$$

其中 $f(x,y)$ 叫作被积函数，L 叫作积分弧段. 这时，称函数 $f(x,y)$ 在曲线 L 上对弧长可积.

如果 L 为一条空间光滑曲线弧[⊖]，函数 $f(x,y,z)$ 在 L 上有界，那么可以类似地定义 $f(x,y,z)$ 在曲线 L 上对弧长的曲线积分

$$\int_L f(x,y,z)\,\mathrm{d}s=\lim_{\lambda\to 0}\sum_{i=1}^{n}f(\xi_i,\eta_i,\zeta_i)\Delta s_i.$$

如果 L 是闭曲线，那么函数 $f(x,y)$ 在闭曲线 L 上对弧长的曲线积分记为 $\oint_L f(x,y)\,\mathrm{d}s$.

于是，前面讲到的曲线形构件的质量 M，当 $\rho(x,y)$ 在 L 上连续或分段连续时，就等于 $\rho(x,y)$ 对弧长的曲线积分，即

$$M=\int_L \rho(x,y)\,\mathrm{d}s.$$

由对弧长的曲线积分的定义可知，它也和定积分、重积分一样具有下述一些重要性质. 下面列出平面上对弧长的曲线积分的性质，对于空间中对弧长的曲线积分的性质，读者可仿此写出.

性质 11.1 若有界函数 $f(x,y)$ 在曲线 L 上连续或只有有限个间断点，则 $f(x,y)$ 在曲线 L 上可积.

性质 11.2 若 $f(x,y)$，$g(x,y)$ 在曲线 L 上可积，α、β 为常数，则 $\alpha f(x,y)\pm\beta g(x,y)$ 在 L 上也可积，且

$$\int_L[\alpha f(x,y)\pm\beta g(x,y)]\,\mathrm{d}s=\alpha\int_L f(x,y)\,\mathrm{d}s\pm\beta\int_L g(x,y)\,\mathrm{d}s.$$

性质 11.3 若积分弧段 L 可分成两段光滑曲线弧 L_1 和 L_2，且 $f(x,y)$ 在曲线弧 L_1 和 L_2 上可积，则 $f(x,y)$ 在 L 上也可积，且

$$\int_L f(x,y)\,\mathrm{d}s=\int_{L_1}f(x,y)\,\mathrm{d}s+\int_{L_2}f(x,y)\,\mathrm{d}s.$$

性质 11.4 若 $f(x,y)$，$g(x,y)$ 在曲线 L 上可积，且 $f(x,y)\leqslant$

⊖ 设曲线 L 由参数方程 $x=\varphi(t)$，$y=\psi(t)$，$z=\omega(t)$，$a\leqslant t\leqslant b$ 给出，如果 $\varphi'(t)$，$\psi'(t)\omega'(t)$ 连续，且 $[\varphi'(t)]^2+[\psi'(t)]^2+[\omega'(t)]^2\neq 0$，则称曲线 L 为光滑曲线.

$g(x,y)$，则

$$\int_L f(x,y)\,\mathrm{d}s \leqslant \int_L g(x,y)\,\mathrm{d}s.$$

特别地，有

$$\left|\int_L f(x,y)\,\mathrm{d}s\right| \leqslant \int_L |f(x,y)|\,\mathrm{d}s.$$

11.1.2 对弧长的曲线积分的计算

定理 11.1 设曲线 L 是光滑的，它的参数方程为 $x=\varphi(t)$，$y=\psi(t)$，$\alpha\leqslant t\leqslant\beta$，若函数 $f(x,y)$ 在曲线 L 上连续，则

$$\int_L f(x,y)\,\mathrm{d}s = \int_\alpha^\beta f[\varphi(t),\psi(t)]\sqrt{\varphi'^2(t)+\psi'^2(t)}\,\mathrm{d}t.$$

证 设 L 上点 M_i 所对应的参数为 $t=t_i$，则由弧长公式可知，曲线 L 上由 $t=t_{i-1}$ 到 $t=t_i$ 的弧长

$$\Delta s_i = \int_{t_{i-1}}^{t_i}\sqrt{\varphi'^2(t)+\psi'^2(t)}\,\mathrm{d}t.$$

因为曲线 L 是光滑的，所以 $\sqrt{\varphi'^2(t)+\psi'^2(t)}$ 连续，由积分中值定理有

$$\Delta s_i = \sqrt{\varphi'^2(\tau_i')+\psi'^2(\tau_i')}\,\Delta t_i \quad (t_{i-1}<\tau_i'<t_i).$$

设 $\xi_i=\varphi(\tau_i)$，$\eta_i=\psi(\tau_i)$，所以

$$\sum_{i=1}^n f(\xi_i,\eta_i)\Delta s_i = \sum_{i=1}^n f(\varphi(\tau_i),\psi(\tau_i))\sqrt{\varphi'^2(\tau_i')+\psi'^2(\tau_i')}\,\Delta t_i,$$

其中 $t_{i-1}\leqslant\tau_i'$、$\tau_i\leqslant t_i$，$\Delta t_i=t_i-t_{i-1}$.

由于 $\sqrt{\varphi'^2(t)+\psi'^2(t)}$ 在闭区间 $[\alpha,\beta]$ 上连续，当 $\lambda\to 0$ 时，我们可以将上式中的 τ_i' 换成 τ_i，从而

$$\begin{aligned}\int_L f(x,y)\,\mathrm{d}s &= \lim_{\lambda\to 0}\sum_{i=1}^n f(\varphi(\tau_i),\psi(\tau_i))\sqrt{\varphi'^2(\tau_i')+\psi'^2(\tau_i')}\,\Delta t_i\\ &= \lim_{\lambda\to 0}\sum_{i=1}^n f(\varphi(\tau_i),\psi(\tau_i))\sqrt{\varphi'^2(\tau_i)+\psi'^2(\tau_i)}\,\Delta t_i.\end{aligned}$$

由于函数 $f(\varphi(t),\psi(t))\sqrt{\varphi'^2(t)+\psi'^2(t)}$ 在区间 $[\alpha,\beta]$ 上连续，此函数在区间 $[\alpha,\beta]$ 上的定积分是存在的. 因此

$$\int_L f(x,y)\,\mathrm{d}s = \int_\alpha^\beta f(\varphi(t),\psi(t))\sqrt{\varphi'^2(t)+\psi'^2(t)}\,\mathrm{d}t\,(\alpha<\beta). \tag{11-1}$$

公式(11-1)表明，计算对弧长的曲线积分 $\int_L f(x,y)\,\mathrm{d}s$ 时，只要把 x,y，$\mathrm{d}s$ 依次换为 $\varphi(t)$，$\psi(t)$，$\sqrt{\varphi'^2(t)+\psi'^2(t)}\,\mathrm{d}t$，然后从 α 到 β 作定积分就行了，这里必须注意，定积分的下限 α 一定要小于上限 β. 这是因为，弧长 Δs_i 一定为正，而 $\Delta t_i>0$，所以 $\alpha<\beta$.

当曲线 L 由方程

$$y=\psi(x),\quad x\in[a,b]$$

给出，且 $\psi(x)$ 在 $[a,b]$ 上有连续的导函数时，L 可看做是由特殊的参数方程

$$x=x,\quad y=\psi(x),\quad x\in[a,b]$$

给出的，于是有

$$\int_L f(x,y)\,\mathrm{d}s=\int_a^b f(x,\psi(x))\sqrt{1+\psi'^2(x)}\,\mathrm{d}x.$$

当曲线 L 为空间曲线，且由参数方程

$$x=\varphi(t),\quad y=\psi(t),\quad z=\omega(t)\quad(\alpha\leqslant t\leqslant\beta)$$

给出时，公式(11-1)可推广到空间曲线上对弧长的曲线积分的计算公式

$$\int_L f(x,y,z)\,\mathrm{d}s=\int_\alpha^\beta f(\varphi(t),\psi(t),\omega(t))\cdot\sqrt{\varphi'^2(t)+\psi'^2(t)+\omega'^2(t)}\,\mathrm{d}t(\alpha<\beta).$$

例1 设 L 是半圆周

$$\begin{cases}x=a\cos t,\\ y=a\sin t,\end{cases}0\leqslant t\leqslant\pi,$$

试计算第一类曲线积分 $\int_L(x^2+y^2)\,\mathrm{d}s$.

解 $\int_L(x^2+y^2)\,\mathrm{d}s=\int_0^\pi a^2\sqrt{a^2(\cos^2t+\sin^2t)}\,\mathrm{d}t.$

$=a^3\pi.$

例2 计算曲线积分 $\int_L y\,\mathrm{d}s$，式中曲线 L 是抛物线 $y^2=x$ 自点 $(0,0)$ 到点 $(1,1)$ 的一段弧.

解 因为 $\mathrm{d}s=\sqrt{x'^2+1}\,\mathrm{d}y=\sqrt{4y^2+1}\,\mathrm{d}y$，而 y 的变化区间是 $[0,1]$，由公式(11-1)得

$$\int_L y\,\mathrm{d}s=\int_0^1\underline{\qquad\qquad}\,\mathrm{d}y$$

$$=\frac{1}{8}\cdot\frac{2}{3}(1+4y^2)^{\frac{3}{2}}\Big|_0^1$$

$$=\underline{\qquad\qquad}.$$

例3 计算曲线积分 $\int_L xyz\,\mathrm{d}s$，其中 L 是曲线 $x=t$，$y=\frac{2}{3}\sqrt{2t^3}$，$z=\frac{1}{2}t^2$ 上相应于 t 从0到1的一段弧.

解 $\int_L xyz\,\mathrm{d}s=\int_0^1\frac{\sqrt{2}}{3}t^{\frac{9}{2}}\underline{\qquad\qquad}\,\mathrm{d}t$

$$= \frac{\sqrt{2}}{3}\int_0^1 \left(t^{\frac{9}{2}} + t^{\frac{11}{2}}\right)\mathrm{d}t$$

$$= \underline{\qquad\qquad\qquad\qquad}$$

$$= \frac{16}{143}\sqrt{2}.$$

习题 11.1

1. 计算下列对弧长的曲线积分：

(1) $\int_L (x^2+y^2)^n \mathrm{d}s$，其中 L 为右半圆周 $x=a\cos t$，$y=a\sin t\left(-\frac{\pi}{2}\leqslant t\leqslant\frac{\pi}{2}\right)$；

(2) $\int_L (x+y)\mathrm{d}s$，其中 L 为折线 OAB；O、A、B 依次为点 $(0,0)$、$(1,0)$、$(0,1)$；

(3) $\oint_L x\mathrm{d}s$，其中 L 为由直线 $y=x$ 及抛物线 $y=x^2$ 所围成的区域的整个边界；

(4) $\oint_L |y|\,\mathrm{d}s$，其中 L 为单位圆周 $x^2+y^2=1$；

(5) $\int_L (x^2+y^2+z^2)\mathrm{d}s$，其中 L 为螺线 $x=a\cos t$，$y=a\sin t$，$z=bt(0\leqslant t\leqslant 2\pi)$ 的一段；

(6) $\int_L y^2\mathrm{d}s$，其中 L 为摆线的一拱 $x=a(t-\sin t)$，$y=a(1-\cos t)(0\leqslant t\leqslant 2\pi)$.

2. 求曲线 $x=a$，$y=at$，$z=\frac{1}{2}at^2(0\leqslant t\leqslant 1,\ a>0)$ 的质量，设其线密度为 $\rho=\sqrt{\frac{2z}{a}}$.

3. 求摆线 $\begin{cases} x=a(t-\sin t), \\ y=a(1-\cos t), \end{cases}$ $0\leqslant t\leqslant \pi$ 的质心，设其质量分布是均匀的.

11.2　对坐标的曲线积分

11.2.1　对坐标的曲线积分的概念与性质

在物理学中还会碰到另一种类型的曲线积分问题. 例如一质点受力 $\boldsymbol{F}(x,y)$ 的作用沿平面曲线 L 从点 A 移动到点 B，求力 $\boldsymbol{F}(x,y)$ 所做的功(见图 11-2).

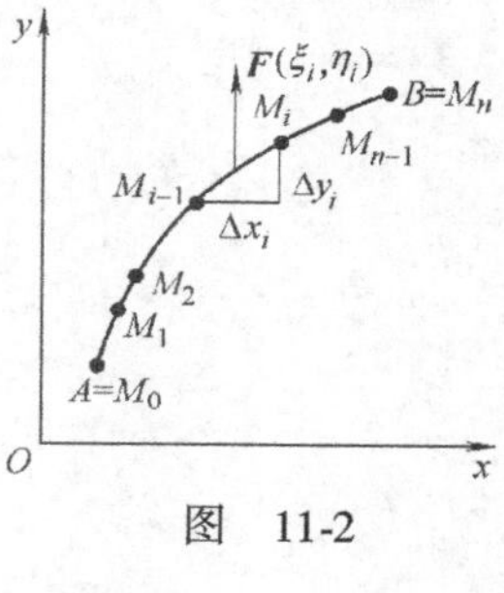

图　11-2

根据力学知识，当 $\boldsymbol{F}$ 是常力，并且质点在常力 $\boldsymbol{F}$ 的作用下沿平面直线由点 A 运动到点 B. 若力 $\boldsymbol{F}$ 与 $\overrightarrow{AB}$ 之间的夹角为 θ，则 $\boldsymbol{F}$ 对质点所做的功 W 为

$$W = |\boldsymbol{F}| \cdot |\overrightarrow{AB}| \cdot \cos\theta = \boldsymbol{F}\cdot\overrightarrow{AB}.$$

下面来求质点在变力 $\boldsymbol{F}=\{P(x,y),\ Q(x,y)\}$(其中 $P(x,y)$,$Q(x,y)$ 均为连续函数)作用下,沿 xOy 平面光滑曲线 L 从 A 点移动到 B 点时所做的功 W.

我们仍采用“分割、近似求和、取极限”的方法. 如图 11-2 所示,在 L 上顺着从点 A 到点 B 的方向取点 $A=M_0$, M_1, M_2, $\cdots$, M_{n-1}, $M_n=B$ 将 L 分成 n 个小弧段. 设第 i 个有向小弧段 $\overset{\frown}{M_{i-1}M_i}$ 分别在 x 轴、y 轴上的投影为 $\Delta x_i=x_i-x_{i-1}$, $\Delta y_i=y_i-y_{i-1}$, 则有向直线段 $\overrightarrow{M_{i-1}M_i}=\{\Delta x_i,\ \Delta y_i\}(i=1,2,\cdots,n)$.

在每个小弧段 $\overset{\frown}{M_{i-1}M_i}$ 上任取一点 (ξ_i,η_i), 记 $\overset{\frown}{M_{i-1}M_i}$ 的长度为 Δs_i, 当 Δs_i 很小时 $\overset{\frown}{M_{i-1}M_i}$ 可近似看成有向直线段 $\overrightarrow{M_{i-1}M_i}$, 质点在 $\overrightarrow{M_{i-1}M_i}$ 上所受的力可近似看成常力 $\boldsymbol{F}_i=\{P(\xi_i,\eta_i),\ Q(\xi_i,\eta_i)\}$, 于是质点在 $\boldsymbol{F}(x,y)$ 的作用下沿 $\overset{\frown}{M_{i-1}M_i}$ 所做的功, 可近似地等于常力 $\boldsymbol{F}(\xi_i,\ \eta_i)$ 沿 $\overrightarrow{M_{i-1}M_i}$ 上所做的功

$$\Delta W_i\approx \boldsymbol{F}_i\cdot\overrightarrow{M_{i-1}M_i}=P(\xi_i,\eta_i)\Delta x_i+Q(\xi_i,\eta_i)\Delta y_i.$$

在每个小弧段上都实施上述做法, 然后累加起来得质点在曲线 L 上所做的功的近似值:

$$W=\sum_{i=1}^{n}\Delta W_i\approx\sum_{i=1}^{n}P(\xi_i,\eta_i)\Delta x_i+\sum_{i=1}^{n}Q(\xi_i,\eta_i)\Delta y_i.$$

记 $\lambda=\max\{\Delta s_i\}$, 并令 $\lambda\to 0$, 取极限得

$$\begin{aligned}W&=\lim_{\lambda\to 0}\sum_{i=1}^{n}\left[P(\xi_i,\eta_i)\Delta x_i+Q(\xi_i,\eta_i)\Delta y_i\right].\\&=\lim_{\lambda\to 0}\sum_{i=1}^{n}P(\xi_i,\eta_i)\Delta x_i+\lim_{\lambda\to 0}\sum_{i=1}^{n}Q(\xi_i,\eta_i)\Delta y_i.\end{aligned}$$

这种和的极限在研究其他问题时也会遇到, 现在引入下面的定义.

定义 11.2 设 L 为 xOy 面内从点 A 到点 B 的一条光滑有向曲线段, 函数 $P(x,y)$, $Q(x,y)$ 在 L 上有界, 顺着曲线 L 上从点 A 到点 B 的方向任意插入一点列 $A=M_0$, M_1, M_2, $\cdots$, M_{i-1}, $M_n=B$ 把 L 分成 n 个小的有向弧段 $\overset{\frown}{M_{i-1}M_i}(i=1,2,\cdots,n)$, 设 $\overset{\frown}{M_{i-1}M_i}$ 分别在 x 轴、y 轴上的投影为 $\Delta x_i=x_i-x_{i-1}$, $\Delta y_i=y_i-y_{i-1}$, 点 (ξ_i,η_i) 为 $\overset{\frown}{M_{i-1}M_i}$ 上任意取定的点, 如果当各小弧段长度的最大值 $\lambda\to 0$ 时, $\lim\limits_{\lambda\to 0}\sum\limits_{i=1}^{\infty}P(\xi_i,\eta_i)\Delta x_i$ 总存在, 则称此极限为函数 $P(x,y)$ 在有向曲线 L 上从点 A 到点 B 的对坐标 x 的曲线积分, 记作 $\int_L P(x,y)\mathrm{d}x$. 类似地, 如果 $\lim\limits_{\lambda\to 0}\sum\limits_{i=1}^{\infty}Q(\xi_i,\eta_i)\Delta y_i$ 总存在, 则称此极限为函数 $Q(x,y)$ 在有向曲线 L

上从点 A 到点 B 的对坐标 y 的曲线积分，记作 $\int_L Q(x,y)\mathrm{d}y$，即

$$\int_L P(x,y)\mathrm{d}x = \lim_{\lambda\to 0}\sum_{i=1}^{n} P(\xi_i,\eta_i)\Delta x_i,$$

$$\int_L Q(x,y)\mathrm{d}y = \lim_{\lambda\to 0}\sum_{i=1}^{n} Q(\xi_i,\eta_i)\Delta y_i,$$

其中 $P(x,y)$，$Q(x,y)$ 叫作被积函数，L 叫作积分弧段.

对坐标 x 或 y 的曲线积分统称为对坐标的曲线积分或第二类曲线积分.

应用上经常出现的是

$$\int_L P(x,y)\mathrm{d}x + \int_L Q(x,y)\mathrm{d}y$$

这种合并起来的形式. 为简便起见，把它写成

$$\int_L P(x,y)\mathrm{d}x + Q(x,y)\mathrm{d}y.$$

若记 $\boldsymbol{F}(x,y)=\{P(x,y),Q(x,y)\}$，$\mathrm{d}\boldsymbol{s}=\{\mathrm{d}x,\mathrm{d}y\}$，则上式也可写成向量形式

$$\int_L \boldsymbol{F}\cdot\mathrm{d}\boldsymbol{s}.$$

例如，前面讨论过的变力 $\boldsymbol{F}=P(x,y)\boldsymbol{i}+Q(x,y)\boldsymbol{j}$ 沿 L 从点 A 到点 B 所做的功可以表示成

$$W=\int_L P(x,y)\mathrm{d}x + Q(x,y)\mathrm{d}y = \int_L \boldsymbol{F}(x,y)\cdot\mathrm{d}\boldsymbol{s}.$$

必须指出，当 $P(x,y)$、$Q(x,y)$ 在有向曲线弧 L 上连续时，对坐标的曲线积分都存在，以后我们总假定 $P(x,y)$、$Q(x,y)$ 在 L 上连续.

上述定义可以类似地推广到积分弧段为空间有向曲线弧 Γ 的情形：

$$\int_\Gamma P(x,y,z)\mathrm{d}x = \lim_{\lambda\to 0}\sum_{i=1}^{n} P(\xi_i,\eta_i,\zeta_i)\Delta x_i,$$

$$\int_\Gamma Q(x,y,z)\mathrm{d}y = \lim_{\lambda\to 0}\sum_{i=1}^{n} Q(\xi_i,\eta_i,\zeta_i)\Delta y_i,$$

$$\int_\Gamma R(x,y,z)\mathrm{d}z = \lim_{\lambda\to 0}\sum_{i=1}^{n} R(\xi_i,\eta_i,\zeta_i)\Delta z_i.$$

类似地，把

$$\int_\Gamma P(x,y,z)\mathrm{d}x + \int_\Gamma Q(x,y,z)\mathrm{d}y + \int_\Gamma R(x,y,z)\mathrm{d}z$$

简写成

$$\int_\Gamma P(x,y,z)\mathrm{d}x + Q(x,y,z)\mathrm{d}y + R(x,y,z)\mathrm{d}z.$$

当把 $\boldsymbol{F}(x,y,z)=\{P(x,y,z),\ Q(x,y,z),\ R(x,y,z)\}$ 与 $\mathrm{d}\boldsymbol{s}=\{\mathrm{d}x,\mathrm{d}y,\mathrm{d}z\}$ 看做三维向量时，上式可写成

$$\int_{\Gamma} \boldsymbol{F}(x,y,z) \cdot \mathrm{d}\boldsymbol{s}.$$

第二类曲线积分与曲线 L 的方向有关. 对同一曲线段，当方向由点 A 到点 B 改为由点 B 到点 A 时，每一小曲线段的方向都发生了改变，从而所得的 Δx_i，Δy_i 也随之改变符号，但其绝对值不变，故有

$$\int_{\widehat{AB}} P\mathrm{d}x + Q\mathrm{d}y = -\int_{\widehat{BA}} P\mathrm{d}x + Q\mathrm{d}y.$$

而第一类曲线积分的被积表达式只是函数 $f(x,y)$ 与弧长的乘积，它与曲线 L 的方向无关. 这是两种类型曲线积分的一个**重要区别**.

类似于第一类曲线积分，第二类曲线积分也有如下一些主要**性质**：

性质 11.5 设 α、β 为常数，则

$$\int_L [\alpha \boldsymbol{F}_1(x,y) + \beta \boldsymbol{F}_2(x,y)]\mathrm{d}\boldsymbol{s} = \alpha\int_L \boldsymbol{F}_1(x,y)\mathrm{d}\boldsymbol{s} + \beta\int_L \boldsymbol{F}_2(x,y)\mathrm{d}\boldsymbol{s}.$$

性质 11.6 若有向曲线 L 被分成两条有向光滑曲线段 L_1、L_2，且 $\int_{L_1} \boldsymbol{F}(x,y)\mathrm{d}\boldsymbol{s}$ 与 $\int_{L_2} \boldsymbol{F}(x,y)\mathrm{d}\boldsymbol{s}$ 都存在，则 $\int_L \boldsymbol{F}(x,y)\mathrm{d}\boldsymbol{s}$ 也存在，且

$$\int_L \boldsymbol{F}(x,y)\mathrm{d}\boldsymbol{s} = \int_{L_1} \boldsymbol{F}(x,y)\mathrm{d}\boldsymbol{s} + \int_{L_2} \boldsymbol{F}(x,y)\mathrm{d}\boldsymbol{s}.$$

性质 11.7 设 L 是有向光滑曲线，L^- 是 L 的反向曲线，则

$$\int_{L^-} \boldsymbol{F}(x,y)\mathrm{d}\boldsymbol{s} = -\int_L \boldsymbol{F}(x,y)\mathrm{d}\boldsymbol{s}.$$

11.2.2 对坐标的曲线积分的计算法

与对弧长的曲线积分一样，对坐标的曲线积分也可以化为定积分来计算.

定理 11.2 设函数 $P(x,y)$、$Q(x,y)$ 在平面有向光滑曲线 L 上连续，曲线 L 的参数方程为

$$x = \varphi(t), \quad y = \psi(t),$$

当函数 t 单调地由 α 变到 β 时，点 $M(x,y)$ 从 L 的起点 A 沿 L 运动到终点 B，$\varphi(t)$、$\psi(t)$ 在以 α 及 β 为端点的区间上具有一阶连续导函数，且 $\psi'^2(t) + \psi'^2(t) \neq 0$，则曲线积分 $\int_L P(x,y)\mathrm{d}x + Q(x,y)\mathrm{d}y$ 存在，且

$$\int_L P(x,y)\mathrm{d}x + Q(x,y)\mathrm{d}y = \int_{\alpha}^{\beta} [P(\varphi(t),\psi(t))\varphi'(t) + Q(\varphi(t),\psi(t))\psi'(t)]\mathrm{d}t. \tag{11-2}$$

证 要证式(11-2)成立，只需证明

$$\int_L P\mathrm{d}x = \int_\alpha^\beta P(\varphi(t),\psi(t))\varphi'(t)\mathrm{d}t. \tag{11-3}$$

$$\int_L Q\mathrm{d}y = \int_\alpha^\beta Q(\varphi(t),\psi(t))\psi'(t)\mathrm{d}t. \tag{11-4}$$

下面只证式(11-3)的成立，式(11-4)的证明类似. 在L上任取一列点

$$A=M_0,\ M_1,\ M_2,\ \cdots,\ M_{n-1},\ M_n=B.$$

它们对应于一列单调变化的参数值

$$\alpha=t_0,\ t_1,\ t_2,\ \cdots,\ t_{n-1},\ t_n=\beta.$$

根据对坐标的曲线积分的定义，有

$$\int_L P(x,y)\mathrm{d}x = \lim_{\lambda\to 0}\sum_{i=1}^{n} P(\xi_i,\eta_i)\Delta x_i.$$

设点(ξ_i,η_i)对应于参数值τ_i，即$\xi_i=\varphi(\tau_i)$，$\eta_i=\psi(\tau_i)$，且τ_i在t_{i-1}与t_i之间. 由于

$$\Delta x_i = x_i - x_{i-1} = \varphi(t_i)-\varphi(t_{i-1}),$$

因此应用微分中值定理，有

$$\Delta x_i=\varphi'(\tau_i')\Delta t_i,$$

其中$\Delta t_i=t_i-t_{i-1}$，τ_i'在t_{i-1}与t_i之间. 于是

$$\int_L P(x,y)\mathrm{d}x = \lim_{\lambda\to 0} P(\varphi(\tau_i),\psi(\tau_i))\varphi'(\tau_i')\Delta t_i.$$

因为函数$\varphi'(t)$在闭区间$[\alpha,\beta]$(或$[\beta,\alpha]$)上连续，当$\lambda\to 0$时，我们将上式中的τ_i'换成τ_i，从而

$$\int_L P(x,y)\mathrm{d}x = \lim_{\lambda\to 0} P(\varphi(\tau_i),\psi(\tau_i))\varphi'(\tau_i)\Delta t_i.$$

由于函数$P[\varphi(t),\psi(t)]\varphi'(t)$连续，因此上式左端的曲线积分$\int_L P(x,y)\mathrm{d}x$也存在，且

$$\int_L P(x,y)\mathrm{d}x = \int_\alpha^\beta P(\varphi(t),\psi(t))\varphi'(t)\mathrm{d}t.$$

即式(11-3)成立. 同理，式(11-4)成立，把式(11-3)与式(11-4)相加得

$$\int_L P(x,y)\mathrm{d}x + Q(x,y)\mathrm{d}y$$
$$= \int_\alpha^\beta [P(\varphi(t),\psi(t))\varphi'(t)+Q(\varphi(t),\psi(t))\psi'(t)]\mathrm{d}t.$$

这里下限α对应于L的起点，上限β对应于L的终点，α不一定小于β.

公式(11-2)可推广到Γ为空间曲线的情形，设Γ由参数方程$x=\varphi(t)$，$y=\psi(t)$，$z=\omega(t)$给出，这样便得到

$$\int_\Gamma P(x,y,z)\mathrm{d}x + Q(x,y,z)\mathrm{d}y + R(x,y,z)\mathrm{d}z$$

$$
\begin{aligned}
&= \int_{\alpha}^{\beta}[P(\varphi(t),\psi(t),\omega(t))\varphi'(t) + \\
&\quad Q(\varphi(t),\psi(t),\omega(t))\psi'(t) + \\
&\quad R[\varphi(t),\psi(t),\omega(t)]\omega'(t)]\mathrm{d}t,
\end{aligned}
$$

这里下限 α 对应 Γ 的起点，上限 β 对应 Γ 的终点.

对于沿封闭曲线 L 的第二类曲线积分的计算，可在 L 上任意选取一点作为起点，沿 L 所指定的方向前进，最后回到这一点.

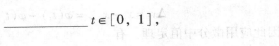

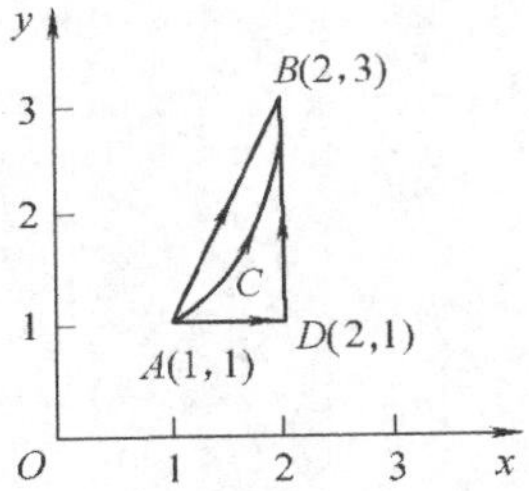

图 11-3

例 1 计算 $\int_L xy\mathrm{d}x + (y - x)\mathrm{d}y$，其中 L 分别沿如图 11-3 所示的路线：

（1）直线段 AB；

（2）ACB（抛物线：$y = 2(x-1)^2 + 1$）；

（3）$ADBA$（三角形周界）.

解 （1）直线 AB 的参数方程为

$$\underline{\qquad\qquad\qquad} t \in [0, 1],$$

故由公式(11-2)可得

$$
\begin{aligned}
&\int_{AB} xy\mathrm{d}x + (y - x)\mathrm{d}y \\
&= \int_0^1 [(1 + t)(1 + 2t) + 2t]\mathrm{d}t \\
&= \int_0^1 (1 + 5t + 2t^2)\mathrm{d}t = \frac{25}{6}.
\end{aligned}
$$

（2）曲线 ACB 为抛物线 $y = 2(x-1)^2 + 1$，$1 \leqslant x \leqslant 2$，所以

$$
\begin{aligned}
&\int_{ACB} xy\mathrm{d}x + (y - x)\mathrm{d}y \\
&= \int_1^2 \underline{\qquad\qquad\qquad} \mathrm{d}x \\
&= \int_1^2 (10x^3 - 32x^2 + 35x - 12)\mathrm{d}x = \frac{10}{3}.
\end{aligned}
$$

（3）这里 L 是一条封闭曲线，故可从点 A 开始，应用性质 11.6，分别求沿 AD、DB 和 BA 上的线积分然后相加即可得到所求之曲线积分.

由于沿直线 AD：$x = x, y = 1(1 \leqslant x \leqslant 2)$ 的线积分为

$$\int_{AD} xy\mathrm{d}x + (y - x)\mathrm{d}y = \int_{AD} xy\mathrm{d}x = \int_1^2 x\mathrm{d}x = \frac{3}{2}.$$

沿直线 DB：$x = 2$，$y = y(1 \leqslant y \leqslant 3)$ 的线积分为

$$\int_{DB} xy\mathrm{d}x + (y - x)\mathrm{d}y = \int_{DB} (y - x)\mathrm{d}y = \int_1^3 (y - 2)\mathrm{d}y = 0.$$

沿直线 BA 的线积分可由(1)及性质 11.7 得到

$$\int_{BA} xy\mathrm{d}x - (y - x)\mathrm{d}y = -\int_{AB} xy\mathrm{d}x + (y - x)\mathrm{d}y = -\frac{25}{6},$$

所以

$$\oint_L xy\mathrm{d}x + (y - x)\mathrm{d}y = \frac{3}{2} + 0 + \left(-\frac{25}{6}\right) = -\frac{8}{3}.$$

由例 1 的(1)、(2)看出，虽然两个曲线积分的被积函数相同，起点和终点也相同，但沿不同路径得出的值并不相等.

例 2　计算 $\int_L x\mathrm{d}y + y\mathrm{d}x$，这里 L：

(1) 沿抛物线 $y = x^2$，从点 O 到点 B 的一段弧(见图 11-4)；

(2) 沿抛物线 $x = y^2$，从点 O 到点 B 的一段弧；

(3) 沿封闭曲线 $OABCO$.

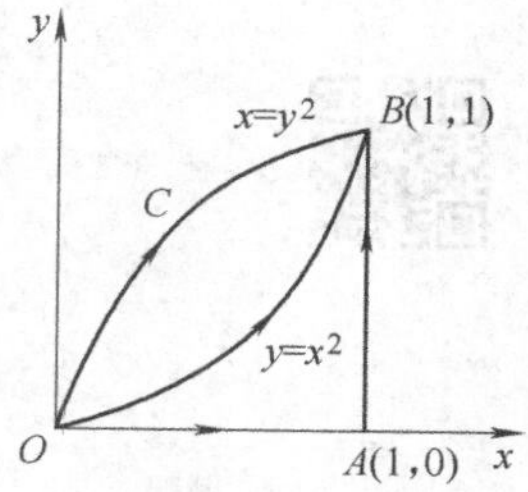

图　11-4

解　(1) $\int_L x\mathrm{d}y + y\mathrm{d}x = \int_0^1 [x\cdot(2x) + x^2]\mathrm{d}x$

$$= \underline{\qquad\qquad\qquad} = 1.$$

(2) $\int_L x\mathrm{d}y + y\mathrm{d}x = \int_0^1 \underline{\qquad\qquad\qquad}\,\mathrm{d}y$

$$= \int_0^1 3y^2\mathrm{d}y = 1.$$

(3) 在 OA 一段上，$y = 0$，$0 \leqslant x \leqslant 1$；在 AB 一段上，$x = 1$，$0 \leqslant y \leqslant 1$；在 BCO 一段上是 $x = y^2$ 从 $y = 1$ 到 $y = 0$ 的一段，所以

$$\int_{OA} x\mathrm{d}y + y\mathrm{d}x = \int_0^1 0\mathrm{d}x = 0,$$

$$\int_{AB} x\mathrm{d}y + y\mathrm{d}x = \int_0^1 1\mathrm{d}x = 1,$$

$$\int_{\widehat{BCO}} x\mathrm{d}y + y\mathrm{d}x = \underline{\qquad\qquad\qquad} = -1.$$

因此

$$\oint_L x\mathrm{d}y + y\mathrm{d}x = \int_{OA} x\mathrm{d}y + y\mathrm{d}x + \int_{AB} x\mathrm{d}y + y\mathrm{d}x + \int_{\widehat{BCO}} x\mathrm{d}y + y\mathrm{d}x = 0.$$

由例 2 的(1)和(2)可以看出，虽然沿不同路径，曲线积分的值可以相等.

例 3　计算 $\int_L xy\mathrm{d}x + (x - y)\mathrm{d}y + x^2\mathrm{d}z$，其中 L 是螺旋线：$x = a\cos t$，$y = a\sin t$，$z = bt$ 上从 $t = 0$ 到 $t = \pi$ 上的一段.

解　$\int_L xy\mathrm{d}x + (x - y)\mathrm{d}y + x^2\mathrm{d}z$

$$= \int_0^\pi (-a^3\cos t\sin^2 t + a^2\cos^2 t - a^2\sin t\cos t + a^2 b\cos^2 t)\mathrm{d}t$$

$$= \left[-\frac{1}{3}a^3\sin^3 t - \frac{1}{2}a^2\sin^2 t + \frac{1}{2}a^2(1 + b)\left(t + \frac{1}{2}\sin 2t\right)\right]_0^\pi$$

$$= \frac{1}{2}a^2(1 + b)\pi.$$

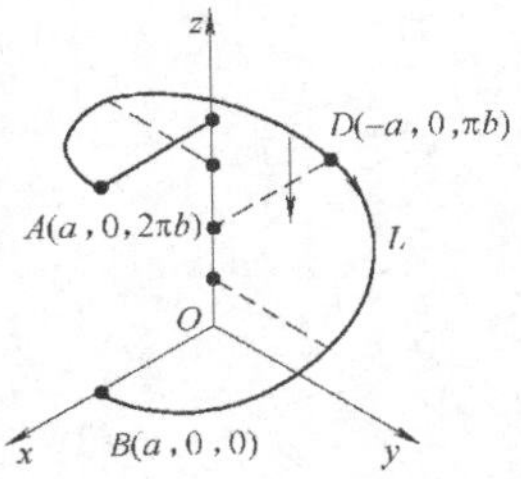

图 11-5

例 4 设有一质量为 m 的质点受重力的作用沿螺旋线 L：$x=a\cos t$，$y=a\sin t$，$z=bt$，$0\leqslant t\leqslant 2\pi$，从点 A 移动到点 B，求重力所做的功(见图 11-5).

解 重力在三坐标轴上的投影分别为 $P(x,y,z)=0$，$Q(x,y,z)=0$，$R(x,y,z)=-mg$，其中 g 为重力加速度，于是当质点从点 $A(a,0,2\pi b)$ 移动到点 $B(a,0,0)$ 时，重力做功为

$$\begin{aligned} W &= \int_L P\mathrm{d}x + Q\mathrm{d}y + R\mathrm{d}z \\ &= \underline{\qquad\qquad\qquad\qquad} \\ &= \int_{2\pi b}^{0}(-mg)\,\mathrm{d}z \\ &= \int_0^{2\pi b} mg\mathrm{d}z = mgz\Big|_0^{2\pi b} \\ &= 2\pi bmg. \end{aligned}$$

此结果表明，这里重力所做的功与路径无关且仅取决于质点下降的高度.

*11.2.3 两类曲线积分的关系

虽然第一类曲线积分与第二类曲线积分来自不同的物理原型，且有着不同的特征，但在一定条件下，这两种积分在形式上是可以相互转化的.

设 L 为从点 A 到点 B 的有向光滑曲线段，

$$L:\begin{cases} x=\varphi(t), \\ y=\psi(t), \end{cases}$$

起点 A、终点 B 分别对应参数 α、β，不妨设 $\alpha<\beta$(若 $\alpha>\beta$，可令 $s=-t$，则 $(-\alpha)<(-\beta)$)，由对坐标的曲线积分计算公式(11-2)有

$$\begin{aligned} &\int_L P(x,y)\,\mathrm{d}x + Q(x,y)\,\mathrm{d}y \\ &= \int_\alpha^\beta [P(\varphi(t),\psi(t))\varphi'(t) + Q(\varphi(t),\psi(t))\psi'(t)]\,\mathrm{d}t. \end{aligned}$$

我们知道，向量 $\boldsymbol{\tau}=\varphi'(t)\boldsymbol{i}+\psi'(t)\boldsymbol{j}$ 是曲线 L 在点 $M(\varphi(t),\psi(t))$ 处的一个切向量，它的指向与参变量 t 增大时点 M 移动的方向一致，当 $\alpha<\beta$ 时，这个方向就是有向曲线 L 的走向. 以后，我们称这种指向与有向曲线弧的走向一致的切向量为有向曲线弧的切向量. 于是，有向曲线弧 L 的切向量为 $\boldsymbol{\tau}=\varphi'(t)\boldsymbol{i}+\psi'(t)\boldsymbol{j}$，它的方向余弦为

$$\cos\alpha=\frac{\varphi'(t)}{\sqrt{\varphi'^2(t)+\psi'^2(t)}},\qquad \cos\beta=\frac{\psi'(t)}{\sqrt{\varphi'^2(t)+\psi'^2(t)}}.$$

由此可见，

$$\int_L P(x,y)\,\mathrm{d}x + Q(x,y)\,\mathrm{d}y$$

$$= \int_\alpha^\beta [P(\varphi(t),\psi(t))\cos\alpha + Q(\varphi(t),\psi(t))\cos\beta] \cdot \sqrt{\varphi'^2(t)+\psi'^2(t)}\,dt$$

$$= \int_\alpha^\beta (P\cos\alpha + Q\cos\beta)\,ds,$$

其中 $\alpha(x,y)$、$\beta(x,y)$ 为有向曲线 L 在点 (x,y) 处的切向量的方向角.

设 $\boldsymbol{A}=P(x,y)\boldsymbol{i}+Q(x,y)\boldsymbol{j}$，则

$$\int_L P(x,y)\,dx + Q(x,y)\,dy = \int_L \boldsymbol{A}\cdot\boldsymbol{\tau}\,ds = \int_L A_\tau\,ds,$$

其中 A_τ 为向量 $\boldsymbol{A}$ 在单位切向量 $\boldsymbol{\tau}$ 上的投影.

类似地可知，空间有向光滑曲线 Γ 上的两类曲线积分之间有如下联系：

$$\int_\Gamma P\,dx + Q\,dy + R\,dz = \int_\Gamma (P\cos\alpha + Q\cos\beta + R\cos\gamma)\,ds$$

$$= \int_\Gamma \boldsymbol{A}\cdot\boldsymbol{\tau}\,ds = \int_\Gamma A_\tau\,ds,$$

其中 $\boldsymbol{A}=(P, Q, R)$，$\boldsymbol{\tau}=\{\cos\alpha, \cos\beta, \cos\gamma\}$ 为有向曲线 Γ 在点 (x,y,z) 处的单位切向量，$\boldsymbol{\tau}\,ds=\{dx, dy, dz\}$，称为有向曲线元，$A_\tau$ 为向量 $\boldsymbol{A}$ 在向量 $\boldsymbol{\tau}$ 上的投影.

习题 11.2

1. 设 L 为 xOy 平面内直线 $x=a$ 上的一段，证明 $\int_L P(x,y)\,dx = 0$.

2. 设 L 为 xOy 平面内 x 轴上从点 $(a, 0)$ 到点 $(b, 0)$ 的一段直线，证明

$$\int_L P(x,y)\,dx = \int_a^b P(x,0)\,dx.$$

3. 计算下列对坐标的曲线积分：

(1) $\int_L x\,dy - y\,dx$，其中 L 是抛物线 $y=x^2$ 上从点 $(0,0)$ 到点 $(2,4)$ 的一段弧；

(2) $\oint_L xy\,dx$，其中 L 为圆周 $(x-a)^2+y^2=a^2\ (a>0)$ 及 x 轴所围成的在第一象限内的区域的整个边界（按逆时针方向绕行）；

(3) $\int_L (2a-y)\,dx + dy$，其中 L 为摆线 $x=a(t-\sin t)$，$y=a(1-\cos t)\ (0\leqslant t\leqslant 2\pi)$ 沿 t 增加方向的一段；

(4) $\oint_L \dfrac{-x\,dx+y\,dy}{x^2+y^2}$，其中 L 为圆周 $x^2+y^2=a^2$，依逆时针方向；

(5) $\oint_L y\,dx + \sin x\,dy$，其中 L 为 $y=\sin x\ (0\leqslant x\leqslant\pi)$ 与 x 轴所围的闭曲线，依顺时针方向；

(6) $\oint_L x\,dx + y\,dy + z\,dz$，其中 L：从 $(1,1,1)$ 到 $(2,3,4)$ 的直线段.

4. 计算 $\int_L (x+y)\,dx + (y-x)\,dy$，其中 L 是：

(1) 抛物线 $y^2=x$ 上从点(1,1)到点(4,2)的一段弧;

(2) 从点(1,1)到点(4,2)的直线段;

(3) 先沿直线从点(1,1)到点(1,2), 然后再沿直线到点(4,2)的折线;

(4) 曲线 $x=2t^2+t+1$, $y=t^2+1$ 上从点(1,1)到点(4,2)的一段弧.

5. 设质点受力的作用, 力的反方向指向原点, 大小与质点离原点的距离成正比. 若质点由$(a,0)$沿椭圆移动到$(0,b)$, 求力所做的功.

6. 设 z 轴与重力的方向一致, 求质量为 m 的质点从位置(x_1,y_1,z_1)沿直线移到(x_2,y_2,z_2)时重力所做的功.

11.3 格林公式及其应用

11.3.1 格林公式

在一元函数积分学中, 牛顿—莱布尼茨公式 $\int_a^b F'(x)\,\mathrm{d}x = F(b) - F(a)$ 为: $F'(x)$在区间$[a,b]$上的积分可以通过它的原函数 $F(x)$ 在这个区间端点上的值来表示. 试问, 在平面闭区域 D 上的二重积分是否可以通过闭区域 D 的边界曲线 L 上的曲线积分来表示?

首先, 介绍平面单连通区域的概念. 设 D 为平面区域, 如果 D 内任一闭曲线所围的部分都属于 D, 则 D 为平面单连通区域, 否则, 称为多连通区域. 比如平面上的圆域: $\{(x,y) \mid x^2+y^2<9\}$是单连通区域, 而圆环域: $\{(x,y) \mid 1<x^2+y^2<9\}$是多连通区域. 通俗地说, 平面单连通区域是无"洞"(包括点"洞")或无"缝"的区域.

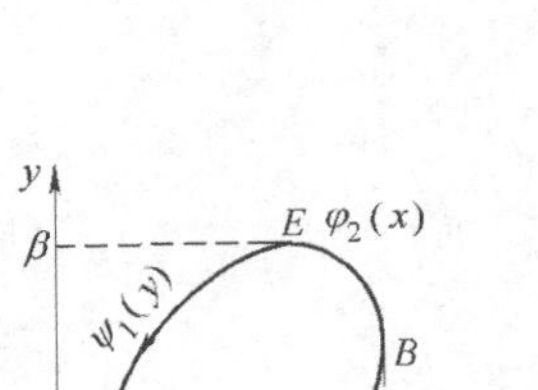

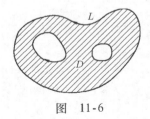

图 11-6

设平面有界区域 D 的边界 L 是由一条或几条光滑曲线组成的. 边界曲线 L 的正方向规定为: 当观察者沿边界 L 的正向行走时, 区域 D 内临近他的那一部分总在他的左边(见图 11-6).

定理 11.3 设闭区域 D 由分段光滑的曲线 L 所围成, 函数 $P(x,y)$及$Q(x,y)$在 D 上具有一阶连续偏导数, 则有

$$\iint_D \left(\frac{\partial Q}{\partial x} - \frac{\partial P}{\partial y}\right)\mathrm{d}x\mathrm{d}y = \oint_L P\mathrm{d}x + Q\mathrm{d}y, \tag{11-5}$$

其中 L 是 D 的正向边界线. 公式(11-5)叫做格林公式.

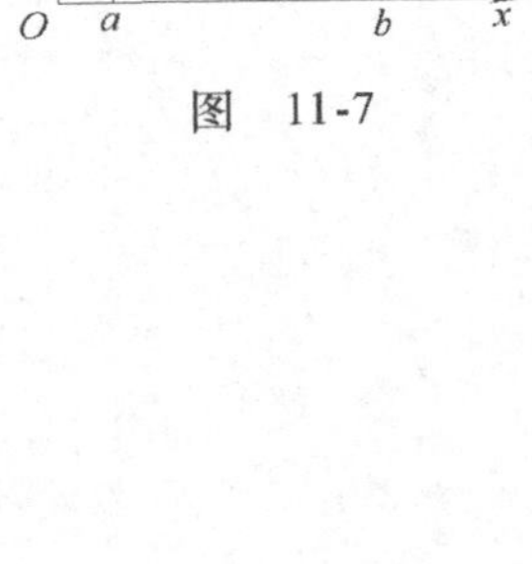

图 11-7

证 根据区域 D 的不同形状, 分3种情形来证明.

(1) 若区域 D 既是 x 型区域又是 y 型区域, 即平行于坐标轴的直线和边界曲线 L 至多交于两点(见图 11-7). 这时区域 D 可表示为

$$\{(x,y) \mid \varphi_1(x)\leqslant y\leqslant\varphi_2(x),\ a\leqslant x\leqslant b\}$$

或

$$\{(x,y) \mid \psi_1(y)\leqslant x\leqslant\psi_2(y),\ \alpha\leqslant y\leqslant\beta\},$$

这里 $y=\varphi_1(x)$和 $y=\varphi_2(x)$分别为曲线$\overset{\frown}{ACB}$和$\overset{\frown}{AEB}$的方程, 而 $x=\psi_1(y)$和

$x=\psi_2(y)$则分别是曲线$\overset{\frown}{CAE}$和$\overset{\frown}{CBE}$的方程. 因为$\dfrac{\partial Q}{\partial x}$连续，所以

$$\begin{aligned}\iint_D \frac{\partial Q}{\partial x}\mathrm{d}x\mathrm{d}y &= \int_\alpha^\beta \mathrm{d}y\int_{\psi_1(y)}^{\psi_2(y)} \frac{\partial Q}{\partial x}\mathrm{d}x \\ &= \int_\alpha^\beta Q(\psi_2(y),y)\,\mathrm{d}y - \int_\alpha^\beta Q(\psi_1(y),y)\,\mathrm{d}y \\ &= \int_{\overset{\frown}{CBE}} Q(x,y)\,\mathrm{d}y - \int_{\overset{\frown}{CAE}} Q(x,y)\,\mathrm{d}y \\ &= \int_{\overset{\frown}{CBE}} Q(x,y)\,\mathrm{d}y + \int_{\overset{\frown}{EAC}} Q(x,y)\,\mathrm{d}y \\ &= \oint_L Q(x,y)\,\mathrm{d}y.\end{aligned}$$

同理可证得

$$-\iint_D \frac{\partial P}{\partial y}\mathrm{d}x\mathrm{d}y = \oint_L P(x,y)\,\mathrm{d}x.$$

将上述两个结果相加即得

$$\iint_D \left(\frac{\partial Q}{\partial x} - \frac{\partial P}{\partial y}\right)\mathrm{d}x\mathrm{d}y = \oint_L P\mathrm{d}x + Q\mathrm{d}y.$$

（2）若区域 D 是一般单连通区域（见图 11-8）. 则先用几段光滑曲线将 D 分成有限个既是 x 型又是 y 型的子区域，然后对每一个子区域按（1）得到它们的格林公式，并相加即可.

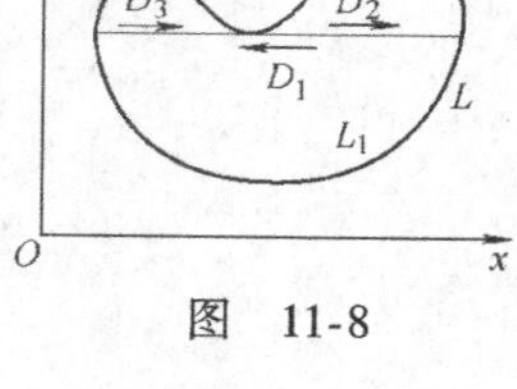

图　11-8

如图 11-8 所示的区域 D，可将 D 分成 3 个既是 x 型又是 y 型的区域 D_1、D_2、D_3. 于是

$$\begin{aligned}&\iint_D \left(\frac{\partial Q}{\partial x} - \frac{\partial P}{\partial y}\right)\mathrm{d}x\mathrm{d}y \\ &= \iint_{D_1} \left(\frac{\partial Q}{\partial x} - \frac{\partial P}{\partial y}\right)\mathrm{d}x\mathrm{d}y + \iint_{D_2} \left(\frac{\partial Q}{\partial x} - \frac{\partial P}{\partial y}\right)\mathrm{d}x\mathrm{d}y + \iint_{D_3} \left(\frac{\partial Q}{\partial x} - \frac{\partial P}{\partial y}\right)\mathrm{d}x\mathrm{d}y \\ &= \oint_{L_1} P\mathrm{d}x + Q\mathrm{d}y + \oint_{L_2} P\mathrm{d}x + Q\mathrm{d}y + \oint_{L_3} P\mathrm{d}x + Q\mathrm{d}y \\ &= \oint_L P\mathrm{d}x + Q\mathrm{d}y.\end{aligned}$$

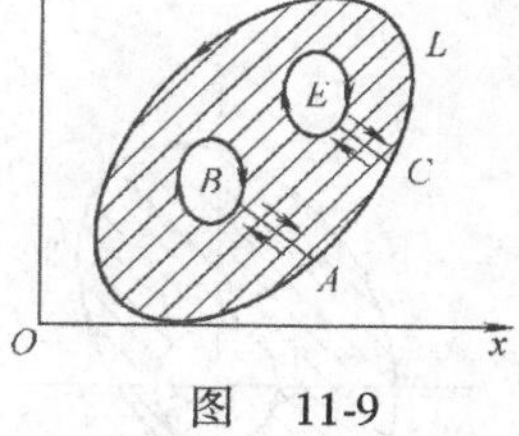

图　11-9

（3）若 D 为多连通区域（见图 11-9）. 这时可用光滑曲线将 D 割成单连通区域，把区域转化成(2)的情况来处理.

格林公式沟通了沿闭曲线的积分与二重积分之间的联系. 应用格林公式可以简化某些曲线积分的计算.

例 1　计算 $\int_{\overset{\frown}{AB}} x\mathrm{d}y$，其中$\overset{\frown}{AB}$是以圆心为坐标原点，半径为 r 的圆在第一象限的部分.

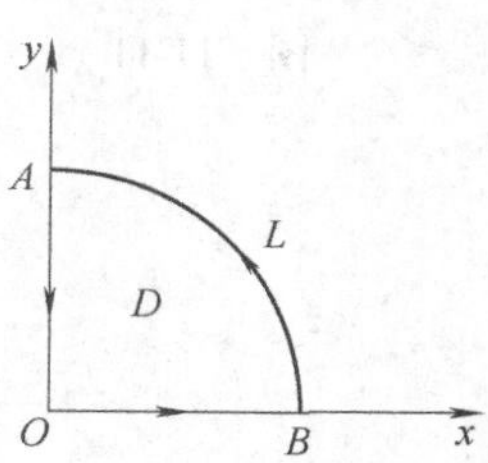

图　11-10

解　如图 11-10，补充有向直线段 AO，OB，使 $AO+OB+\overset{\frown}{BA}$构成封闭曲线，记为 L，并设 L 所围成的区域为 D，因为 $P=0$，$Q=x$，$\dfrac{\partial Q}{\partial x}-\dfrac{\partial P}{\partial y}=1$，所以

$$\iint_D \mathrm{d}x\mathrm{d}y = \int_L x\mathrm{d}y = \int_{AO} x\mathrm{d}y + \int_{OB} x\mathrm{d}y + \int_{\overset{\frown}{BA}} x\mathrm{d}y.$$

由于
$$\int_{AO} x\mathrm{d}y = 0, \int_{OB} x\mathrm{d}y = 0,$$

因此
$$\int_{\overset{\frown}{BA}} x\mathrm{d}y = \iint_D \mathrm{d}x\mathrm{d}y = \underline{\qquad\qquad},$$

$$\int_{\overset{\frown}{AB}} x\mathrm{d}y = -\int_{\overset{\frown}{BA}} x\mathrm{d}y = \underline{\qquad\qquad}.$$

例2 设 L 是 xOy 平面上任意一条分段光滑的闭曲线，证明：

$$\oint_L 2xy\mathrm{d}x + x^2\mathrm{d}y = 0.$$

证 令 $P=2xy$，$Q=x^2$，则

$$\frac{\partial Q}{\partial x} - \frac{\partial P}{\partial y} = 2x - 2x = 0.$$

因此,由公式(11-5)有

$$\oint_L 2xy\mathrm{d}x + x^2\mathrm{d}y = \pm\iint_D 0\mathrm{d}x\mathrm{d}y = 0.$$

例3 计算 $I = \oint_L \frac{x\mathrm{d}y - y\mathrm{d}x}{x^2+y^2}$,其中 L 为任一包含原点的闭区域的边界线.

解 令 $P = \frac{-y}{x^2+y^2}, Q = \frac{x}{x^2+y^2}$,则当 $x^2+y^2 \neq 0$ 时,有

$$\frac{\partial Q}{\partial x} = \frac{y^2-x^2}{(x^2+y^2)^2} = \frac{\partial P}{\partial y}.$$

记 L 所围成的闭区域为 D，由格林公式得

$$I = \oint_L \frac{x\mathrm{d}y - y\mathrm{d}x}{x^2+y^2} = 0.$$

若在例3中，原点在 L 所围成的闭区域内部，则函数 P、Q 在原点处无定义．因此，选取适当小的 $r>0$，在区域 D 内作圆周 l：$x^2+y^2=r^2$．记 L 和 l 所围成的闭区域为 D_1（见图11-11）．对多连通域 D_1 应用格林公式得

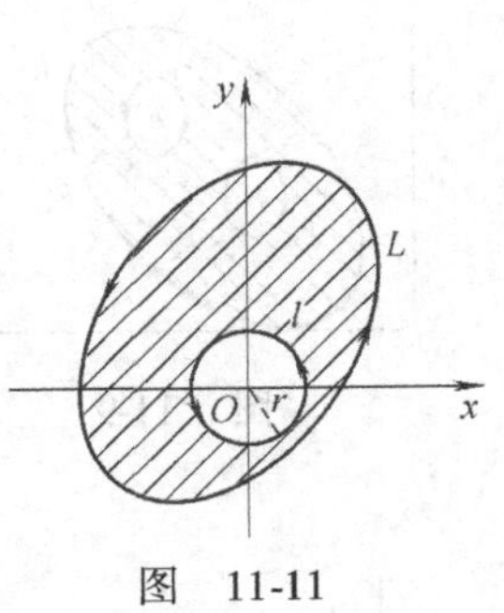

图 11-11

$$\oint_L \frac{x\mathrm{d}y - y\mathrm{d}x}{x^2+y^2} - \oint_l \frac{x\mathrm{d}y - y\mathrm{d}x}{x^2+y^2} = 0,$$

其中 l 的方向取逆时针方向．于是

$$\oint_L \frac{x\mathrm{d}y - y\mathrm{d}x}{x^2+y^2} = \oint_l \frac{x\mathrm{d}y - y\mathrm{d}x}{x^2+y^2}$$
$$= \int_0^{2\pi} \frac{r^2\cos^2\theta + r^2\sin^2\theta}{r^2}\mathrm{d}\theta$$
$$= 2\pi.$$

在格林公式中，令 $P=-y$，$Q=x$，则得到一个计算平面区域 D 的面积 S_D 的公式

$$S_D = \iint_D \mathrm{d}x\mathrm{d}y = \frac{1}{2}\oint_L x\mathrm{d}y - y\mathrm{d}x. \tag{11-6}$$

例 4　求椭圆 $x = a\cos\theta$，$y = b\sin\theta$ 所围成图形的面积 A.

解　根据公式(11-6)有

$$A = \frac{1}{2}\oint_L x\mathrm{d}y - y\mathrm{d}x = \frac{1}{2}\int_0^{2\pi}(ab\cos^2\theta + ab\sin^2\theta)\mathrm{d}\theta$$

$$= \frac{1}{2}ab\int_0^{2\pi}\mathrm{d}\theta = \pi ab.$$

11.3.2　平面上曲线积分与路径无关的条件

在 11.2 中计算对坐标的曲线积分的开始两个例子中，读者已经看到，在例 1 中，以 A 为起点 B 为终点的曲线积分，若所沿的路线不同，则其积分值也不同. 但在例 2 中的积分曲线值只与起点和终点有关，与路线的选取无关. 这时，我们称对坐标的曲线积分与路径无关. 在物理学中，如重力做功、保守力场中场力做功等，均属于与路径无关的曲线积分情形. 本节将讨论曲线积分在什么条件下，它的值与所沿路线的选取无关.

定理 11.4　设 G 是一个单连通闭区域，函数 $P(x,y)$、$Q(x,y)$ 在 G 内连续且具有一阶连续偏导数，则曲线积分 $\int_L P\mathrm{d}x + Q\mathrm{d}y$ 在 G 内与积分路径无关而只与曲线 L 的起点和终点有关(或沿 G 内任意闭曲线的曲线积分为零)的充分必要条件是

$$\frac{\partial P}{\partial y} = \frac{\partial Q}{\partial x} \tag{11-7}$$

在区域 G 内恒成立.

证　先证条件的充分性,在区域 G 内任取一条闭曲线 C. 因为区域 G 是单连通的,所以闭曲线 C 所围成的闭区域 D 全部在 G 内,于是式(11-7)在 D 上恒成立,由格林公式有

$$\iint_D \left(\frac{\partial Q}{\partial x} - \frac{\partial P}{\partial y}\right)\mathrm{d}x\mathrm{d}y = \oint_C P\mathrm{d}x + Q\mathrm{d}y.$$

由于
$$\frac{\partial P}{\partial y} = \frac{\partial Q}{\partial x}\left(\text{即}\frac{\partial Q}{\partial x} - \frac{\partial P}{\partial y} = 0\right),$$

故
$$\iint_D \left(\frac{\partial Q}{\partial x} - \frac{\partial P}{\partial y}\right)\mathrm{d}x\mathrm{d}y = 0,$$

从而
$$\oint_C P\mathrm{d}x + Q\mathrm{d}y = 0.$$

再证条件的必要性:如果沿 G 内任意闭曲线的曲线积分为零,那么式(11-7)在 G 内恒成立. 假设上述论断不成立,那么 G 内至少有一点 M_0,使

$$\left(\frac{\partial Q}{\partial x} - \frac{\partial P}{\partial y}\right)_{M_0} \neq 0,$$

不妨设

$$\left(\frac{\partial Q}{\partial x}-\frac{\partial P}{\partial y}\right)_{M_0}=\delta>0.$$

由于$\frac{\partial P}{\partial y}$、$\frac{\partial Q}{\partial x}$在 G 内连续,故可以在 G 内取一个以 M_0 为圆心、半径足够小的圆形闭区域 K,使得在 K 上恒有

$$\frac{\partial Q}{\partial x}-\frac{\partial P}{\partial y}\geqslant\frac{\delta}{2}.$$

由格林公式及二重积分的性质有

$$\oint_l P\mathrm{d}x+Q\mathrm{d}y=\iint_K\left(\frac{\partial Q}{\partial x}-\frac{\partial P}{\partial y}\right)\mathrm{d}x\mathrm{d}y\geqslant\frac{\delta}{2}\cdot\sigma,$$

其中 l 是 K 的正向边界曲线,σ 是区域 K 的面积. 因为 $\delta>0,\sigma>0$,所以

$$\oint_l P\mathrm{d}x+Q\mathrm{d}y>0.$$

结果与沿 G 内任意闭曲线的曲线积分为零的假设相矛盾,可见 G 内使式(11-7)不成立的点不可能存在,即$\frac{\partial Q}{\partial x}=\frac{\partial P}{\partial y}$在 G 内处处成立.

定理 11.4 中要求区域 G 是单连通区域,和函数 $P(x,y)$、$Q(x,y)$ 在 G 内连续且具有一阶连续偏导数这两个条件是重要的. 例如,在例 3 中读者已经看到,当 L 所围成的区域含有原点时,虽然除去原点外,恒有$\frac{\partial Q}{\partial x}=\frac{\partial P}{\partial y}$,但是,$\oint_L P\mathrm{d}x+Q\mathrm{d}y\neq0$. 这是因为在区域内含有破坏函数 P、Q 及$\frac{\partial Q}{\partial x}$、$\frac{\partial P}{\partial y}$连续性条件的点(这里是原点),这种点通常称为奇点.

11.3.3 二元函数的全微分求积

定理 11.5 设区域 G 是一个单连通区域,函数 $P(x,y)$、$Q(x,y)$ 在 G 内具有一阶连续偏导数,则 $P(x,y)\mathrm{d}x+Q(x,y)\mathrm{d}y$ 在 G 内为某一函数$u(x,y)$的全微分的充分必要条件是

$$\frac{\partial P}{\partial y}=\frac{\partial Q}{\partial x}$$

在 G 内恒成立.

证 先证必要性. 设存在着某一函数 $u(x,y)$,使得

$$\mathrm{d}u=P(x,y)\mathrm{d}x+Q(x,y)\mathrm{d}y,$$

则

$$\frac{\partial u}{\partial x}=P(x,y),\quad\frac{\partial u}{\partial y}=Q(x,y).$$

从而

$$\frac{\partial P}{\partial y}=\frac{\partial^2 u}{\partial x\partial y},\quad\frac{\partial Q}{\partial x}=\frac{\partial^2 u}{\partial y\partial x}.$$

由于 P、Q 的一阶偏导数连续,故$\frac{\partial^2 u}{\partial x\partial y}$、$\frac{\partial^2 u}{\partial y\partial x}$连续,因此$\frac{\partial^2 u}{\partial x\partial y}=\frac{\partial^2 u}{\partial y\partial x}$,即

$\frac{\partial P}{\partial y}=\frac{\partial Q}{\partial x}$.

再证充分性. 设$\frac{\partial P}{\partial y}=\frac{\partial Q}{\partial x}$在 G 内恒成立,由定理 11.2 可知,起点为 $A(x_0,y_0)$终点为 $B(x,y)$的曲线积分 $\int_{\overset{\frown}{AB}}P\mathrm{d}x+Q\mathrm{d}y$ 在区域 G 内与路径的选择无关,故当 $B(x,y)$在 D 内变动时,其积分值是 $B(x,y)$的函数,即有

$$u(x,y)=\int_{\overset{\frown}{AB}}P\mathrm{d}x+Q\mathrm{d}y=\int_{(x_0,y_0)}^{(x,y)}P\mathrm{d}x+Q\mathrm{d}y.$$

取 Δx 充分小,使 $C(x+\Delta x,y)\in G$,则函数 $u(x,y)$ 对于 x 的偏增量(见图 11-12)

$$\begin{aligned}&u(x+\Delta x,y)-u(x,y)\\&=\int_{\overset{\frown}{AC}}P\mathrm{d}x+Q\mathrm{d}y-\int_{\overset{\frown}{AB}}P\mathrm{d}x+Q\mathrm{d}y.\end{aligned}$$

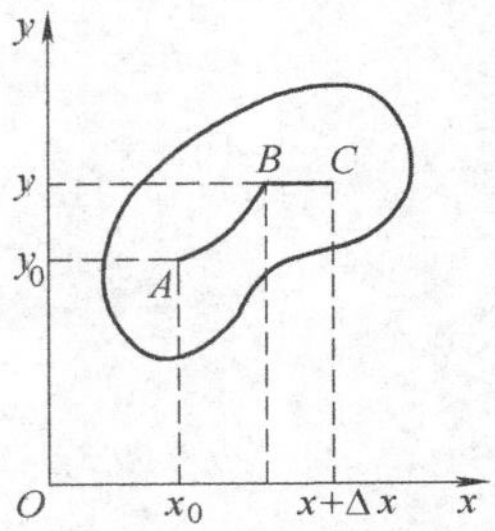

图　11-12

因为在 G 内曲线积分与路径无关,所以

$$\int_{\overset{\frown}{AC}}P\mathrm{d}x+Q\mathrm{d}y=\int_{\overset{\frown}{AB}}P\mathrm{d}x+Q\mathrm{d}y+\int_{BC}P\mathrm{d}x+Q\mathrm{d}y.$$

因此,由积分中值定理可得

$$\begin{aligned}\Delta u&=u(x+\Delta x,y)-u(x,y)=\int_{BC}P\mathrm{d}x+Q\mathrm{d}y\\&=\int_x^{x+\Delta x}P(x,y)\mathrm{d}x=P(x+\theta\Delta x,y)\Delta x,\end{aligned}$$

其中 $0<\theta<1$. 根据 $P(x,y)$在 D 上连续,有

$$\frac{\partial u}{\partial x}=\lim_{\Delta x\to 0}\frac{\Delta u}{\Delta x}=\lim_{\Delta x\to 0}P(x+\theta\Delta x,y)=P(x,y).$$

同理可证$\frac{\partial u}{\partial y}=Q(x,y)$. 因此

$$\mathrm{d}u=P\mathrm{d}x+Q\mathrm{d}y.$$

由上述证明可看到,若函数 $P(x,y)$、$Q(x,y)$满足在单连通域 G 内有连续的一阶偏导数,则二元函数

$$u(x,y)=\int_{(x_0,y_0)}^{(x,y)}P(x,y)\mathrm{d}x+Q(x,y)\mathrm{d}y$$

具有性质

$$\mathrm{d}u(x,y)=P(x,y)\mathrm{d}x+Q(x,y)\mathrm{d}y.$$

它与一元函数的原函数相仿,所以我们也称 $u(x,y)$为 $P\mathrm{d}x+Q\mathrm{d}y$ 的一个原函数.

例 5　验证:在整个 xOy 平面内,$(2x+\sin y)\mathrm{d}x+(x\cos y)\mathrm{d}y$ 是某个函数的全微分,并求出一个原函数.

解 这里 $P=2x+\sin y, Q=x\cos y$，且

$$\frac{\partial P}{\partial y}=\cos y=\frac{\partial Q}{\partial x}.$$

在整个 xOy 平面内恒成立，因此在整个 xOy 平面内，$(2x+\sin y)\mathrm{d}x+x\cos y\mathrm{d}y$ 是某个函数的全微分.

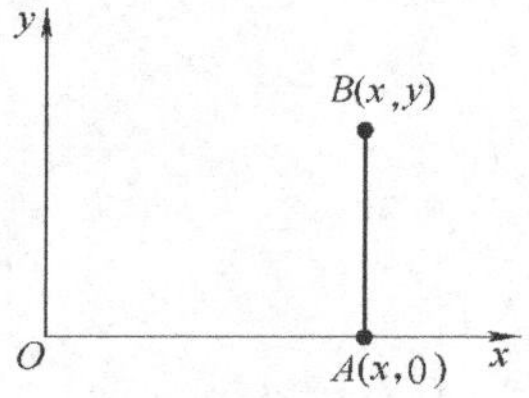

图 11-13

由定理 11.4 取积分路线如图 11-13，所求函数为

$$\begin{aligned}u(x,y) &= \int_{(0,0)}^{(x,y)}(2x+\sin y)\mathrm{d}x+x\cos y\mathrm{d}y\\ &= \int_{OA}(2x+\sin y)\mathrm{d}x+x\cos y\mathrm{d}y+\\ &\quad\int_{AB}(2x+\sin y)\mathrm{d}x+x\cos y\mathrm{d}y\\ &= \int_0^x 2x\mathrm{d}x+\int_0^y x\cos y\mathrm{d}y\\ &= x^2+x\sin y.\end{aligned}$$

除了上述方法外，我们还可以用下面的方法来求函数 $u(x,y)$.

由于函数 u 满足

$$\frac{\partial u}{\partial x}=2x+\sin y,$$

故

$$u=\int(2x+\sin y)\mathrm{d}x=x^2+x\sin y+\varphi(y),$$

其中 $\varphi(y)$ 是 y 的待定可微函数. 由此可知

$$\frac{\partial u}{\partial y}=x\cos y+\varphi'(y).$$

又 u 必须满足

$$\frac{\partial u}{\partial y}=x\cos y,$$

故

$$x\cos y+\varphi'(y)=x\cos y.$$

从而 $\varphi'(y)=0, \varphi(y)=c$，所求函数为

$$u=x^2+x\sin y+c.$$

一个一阶微分方程写成

$$P(x,y)\mathrm{d}x+Q(x,y)\mathrm{d}y=0 \tag{11-8}$$

的形式后，如果它的左端恰好是某一个函数 $u(x,y)$ 的全微分，那么该方程就叫做全微分方程，这里

$$\frac{\partial u}{\partial x}=P(x,y),\quad \frac{\partial u}{\partial y}=Q(x,y).$$

而方程(11-8)就是

$$\mathrm{d}u(x,y)=0.$$

因此 $u(x,y)=c$. 这表示方程(11-8)的解是由方程 $u(x,y)=c$ 所确定的隐函数,方程 $u(x,y)=c$ 就是全微分方程(11-8)的隐式通解.

例 6　求解 $(5x^4+3xy^2-y^3)\mathrm{d}x+(3x^2y-3xy^2+y^2)\mathrm{d}y=0$.

解　这里

$$\frac{\partial P}{\partial y}=6xy-3y^2=\frac{\partial Q}{\partial x},$$

所以这是全微分方程. 设

$$\mathrm{d}u=(5x^4+3xy^2-y^3)\mathrm{d}x+(3x^2y-3xy^2+y^2)\mathrm{d}y,$$

故

$$u=\int(5x^4+3xy^2-y^3)\mathrm{d}x=x^5+\frac{3}{2}x^2y^2-xy^3+\varphi(y),$$

其中 $\varphi(y)$ 是待定函数. 由此可知

$$3x^2y-3xy^2+\varphi'(y)=3x^2y-3xy^2+y^2.$$

从而 $\varphi'(y)=y^2,\varphi(y)=\frac{1}{3}y^3+c$,则

$$u(x,y)=x^5+\frac{3}{2}x^2y^2-xy^3+\frac{1}{3}y^3+c.$$

于是方程的通解为

________________.

习题 11.3

1. 验证下列积分与路径无关，并求它们的积分值：

(1) $\int_{(0,0)}^{(1,1)}(x-y)(\mathrm{d}x-\mathrm{d}y)$；

(2) $\int_{(0,0)}^{(x,y)}(2x\cos y-y^2\sin x)\mathrm{d}x+(2y\cos x-x^2\sin y)\mathrm{d}y$；

(3) $\int_{(2,1)}^{(1,2)}\frac{y\mathrm{d}x-x\mathrm{d}y}{x^2}$，沿在右半平面内的路线；

(4) $\int_{(1,0)}^{(6,8)}\frac{x\mathrm{d}x+y\mathrm{d}y}{\sqrt{x^2+y^2}}$，沿不通过原点的路线.

2. 应用格林公式计算下列曲线积分：

(1) $\int_L(x+y)^2\mathrm{d}x+(x^2+y^2)\mathrm{d}y$，其中 L 是以 $A(1,1)$，$B(3,1)$，$C(2,2)$ 为顶点的三角形正向边界；

(2) $\int_L(2xy^3-y^2\cos x)\mathrm{d}x+(1-2y\sin x+3x^2y^2)\mathrm{d}y$，其中 L 为在抛物线 $2x=\pi y^2$ 上由点 $(0,0)$ 到 $\left(\frac{\pi}{2},1\right)$ 的一段弧；

(3) $\int_{AB}(\mathrm{e}^x\sin y-my)\mathrm{d}x+(\mathrm{e}^x\cos y-m)\mathrm{d}y$，其中 m 为常数，AB 为由 $(a,0)$ 到 $(0,0)$ 经过圆 $x^2+y^2=ax$ 上半部的路线.

3. 应用格林公式计算下列曲线所围的平面面积：

（1）星形线：$x=a\cos^3 t$，$y=a\sin^3 t$；

（2）椭圆：$4x^2+9y^2=36$；

（3）双纽线：$(x^2+y^2)^2=a^2(x^2-y^2)$.

4. 验证下列式子在整个 xOy 平面内是某一函数 $u(x,y)$ 的全微分，并求其原函数：

（1）$(x+2y)\mathrm{d}x+(2x+y)\mathrm{d}y$；

（2）$(x^2+2xy-y^2)\mathrm{d}x+(x^2-2xy-y^2)\mathrm{d}y$；

（3）$4\sin x\sin 3y\cos x\mathrm{d}x-3\cos 3y\cos 2x\mathrm{d}y$；

（4）$\mathrm{e}^x[\mathrm{e}^y(x-y+2)+y]\mathrm{d}x+\mathrm{e}^x[\mathrm{e}^y(x-y)+1]\mathrm{d}y$.

5. 为了使曲线积分

$$\int_L F(x,y)(y\mathrm{d}x+x\mathrm{d}y)$$

与积分路径无关，可微函数 $F(x,y)$ 应满足怎样的条件？

6. 判别下列方程中哪些是全微分方程，并求全微分方程的通解：

（1）$(3x^2+6xy^2)\mathrm{d}x+(6x^2y+4y^2)\mathrm{d}x=0$；

（2）$\mathrm{e}^y\mathrm{d}x+(x\mathrm{e}^y-2y)\mathrm{d}y=0$；

（3）$(x^2-y)\mathrm{d}x-x\mathrm{d}y=0$；

（4）$y(x-2y)\mathrm{d}x-x^2\mathrm{d}y=0$；

（5）$(1+\mathrm{e}^{2\theta})\mathrm{d}\rho+2\rho\mathrm{e}^{2\theta}\mathrm{d}\theta=0$；

（6）$(x^2+y^2)\mathrm{d}x+xy\mathrm{d}y=0$.

11.4 对面积的曲面积分

11.4.1 对面积的曲面积分的概念

利用求曲线的质量问题，我们引出了对弧长的曲线积分. 类似地，如果把曲线改为曲面 S，并相应地把线密度 $\mu(x,y)$ 改为面密度 $\mu(x,y,z)$，仍用“分割，近似求和，取极限”的步骤，将小段曲线的弧长 Δs_i 改为小块曲面的面积 Δs_i，那么，在面密度 $\mu(x,y,z)$ 为连续的前提下，所求的曲面块 S 的质量 M 为

$$M=\lim_{\lambda\to 0}\sum_{i=1}^{n}\mu(\xi_i,\eta_i,\zeta_i)\Delta s_i,$$

其中 λ 表示 n 个小曲面的直径中的最大值.

抽去上述问题的具体含义，就可以得出对面积的曲面积分的定义.

为了讨论方便，我们规定，今后所提的曲面如无特别声明，都是指光滑或分片光滑的曲面. 所谓光滑曲面是指：若曲面 S 的方程可表示成 $z=f(x,y)$，则 f 具有一阶连续的偏导数. 由有限块光滑曲面所拼成的曲面，称为分片光滑曲面.

定义 11.3 设 Σ 是空间中的光滑曲面，函数 $f(x,y,z)$ 在 Σ 上连

续有界. 把 Σ 任意分成 n 小片 Δs_i(Δs_i 也表示第 i 小片曲面的面积), 在 Δs_i 上任取一点 (ξ_i,η_i,ζ_i), 作和式

$$\sum_{i=1}^{n} f(\xi_i,\eta_i,\zeta_i)\Delta s_i,$$

当各小片曲面的直径的最大值 $\lambda\to 0$ 时, 这个和的极限总存在, 则称此极限为函数 $f(x,y,z)$ 在曲面 Σ 上对面积的曲面积分或第一类曲面积分, 记作 $\iint\limits_{\Sigma} f(x,y,z)\,\mathrm{d}S$, 即

$$\iint\limits_{\Sigma} f(x,y,z)\,\mathrm{d}S = \lim_{\lambda\to 0}\sum_{i=1}^{n} f(\xi_i,\eta_i,\zeta_i)\Delta s_i, \tag{11-9}$$

其中 $f(x,y,z)$ 叫作被积函数, Σ 叫作积分曲面. 这时, 称函数 $f(x,y,z)$ 在曲面 Σ 上对面积可积.

根据上述定义, 面密度为连续函数 $\mu(x,y,z)$ 的光滑曲面 Σ 的质量 M, 可表示为 $\mu(x,y,z)$ 在 Σ 上对面积的曲面积分

$$M = \iint\limits_{\Sigma} \mu(x,y,z)\,\mathrm{d}S.$$

特别地, 当 $f(x,y,z)\equiv 1$ 时, 曲面积分 $\iint\limits_{\Sigma}\mathrm{d}S$ 就是曲面 Σ 的面积.

第一类曲面积分的性质完全类似于第一类曲线积分, 读者可仿照 11.1 节自行写出.

11.4.2 对面积的曲面积分的计算法

对面积的曲面积分可化为二重积分来计算.

定理 11.6 设函数 $f(x,y,z)$ 在曲面 Σ 上连续, 曲面 Σ 的方程为 $z=z(x,y)$, 它在 xOy 平面上的投影区域为 D_{xy}, 且 $z(x,y)$ 在 D 上有一阶连续的偏导数, 则

$$\iint\limits_{\Sigma} f(x,y,z)\,\mathrm{d}\Sigma = \iint\limits_{D} f[x,y,z(x,y)]\sqrt{1+(z_x')^2+(z_y')^2}\,\mathrm{d}x\mathrm{d}y. \tag{11-10}$$

证明与 11.1 节的定理 11.1 的证明相仿, 这里不再重复.

当 $f(x,y,z)\equiv 1$ 时, 曲面 Σ: $z=z(x,y)$ 的面积为

$$\Sigma = \iint\limits_{D}\sqrt{1+(z_x')^2+(z_y')^2}\,\mathrm{d}x\mathrm{d}y,$$

从而曲面 $z=z(x,y)$ 的面积微元可表示为

$$\mathrm{d}\Sigma = \sqrt{1+(z_x')^2+(z_y')^2}\,\mathrm{d}x\mathrm{d}y.$$

如果积分曲面 Σ 由方程 $x=x(y,\ z)$ 或 $y=y(z,\ x)$ 给出, 也可类似地把对面积的曲面积分化为相应的二重积分.

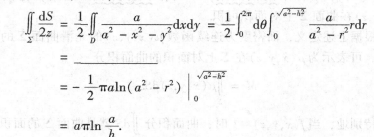

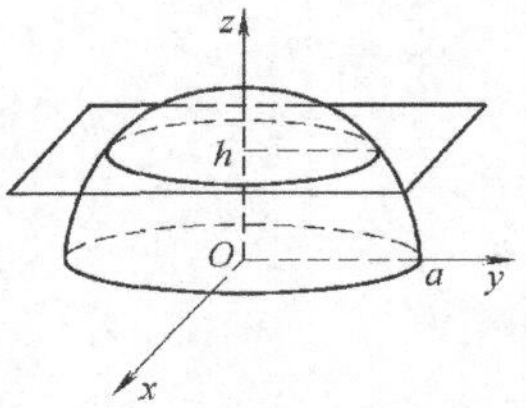

图 11-14

例1 计算 $\iint\limits_{\Sigma}\frac{\mathrm{d}S}{2z}$，其中 S 是球面 $x^2+y^2+z^2=a^2$ 被平面 $z=h(0<h<a)$ 所截的顶部(见图 11-14).

解 曲面 Σ 的方程为

$$z=\sqrt{a^2-x^2-y^2},$$

定义域 D 为圆域：$\{(x,y)\mid x^2+y^2\leqslant a^2-h^2\}$.

因为

$$\sqrt{1+z_x^2+z_y^2}=\frac{a}{\sqrt{a^2-x^2-y^2}},$$

所以由公式(11-10)求得

$$\begin{aligned}\iint\limits_{\Sigma}\frac{\mathrm{d}S}{2z}&=\frac{1}{2}\iint\limits_{D}\frac{a}{a^2-x^2-y^2}\mathrm{d}x\mathrm{d}y=\frac{1}{2}\int_0^{2\pi}\mathrm{d}\theta\int_0^{\sqrt{a^2-h^2}}\frac{a}{a^2-r^2}r\mathrm{d}r\\&=\underline{\qquad\qquad\qquad}\\&=-\frac{1}{2}\pi a\ln(a^2-r^2)\Big|_0^{\sqrt{a^2-h^2}}\\&=a\pi\ln\frac{a}{h}.\end{aligned}$$

例2 计算 $\iint\limits_{\Sigma}(x^2+y^2)\mathrm{d}S$，其中 Σ 是锥面 $z=\sqrt{x^2+y^2}$ 与 $z=1$ 所围成的封闭曲面.

解 记曲面 Σ 中的平面 $z=1$ 部分记为 Σ_1，锥面部分为 Σ_2，则

$$\iint\limits_{\Sigma}(x^2+y^2)\mathrm{d}S=\iint\limits_{\Sigma_1}(x^2+y^2)\mathrm{d}S+\iint\limits_{\Sigma_2}(x^2+y^2)\mathrm{d}S.$$

在 Σ_1 上，$z=1$，故 Σ_1 在 xOy 平面上的投影区域为 D：$\{(x,y)\mid x^2+y^2\leqslant1\}$，且 $\sqrt{1+(z_x')^2+(z_y')^2}=1$，因此

$$\iint\limits_{\Sigma_1}(x^2+y^2)\mathrm{d}x\mathrm{d}y=\iint\limits_{D}(x^2+y^2)\mathrm{d}x\mathrm{d}y=\frac{\pi}{2}.$$

在 Σ_2 上 $z=\sqrt{x^2+y^2}$，故 Σ_2 在 xOy 平面上的投影区域仍为 D：$\{(x,y)\mid x^2+y^2\leqslant1\}$，且 $\sqrt{1+(z_x')^2+(z_y')^2}=\sqrt{2}$，因此

$$\iint\limits_{\Sigma_2}(x^2+y^2)\mathrm{d}x\mathrm{d}y=\iint\limits_{D}(x^2+y^2)\sqrt{2}\mathrm{d}x\mathrm{d}y=\frac{\sqrt{2}}{2}\pi.$$

所以

$$\iint\limits_{\Sigma}(x^2+y^2)\mathrm{d}S=\frac{\pi}{2}+\frac{\sqrt{2}\pi}{2}=\frac{\pi}{2}(1+\sqrt{2}).$$

习题 11.4

1. 按对面积的曲面积分的定义证明公式

$$\iint_{\Sigma} f(x,y,z)\,\mathrm{d}S = \iint_{\Sigma_1} f(x,y,z)\,\mathrm{d}S + \iint_{\Sigma_2} f(x,y,z)\,\mathrm{d}S,$$

其中 Σ 是由 Σ_1 和 Σ_2 组成的.

2. 当 Σ 是 xOy 平面内的一个闭区域时，曲面积分 $\iint_{\Sigma} f(x,y,z)\,\mathrm{d}S$ 与二重积分有什么关系？

3. 计算下列对面积的曲面积分：

(1) $\iint_{\Sigma}(x+y+z)\,\mathrm{d}S$, 其中 Σ 是上半球面 $x^2+y^2+z^2=a^2$，$z\geqslant 0$；

(2) $\iint_{\Sigma}(x^2+y^2)\,\mathrm{d}S$, 其中 Σ 为立体 $\sqrt{x^2+y^2}\leqslant z\leqslant 1$ 的边界曲面；

(3) $\iint_{\Sigma}\dfrac{\mathrm{d}S}{x^2+y^2+z^2}$, 其中 Σ 为上半球面 $x^2+y^2+z^2=R^2(z\geqslant 0)$；

(4) $\iint_{\Sigma}xyz\,\mathrm{d}S$, 其中 Σ 为平面 $x+y+z=1$ 在第一卦限中的部分；

(5) $\iint_{\Sigma}(xy+yz+zx)\,\mathrm{d}S$, 其中 Σ 为锥面 $z=\sqrt{x^2+y^2}$ 被柱面 $x^2+y^2=2ax$ 所截得的有限部分.

4. 求抛物面壳 $z=\dfrac{1}{2}(x^2+y^2)(0\leqslant z\leqslant 1)$ 的质量，此壳的面密度为 $\mu=z$.

5. 求面密度为 ρ 的均匀球面 $x^2+y^2+z^2=a^2(z\geqslant 0)$ 对于 z 轴的转动惯量.

11.5 对坐标的曲面积分

11.5.1 有向曲面的概念

为了确定曲面的方向，首先要阐明曲面侧的概念.

设有空间光滑曲面 Σ，M 为曲面 Σ 上的一点，曲面在 M 处的法线有两个方向：当取定其中一个指向为正方向时，另一个指向就是负方向. 若曲面 Σ 上任一点 P_0 处的一个法向量沿曲面上任何过点 P_0 的封闭曲线(不越过曲面的边界)连续移动一周回到点 P_0 时，其方向不变，则称此曲面 Σ 为双侧曲面；若存在一条封闭曲线，此法向量连续移动一周回到点 P_0 时，其方向发生改变，则称此曲面 Σ 为单侧曲面.

我们通常碰到的曲面大多是双侧曲面. 而如图 11-15 所示的默比乌斯带就是一个单侧曲面. 通常由 $z=z(x,y)$ 所表示的曲面都是双侧曲面．一般情况下，我们把曲面Σ的法向量与坐标轴正向的夹角为锐角的一侧规定为正侧，则另一侧为负侧．比如曲面Σ的方程为：$z=f(x,y)(x,y)\in D$，则曲面Σ的上侧规定为正侧，下侧为负侧．同理可规定，曲面的右侧为正侧，左侧为负侧；前侧为正侧，后侧为负侧．

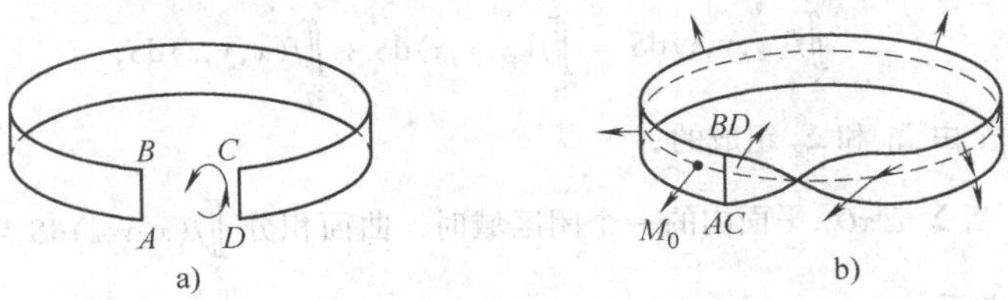

图 11-15

当曲面S为简单封闭曲面时，规定其外侧为正侧，内侧为负侧．这种取定了法向量亦即选定了侧的曲面，就称为有向曲面．

设Σ是有向曲面．在Σ上取一小块曲面ΔS，使ΔS上各点处的法向量与z轴的夹角的余弦$\cos\gamma$有相同的符号（即$\cos\gamma$都是正的或都是负的）．我们规定ΔS在xOy面上的投影$(\Delta S)_{xy}$为

$$(\Delta S)_{xy}=\begin{cases}(\Delta\sigma)_{xy}, & \cos\gamma>0,\\ -(\Delta\sigma)_{xy}, & \cos\gamma<0,\\ 0, & \cos\gamma\equiv 0,\end{cases}$$

其中$(\Delta\sigma)_{xy}$为ΔS投影到xOy面上的投影区域的面积．类似地可以定义ΔS在yOz面及zOx面上的投影$(\Delta S)_{yz}$及$(\Delta S)_{zx}$.

11.5.2 对坐标的曲面积分的概念

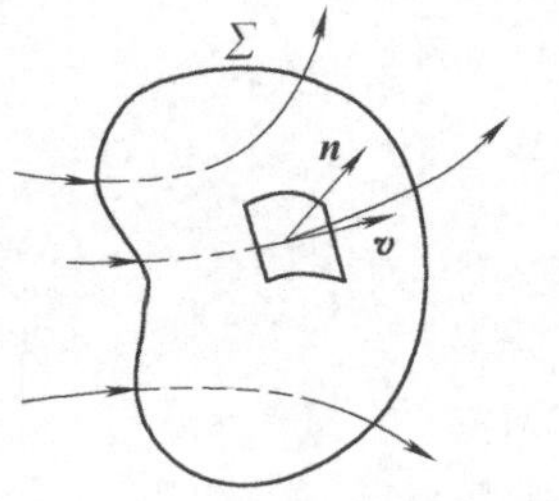

图 11-16

流向曲面一侧的流量 设有一稳定且不可压缩流体以流速

$$\boldsymbol{v}(x,y,z)=P(x,y,z)\boldsymbol{i}+Q(x,y,z)\boldsymbol{j}+R(x,y,z)\boldsymbol{k}$$

从曲面Σ的负侧流向正侧（见图 11-16），其中P、Q、R在Σ上连续，求在单位时间内流向Σ指定侧的流体的质量，即流量Φ（假定流体密度为1）.

如果流体流过平面上面积为A的一个闭区域，且流体在该闭区域上各点处的流速为常向量$\boldsymbol{v}$，又设$\boldsymbol{n}$为该平面的单位法向量，那么单位时间内流过该闭区域的流体构成一个底面积为A、斜高为$|\boldsymbol{v}|$的斜柱体（见图 11-17）.

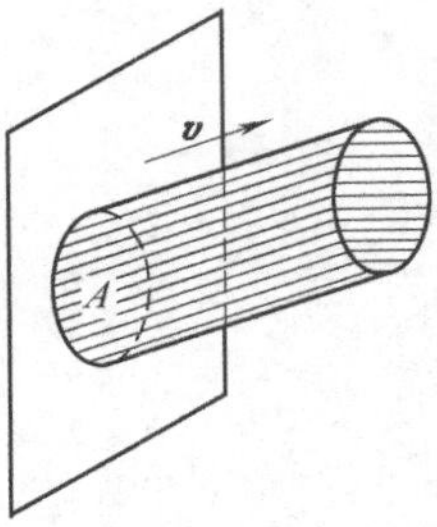

图 11-17

当$(\widehat{\boldsymbol{v},\boldsymbol{n}})=\theta<\dfrac{\pi}{2}$时，该斜柱体体积为

$$A\,|\boldsymbol{v}|\cos\theta=A\boldsymbol{v}\cdot\boldsymbol{n},$$

这也就是通过区域A流向$\boldsymbol{n}$所指一侧的流量；

当$(\widehat{\boldsymbol{v},\boldsymbol{n}})=\theta=\dfrac{\pi}{2}$时，流体通过闭区域$A$流向$\boldsymbol{n}$所指一侧的流量$\Phi=A|\boldsymbol{v}|\cos\theta=A\boldsymbol{v}\cdot\boldsymbol{n}=0$.

当$(\widehat{\boldsymbol{v},\boldsymbol{n}})>\dfrac{\pi}{2}$时，$A\boldsymbol{v}\cdot\boldsymbol{n}<0$，这时我们仍称$A\boldsymbol{v}\cdot\boldsymbol{n}$为流体通过区域$A$流向$\boldsymbol{n}$所指一侧的流量，它表示流体实际通过闭区域$A$流向$-\boldsymbol{n}$所指一侧，且流量为$-A\boldsymbol{v}\cdot\boldsymbol{n}$. 因此，不论$(\widehat{\boldsymbol{v},\boldsymbol{n}})$为何值，流体通过闭区域$A$流向$\boldsymbol{n}$所指一侧的流量均为$A\boldsymbol{v}\cdot\boldsymbol{n}$.

当曲面$\boldsymbol{\Sigma}$不是平面闭区域而是一片曲面，且流速$\boldsymbol{v}$也不是常量时，我们仍采用“分割，近似求和，取极限”的步骤来计算.

设曲面$\boldsymbol{\Sigma}$的正侧上任一点(x,y,z)处的单位法向量为

$$\boldsymbol{n}=\{\cos\alpha,\cos\beta,\cos\gamma\}.$$

这里α，β，γ是x,y,z的函数．把曲面$\boldsymbol{\Sigma}$分成n小块ΔS_i（ΔS_i同时也代表第i小块曲面的面积）. 若$\boldsymbol{v}$在光滑曲面$\boldsymbol{\Sigma}$上连续，只要ΔS_i的直径很小，我们就可以用ΔS_i上任一点(ξ_i,η_i,ζ_i)处的流速

$$\boldsymbol{v}_i=\boldsymbol{v}(\xi_i,\eta_i,\zeta_i)=\{P(\xi_i,\eta_i,\zeta_i),Q(\xi_i,\eta_i,\zeta_i),R(\xi_i,\eta_i,\zeta_i)\}$$

代替ΔS_i上其他各点处的流速，以曲面$\boldsymbol{\Sigma}$在该点处的单位法向量

$$\boldsymbol{n}_i=\cos\alpha_i\boldsymbol{i}+\cos\beta_i\boldsymbol{j}+\cos\gamma_i\boldsymbol{k}$$

代替ΔS_i上其他各点处的单位法向量，则单位时间内流经小曲面ΔS_i的流量近似地等于

$$\begin{aligned}&\Delta S_i\boldsymbol{v}(\xi_i,\eta_i,\zeta_i)\cdot\boldsymbol{n}(\xi_i,\eta_i,\zeta_i)\\&=[P(\xi_i,\eta_i,\zeta_i)\cos\alpha_i+Q(\xi_i,\eta_i,\zeta_i)\cos\beta_i+\\&\quad R(\xi_i,\eta_i,\zeta_i)\cos\gamma_i]\Delta S_i.\end{aligned}$$

又$\Delta S_i\cos\alpha_i$，$\Delta S_i\cos\beta_i$，$\Delta S_i\cos\gamma_i$分别是S_i的正侧在坐标平面yOz，zOx和xOy上投影区域的面积的近似值，并分别记作$(\Delta S_i)_{yz}$，$(\Delta S_i)_{zx}$，$(\Delta S_i)_{xy}$. 于是单位时间内由小曲面ΔS_i的负侧流向正侧的流量也近似地等于

$$\boldsymbol{v}_i\cdot\boldsymbol{n}_i\Delta S_i(i=1,2,\cdots,n),$$

通过曲面$\boldsymbol{\Sigma}$流向指定侧的流量为

$$\begin{aligned}\Phi&\approx\sum_{i=1}^{n}\boldsymbol{v}_i\cdot\boldsymbol{n}_i\Delta S_i\\&=\sum_{i=1}^{n}[P(\xi_i,\eta_i,\zeta_i)\cos\alpha_i+Q(\xi_i,\eta_i,\zeta_i)\cos\beta_i+\\&\quad R(\xi_i,\eta_i,\zeta_i)\cdot\cos\gamma_i]\Delta S_i\\&\approx\sum_{i=1}^{n}[P(\xi_i,\eta_i,\zeta_i)(\Delta S_i)_{yz}+Q(\xi_i,\eta_i,\zeta_i)(\Delta S_i)_{zx}+\end{aligned}$$

$$R(\xi_i,\eta_i,\zeta_i)(\Delta S_i)_{xy}].$$

令 ΔS_i 中的最大半径 $\lambda \to 0$ 取上述和式的极限，就得到流量 Φ 的精确值. 这种与曲面的侧有关的和式极限还会在其他问题中遇到，这样的极限就是所要讨论的对坐标的曲面积分的概念.

定义 11.4 设函数 $R(x,y,z)$ 在光滑的有向曲面 Σ 上有界，把 Σ 分为 n 小片有向曲面 $\Delta S_i(i=1,2,\cdots,n)$，$\Delta S_i$ 同时表示第 i 块小曲面的面积)，以 $(\Delta S_i)_{xy}$ 表示 ΔS_i 在 xOy 平面上的投影 (ξ_i,η_i,ζ_i) 是 ΔS_i 上任意取定的一点. 如果当各小块曲面的直径的最大值 $\lambda \to 0$ 时，

$$\lim_{\lambda\to 0}\sum_{i=1}^{n}R(\xi_i,\eta_i,\zeta_i)(\Delta S_i)_{xy}$$

总存在，则称此极限为函数 $R(x,y,z)$ 在有向曲面 Σ 上对坐标 x、y 的曲面积分，记作 $\iint\limits_{\Sigma}R(x,y,z)\mathrm{d}x\mathrm{d}y$，即

$$\iint\limits_{\Sigma}R(x,y,z)\mathrm{d}x\mathrm{d}y=\lim_{\lambda\to 0}\sum_{i=1}^{n}R(\xi_i,\eta_i,\zeta_i)(\Delta S_i)_{xy},$$

其中 $R(x,y,z)$ 叫做被积函数，Σ 叫做积分曲面.

注意： $(\Delta S_i)_{xy}$ 的符号由 ΔS_i 的方向来确定，如 ΔS_i 的法线正向与 z 轴正向成锐角时，ΔS_i 在 xOy 平面的投影 $(\Delta S_i)_{xy}$ 为正；反之，若 ΔS_i 的法线正向与 z 轴正向成钝角，它在 xOy 平面上的投影 $(\Delta S_i)_{xy}$ 为负.

类似地可以定义函数 $P(x,y,z)$ 在有向曲面 Σ 上对坐标 y、z 的曲面积分 $\iint\limits_{\Sigma}P(x,y,z)\mathrm{d}y\mathrm{d}z$ 及函数 $Q(x,y,z)$ 在有向曲面 Σ 上对坐标 z、x 的曲面积分 $\iint\limits_{\Sigma}Q(x,y,z)\mathrm{d}z\mathrm{d}x$ 分别为

$$\iint\limits_{\Sigma}P(x,y,z)\mathrm{d}y\mathrm{d}z=\lim_{\lambda\to 0}\sum_{i=1}^{n}P(\xi_i,\eta_i,\zeta_i)(\Delta S_i)_{yz},$$

$$\iint\limits_{\Sigma}Q(x,y,z)\mathrm{d}z\mathrm{d}x=\lim_{\lambda\to 0}\sum_{i=1}^{n}Q(\xi_i,\eta_i,\zeta_i)(\Delta S_i)_{zx}.$$

以上三个曲面积分也称为第二类曲面积分.

应当指出，当 $P(x,y,z)$、$Q(x,y,z)$、$R(x,y,z)$ 在有向光滑曲面 Σ 上连续时，对坐标的曲面积分总是存在的，以后总假定 P、Q、R 在 Σ 上连续.

在应用上出现较多的是

$$\iint\limits_{\Sigma}P(x,y,z)\mathrm{d}y\mathrm{d}z+\iint\limits_{\Sigma}Q(x,y,z)\mathrm{d}z\mathrm{d}x+\iint\limits_{\Sigma}R(x,y,z)\mathrm{d}x\mathrm{d}y$$

这种合并起来的形式，为简便起见，我们把它写成

$$\iint_{\Sigma} P(x,y,z)\,\mathrm{d}y\mathrm{d}z + Q(x,y,z)\,\mathrm{d}z\mathrm{d}x + R(x,y,z)\,\mathrm{d}x\mathrm{d}y.$$

根据定义，上述流向 Σ 指定侧的流量 Φ 可表示为

$$\Phi = \iint_{\Sigma} P(x,y,z)\,\mathrm{d}y\mathrm{d}z + Q(x,y,z)\,\mathrm{d}z\mathrm{d}x + R(x,y,z)\,\mathrm{d}x\mathrm{d}y.$$

与对坐标的曲线积分一样，对坐标的曲面积分也有如下一些性质：

性质 11.8　设 α、β 为常数，则

$$\iint_{\Sigma}(\alpha P_1 + \beta P_2)\,\mathrm{d}y\mathrm{d}z + (\alpha Q_1 + \beta Q_2)\,\mathrm{d}z\mathrm{d}x + (\alpha R_1 + \beta R_2)\,\mathrm{d}x\mathrm{d}y$$

$$= \alpha\iint_{\Sigma}(P_1\mathrm{d}y\mathrm{d}z + Q_1\mathrm{d}z\mathrm{d}x + R_1\mathrm{d}x\mathrm{d}y) + \beta\iint_{\Sigma}(P_2\mathrm{d}y\mathrm{d}z + Q_2\mathrm{d}z\mathrm{d}x + R_2\mathrm{d}x\mathrm{d}y).$$

性质 11.9　如果把 Σ 分成 Σ_1 和 Σ_2，则

$$\begin{aligned}&\iint_{\Sigma} P\mathrm{d}y\mathrm{d}z + Q\mathrm{d}z\mathrm{d}x + R\mathrm{d}x\mathrm{d}y\\ &= \iint_{\Sigma_1}(P\mathrm{d}y\mathrm{d}z + Q\mathrm{d}z\mathrm{d}x + R\mathrm{d}x\mathrm{d}y) + \\ &\iint_{\Sigma_2}(P\mathrm{d}y\mathrm{d}z + Q\mathrm{d}z\mathrm{d}x + R\mathrm{d}x\mathrm{d}y).\end{aligned}$$

上式可以推广到 Σ 分成 Σ_1，Σ_2，…，$\Sigma_n n$ 部分的情形.

性质 11.10　设 Σ 是有向曲面，Σ^- 表示曲面 Σ 的另一侧，则

$$\iint_{\Sigma^-} P(x,y,z)\,\mathrm{d}y\mathrm{d}z = -\iint_{\Sigma} P(x,y,z)\,\mathrm{d}y\mathrm{d}z,$$

$$\iint_{\Sigma^-} Q(x,y,z)\,\mathrm{d}z\mathrm{d}x = -\iint_{\Sigma} Q(x,y,z)\,\mathrm{d}z\mathrm{d}x,$$

$$\iint_{\Sigma^-} R(x,y,z)\,\mathrm{d}x\mathrm{d}y = -\iint_{\Sigma} R(x,y,z)\,\mathrm{d}x\mathrm{d}y.$$

因此，关于对坐标的曲面积分，我们必须注意积分曲面所取的侧.

11.5.3　对坐标的曲面积分的计算

对坐标的曲面积分也是把它化为二重积分来计算.

定理 11.7　设 $R(x,y,z)$ 是定义在光滑曲面

$$\Sigma: z = z(x,y),\ (x,y) \in D_{xy}$$

上的连续函数. 其中 D_{xy} 表示 Σ 在 xOy 平面上的投影区域，$z=z(x,y)$ 在 D_{xy} 上具有一阶连续偏导数. 若以 Σ 的上侧为正侧(这时 Σ 的法线

方向与 z 轴正向成锐角)，则有

$$\iint\limits_{\Sigma} R(x,y,z)\,\mathrm{d}x\mathrm{d}y = \iint\limits_{D_{xy}} R(x,y,z(x,y))\,\mathrm{d}x\mathrm{d}y.$$

证 由对坐标的曲面积分的定义，有

$$\iint\limits_{\Sigma} R(x,y,z)\,\mathrm{d}x\mathrm{d}y = \lim_{\lambda\to 0}\sum_{i=1}^{n} R(\xi_i,\eta_i,\zeta_i)(\Delta S_i)_{xy},$$

这里 $\lambda=\max\{(\Delta S_i)_{xy}\text{的直径}\}$. 由于 R 在 Σ 上连续，z 在 D_{xy} 上连续(曲面光滑)，根据复合函数的连续性，$R(x,y,z(x,y))$ 也是 D_{xy} 上的连续函数．由二重积分的定义有

$$\iint\limits_{D_{xy}} R(x,y,z(x,y))\,\mathrm{d}x\mathrm{d}y = \lim_{\lambda\to 0}\sum_{i=1}^{n} R(\xi_i,\eta_i,z(\xi_i,\eta_i))(\Delta\sigma_i)_{xy},$$

分割时取 $(\Delta\sigma_i)_{xy}$ 为 ΔS_i 在 xOy 平面上的投影 $(\Delta S_i)_{xy}$ 的面积．因为 Σ 取上侧，$\cos\gamma>0$，所以

$$(\Delta S_i)_{xy} = (\Delta\sigma_i)_{xy}.$$

又因 (ξ_i,η_i,ζ_i) 是 Σ 上的一点，故 $\zeta_i=z(\xi_i,\eta_i)$. 从而有

$$\sum_{i=1}^{n} R(\xi_i,\eta_i,\zeta_i)(\Delta S_i)_{xy} = \sum_{i=1}^{n} R(\xi_i,\eta_i,z(\xi_i,\eta_i))(\Delta\sigma_i)_{xy}.$$

令 $\lambda\to 0$ 取上式两端的极限，就得到

$$\iint\limits_{\Sigma} R(x,y,z)\,\mathrm{d}x\mathrm{d}y = \iint\limits_{D_{xy}} R(x,y,z(x,y))\,\mathrm{d}x\mathrm{d}y.$$

必须注意，上式的曲面积分是取在曲面 Σ 上侧的；如果曲面积分取在 Σ 的下侧，这时 $\cos\gamma<0$，那么

$$(\Delta S_i)_{xy} = -(\Delta\sigma_i)_{xy},$$

从而有

$$\iint\limits_{\Sigma} R(x,y,z)\,\mathrm{d}x\mathrm{d}y = -\iint\limits_{D_{xy}} R(x,y,z(x,y))\,\mathrm{d}x\mathrm{d}y.$$

类似地，当 P 在光滑曲面 Σ：$x=x(y,z)$，$(y,z)\in D_{yz}$ 上连续，且 Σ 的法线方向与 x 轴的正向成锐角的那一侧为 Σ 的正侧时，有

$$\iint\limits_{\Sigma} P(x,y,z)\,\mathrm{d}y\mathrm{d}z = \iint\limits_{D_{yz}} P(x(y,z),y,z)\,\mathrm{d}y\mathrm{d}z. \tag{11-11}$$

当 Q 在光滑曲面 Σ：$y=y(z,x)$，$(z,x)\in D_{zx}$ 上连续，且 Σ 的法线方向与 y 轴的正向成锐角的那一侧为 Σ 的正侧时，有

$$\iint\limits_{\Sigma} Q(x,y,z)\,\mathrm{d}z\mathrm{d}x = \iint\limits_{D_{zx}} Q(x,y(z,x),z)\,\mathrm{d}z\mathrm{d}x. \tag{11-12}$$

例 1 计算 $\oiint\limits_{\Sigma} x^2\mathrm{d}y\mathrm{d}z + y^2\mathrm{d}z\mathrm{d}x + z^2\mathrm{d}x\mathrm{d}y$，其中 Σ 是长方体的整个表面的外侧，

$\Omega = \{(x,y,z) \mid 0 \leqslant x \leqslant a, 0 \leqslant y \leqslant b, 0 \leqslant z \leqslant c\}$.

解　有向曲面 Σ 由 6 个部分构成：

Σ_1：$z=c(0\leqslant x\leqslant a,\ 0\leqslant y\leqslant b)$的上侧，

Σ_2：$z=0(0\leqslant x\leqslant a,\ 0\leqslant y\leqslant b)$的下侧，

Σ_3：$x=a(0\leqslant y\leqslant b,\ 0\leqslant z\leqslant c)$的前侧，

Σ_4：$x=0(0\leqslant y\leqslant b,\ 0\leqslant z\leqslant c)$的后侧，

Σ_5：$y=b(0\leqslant x\leqslant a,\ 0\leqslant z\leqslant c)$的右侧，

Σ_6：$y=0(0\leqslant x\leqslant a,\ 0\leqslant z\leqslant c)$的左侧.

首先考虑对坐标 y、z 的曲面积分，由于除 Σ_3、Σ_4 外，其余 4 片曲面的法线均与 x 轴垂直，故在 yOz 面上的投影均为零，因此

$$\iint_{\Sigma} x^2 \mathrm{d}y\mathrm{d}z = \iint_{\Sigma_3} x^2 \mathrm{d}y\mathrm{d}z + \iint_{\Sigma_4} x^2 \mathrm{d}y\mathrm{d}z.$$

由公式(11-11)有

$$\iint_{\Sigma} x^2 \mathrm{d}y\mathrm{d}z = \iint_{D_{yz}} a^2 \mathrm{d}y\mathrm{d}z - \iint_{D_{yz}} 0^2 \mathrm{d}y\mathrm{d}z = a^2 bc.$$

同理可得

$$\iint_{\Sigma} y^2 \mathrm{d}z\mathrm{d}x = b^2 ac,$$

$$\iint_{\Sigma} z^2 \mathrm{d}x\mathrm{d}y = c^2 ab.$$

于是所求曲面积分为$(a+b+c)abc$.

例 2　计算曲面积分 $\iint\limits_{\Sigma} xyz\mathrm{d}x\mathrm{d}y$，其中 Σ 是球面 $x^2+y^2+z^2=1$ 外侧在 $x\geqslant 0$，$y\geqslant 0$ 的部分.

解　曲面 Σ 在第一、第五卦限部分的方程分别为

$$\Sigma_1 : z_1 = \sqrt{1-x^2-y^2},$$

$$\Sigma_2 : z_2 = -\sqrt{1-x^2-y^2},$$

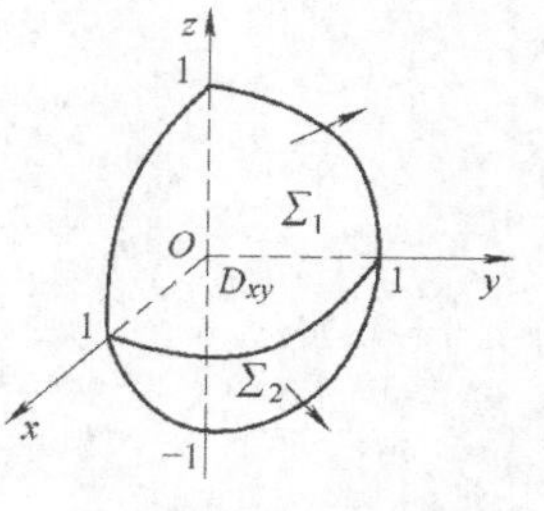

图　11-18

它们在 xOy 平面的投影区域都是单位圆在第一象限的部分．依题意，积分是沿 Σ_1 的上侧和 Σ_2 的下侧进行，所以

$$\begin{aligned}\iint_{\Sigma} xyz\mathrm{d}x\mathrm{d}y &= \iint_{\Sigma_1} xyz\mathrm{d}x\mathrm{d}y + \iint_{\Sigma_2} xyz\mathrm{d}x\mathrm{d}y \\ &= \iint_{D_{xy}} xy\sqrt{1-x^2-y^2}\mathrm{d}x\mathrm{d}y + \\ &\quad \iint_{D_{xy}^-} -xy\sqrt{1-x^2-y^2}\mathrm{d}x\mathrm{d}y\end{aligned}$$

$$= \iint\limits_{D_{xy}} xy\sqrt{1-x^2-y^2}\,\mathrm{d}x\mathrm{d}y + \iint\limits_{D_{xy}} xy\sqrt{1-x^2-y^2}\,\mathrm{d}x\mathrm{d}y$$

$$= 2\iint\limits_{D_{xy}} xy\sqrt{1-x^2-y^2}\,\mathrm{d}x\mathrm{d}y$$

$$= \underline{\hspace{4cm}}$$

$$= \frac{2}{15}.$$

*11.5.4 两类曲面积分之间的联系

虽然对面积的曲面积分与对坐标的曲面积分来自不同的物理原型，但是与曲线积分类似，当曲面的侧确定之后，可以建立两种类型曲面积分的联系。

设Σ: $z=z(x,y)$为光滑曲面，并以上侧为正侧，Σ在xOy面上的投影区域为D_{xy}，函数$z=z(x,y)$在D_{xy}上具有一阶连续偏导数，$R(x,y,z)$在Σ上连续，则由对坐标的曲面积分计算公式有

$$\iint\limits_{\Sigma} R(x,y,z)\,\mathrm{d}x\mathrm{d}y = \iint\limits_{D_{xy}} R(x,y,z(x,y))\,\mathrm{d}x\mathrm{d}y.$$

另一方面，因上述有向曲面Σ的法向量的方向余弦为

$$\cos\alpha = \frac{-z_x}{\sqrt{1+z_x^2+z_y^2}},\quad \cos\beta = \frac{-z_y}{\sqrt{1+z_x^2+z_y^2}},\quad \cos\gamma = \frac{1}{\sqrt{1+z_x^2+z_y^2}}.$$

故由对面积的曲面积分的计算公式有

$$\iint\limits_{\Sigma} R(x,y,z)\cos\gamma\,\mathrm{d}S = \iint\limits_{D_{xy}} R(x,y,z(x,y))\,\mathrm{d}x\mathrm{d}y.$$

由此可见，有

$$\iint\limits_{\Sigma} R(x,y,z)\,\mathrm{d}x\mathrm{d}y = \iint\limits_{\Sigma} R(x,y,z)\cos\gamma\,\mathrm{d}S. \tag{11-13}$$

如果Σ取下侧，则有

$$\iint\limits_{\Sigma} R(x,y,z)\,\mathrm{d}x\mathrm{d}y = -\iint\limits_{D_{xy}} R(x,y,z(x,y))\,\mathrm{d}x\mathrm{d}y,$$

但这时$\cos\gamma = \dfrac{-1}{\sqrt{1+z_x^2+z_y^2}}$，因此式(11-13)仍成立.

类似可推得

$$\iint\limits_{\Sigma} P(x,y,z)\,\mathrm{d}y\mathrm{d}z = \iint\limits_{\Sigma} P(x,y,z)\cos\alpha\,\mathrm{d}S,$$

$$\iint\limits_{\Sigma} Q(x,y,z)\,\mathrm{d}z\mathrm{d}x = \iint\limits_{\Sigma} Q(x,y,z)\cos\beta\,\mathrm{d}S.$$

所以

$$\iint_{\Sigma} P\mathrm{d}y\mathrm{d}z + Q\mathrm{d}z\mathrm{d}x + R\mathrm{d}x\mathrm{d}y = \iint_{\Sigma} (P\cos\alpha + Q\cos\beta + R\cos\gamma)\,\mathrm{d}S. \tag{11-14}$$

其中 $\cos\alpha$、$\cos\beta$、$\cos\gamma$ 是有向曲面 Σ 在点 (x,y,z) 处的法向量的方向余弦.

设 $\boldsymbol{A}=(P,Q,R)$，$\boldsymbol{n}=\{\cos\alpha,\cos\beta,\cos\gamma\}$ 为有向曲面 Σ 在点 (x,y,z) 处的单位法向量，$\mathrm{d}\boldsymbol{S}=\boldsymbol{n}\mathrm{d}S=\{\mathrm{d}y\mathrm{d}z,\mathrm{d}z\mathrm{d}x,\mathrm{d}x\mathrm{d}y\}$，则两类曲面积分之间的联系还可写成如下的向量形式：

$$\iint_{\Sigma} \boldsymbol{A}\cdot\mathrm{d}\boldsymbol{S} = \iint_{\Sigma} \boldsymbol{A}\cdot\boldsymbol{n}\mathrm{d}S$$

或

$$\iint_{\Sigma} \boldsymbol{A}\cdot\mathrm{d}\boldsymbol{S} = \iint_{\Sigma} A_n\mathrm{d}S,$$

其中 A_n 为向量 $\boldsymbol{A}$ 在向量 $\boldsymbol{n}$ 上的投影，$\mathrm{d}\boldsymbol{S}$ 称为有向曲面元.

例 3 计算曲面积分 $\iint_{\Sigma}(z^2+x)\mathrm{d}y\mathrm{d}z - z\mathrm{d}x\mathrm{d}y$，其中 Σ 是旋转抛物面 $z=\frac{1}{2}(x^2+y^2)$ 介于平面 $z=0$ 及 $z=2$ 之间的部分的下侧.

解 由两类积分之间的联系有

$$\iint_{\Sigma}(z^2+x)\mathrm{d}y\mathrm{d}z = \iint_{\Sigma}(z^2+x)\cos\alpha\mathrm{d}S$$

$$= \iint_{\Sigma}(z^2+x)\frac{\cos\alpha}{\cos\gamma}\mathrm{d}x\mathrm{d}y.$$

在曲面 Σ 上，有

$$\cos\alpha = \frac{x}{\sqrt{1+x^2+y^2}},\quad \cos\gamma = \frac{-1}{\sqrt{1+x^2+y^2}},$$

故

$$\begin{aligned}
&\iint_{\Sigma}(z^2+x)\mathrm{d}y\mathrm{d}z - z\mathrm{d}x\mathrm{d}y \\
&= \iint_{\Sigma}[(z^2+x)(-x)-z]\mathrm{d}x\mathrm{d}y \\
&= -\iint_{D_{xy}}\left\{\left[\frac{1}{4}(x^2+y^2)^2+x\right]\cdot(-x)-\frac{1}{2}(x^2+y^2)\right\}\mathrm{d}x\mathrm{d}y.
\end{aligned}$$

由于 $\iint_{D_{xy}}\frac{1}{4}x(x^2+y^2)^2\mathrm{d}x\mathrm{d}y=0$，故

$$\iint_{\Sigma}(z^2+x)\mathrm{d}y\mathrm{d}z - z\mathrm{d}x\mathrm{d}y$$

$$= \iint\limits_{D_{xy}} \left[x^2 + \frac{1}{2}(x^2 + y^2)\right] dxdy$$

$$= \int_0^{2\pi} d\theta \int_0^2 \left(\rho^2 \cos^2\theta + \frac{1}{2}\rho^2\right)\rho d\rho = 8\pi.$$

习题 11.5

1. 按对坐标的曲面积分的定义证明公式：

$$\iint\limits_{\Sigma} [P_1(x,y,z) \pm P_2(x,y,z)] dydz$$

$$= \iint\limits_{\Sigma} P_1(x,y,z) dydz \pm \iint\limits_{\Sigma} P_2(x,y,z) dydz.$$

2. 当 Σ 为 xOy 平面内的一个闭区域时，曲面积分 $\iint\limits_{\Sigma} R(x,y,z) dxdy$ 与二重积分有什么关系？

3. 计算下列对坐标的曲面积分：

（1）$\iint\limits_{\Sigma}(x+y)dydz + (y+z)dzdx + (z+x)dxdy$，其中 Σ 是以原点为中心，边长为2的立方体表面并取外侧为正向；

（2）$\iint\limits_{\Sigma} x^2y^2z dxdy$，其中 Σ 是球面 $x^2+y^2+z^2=R^2$ 的下半部分的下侧；

（3）$\iint\limits_{\Sigma} xydydz + yzdzdx + xzdxdy$，其中 Σ 是由平面 $x=y=z=0$ 和 $x+y+z=1$ 所围的四面体表面并取外侧为正向；

（4）$\iint\limits_{\Sigma} zdxdy + xdydz + ydzdx$，其中 Σ 是柱面 $x^2+y^2=1$ 被平面 $z=0$ 及 $z=3$ 所截得的在第一卦限内的部分前侧；

（5）$\iint\limits_{\Sigma}[f(x,y,z)+x]dydz + [2f(x,y,z)+y]dzdx + [f(x,y,z)+z]dxdy$，其中 $f(x,y,z)$ 为连续函数，Σ 是平面 $x-y+z=1$ 在第四卦限部分的上侧.

4. 设某流体的流速为 $\boldsymbol{v} = \{k,y,0\}$，求单位时间内从球面 $x^2+y^2+z^2=4$ 的内部流过球面的流量.

5. 把对坐标的曲面积分

$$\iint\limits_{\Sigma} P(x,y,z)dydz + Q(x,y,z)dzdx + R(x,y,z)dxdy$$

化成对面积的曲面积分，其中 Σ 是抛物面 $z=8-(x^2+y^2)$ 在 xOy 平面上方部分的上侧.

11.6 高斯公式与斯托克斯公式

11.6.1 高斯公式

格林公式建立了平面闭区域上二重积分与其边界曲线上的曲线积分之间的关系，而高斯公式表达了空间闭区域上的三重积分与其边界曲面上的曲面积分之间的关系，这个关系可陈述如下：

定理 11.8 设空间闭区域 Ω 是由分片光滑的双侧封闭曲面 Σ 围成．若函数 $P(x,y,z)$、$Q(x,y,z)$、$R(x,y,z)$ 在 Ω 上连续，且有一阶连续偏导数，则

$$\iiint_{\Omega}\left(\frac{\partial P}{\partial x}+\frac{\partial Q}{\partial y}+\frac{\partial R}{\partial z}\right)\mathrm{d}x\mathrm{d}y\mathrm{d}z=\oiint_{\Sigma}P\mathrm{d}y\mathrm{d}z+Q\mathrm{d}z\mathrm{d}x+R\mathrm{d}x\mathrm{d}y \tag{11-15a}$$

或

$$\iiint_{\Omega}\left(\frac{\partial P}{\partial x}+\frac{\partial Q}{\partial y}+\frac{\partial R}{\partial z}\right)\mathrm{d}V=\oiint_{\Sigma}(P\cos\alpha+Q\cos\beta+R\cos\gamma)\mathrm{d}S, \tag{11-15b}$$

其中 Σ 取外侧，$\cos\alpha$、$\cos\beta$、$\cos\gamma$ 是 Σ 在点 (x,y,z) 处的法向量的方向余弦．公式(11-15a)或(11-15b)叫作高斯公式.

证 由公式(11-14)可知，公式(11-15a)及(11-15b)的右端是相等的，因此这里只要证明公式(11-15a)即可．

下面只证

$$\iiint_{\Omega}\frac{\partial R}{\partial z}\mathrm{d}x\mathrm{d}y\mathrm{d}z=\oiint_{\Sigma}R\mathrm{d}x\mathrm{d}y.$$

读者可类似地证明：

$$\iiint_{\Omega}\frac{\partial P}{\partial x}\mathrm{d}x\mathrm{d}y\mathrm{d}z=\oiint_{\Sigma}P\mathrm{d}y\mathrm{d}z,$$

$$\iiint_{\Omega}\frac{\partial Q}{\partial y}\mathrm{d}x\mathrm{d}y\mathrm{d}z=\oiint_{\Sigma}Q\mathrm{d}z\mathrm{d}x.$$

这些结果相加便得到了高斯公式(11-15a).

先设闭区域 Ω 在 xOy 平面上的投影区域为 D_{xy}，且 D_{xy} 是一个 xy 型区域．这样，可设 Σ 由 Σ_1、Σ_2 和 Σ_3 三部分组成(见图 11-19)，其中 Σ_1 和 Σ_2 分别由方程 $z=z_1(x,y)$ 和 $z=z_2(x,y)$ 给定，且 $z_1(x,y)\leqslant z_2(x,y)$，$\Sigma_1$ 取下侧，Σ_2 取上侧；Σ_3 是以 D_{xy} 的边界线为准线而母线平行于 z 轴的柱面上的一部分，取外侧．于是按三重积分的

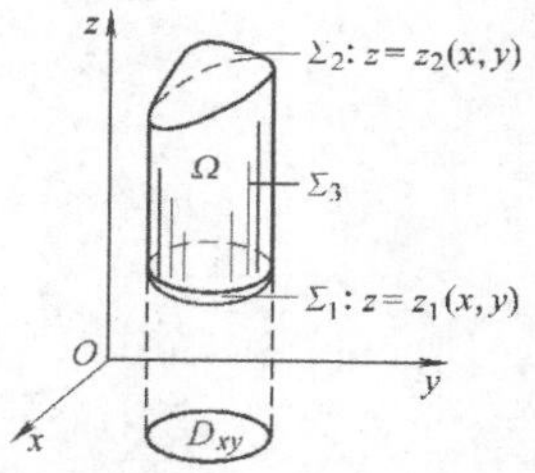

图 11-19

计算方法，有

$$\iiint_{\Omega} \frac{\partial R}{\partial z} \mathrm{d}x\mathrm{d}y\mathrm{d}z = \iint_{D_{xy}} \mathrm{d}x\mathrm{d}y \int_{z_1(x,y)}^{z_2(x,y)} \frac{\partial R}{\partial z} \mathrm{d}z$$

$$= \iint_{D_{xy}} [R(x,y,z_2(x,y)) - R(x,y,z_1(x,y))] \mathrm{d}x\mathrm{d}y$$

$$= \iint_{D_{xy}} R(x,y,z_2(x,y)) \mathrm{d}x\mathrm{d}y +$$

$$\left[- \iint_{D_{xy}} R(x,y,z_1(x,y)) \mathrm{d}x\mathrm{d}y \right]$$

$$= \iint_{\Sigma_2} R(x,y,z) \mathrm{d}x\mathrm{d}y + \iint_{\Sigma_1} R(x,y,z) \mathrm{d}x\mathrm{d}y,$$

又因为 Σ_3 在 xOy 平面上投影区域的面积为 0，所以

$$\iint_{\Sigma_3} R(x,y,z) \mathrm{d}x\mathrm{d}y = 0.$$

因此

$$\iiint_{\Omega} \frac{\partial R}{\partial z} \mathrm{d}x\mathrm{d}y\mathrm{d}z = \iint_{\Sigma_2} R\mathrm{d}x\mathrm{d}y + \iint_{\Sigma_1} R\mathrm{d}x\mathrm{d}y + \iint_{\Sigma_3} R\mathrm{d}x\mathrm{d}y$$

$$= \oiint_{\Sigma} R\mathrm{d}x\mathrm{d}y. \tag{11-16}$$

对于不满足条件的闭区域 Ω，则用有限个光滑曲面将它分割成若干个符合条件的区域来讨论．应注意到用来分割的辅助曲面，沿其正反两侧的两个曲面积分的绝对值相等而符号相反，相加时正好抵消，因此公式(11-16)仍然成立．

高斯公式可用来简化某些曲面积分的计算．

例1 利用高斯公式计算曲面积分

$$\oiint_{\Sigma} (x-y)\mathrm{d}x\mathrm{d}y + (y-z)x\mathrm{d}y\mathrm{d}z,$$

其中 Σ 为柱面 $x^2+y^2=1$ 及平面 $z=0$，$z=3$ 所围成的空间闭区域 Ω 的整个边界曲面的外侧．

解 这里 $P=(y-z)x$，$Q=0$，$R=x-y$.

$$\frac{\partial P}{\partial x} = y - z, \quad \frac{\partial Q}{\partial y} = 0, \quad \frac{\partial R}{\partial z} = 0,$$

利用高斯公式把所给曲面积分化为三重积分，再利用柱面坐标计算三重积分：

$$\oiint_{\Sigma} (x-y)\mathrm{d}x\mathrm{d}y + (y-z)x\mathrm{d}y\mathrm{d}z$$

$$= \iiint_{\Omega} (y - z)\,\mathrm{d}x\mathrm{d}y\mathrm{d}z$$

$$= \iiint_{\Omega} (\rho\sin\theta - z)\rho\,\mathrm{d}\rho\mathrm{d}\theta\mathrm{d}z$$

$$= \underline{\qquad\qquad\qquad} = -\frac{9\pi}{2}.$$

例 2　利用高斯公式计算曲面积分

$$\iint_{\Sigma} (x^2\cos\alpha + y^2\cos\beta + z^2\cos\gamma)\,\mathrm{d}S,$$

其中 Σ 为锥面 $x^2+y^2=z^2$ 介于平面 $z=0$ 及 $z=h(h>0)$ 之间部分的下侧，$\cos\alpha$、$\cos\beta$、$\cos\gamma$ 是 Σ 在点 (x,y,z) 处的法向量的方向余弦.

解　由于曲面 Σ 不是封闭曲面，不能直接利用高斯公式. 若设 Σ_1 为 $z=h(x^2+y^2\leqslant h^2)$ 的上侧，则 Σ 与 Σ_1 一起构成一个有向封闭曲面，记它们围成的空间闭区域为 Ω，利用高斯公式得

$$\oiint_{\Sigma+\Sigma_1} (x^2\cos\alpha + y^2\cos\beta + z^2\cos\gamma)\,\mathrm{d}S$$

$$= 2\iiint_{\Omega} (x+y+z)\,\mathrm{d}V$$

$$= 2\iint_{D_{xy}} \mathrm{d}x\mathrm{d}y \int_{\sqrt{x^2+y^2}}^{h} (x+y+z)\,\mathrm{d}z,$$

其中 $D_{xy}=\{(x,y)\mid x^2+y^2\leqslant h^2\}$. 注意到

$$\iint_{D_{xy}} \mathrm{d}x\mathrm{d}y \int_{\sqrt{x^2+y^2}}^{h} (x+y)\,\mathrm{d}z = 0,$$

即得

$$\oiint_{\Sigma+\Sigma_1} (x^2\cos\alpha + y^2\cos\beta + z^2\cos\gamma)\,\mathrm{d}S$$

$$= \iint_{D_{xy}} (h^2 - x^2 - y^2)\,\mathrm{d}x\mathrm{d}y = \frac{1}{2}\pi h^4.$$

而

$$\iint_{\Sigma_1} (x^2\cos\alpha + y^2\cos\beta + z^2\cos\gamma)\,\mathrm{d}S = \iint_{\Sigma_1} z^2\,\mathrm{d}S$$

$$= \iint_{D_{xy}} h^2\,\mathrm{d}x\mathrm{d}y = \pi h^2.$$

因此

$$\iint_{\Sigma} (x^2\cos\alpha + y^2\cos\beta + z^2\cos\gamma)\,\mathrm{d}S = \frac{1}{2}\pi h^4 - \pi h^4 = -\frac{1}{2}\pi h^4.$$

例 3　设函数 $u(x,y,z)$ 和 $v(x,y,z)$ 在闭区域 Ω 上具有一阶及二阶

连续偏导数，证明

$$\iiint\limits_{\Omega} u\Delta v \mathrm{d}x\mathrm{d}y\mathrm{d}z = \oint\!\!\!\oint\limits_{\Sigma} u\frac{\partial v}{\partial n}\mathrm{d}S - \iiint\limits_{\Omega} \nabla u \cdot \nabla v \mathrm{d}x\mathrm{d}y\mathrm{d}z,$$

其中 Σ 是闭区域的整个边界曲面，$\frac{\partial v}{\partial n}$为函数 $v(x,y,z)$ 沿 Σ 的外法线方向的方向导数，将符号 $\Delta=\frac{\partial^2}{\partial x^2}+\frac{\partial^2}{\partial y^2}+\frac{\partial^2}{\partial z^2}$称为拉普拉斯算子，于是 $\Delta v=\frac{\partial^2 v}{\partial x^2}+\frac{\partial^2 v}{\partial y^2}+\frac{\partial^2 v}{\partial z^2}$，将符号 $\nabla=\left\{\frac{\partial}{\partial x},\frac{\partial}{\partial y},\frac{\partial}{\partial z}\right\}$称为向量微分算子，于是 $\nabla u=\left\{\frac{\partial u}{\partial x},\frac{\partial u}{\partial y},\frac{\partial u}{\partial z}\right\}$，$\nabla v=\left\{\frac{\partial v}{\partial x},\frac{\partial v}{\partial y},\frac{\partial v}{\partial z}\right\}$. 这个公式叫做格林第一公式.

证 因为方向导数

$$\frac{\partial v}{\partial n}=\frac{\partial v}{\partial x}\cos\alpha+\frac{\partial v}{\partial y}\cos\beta+\frac{\partial v}{\partial z}\cos\gamma,$$

其中 $\cos\alpha,\cos\beta,\cos\gamma$ 是 Σ 在点 (x,y,z) 处的外法线向量的方向余弦. 于是曲面积分

$$\begin{aligned}\oint\!\!\!\oint\limits_{\Sigma} u\frac{\partial v}{\partial n}\mathrm{d}S &= \oint\!\!\!\oint\limits_{\Sigma} u\left(\frac{\partial v}{\partial x}\cos\alpha+\frac{\partial v}{\partial y}\cos\beta+\frac{\partial v}{\partial z}\cos\gamma\right)\mathrm{d}S\\ &= \oint\!\!\!\oint\limits_{\Sigma}\left[\left(u\frac{\partial v}{\partial x}\right)\cos\alpha+\left(u\frac{\partial v}{\partial y}\right)\cos\beta+\left(u\frac{\partial v}{\partial z}\right)\cos\gamma\right]\mathrm{d}S.\end{aligned}$$

利用高斯公式，即得

$$\begin{aligned}\oint\!\!\!\oint\limits_{\Sigma} u\frac{\partial v}{\partial n}\mathrm{d}S &= \iiint\limits_{\Omega}\left[\frac{\partial}{\partial x}\left(u\frac{\partial v}{\partial x}\right)+\frac{\partial}{\partial y}\left(u\frac{\partial v}{\partial y}\right)+\frac{\partial}{\partial z}\left(u\frac{\partial v}{\partial z}\right)\right]\mathrm{d}x\mathrm{d}y\mathrm{d}z\\ &= \iiint\limits_{\Omega} u\Delta v\mathrm{d}x\mathrm{d}y\mathrm{d}z+\iiint\limits_{\Omega}\left(\frac{\partial u}{\partial x}\frac{\partial v}{\partial x}+\frac{\partial u}{\partial y}\frac{\partial v}{\partial y}+\frac{\partial u}{\partial z}\frac{\partial v}{\partial z}\right)\mathrm{d}x\mathrm{d}y\mathrm{d}z\\ &= \iiint\limits_{\Omega} u\Delta v\mathrm{d}x\mathrm{d}y\mathrm{d}z+\iiint\limits_{\Omega}\nabla u\cdot\nabla v\mathrm{d}x\mathrm{d}y\mathrm{d}z,\end{aligned}$$

将上式右端第二个积分移至左端便得所要证明的等式.

11.6.2 斯托克斯公式

斯托克斯公式是格林公式的推广. 格林公式建立了平面区域上的二重积分与其边界曲线上的曲线积分间的联系，而斯托克斯公式则建立了空间有向曲面 Σ 上的曲面积分与沿着 Σ 的边界曲线的曲线积分间的联系.

在讲下述定理之前，先对有向曲面 Σ 的边界曲线 L 的方向作如下规定：若将右手的大拇指指向有向曲面 Σ 的法线正向，则其余四指依边界曲线 L 绕行的方向为有向曲面 Σ 的边界曲线 L 的正向，相反方向为边界曲线 L 的负向. 这个规定方法也称为右手法则，如图 11-20 所示.

定理 11.9 设分片光滑的有向曲面 Σ 的边界 Γ 为分段光滑的空间有向闭曲线，Γ 的正向与 Σ 的侧符合右手法则．若函数 $P(x,y,z)$、$Q(x,y,z)$、$R(x,y,z)$ 在有向曲面 Σ（连同边界 Γ）上连续，且有一阶连续偏导数，则

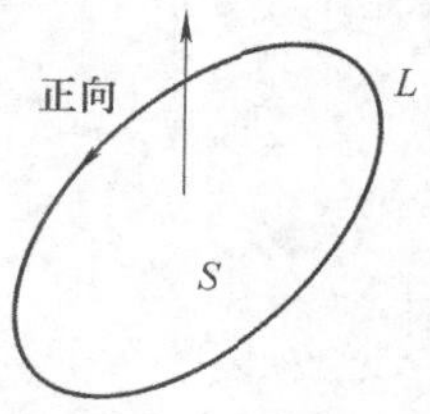

图 11-20

$$\iint_{\Sigma}\left(\frac{\partial R}{\partial y}-\frac{\partial Q}{\partial z}\right)\mathrm{d}y\mathrm{d}z+\left(\frac{\partial P}{\partial z}-\frac{\partial R}{\partial x}\right)\mathrm{d}z\mathrm{d}x+\left(\frac{\partial Q}{\partial x}-\frac{\partial P}{\partial y}\right)\mathrm{d}x\mathrm{d}y$$
$$=\oint_{\Gamma}P\mathrm{d}x+Q\mathrm{d}y+R\mathrm{d}z, \tag{11-17}$$

公式(11-17)叫作斯托克斯公式.

证 先证

$$\iint_{\Sigma}\frac{\partial P}{\partial z}\mathrm{d}z\mathrm{d}x-\frac{\partial P}{\partial y}\mathrm{d}x\mathrm{d}y=\oint_{L}P\mathrm{d}x,$$

其中曲面 Σ 由方程 $z=z(x,y)$ 确定，它的正侧法向量为 $\{-z_x,-z_y,1\}$，方向余弦为 $\{\cos\alpha,\cos\beta,\cos\gamma\}$，所以

$$\frac{\partial z}{\partial x}=-\frac{\cos\alpha}{\cos\gamma},\quad \frac{\partial z}{\partial y}=-\frac{\cos\beta}{\cos\gamma}.$$

若 Σ 在 xOy 平面上投影区域为 D_{xy}，Γ 在 xOy 平面上的投影记为 C，C 所围成的区域为 D_{xy}.

我们设法把曲面积分

$$\iint_{\Sigma}\frac{\partial P}{\partial z}\mathrm{d}z\mathrm{d}x-\frac{\partial P}{\partial y}\mathrm{d}x\mathrm{d}y$$

化为闭区域 D_{xy} 上的二重积分，然后通过格林公式使它与曲线积分相联系．

根据两类曲面积分间的联系，有

$$\begin{aligned}&\iint_{\Sigma}\frac{\partial P}{\partial z}\mathrm{d}z\mathrm{d}x-\frac{\partial P}{\partial y}\mathrm{d}x\mathrm{d}y\\&=\iint_{\Sigma}\left(\frac{\partial P}{\partial z}\cos\beta-\frac{\partial P}{\partial y}\cos\gamma\right)\mathrm{d}S\\&=-\iint_{\Sigma}\left(\frac{\partial P}{\partial y}\cos\gamma-\frac{\partial P}{\partial z}\cos\beta\right)\frac{\mathrm{d}x\mathrm{d}y}{\cos\gamma}\\&=-\iint_{\Sigma}\left(\frac{\partial P}{\partial y}-\frac{\partial P}{\partial z}\frac{\cos\beta}{\cos\gamma}\right)\mathrm{d}x\mathrm{d}y.\end{aligned}$$

由于$\dfrac{\partial z}{\partial y}=-\dfrac{\cos\beta}{\cos\gamma}$，从而

$$\begin{aligned}&-\iint_{\Sigma}\left(\frac{\partial P}{\partial y}-\frac{\partial P}{\partial z}\frac{\cos\beta}{\cos\gamma}\right)\mathrm{d}x\mathrm{d}y\\&=-\iint_{\Sigma}\left(\frac{\partial P}{\partial y}+\frac{\partial P}{\partial z}\frac{\partial z}{\partial y}\right)\mathrm{d}x\mathrm{d}y.\end{aligned}$$

因为 $$\frac{\partial}{\partial y}P(x,y,z(x,y))=\frac{\partial P}{\partial y}+\frac{\partial P}{\partial z}\frac{\partial z}{\partial y},$$

所以

$$-\iint\limits_{\Sigma}\left(\frac{\partial P}{\partial y}+\frac{\partial P}{\partial z}\frac{\partial z}{\partial y}\right)\mathrm{d}x\mathrm{d}y$$

$$=-\iint\limits_{D_{xy}}\frac{\partial}{\partial y}P(x,y,z(x,y))\,\mathrm{d}x\mathrm{d}y.$$

现由对坐标的曲线积分定义及格林公式有

$$-\iint\limits_{D_{xy}}\frac{\partial}{\partial y}P(x,y,z(x,y))\,\mathrm{d}x\mathrm{d}y$$

$$=\oint_{\Gamma}P(x,y,z(x,y))\,\mathrm{d}x$$

$$=\oint_{\Gamma}P(x,y,z)\,\mathrm{d}x,$$

即

$$\iint\limits_{\Sigma}\frac{\partial P}{\partial z}\mathrm{d}z\mathrm{d}x-\frac{\partial P}{\partial y}\mathrm{d}x\mathrm{d}y=\oint_{\Gamma}P(x,y,z)\,\mathrm{d}x.\tag{11-18}$$

同样对于曲面 S 表示为 $x=x(y,z)$ 和 $y=y(z,x)$ 时,可证得

$$\iint\limits_{\Sigma}\frac{\partial Q}{\partial x}\mathrm{d}x\mathrm{d}y-\frac{\partial Q}{\partial z}\mathrm{d}y\mathrm{d}z=\oint_{\Gamma}Q\mathrm{d}y,\tag{11-19}$$

$$\iint\limits_{\Sigma}\frac{\partial R}{\partial y}\mathrm{d}y\mathrm{d}z-\frac{\partial R}{\partial x}\mathrm{d}z\mathrm{d}x=\oint_{\Gamma}R\mathrm{d}z,\tag{11-20}$$

将式(11-18)、(11-19)、(11-20)三式相加即得式(11-17).

如果曲面 Σ 不能以 $z=z(x,y)$ 的形式给出,则可用一些光滑曲线把 Σ 分成若干小块,使每一小块能用这种形式来表示. 因而这时式(11-17)也能成立.

为了便于记忆,斯托克斯公式也常写成如下形式:

$$\iint\limits_{\Sigma}\begin{vmatrix}\mathrm{d}y\mathrm{d}z & \mathrm{d}z\mathrm{d}x & \mathrm{d}x\mathrm{d}y\\ \dfrac{\partial}{\partial x} & \dfrac{\partial}{\partial y} & \dfrac{\partial}{\partial z}\\ P & Q & R\end{vmatrix}=\oint_{\Gamma}P\mathrm{d}x+Q\mathrm{d}y+R\mathrm{d}z,\tag{11-21}$$

其中行列式按第一行展开,并将 $\frac{\partial}{\partial y}$ 与 R 的“积”理解为 $\frac{\partial R}{\partial y}$, $\frac{\partial}{\partial z}$ 与 Q 的“积”理解为 $\frac{\partial Q}{\partial z}$ 等等,于是这个行列式就“等于”

$$\left(\frac{\partial R}{\partial y}-\frac{\partial Q}{\partial z}\right)\mathrm{d}y\mathrm{d}z+\left(\frac{\partial P}{\partial z}-\frac{\partial R}{\partial x}\right)\mathrm{d}z\mathrm{d}x+\left(\frac{\partial Q}{\partial x}-\frac{\partial P}{\partial y}\right)\mathrm{d}x\mathrm{d}y,$$

则式(11-21)左端的积分表达式恰好是式(11-17)左端的积分表达式.

由两类曲面积分间的联系,可得斯托克斯公式的另一形式:

$$\iint\limits_{\Sigma}\begin{vmatrix}\cos\alpha & \cos\beta & \cos\gamma\\ \dfrac{\partial}{\partial x} & \dfrac{\partial}{\partial y} & \dfrac{\partial}{\partial z}\\ P & Q & R\end{vmatrix}\mathrm{d}S=\oint_{\Gamma}P\mathrm{d}x+Q\mathrm{d}y+R\mathrm{d}z,$$

其中$\{\cos\alpha,\cos\beta,\cos\gamma\}$为有向曲面$\Sigma$在点$(x,y,z)$处的单位法向量.

若Σ是xOy平面上的一块平面闭区域,则斯托克斯公式就变成了格林公式. 因此,格林公式是斯托克斯公式的一个特殊情形.

例 4　利用斯托克斯公式计算曲线积分$\oint_\Gamma(2y+z)\mathrm{d}x+(x-z)\mathrm{d}y+(y-x)\mathrm{d}z$,其中$\Gamma$为平面$x+y+z=1$与各坐标平面的交线,它的正向与所围成三角形上侧的法向量之间符合右手规则(见图 11-21).

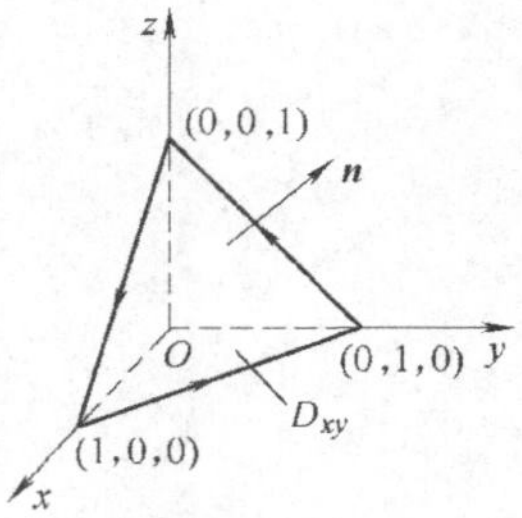

图　11-21

解　应用斯托克斯公式推得

$$\begin{aligned}&\oint_\Gamma(2y+z)\mathrm{d}x+(x-z)\mathrm{d}y+(y-x)\mathrm{d}z\\&=\iint_\Sigma(1+1)\mathrm{d}y\mathrm{d}z+(1+1)\mathrm{d}z\mathrm{d}x+(1-2)\mathrm{d}x\mathrm{d}y\\&=\iint_\Sigma 2\mathrm{d}y\mathrm{d}z+2\mathrm{d}z\mathrm{d}x-\mathrm{d}x\mathrm{d}y\\&=1+1-\frac{1}{2}\\&=\frac{3}{2}.\end{aligned}$$

例 5　利用斯托克斯公式计算曲线积分

$$I=\oint_L x\mathrm{d}y-y\mathrm{d}x,$$

其中L为上半球面$x^2+y^2+z^2=1$与柱面$x^2+y^2=x$的交线,从z轴正向看去,L取逆时针方向(见图 11-22).

解　设$P=-y,Q=x,R=0$,根据斯托克斯公式,可得

$$I=\oint_L x\mathrm{d}y-y\mathrm{d}x=\iint_\Sigma 2\mathrm{d}x\mathrm{d}y,$$

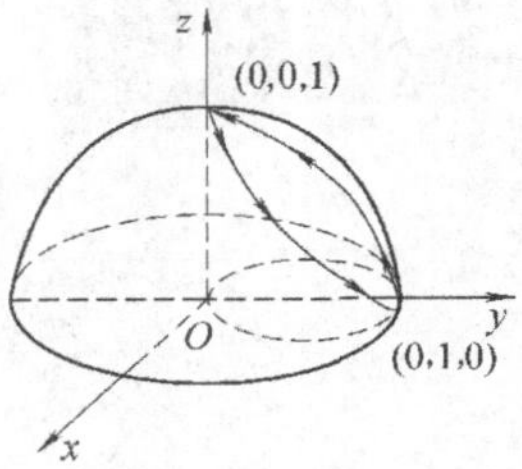

图　11-22

其中Σ取上侧,且由$z=\sqrt{1-x^2-y^2}$给出,Σ在xOy平面上的投影区域为$D_{xy}:\left(x-\frac{1}{2}\right)^2+y^2\leqslant\frac{1}{4}$,所以

$$I=2\iint_{D_{xy}}\mathrm{d}x\mathrm{d}y=2\cdot\frac{1}{4}\pi=\frac{\pi}{2}.$$

*11.6.3　空间曲线积分与路径无关的条件

在 11.3 节中, 利用格林公式导出了平面曲线积分与路径无关的条件. 类似地, 由斯托克斯公式, 可导出空间曲线积分与路径无关的条件. 为此先介绍一下空间单连通区域的概念.

如果空间区域Ω内任一封闭曲线皆可以不经过Ω以外的点而连续收缩于属于Ω的一点, 那么区域Ω称为单连通区域. 如球体是空间单连通区域. 非单连通的连通区域称为复连通区域. 如环状区域不是单连通区域, 而是复连通区域.

定理 11.10 设区域 Ω 是空间单连通区域，函数 $P(x,y,z)$、$Q(x,y,z)$、$R(x,y,z)$ 在 Ω 上有一阶连续偏导数，则空间曲线积分 $\int_\Gamma P\mathrm{d}x+Q\mathrm{d}y+R\mathrm{d}z$ 在 Ω 内与路径无关（或沿 Ω 内任意闭曲线积分为零）的充分必要条件是

$$\frac{\partial P}{\partial y}=\frac{\partial Q}{\partial x},\quad \frac{\partial Q}{\partial z}=\frac{\partial R}{\partial y},\quad \frac{\partial R}{\partial x}=\frac{\partial P}{\partial z} \tag{11-22}$$

在 Ω 内恒成立.

这个定理的证明同平面曲线积分与路径无关的情形类似，这里不重复了.

定理 11.10′ 设区域 Ω 是空间单连通区域，函数 $P(x,y,z)$、$Q(x,y,z)$、$R(x,y,z)$ 在 Ω 内具有一阶连续偏导数，则表达式 $P\mathrm{d}x+Q\mathrm{d}y+R\mathrm{d}z$ 在 Ω 内成为某一函数 $u(x,y,z)$ 的全微分的充分必要条件是等式(11-22)在 Ω 内恒成立；当条件(11-22)满足时，函数

$$u(x,y,z)=\int_{(x_0,y_0,z_0)}^{(x,y,z)}P\mathrm{d}x+Q\mathrm{d}y+R\mathrm{d}z$$

为 $P\mathrm{d}x+Q\mathrm{d}y+R\mathrm{d}z$ 的一个原函数，也可用定积分表示为

$$u(x,y,z)=\int_{x_0}^{x}P(x,y_0,z_0)\mathrm{d}x+\int_{y_0}^{y}Q(x,y,z_0)\mathrm{d}y+\int_{z_0}^{z}R(x,y,z)\mathrm{d}z,$$

其中 $M_0(x_0,y_0,z_0)$ 为 Ω 内某一定点，点 $M(x,y,z)\in\Omega$.

习题 11.6

1. 应用高斯公式计算下列曲面积分：

(1) $\oiint\limits_{\Sigma}yz\mathrm{d}y\mathrm{d}z+zx\mathrm{d}z\mathrm{d}x+xy\mathrm{d}x\mathrm{d}y$,其中 Σ 是单位球面 $x^2+y^2+z^2=1$ 的外侧；

(2) $\oiint\limits_{\Sigma}x^2\mathrm{d}y\mathrm{d}z+y^2\mathrm{d}z\mathrm{d}x+z^2\mathrm{d}x\mathrm{d}y$,其中 Σ 是 $x=y=z=0,x=y=z=a$ 所围成的立体的表面的外侧；

(3) $\oiint\limits_{\Sigma}x^2\mathrm{d}y\mathrm{d}z+y^2\mathrm{d}z\mathrm{d}x+z^2\mathrm{d}x\mathrm{d}y$,其中 Σ 是锥面 $x^2+y^2=z^2$ 与平面 $z=h$ 所围空间区域($0\leqslant z\leqslant h$) 的表面,方向取外侧；

(4) $\oiint\limits_{\Sigma}x^3\mathrm{d}y\mathrm{d}z+y^3\mathrm{d}z\mathrm{d}x+z^3\mathrm{d}x\mathrm{d}y$,其中 Σ 是单位球面 $x^2+y^2+z^2=1$ 的外侧；

(5) $\oiint\limits_{\Sigma}x\mathrm{d}y\mathrm{d}z+y\mathrm{d}z\mathrm{d}x+z\mathrm{d}x\mathrm{d}y$,其中 Σ 是上半球面 $z=\sqrt{a^2-x^2-y^2}$ 的外侧.

2. 应用斯托克斯公式计算下列曲线积分：

(1) $\oint_\Gamma(y^2+z^2)\mathrm{d}x+(x^2+z^2)\mathrm{d}y+(x^2+y^2)\mathrm{d}z$,其中 Γ 为 $x+y+z=1$ 与3个坐标平面的交线,若从 x 轴正向看去,正向取逆时针方向；

（2）$\oint_{\Gamma} x^2y^3\mathrm{d}x+\mathrm{d}y+z\mathrm{d}z$,其中 Γ 为 $y^2+z^2=1,x=y$ 所交的椭圆,若从 z 轴正向看去,该椭圆是取逆时针方向；

（3）$\oint_{\Gamma} 3y\mathrm{d}x-xz\mathrm{d}y+yz^2\mathrm{d}z$,其中 Γ 是圆周 $x^2+y^2=2z,z=2$,若从 z 轴正向看去,该圆周是取逆时针方向.

3. 验证下列曲线积分与路径无关,并计算其值：

（1）$\int_{(1,1,1)}^{(2,3,-4)} x\mathrm{d}x+y^2\mathrm{d}y-z^3\mathrm{d}z$；

（2）$\int_{(x_1,y_1,z_1)}^{(x_2,y_2,z_2)} \dfrac{x\mathrm{d}x+y\mathrm{d}y+z\mathrm{d}z}{\sqrt{x^2+y^2+z^2}}$,其中 (x_1,y_1,z_1),(x_2,y_2,z_2) 在球面 $x^2+y^2+z^2=a^2$ 上.

4. 设 $u(x,y,z)$、$v(x,y,z)$ 是两个定义在闭区域 Ω 上的具有二阶连续偏导数的函数 $\dfrac{\partial u}{\partial n}$、$\dfrac{\partial v}{\partial n}$，依次表示 $u(x,y,z)$、$v(x,y,z)$ 沿 Σ 的外法线方向的方向导数.证明：

$$\iiint_{\Omega}(u\Delta v-v\Delta u)\,\mathrm{d}x\mathrm{d}y\mathrm{d}z=\oiint_{\Sigma}\left(u\frac{\partial v}{\partial n}-v\frac{\partial u}{\partial n}\right)\mathrm{d}S,$$

其中 Σ 是空间闭区域 Ω 的整个边界曲面，这个公式叫作格林第二公式.

*11.7 场论初步

11.7.1 场的概念

设 G 是空间区域，若对 G 中每一点都有一物理量与之对应，则称在 G 中定义了一个场．当物理量是数量时，称此场为数量场；当物理量是向量时，则称此场为向量场．

温度场和密度场都是数量场．在空间中引进了直角坐标系后，空间中点 M 的位置可由坐标确定．因此，给定了某个数量场就等于给定了一个数量函数 $u(x,y,z)$，在以下讨论中，我们总是设 $u(x,y,z)$ 对每个变量都有连续偏导数．若这些偏导数不同时等于零，则满足方程

$$u(x,y,z)=c(c\text{ 为常数})$$

的所有的点通常构成一个曲面．在这个曲面上函数 u 都取同一值，因此常称它为等值面．例如温度场中的等温面等．

重力场和速度场都是向量场．当引进直角坐标系后，向量场就与向量函数 $\boldsymbol{A}(x,y,z)$ 相对应．设 $\boldsymbol{A}$ 在 3 个坐标轴上的投影分别为

$$P(x,y,z)、\ Q(x,y,z)、\ R(x,y,z),$$

则

$$\boldsymbol{A}(x,y,z)=\{P(x,y,z),Q(x,y,z),R(x,y,z)\},$$

这里 P、Q、R 为所定义区域上的数量函数，并假定它们有连续偏导数.

设 L 为向量场中一条曲线．若 L 上每点的切线方向都与向量函数 $\boldsymbol{A}$ 在该点的方向一致，即

$$\frac{\mathrm{d}x}{P}=\frac{\mathrm{d}y}{Q}=\frac{\mathrm{d}z}{R},$$

则称曲线 L 为向量场 $\boldsymbol{A}$ 的向量场线．例如电力线、磁力线等都是向量场线．

需要注意，场的性质是它自己的属性，和坐标系的引进无关．引入或选择某种坐标系是为了便于通过数学方法来研究它的性质．

11.7.2 梯度场

在9.6节中我们已经介绍了梯度的概念，它是由数量函数 $u(x,y,z)$ 所定义的向量函数

$$\mathbf{grad}u=\left(\frac{\partial u}{\partial x},\frac{\partial u}{\partial y},\frac{\partial u}{\partial z}\right),$$

由梯度给出的向量场，称为梯度场．

又因为数量场 $u(x,y,z)$ 的等值面 $u(x,y,z)=c$ 的法线方向为

$$\left\{\frac{\partial u}{\partial x},\frac{\partial u}{\partial y},\frac{\partial u}{\partial z}\right\},$$

所以 $\mathbf{grad}u$ 的方向与等值面正交,即等值面的法线方向．

运用向量微分算子,梯度还可写作

$$\mathbf{grad}u=\nabla u=\left\{\frac{\partial u}{\partial x},\frac{\partial u}{\partial y},\frac{\partial u}{\partial z}\right\}.$$

例1 设质量为 m 的质点位于原点,质量为1的质点位于 $M(x,y,z)$，记 $OM=r=\sqrt{x^2+y^2+z^2}$,求 $\frac{m}{r}$ 的梯度．

解 $\nabla\frac{m}{r}=-\frac{m}{r^2}\left\{\frac{x}{r},\frac{y}{r},\frac{z}{r}\right\}.$

若以 $\boldsymbol{r}_0$ 表示 $\overrightarrow{OM}$ 上的单位向量,则有

$$\nabla\frac{m}{r}=-\frac{m}{r^2}\boldsymbol{r}_0.$$

它表示两质点间的引力,方向朝着原点,大小与质量的乘积成正比,与两点间的距离的平方成反比．这说明了引力场是数量函数 $\frac{m}{r}$ 的梯度场．因此我们常称 $\frac{m}{r}$ 为引力势．

11.7.3 散度场

设

$$\boldsymbol{A}(x,y,z)=\{P(x,y,z),Q(x,y,z),R(x,y,z)\}$$

为空间区域 Ω 上的向量场,对 Ω 上每一点 (x,y,z)，定义数量函数

$$D(x,y,z)=\frac{\partial P}{\partial x}+\frac{\partial Q}{\partial y}+\frac{\partial R}{\partial z},$$

称它为向量函数 $\boldsymbol{A}$ 在(x,y,z)处的散度，记作

$$D(x,y,z)=\mathrm{div}\boldsymbol{A}(x,y,z)^{㊀}.$$

设 $\boldsymbol{n}=\{\cos\alpha,\cos\beta,\cos\gamma\}$ 为曲面的单位法向量，则 $\mathrm{d}\boldsymbol{S}=\boldsymbol{n}\mathrm{d}S$ 就称为曲面的面积元素向量．于是高斯公式可写成如下向量形式：

$$\iiint\limits_{\Omega}\mathrm{div}\boldsymbol{A}\mathrm{d}V=\oiint\limits_{\Sigma}\boldsymbol{A}\cdot\mathrm{d}\boldsymbol{S}=\oiint\limits_{\Sigma}A_n\mathrm{d}S,\tag{11-23}$$

其中 Σ 是空间闭区域 Ω 的边界曲面，而

$$A_n=\boldsymbol{A}\cdot\boldsymbol{n}=P\cos\alpha+Q\cos\beta+R\cos\gamma$$

是向量 $\boldsymbol{A}$ 在曲面 Σ 的外侧法向量上的投影．

以闭区域 Ω 的体积除式(11-23)两端，得

$$\frac{1}{V}\iiint\limits_{\Omega}\mathrm{div}\boldsymbol{A}\mathrm{d}V=\frac{1}{V}\oiint\limits_{\Sigma}A_n\mathrm{d}S,$$

应用积分中值定理于上式左端，得

$$\mathrm{div}\boldsymbol{A}\big|_{(\xi,\eta,\zeta)}=\frac{1}{V}\oiint\limits_{\Sigma}A_n\mathrm{d}S,$$

这里(ξ,η,ζ)是 Ω 内的某个点，令 Ω 缩向一点 $M(x,y,z)$，取上式的极限，得

$$\mathrm{div}\boldsymbol{A}(M)=\lim_{\Omega\to M}\frac{1}{V}\oiint\limits_{\Sigma}A_n\mathrm{d}S.\tag{11-24}$$

这个等式可以看做是散度的另一种定义形式．由向量场 $\boldsymbol{A}$ 的散度 $\mathrm{div}\boldsymbol{A}$ 所构成的数量场，称为散度场．

散度的物理意义：联系 11.5 节中提到当流速为 $\boldsymbol{v}$ 的不可压缩流体，经过封闭曲面 Σ 的流量是

$$\oiint\limits_{\Sigma}v_n\mathrm{d}S.$$

设 $\boldsymbol{A}=\boldsymbol{v}$，称 $\oiint\limits_{\Sigma}A_n\mathrm{d}S$ 为向量场 $\boldsymbol{A}$ 通过曲面 Σ 的通量．于是式(11-24)表明 $\mathrm{div}\boldsymbol{A}$ 是流量对体积的变化率，并称它为 $\boldsymbol{A}$ 在点 M 的流量密度．若 $\mathrm{div}\boldsymbol{A}>0$，说明在每一单位时间内有一定数量的流体流出这一点．由于我们假定流体是不可压缩的，且流动是稳定的，因此在流体离开 Ω 的同时，Ω 内部必须有产生流体的“源头”产生出同样多的流体来进行补充，故称这一点为源．相反，若 $\mathrm{div}\boldsymbol{A}<0$，说明流体在这一点被吸收，则称这点为汇，若在向量场 $\boldsymbol{A}$ 中每一点皆有

$$\mathrm{div}\boldsymbol{A}=0,$$

则称 $\boldsymbol{A}$ 为无源场．所以高斯公式左端可解释为分布在 Ω 内的源头在单位时间内所产生的流体的总质量．

㊀ div 是 divergence(散度)一词的缩写．

例2 求例1中引力场 $\boldsymbol{F}=-\frac{m}{r^2}\left\{\frac{x}{r},\frac{y}{r},\frac{z}{r}\right\}$所产生的散度场.

解 因为 $r^2=x^2+y^2+z^2$，所以

$$\boldsymbol{F}=-\frac{m}{(x^2+y^2+z^2)^{3/2}}\{x,y,z\},$$

$$\begin{aligned}\operatorname{div}\boldsymbol{F}&=\nabla\cdot\boldsymbol{F}\\&=-m\left[\frac{\partial}{\partial x}\left(\frac{x}{(x^2+y^2+z^2)^{3/2}}\right)+\frac{\partial}{\partial y}\left(\frac{y}{(x^2+y^2+z^2)^{3/2}}\right)+\right.\\&\qquad\left.\frac{\partial}{\partial z}\left(\frac{z}{(x^2+y^2+z^2)^{3/2}}\right)\right]\\&=0.\end{aligned}$$

因此，引力场 $\boldsymbol{F}$ 内每一点处的散度都为零(除原点处外).

11.7.4 旋度场

设

$$\boldsymbol{A}(x,y,z)=\{P(x,y,z),Q(x,y,z),R(x,y,z)\}$$

为空间区域 Ω 上的向量函数，对 Ω 上每一点 (x,y,z)，定义向量函数

$$\boldsymbol{F}(x,y,z)=\left\{\frac{\partial R}{\partial y}-\frac{\partial Q}{\partial x},\frac{\partial P}{\partial z}-\frac{\partial R}{\partial x},\frac{\partial Q}{\partial x}-\frac{\partial P}{\partial y}\right\},$$

称它为向量函数 $\boldsymbol{A}$ 在 (x,y,z) 处的旋度,记作

$$\boldsymbol{F}(x,y,z)=\mathbf{rot}\boldsymbol{A}^{\ominus}.$$

设 $\boldsymbol{n}=\{\cos\alpha,\cos\beta,\cos\gamma\}$ 为有向曲面 Σ 在点 (x,y,z) 处的单位法向量,而 Σ 的正向边界曲线 Γ 在点 (x,y,z) 处的单位切向量为

$$\boldsymbol{\tau}=\{\cos\lambda,\cos\mu,\cos\nu\},$$

则斯托克斯公式可用对面积的曲面积分及对弧长的曲线积分表示为

$$\iint_\Sigma\left[\left(\frac{\partial R}{\partial y}-\frac{\partial Q}{\partial z}\right)\cos\alpha+\left(\frac{\partial P}{\partial z}-\frac{\partial R}{\partial x}\right)\cos\beta+\left(\frac{\partial Q}{\partial x}-\frac{\partial P}{\partial y}\right)\cos\gamma\right]\mathrm{d}S$$

$$=\oint_\Gamma(P\cos\lambda+Q\cos\mu+R\cos\nu)\,\mathrm{d}s,$$

也可写成向量形式

$$\iint_\Sigma\mathbf{rot}\boldsymbol{A}\cdot\boldsymbol{n}\,\mathrm{d}S=\oint_\Gamma\boldsymbol{A}\cdot\boldsymbol{\tau}\,\mathrm{d}s$$

或

$$\iint_\Sigma(\mathbf{rot}\boldsymbol{A})_{\boldsymbol{n}}\,\mathrm{d}S=\oint_\Gamma A_\tau\,\mathrm{d}s,$$

其中 $(\mathbf{rot}\boldsymbol{A})_{\boldsymbol{n}}=\mathbf{rot}\boldsymbol{A}\cdot\boldsymbol{n}$ 为 $\mathbf{rot}\boldsymbol{A}$ 在 Σ 的法向量上的投影，而 $A_\tau=\boldsymbol{A}\cdot$

⊖ rot 是 rotation(旋度)一词的缩写,为便于记忆,**rotA** 可形式地写成 $\mathbf{rot}\boldsymbol{A}=\begin{vmatrix}\boldsymbol{i}&\boldsymbol{j}&\boldsymbol{k}\\\frac{\partial}{\partial x}&\frac{\partial}{\partial y}&\frac{\partial}{\partial z}\\P&Q&R\end{vmatrix}$.

τ 为向量 A 在 Γ 的切向量上的投影．

由向量函数 A 的旋度 $\mathbf{rot}A$ 所定义的向量场，称为旋度场．沿有向闭曲线 Γ 的曲线积分

$$\oint_\Gamma P\mathrm{d}x + Q\mathrm{d}y + R\mathrm{d}z = \oint_\Gamma A_\tau \mathrm{d}s \qquad (11\text{-}25)$$

称为向量场 A 沿有向闭曲线 Γ 的环流量．斯托克斯公式现在可叙述为：向量场 A 沿有向闭曲线 Γ 的环流量等于向量场 A 的旋度场通过 Γ 所张的曲面 Σ 的通量．这里 Γ 的正向与 Σ 的侧应符合右手规则．

环流量 $\oint_\Gamma A_\tau \mathrm{d}s$ 表示流速为 A 的不可压缩流体，在单位时间内沿曲线 Γ 的流体总量，反映了流体沿 Γ 流动时的旋转强弱程度．当 $\mathbf{rot}A=\mathbf{0}$ 时，沿任意封闭曲线的环流量为零，即流体流动时不成旋涡，这时称向量场 A 为无旋场．

最后，我们从力学角度来对 $\mathbf{rot}A$ 的含义作些解释．

设有刚体绕定轴 l 转动，角速度为 $\boldsymbol{\omega}$，M 为刚体内任意一点．在定轴 l 上任取一点 O 为坐标原点，作空间直角坐标系，使 z 轴与定轴 l 重合，则 $\boldsymbol{\omega}=\omega \boldsymbol{k}$，而点 M 可用向量 $\boldsymbol{r}=\overrightarrow{OM}=\{x,y,z\}$ 来确定．由力学知识可知，点 M 的线速度 $\boldsymbol{v}$ 可表示为

$$\boldsymbol{v}=\boldsymbol{\omega}\times\boldsymbol{r}.$$

由此有

$$\boldsymbol{v}=\begin{vmatrix} \boldsymbol{i} & \boldsymbol{j} & \boldsymbol{k} \\ 0 & 0 & \omega \\ x & y & z \end{vmatrix}=\{-\omega y,\omega x,0\},$$

而

$$\mathbf{rot}\,\boldsymbol{v}=\begin{vmatrix} \boldsymbol{i} & \boldsymbol{j} & \boldsymbol{k} \\ \dfrac{\partial}{\partial x} & \dfrac{\partial}{\partial y} & \dfrac{\partial}{\partial z} \\ -\omega y & \omega x & 0 \end{vmatrix}=\{0,0,2\omega\}=2\boldsymbol{\omega}.$$

从速度场 $\boldsymbol{v}$ 的旋度与旋转角速度的关系，可见“旋度”这一名词的由来．

习题 11.7

1. 求下列向量 A 穿过曲面 Σ 流向指定侧的通量：

(1) $A=\{yz,xz,xy\}$，Σ 为圆柱 $x^2+y^2\leqslant a^2 (0\leqslant z\leqslant h)$ 的全表面，流向外侧；

(2) $A=(2x-z)\boldsymbol{i}+x^2y\boldsymbol{j}-xz^2\boldsymbol{k}$，$\Sigma$ 为立方体 $0\leqslant x\leqslant a,0\leqslant y\leqslant a,0\leqslant z\leqslant a$ 的全表面，流向外侧；

(3) $A=(2x+3z)\boldsymbol{i}-(xz+y)\boldsymbol{j}+(y^2+2z)\boldsymbol{k}$，$\Sigma$ 是以点 $(3,-1,2)$ 为球心，半径 $R=3$ 的球面，流向外侧．

2. 求下列向量场 A 的散度：

(1) $A=(x^2+yz)\boldsymbol{i}+(y^2+xz)\boldsymbol{j}+(z^2+xy)\boldsymbol{k}$；

(2) $\boldsymbol{A}=e^{xy}\boldsymbol{i}+\cos(xy)\boldsymbol{j}+\cos(xz^2)\boldsymbol{k}$;

(3) $\boldsymbol{A}=y^2\boldsymbol{i}+xy\boldsymbol{j}+xz\boldsymbol{k}$.

3. 求下列向量场$\boldsymbol{A}$的旋度：

(1) $\boldsymbol{A}=(2z-3y)\boldsymbol{i}+(3x-z)\boldsymbol{j}+(y-2x)\boldsymbol{k}$;

(2) $\boldsymbol{A}=(z+\sin y)\boldsymbol{i}-(z-x\cos y)\boldsymbol{j}$;

(3) $\boldsymbol{A}=\boldsymbol{i}x^2\sin y+\boldsymbol{j}y^2\sin(xz)+\boldsymbol{k}xy\sin(\cos z)$.

4. 求下列向量场$\boldsymbol{A}$沿闭曲线Γ(从z轴正向看Γ依逆时针方向)的环流量：

(1) $\boldsymbol{A}=-y\boldsymbol{i}+x\boldsymbol{j}+c\boldsymbol{k}$($c$为常量)，$\Gamma$为圆周$x^2+y^2=1,z=0$;

(2) $\boldsymbol{A}=(x-z)\boldsymbol{i}+(x^3+yz)\boldsymbol{j}-3xy^2\boldsymbol{k}$，其中$\Gamma$为圆周$z=2-\sqrt{x^2+y^2},z=0$.

综合练习 11

一、填空题

1. 第二类曲线积分$\int_\Gamma P\mathrm{d}x+Q\mathrm{d}y+R\mathrm{d}z$化成第一类曲线积分是______，其中$\alpha$、$\beta$、$\gamma$为有向曲线弧$\Gamma$在点$(x,y,z)$处的______的方向角；

2. 第二类曲面积分$\iint\limits_\Sigma P\mathrm{d}y\mathrm{d}z+Q\mathrm{d}z\mathrm{d}x+R\mathrm{d}x\mathrm{d}y$化成第一类曲面积分是______，其中$\alpha$、$\beta$、$\gamma$为有向曲面$\Sigma$在点$(x,y,z)$处的______的方向角．

二、选择题

设曲面Σ是上半球面：$x^2+y^2+z^2=R^2(z\geqslant 0)$，曲面$\Sigma_1$是曲面$\Sigma$在第一卦限中的部分，则有(　　).

(A) $\iint\limits_\Sigma x\mathrm{d}S=4\iint\limits_{\Sigma_1}x\mathrm{d}S$　　(B) $\iint\limits_\Sigma y\mathrm{d}S=4\iint\limits_{\Sigma_1}x\mathrm{d}S$

(C) $\iint\limits_\Sigma z\mathrm{d}S=4\iint\limits_{\Sigma_1}z\mathrm{d}S$　　(D) $\iint\limits_\Sigma xyz\mathrm{d}S=4\iint\limits_{\Sigma_1}xyz\mathrm{d}S$

三、解答题

1. 计算下列曲线积分：

(1) $\oint_L y\mathrm{d}s$，其中L为$y^2=x$和$x+y=2$所围的闭曲线；

(2) $\oint_L |y|\mathrm{d}s$，其中L为双纽线$(x^2+y^2)^2=a^2(x^2-y^2)$；

(3) $\int_L z\mathrm{d}s$，其中L为圆锥螺线$x=t\cos t,y=t\sin t,z=t(0\leqslant t\leqslant t_0)$；

(4) $\int_L xy^2\mathrm{d}y-x^2y\mathrm{d}x$，$L$为以$a$为半径，圆心在原点的右半圆周，沿顺时针方向；

(5) $\int_L \frac{\mathrm{d}y-\mathrm{d}x}{x-y}$，$L$是抛物线$y=x^2-4$，从$A(0,-4)$到$B(2,0)$的一段；

(6) $\int_L xyz\mathrm{d}z$,其中 L 是用平面 $y=z$ 截球面 $x^2+y^2+z^2=1$ 所得的截痕,从 z 轴的正向看去,沿逆时针方向.

2. 计算下列曲面积分:

(1) $\iint\limits_{\Sigma} z\mathrm{d}S$,其中 Σ 是球面 $x^2+y^2+z^2=R^2$;

(2) $\iint\limits_{\Sigma}(y^2-z)\mathrm{d}y\mathrm{d}z+(z^2-x)\mathrm{d}z\mathrm{d}x+(x^2-y)\mathrm{d}x\mathrm{d}y$,其中 Σ 为锥面 $z=\sqrt{x^2+y^2}\,(0\leqslant z\leqslant h)$ 的外侧;

(3) $\oiint\limits_{\Sigma}\dfrac{\mathrm{e}^x}{\sqrt{y^2+z^2}}\mathrm{d}y\mathrm{d}z$,其中 Σ 为锥面 $x^2-y^2-z^2=0$ 与平面 $x=1$,$x=2$ 所围立体的外侧;

(4) $\iint\limits_{\Sigma}\dfrac{x\mathrm{d}y\mathrm{d}z+y\mathrm{d}z\mathrm{d}x+z\mathrm{d}x\mathrm{d}y}{\sqrt{(x^2+y^2+z^2)^3}}$,其中 Σ 为曲面 $1-\dfrac{z}{5}=\dfrac{(x-2)^2}{16}+\dfrac{(y-1)^2}{9}\,(z\geqslant 0)$ 的上侧;

(5) $\oiint\limits_{\Sigma}a^2b^2z^2x\mathrm{d}y\mathrm{d}z+b^2c^2x^2y\mathrm{d}z\mathrm{d}x+c^2a^2y^2z\mathrm{d}x\mathrm{d}y$,其中 Σ 是椭球面 $\dfrac{x^2}{a^2}+\dfrac{y^2}{b^2}+\dfrac{z^2}{c^2}=1$ 的上半部分与平面 $z=0$ 所围闭曲面的外侧($a>0,b>0,c>0$).

3. 证明:$\dfrac{x\mathrm{d}x+y\mathrm{d}y}{x^2+y^2}$ 在整个 xOy 平面除去 y 的负半轴及原点的区域 G 内是某个二元函数的全微分,并求出一个这样的二元函数.

4. 设在半平面 $x>0$ 内有力 $\boldsymbol{F}=-\dfrac{k}{p^3}(x\boldsymbol{i}+y\boldsymbol{j})$ 构成力场,其中 k 为常数,$p=\sqrt{x^2+y^2}$. 证明在此力场中场力所做的功与所取的路径无关.

5. 设某流体的流速 $\boldsymbol{v}=\{k,y,0\}$,求单位时间内从球面 $x^2+y^2+z^2=4$ 的内部流过球面的流量.

6. 设 $u(x,y)$、$v(x,y)$ 在闭区域 D 上都具有二阶连续偏导数,分段光滑的曲线 L 为 D 的正向边界曲线,试证明

$$\iint\limits_D v\Delta u\mathrm{d}x\mathrm{d}y=-\iint\limits_D(\mathbf{gard}\,u\cdot\mathbf{grad}\,v)\mathrm{d}x\mathrm{d}y+\oint_L v\frac{\partial u}{\partial n}\mathrm{d}s,$$

其中 $\dfrac{\partial u}{\partial n}$、$\dfrac{\partial v}{\partial n}$ 分别是 u、v 沿 L 的外法线向量 $\boldsymbol{n}$ 的方向导数,符号 $\Delta=\dfrac{\partial^2}{\partial x^2}+\dfrac{\partial^2}{\partial y^2}$ 称二维拉普拉斯算子.

7. 求向量场 $\boldsymbol{A}=\{y^2+z^2,\ z^2+x^2,\ x^2+y^2\}$ 的散度与旋度.

第 12 章

无穷级数

无穷级数是高等数学的一个重要组成部分，它是表示函数、研究函数的性质以及进行数值计算的一种工具，本章介绍数项级数的基本概念、审敛准则、常用的幂级数与傅里叶级数．

12.1 常数项级数

12.1.1 常数项级数的概念

在初等数学中遇到的和式都是有限多项的和式，但在某些实际问题中会出现无穷多项相加的情形，如“一尺之棰，日取其半，万世不竭”，若把每天截下那一部分的长度“加”起来

$$\frac{1}{2}+\frac{1}{2^2}+\cdots+\frac{1}{2^n}+\cdots,$$

这就是“无限个数相加”的一个例子．从直观上可以看到，它的和是1. 对于“无限项之和”，这是一个未知的新概念，不能简单地引用有限项相加的概念，而需要建立它本身严格的理论．

定义 12.1 设有一个数列 $\{u_n\}$，对它的各项依次用“+”号连接起来的表达式

$$u_1+u_2+\cdots+u_n+\cdots,$$

称为数项级数或无穷级数，简称级数，记作 $\sum\limits_{n=1}^{\infty}u_n$，即

$$\sum_{n=1}^{\infty}u_n=u_1+u_2+\cdots+u_n+\cdots, \tag{12-1}$$

其中 u_n 称为级数的一般项．

当 $u_n(n=1,2,\cdots)$ 均为常数时，我们称级数(12-1)为常数项级数，简称数项级数．

现在要研究的问题是：级数(12-1)是否有“和”？如果有“和”，

怎样去求？为了寻求解决这个问题的途径，我们先看级数(12-1)是“无限多个数的和”，怎样用我们熟知的有限个数的和的计算转化到“无限多个数的和”的计算呢？我们借用极限这个工具来实现．

设级数(12-1)的前 n 项的和为 S_n，即

$$S_n = u_1 + u_2 + \cdots + u_n = \sum_{k=1}^{n} u_k.$$

称它为数项级数(12-1)的第 n 个部分和，也简称部分和．显然，级数(12-1)的所有前 n 项部分和 S_n 构成一个数列 $\{S_n\}$，我们称此数列为级数(12-1)的部分和数列，根据这个数列有没有极限，我们引进了级数(12-1)的收敛与发散的概念．

定义 12.2 对于级数 $\sum\limits_{n=1}^{\infty} u_n$，若其部分和数列 $\{S_n\}$ 收敛，则称级数 $\sum\limits_{n=1}^{\infty} u_n$ 收敛，并称极限 $S = \lim\limits_{n\to\infty} S_n$ 为级数 $\sum\limits_{n=1}^{\infty} u_n$ 的和，记作

$$S = u_1 + u_2 + \cdots + u_n + \cdots;$$

若 $\lim\limits_{n\to\infty} S_n$ 不存在(即数列 $\{S_n\}$ 发散)，则称级数 $\sum\limits_{n=1}^{\infty} u_n$ 发散．

此定义的实质是用“有限和 S_n(部分和)”来研究“无限和 $\sum\limits_{n=1}^{\infty} u_n$”，应当**注意**，只有 $\lim\limits_{n\to\infty} S_n$ 存在时，$\sum\limits_{n=1}^{\infty} u_n$ 的“和”才存在，而且 S_n 作为 S 的近似值，它们之间的差值

$$R_n = S - S_n = u_{n+1} + u_{n+2} + \cdots$$

称为级数(12-1)的余项，用近似值 S_n 代替 S 所产生的误差就是这个余项的绝对值，即误差 $|R_n|$．

例 1 给定级数 $\sum\limits_{n=1}^{\infty} (-1)^{n-1}$．

(1) 求部分和 S_n；(2) 判断此级数是否收敛．

解 (1) 容易得到

$$S_n = \begin{cases} 1, & n = 2k-1, \\ 0, & n = 2k \end{cases} (k = 1,2,\cdots).$$

(2) 由于 $\lim\limits_{n\to\infty} S_{2k-1} = 1$，$\lim\limits_{n\to\infty} S_{2k} = 0$，因此 $\lim\limits_{n\to\infty} S_n$ 不存在，故级数 $\sum\limits_{n=1}^{\infty} (-1)^{n-1}$ 发散．

例 2 已知数项级数 $\sum\limits_{n=1}^{\infty} u_n$ 的部分和为

$$S_n = \frac{2n}{2n+1} (n = 1,2,\cdots).$$

(1) 求此级数的一般项 u_n；(2) 判断此级数是否收敛．

解 (1) 由级数部分和定义得

$$u_n=S_n-S_{n-1}=\frac{2}{4n^2-1}.$$

(2) 由于 $S_n=\dfrac{2n}{2n+1}$，有 $\lim\limits_{n\to\infty}S_n=\lim\limits_{n\to\infty}\dfrac{2n}{2n+1}=1$. 因此级数收敛且其和为 1.

例 3　判断级数 $\sum\limits_{n=1}^{\infty}\dfrac{1}{n(n+1)}$ 的敛散性，若级数收敛，求其和 .

解　因为 $u_n=\dfrac{1}{n(n+1)}=\dfrac{1}{n}-\dfrac{1}{n+1}$，所以

$$\begin{aligned}S_n&=\frac{1}{1\cdot 2}+\frac{1}{2\cdot 3}+\cdots+\frac{1}{n(n+1)}\\&=\left(1-\frac{1}{2}\right)+\left(\frac{1}{2}-\frac{1}{3}\right)+\cdots+\left(\frac{1}{n}-\frac{1}{n+1}\right)\\&=1-\frac{1}{n+1}.\end{aligned}$$

从而 $\lim\limits_{n\to\infty}S_n=$ __________，所以该级数收敛，且其和为 1.

例 4　讨论几何级数(也称为等比级数)

$$a+aq+aq^2+\cdots+aq^n+\cdots$$

的敛散性($a\neq 0$).

解　$q\neq 1$，有

$$S_n=a+aq+\cdots+aq^{n-1}=a\,\frac{1-q^n}{1-q},$$

因此

(1) 当 $|q|<1$ 时，$\lim\limits_{n\to\infty}S_n=\dfrac{a}{1-q}$，此时级数收敛，其和为 $\dfrac{a}{1-q}$；

(2) 当 $|q|>1$ 时，$\lim\limits_{n\to\infty}S_n=\infty$，级数发散；

(3) 当 $q=1$ 时，$S_n=na$，级数发散 .

当 $q=-1$ 时，$S_{2n}=0$，$S_{2n+1}=a$，$k=0,1,2,\cdots$，级数发散 .

故，当 $|q|<1$ 时，几何级数收敛；当 $|q|\geqslant 1$ 时，几何级数发散.

例 5　试证调和级数

$$\sum_{n=1}^{\infty}\frac{1}{n}=1+\frac{1}{2}+\frac{1}{3}+\cdots+\frac{1}{n}+\cdots$$

是发散的 .

证　当 $k\leqslant x\leqslant k+1$ 时，$\dfrac{1}{x}\leqslant\dfrac{1}{k}$，从而

$$\int_k^{k+1}\frac{1}{x}\mathrm{d}x\leqslant\int_k^{k+1}\frac{1}{k}\mathrm{d}x=\frac{1}{k},$$

于是

$$S_n = \sum_{k=1}^{n} \frac{1}{k} \geqslant \sum_{k=1}^{n} \int_{k}^{k+1} \frac{1}{x}\mathrm{d}x = \int_{1}^{n+1} \frac{1}{x}\mathrm{d}x = \ln(n+1).$$

由 $\lim\limits_{n\to\infty}\ln(n+1) = +\infty$，所以 $\lim\limits_{n\to\infty}S_n = +\infty$，即 $\sum\limits_{n=1}^{\infty}\frac{1}{n}$ 是发散的.

12.1.2 级数的基本性质

在大多数情况下，根据定义判断级数敛散性及求收敛级数的和是不易办到的，因而寻找一些简单易行的审敛准则就很有必要，并且从求和的角度来看，若能肯定级数是收敛的，即使难以求其精确和，也可取足够多项的部分和作为其近似值.

在研究级数的审敛准则前，我们先叙述级数的一些**基本性质**.

性质 12.1 对于任何不为零的常数 k，级数 $\sum\limits_{n=1}^{\infty}u_n$ 与 $\sum\limits_{n=1}^{\infty}(ku_n)$ 同时收敛或同时发散，如果收敛，则有

$$\sum_{n=1}^{\infty}(ku_n) = k\sum_{n=1}^{\infty}u_n.$$

证 设 $\sum\limits_{n=1}^{\infty}u_n$ 的部分和为 S_n，且 $\lim\limits_{n\to\infty}S_n = S$. 又设级数 $\sum\limits_{n=1}^{\infty}(ku_n)$ 的部分和为 σ_n，显然有 $\sigma_n = kS_n$，于是

$$\lim_{n\to\infty}\sigma_n = \lim_{n\to\infty}kS_n = k\lim_{n\to\infty}S_n = kS,$$

即

$$\sum_{n=1}^{\infty}(ku_n) = kS = k\sum_{n=1}^{\infty}u_n.$$

性质 12.2 如果 $\sum\limits_{n=1}^{\infty}u_n$ 与 $\sum\limits_{n=1}^{\infty}v_n$ 均收敛，则 $\sum\limits_{n=1}^{\infty}(u_n \pm v_n)$ 收敛，且有

$$\sum_{n=1}^{\infty}(u_n \pm v_n) = \sum_{n=1}^{\infty}u_n \pm \sum_{n=1}^{\infty}v_n.$$

性质 12.2 的证明请读者完成．读者还应**注意**：

(1) 若 $\sum\limits_{n=1}^{\infty}u_n$ 与 $\sum\limits_{n=1}^{\infty}v_n$ 均发散，但 $\sum\limits_{n=1}^{\infty}(u_n \pm v_n)$ 不一定发散，如 $\sum\limits_{n=1}^{\infty}(-1)^{n-1}$ 与 $\sum\limits_{n=1}^{\infty}(-1)^{n}$ 均发散，而

$$\sum_{n=1}^{\infty}[(-1)^{n-1} + (-1)^{n}] = 0 + 0 + \cdots$$

是收敛的.

(2) 如果 $\sum\limits_{n=1}^{\infty}u_n$ 收敛，而 $\sum\limits_{n=1}^{\infty}v_n$ 发散，则 $\sum\limits_{n=1}^{\infty}(u_n \pm v_n)$ 一定发散.

性质 12.3 对于任意确定的自然数 n_0，$\sum\limits_{n=1}^{\infty}u_n$ 与 $\sum\limits_{n=n_0}^{\infty}u_n$ 同时收敛

或同时发散.

性质12.3的证明方法与性质12.1类似，在此从略．性质12.3也可以叙述为在一个级数中增加或去掉有限项不改变级数的敛散性，但一般会改变收敛级数的和，因此原级数与新级数的和不一定相同.

性质12.4 收敛级数任意加括号后所成的新级数仍然收敛于原来的和.

注意：收敛级数去括号后所成的级数不一定收敛，例如级数

$$(1-1)+(1-1)+\cdots+(1-1)+\cdots$$

收敛于0，但级数

$$1-1+1-1+\cdots+1-1+\cdots$$

却是发散的.

根据性质12.4可得如下的推论：如果加括号后级数发散，则原来的级数也发散.

性质12.5 （级数收敛的必要条件）如果 $\sum\limits_{n=1}^{\infty} u_n$ 收敛，则 $\lim\limits_{n\to\infty} u_n=0$.

证 设 $\sum\limits_{n=1}^{\infty} u_n$ 的前 n 项部分和为 S_n，根据题设有 $\lim\limits_{n\to\infty} S_n=S$，从而得

$$\lim_{n\to\infty} u_n=\lim_{n\to\infty}(S_n-S_{n-1})=\lim_{n\to\infty} S_n-\lim_{n\to\infty} S_{n-1}=S-S=0.$$

应当注意：$\lim\limits_{n\to\infty} u_n=0$ 只是级数 $\sum\limits_{n=1}^{\infty} u_n$ 收敛的必要条件，而非充分条件．例如，调和级数 $\sum\limits_{n=1}^{\infty}\dfrac{1}{n}$，虽然 $\lim\limits_{n\to\infty} u_n=\lim\limits_{n\to\infty}\dfrac{1}{n}=0$，但它是发散的．$\lim\limits_{n\to\infty} u_n\neq 0$ 是指 $\lim\limits_{n\to\infty} u_n$ 不存在或 $\lim\limits_{n\to\infty} u_n$ 存在但不为0.

例6 判断级数 $\sum\limits_{n=1}^{\infty}\dfrac{n}{1000n+1}$ 的敛散性.

解 由于

$$\lim_{n\to\infty} u_n=\lim_{n\to\infty}\frac{n}{1000n+1}=\underline{\qquad\qquad}0,$$

故级数发散.

例7 判断级数 $\sum\limits_{n=1}^{\infty} n\sin\dfrac{\pi}{2n}$ 的敛散性.

解 级数的一般项 $u_n=n\sin\dfrac{\pi}{2n}(n=1,2,\cdots)$，由于

$$\lim_{n\to\infty} u_n=\lim_{n\to\infty} n\sin\frac{\pi}{2n}=\lim_{n\to\infty}\frac{\pi}{2}\frac{\sin\frac{\pi}{2n}}{\frac{\pi}{2n}}=\underline{\qquad\qquad}0,$$

因此，该级数发散.

习题 12.1

1. 写出下列级数的前5项：

(1) $\sum_{n=1}^{\infty}\frac{n+2}{n(n+1)}$；　(2) $\sum_{n=1}^{\infty}\frac{1}{(2n-1)2^{2n-1}}$；

(3) $\sum_{n=1}^{\infty}\frac{(-1)^{n-1}}{5n}$；　(4) $\sum_{n=1}^{\infty}\frac{n!}{n^n}$.

2. 写出下列级数的一般项：

(1) $\frac{1}{2}+\frac{1}{4}+\frac{1}{6}+\frac{1}{8}+\cdots$；　(2) $\frac{1}{2}+\frac{2}{5}+\frac{3}{10}+\frac{4}{17}+\cdots$；

(3) $\frac{\sqrt{x}}{2}+\frac{x}{2\cdot 4}+\frac{x\sqrt{x}}{2\cdot 4\cdot 6}+\frac{x^2}{2\cdot 4\cdot 6\cdot 8}+\cdots$；

(4) $\frac{a^2}{3}-\frac{a^3}{5}+\frac{a^4}{7}-\frac{a^5}{9}+\cdots$.

3. 判断下列级数的敛散性：

(1) $\sum_{n=1}^{\infty}(\sqrt{n+1}-\sqrt{n})$；　(2) $\sum_{n=1}^{\infty}\frac{1}{4n^2-1}$；

(3) $0.001+\sqrt{0.001}+\sqrt[3]{0.001}+\cdots$；　(4) $\sum_{n=1}^{\infty}\frac{n}{2n-1}$；

(5) $\sum_{n=1}^{\infty}(-1)^{n-1}\frac{2^n}{3^n}$；　(6) $\frac{1}{2}+\frac{2}{3}+\frac{3}{4}+\frac{4}{5}+\cdots$；

(7) $\frac{1}{3}+\frac{1}{6}+\frac{1}{9}+\cdots+\frac{1}{3n}+\cdots$；

(8) $\left(\frac{1}{2}+\frac{1}{3}\right)+\left(\frac{1}{4}+\frac{1}{9}\right)+\left(\frac{1}{8}+\frac{1}{27}\right)+\cdots$.

12.2 常数项级数敛散性判别

12.2.1 正项级数审敛准则

本节研究一般的常数项级数的一些审敛法，其中正项级数特别重要，以后可以看到，许多其他类型级数的敛散性问题均可以归结为正项级数的敛散性来研究.

如果 $u_n\geqslant 0(n=1,2,\cdots)$，则称级数 $\sum_{n=1}^{\infty}u_n$ 为正项级数，显然，正项级数 $\sum_{n=1}^{\infty}u_n$ 的部分和数列 $\{S_n\}$ 是一个单调增加数列：

$$S_1\leqslant S_2\leqslant S_3\leqslant\cdots\leqslant S_n\leqslant\cdots,$$

根据第1章所述，单调数列有极限的充分必要条件是该数列有界，于是有下面的定理.

定理 12.1 正项级数 $\sum_{n=1}^{\infty}u_n$ 收敛的充要条件是其部分和数列

$\{S_n\}$有界.

根据定理12.1可以得到判定正项级数敛散性常用的比较判别法.

定理12.2(比较判别法) 设有两个正项级数 $\sum_{n=1}^{\infty} u_n$ 与 $\sum_{n=1}^{\infty} v_n$，如果存在正整数N，当$n>N$时，有

$$u_n \leqslant kv_n \quad (n=1,2,\cdots,k\text{ 是大于 0 的常数})$$

成立，则

(1) 若级数 $\sum_{n=1}^{\infty} v_n$ 收敛，则级数 $\sum_{n=1}^{\infty} u_n$ 也收敛；

(2) 若级数 $\sum_{n=1}^{\infty} u_n$ 发散，则级数 $\sum_{n=1}^{\infty} v_n$ 也发散.

证 设 $\sum_{k=1}^{n} u_k = S_n$，$\sum_{k=1}^{n} v_k = \sigma_n$.

(1) 因为 $\sum_{n=1}^{\infty} v_n$ 收敛，由定理12.1存在常数M，使得$\sigma_n \leqslant M(n=1,2,3,\cdots)$成立. 又由假设得

$$S_n \leqslant k\sigma_n \leqslant kM.$$

于是$\{S_n\}$有界. 由定理12.1得 $\sum_{n=1}^{\infty} u_n$ 收敛.

(2) 用反证法来证明，假设 $\sum_{n=1}^{\infty} v_n$ 收敛，根据定理的条件$k>0$，$u_n \leqslant kv_n$ 有$v_n \geqslant \frac{1}{k}u_n$. 由命题(1)可知 $\sum_{n=1}^{\infty} u_n$ 收敛，与已知条件矛盾，因此 $\sum_{n=1}^{\infty} v_n$ 发散.

由定理12.2可以得到极限形式的判别法，它在应用时很方便.

推论(比较判别法的极限形式) 若正项级数 $\sum_{n=1}^{\infty} u_n$ 与 $\sum_{n=1}^{\infty} v_n$ 满足 $\lim_{n\to\infty}\frac{u_n}{v_n}=\rho$，则

(1) 当$0<\rho<+\infty$时，$\sum_{n=1}^{\infty} u_n$ 与 $\sum_{n=1}^{\infty} v_n$ 具有相同的敛散性；

(2) 当$\rho=0$时，若 $\sum_{n=1}^{\infty} v_n$ 收敛，则 $\sum_{n=1}^{\infty} u_n$ 收敛；

(3) 当$\rho=+\infty$时，若 $\sum_{n=1}^{\infty} v_n$ 发散，则 $\sum_{n=1}^{\infty} u_n$ 发散.

证 (1) 由于 $\lim_{n\to\infty}\frac{u_n}{v_n}=\rho>0$，取$\varepsilon=\frac{\rho}{2}>0$，则存在$N>0$，当$n>N$时，有

$$\left|\frac{u_n}{v_n}-\rho\right|<\frac{\rho}{2}\text{ 即}\left(\rho-\frac{\rho}{2}\right)v_n<u_n<\left(\rho+\frac{\rho}{2}\right)v_n,$$

由比较判别法，得结论成立.

(2)、(3)的证明类似，请读者自己完成.

例1　判断级数 $\sum\limits_{n=1}^{\infty} 2^n \sin \dfrac{1}{5^n}$ 的收敛性.

解　由于 $0 < 2^n \sin \dfrac{1}{5^n} < 2^n \dfrac{1}{5^n} = \left(\dfrac{2}{5}\right)^n$，而级数 $\sum\limits_{n=1}^{\infty} \left(\dfrac{2}{5}\right)^n$ ________，由比较判别法知 $\sum\limits_{n=1}^{\infty} 2^n \sin \dfrac{1}{5^n}$ 收敛.

例2　讨论 p 级数

$$\sum_{n=1}^{\infty} \frac{1}{n^p} = 1 + \frac{1}{2^p} + \cdots + \frac{1}{n^p} + \cdots$$

的敛散性，其中 $p>0$ 为常数.

解　当 $p \leqslant 1$ 时，$\dfrac{1}{n^p} \geqslant \dfrac{1}{n}$，而调和级数 $\sum\limits_{n=1}^{\infty} \dfrac{1}{n}$ 发散，所以级数 $\sum\limits_{n=1}^{\infty} \dfrac{1}{n^p}$ 发散.

当 $p>1$ 时，由 $k-1 \leqslant x \leqslant k$，有 $\dfrac{1}{k^p} \leqslant \dfrac{1}{x^p}$，$p$ 级数的前 n 项部分和

$$\begin{aligned} S_n &= 1 + \sum_{k=2}^{n} \frac{1}{k^p} = 1 + \sum_{k=2}^{n} \int_{k-1}^{k} \frac{1}{k^p} \mathrm{d}x \\ &\leqslant 1 + \sum_{k=2}^{n} \int_{k-1}^{k} \frac{1}{x^k} \mathrm{d}x = 1 + \int_{1}^{n} \frac{1}{x^p} \mathrm{d}x \\ &= 1 + \frac{1}{p-1}\left(1 - \frac{1}{n^{p-1}}\right) < 1 + \frac{1}{p-1} = M, \end{aligned}$$

即数列 $\{S_n\}$ 有上界，于是，由定理 12.1 知级数 $\sum\limits_{n=1}^{\infty} \dfrac{1}{n^p}$ ________. 故当 $p>1$ 时，$\sum\limits_{n=1}^{\infty} \dfrac{1}{n^p}$ 收敛. 综合上述结果，我们得到：p 级数当 $p \leqslant 1$ 时发散，当 $p>1$ 时收敛.

例3　判别下列正项级数的敛散性：

(1) $\sum\limits_{n=1}^{\infty} \sin \dfrac{1}{n}$；(2) $\sum\limits_{n=1}^{\infty} \ln\left(1 + \dfrac{1}{n^2}\right)$.

解　(1) 因为 $\lim\limits_{n\to\infty} \dfrac{\sin \frac{1}{n}}{\frac{1}{n}} =$ ________，而 $\sum\limits_{n=1}^{\infty} \dfrac{1}{n}$ 发散，根据定理 12.2 的推论，该级数发散.

(2) 因为 $\lim\limits_{n\to\infty} \dfrac{\ln\left(1 + \frac{1}{n^2}\right)}{\frac{1}{n^2}} =$ ________ $\left(\ln\left(1 + \dfrac{1}{n^2}\right) \sim \dfrac{1}{n^2},\ n \to \infty\right)$，而 $\sum\limits_{n=1}^{\infty} \dfrac{1}{n^2}$ 收敛，故该级数收敛.

从以上例子可知，用比较判别法来判断一个级数的敛散性，需要适当地选取一个已知其敛散性的级数 $\sum_{n=1}^{\infty} v_n$ 作为比较的基准，最常选用的基准级数是几何级数和 p 级数．虽然用比较判别法可以直接得到正项级数的敛散性，但在判别过程中寻求基准级数是较困难的．于是我们将介绍两个有效的审敛性判别法．

定理 12.3（比值或达朗贝尔判别法） 对于正项级数 $\sum_{n=1}^{\infty} u_n$，如果

$$\lim_{n\to\infty}\frac{u_{n+1}}{u_n}=\rho,$$

则

（1）当 $\rho<1$ 时，级数 $\sum_{n=1}^{\infty} u_n$ 收敛；

（2）当 $\rho>1$ 时，级数 $\sum_{n=1}^{\infty} u_n$ 发散；

（3）当 $\rho=1$ 时，级数 $\sum_{n=1}^{\infty} u_n$ 可能收敛，也可能发散.

证 （1）由 $\lim\limits_{n\to\infty}\frac{u_{n+1}}{u_n}=\rho<1$ 可知，总可找到一个小正数 ε_0，使得 $\rho+\varepsilon_0=q<1$，即对此给定的 ε_0，必有正整数 N 存在，当 $n\geqslant N$ 时，有

$$\left|\frac{u_{n+1}}{u_n}-\rho\right|<\varepsilon_0$$

恒成立，得

$$\rho-\varepsilon_0<\frac{u_{n+1}}{u_n}<\rho+\varepsilon_0=q<1.$$

于是，对于正项级数 $\sum_{n=1}^{\infty} u_n$，从第 N 项开始有

$$u_{N+1}<qu_N, u_{N+2}<qu_{N+1}<q^2u_N,\cdots,$$

因此正项级数

$$u_N+u_{N+1}+\cdots+u_{N+k}+\cdots=\sum_{n=N}^{\infty}u_n,$$

所以有

$$u_N+qu_N+q^2u_N+\cdots=\sum_{n=1}^{\infty}u_Nq^{n-1},$$

而级数 $\sum_{n=1}^{\infty} u_Nq^{n-1}$ 是公比的绝对值 $|q|<1$ 的等比级数，它是收敛的，于是由比较判别法可知，级数 $\sum_{n=N}^{\infty} u_n$ 收敛．由性质 12.3，知 $\sum_{n=1}^{\infty} u_n$ 也收敛．

（2）当 $\rho>1$ 时，可取充分小的正数 ε，使得 $q=\rho-\varepsilon>1$ 成立，故有

$$u_{n+1} > (\rho-\varepsilon)u_n = qu_n > u_n(n \geqslant N).$$

这就是说，当 $n \geqslant N$ 时，u_n 随 n 的增大而增大，故当 $n\to\infty$ 时，u_n 不可能趋于 0，故级数 $\sum\limits_{n=1}^{\infty} u_n$ 发散.

（3）当 $\rho=1$ 时，级数可能收敛也可能发散，例如，收敛级数 $\sum\limits_{n=1}^{\infty}\frac{1}{n^2}$ 和发散级数 $\sum\limits_{n=1}^{\infty}\frac{1}{n}$ 都满足 $\rho=1$，可见当 $\rho=1$ 时，不能用比值法判别级数的敛散性.

例 4　判断下列级数的敛散性：

（1）$\sum\limits_{n=1}^{\infty}\frac{1}{n!}$；（2）$\sum\limits_{n=1}^{\infty}\frac{2n-1}{2^n}$；（3）$\sum\limits_{n=1}^{\infty}\frac{2^n}{n^2}$.

解　（1）由于 $\lim\limits_{n\to\infty}\frac{u_{n+1}}{u_n}=\lim\limits_{n\to\infty}\left[\frac{1}{(n+1)!}\Big/\frac{1}{n!}\right]=\lim\limits_{n\to\infty}\frac{1}{n+1}=\underline{\qquad}<1$，

故级数 $\sum\limits_{n=1}^{\infty}\frac{1}{n!}$ 收敛.

（2）由于 $\lim\limits_{n\to\infty}\frac{u_{n+1}}{u_n}=\lim\limits_{n\to\infty}\left[\frac{2(n+1)-1}{2^{n+1}}\Big/\frac{2n-1}{2^n}\right]=\frac{1}{2}\lim\limits_{n\to\infty}\frac{2n+1}{2n-1}=$

$\underline{\qquad\qquad}<1$，故级数 $\sum\limits_{n=1}^{\infty}\frac{2n-1}{2^n}$ 收敛.

（3）由于 $\lim\limits_{n\to\infty}\frac{u_{n+1}}{u_n}=\lim\limits_{n\to\infty}\left[\frac{2^{n+1}}{(n+1)^2}\Big/\frac{2^n}{n^2}\right]=\lim\limits_{n\to\infty}\frac{2n^2}{(n+1)^2}=\underline{\qquad}>1$，

故级数 $\sum\limits_{n=1}^{\infty}\frac{2^n}{n^2}$ 发散.

例 5　讨论级数 $\sum\limits_{n=1}^{\infty}\frac{x^{2n}}{n^2}$ 的敛散性，其中 x 是实数.

解　由于 $\lim\limits_{n\to\infty}\frac{u_{n+1}}{u_n}=\lim\limits_{n\to\infty}\left[\frac{x^{2(n+1)}}{(n+1)^2}\Big/\frac{x^{2n}}{n^2}\right]=x^2\lim\limits_{n\to\infty}\left(\frac{n}{n+1}\right)^2=x^2$，因此，当 $|x|<1$ 时，级数收敛；当 $|x|>1$ 时级数发散；当 $|x|=1$ 时不能用比值判别法，但此时级数为 $\sum\limits_{n=1}^{\infty}\frac{1}{n^2}$ 是收敛的.

综合可得：当 $|x|\leqslant 1$ 时，级数收敛；当 $|x|>1$ 时，级数发散.

定理 12.4（柯西判别法或根值判别法）　对于正项级数 $\sum\limits_{n=1}^{\infty}u_n$，如果

$$\lim_{n\to\infty}\sqrt[n]{u_n}=\rho,$$

则

（1）当 $\rho<1$ 时，级数 $\sum\limits_{n=1}^{\infty} u_n$ 收敛；

（2）当 $\rho>1$ 时，级数 $\sum\limits_{n=1}^{\infty} u_n$ 发散；

（3）当 $\rho=1$ 时，级数 $\sum\limits_{n=1}^{\infty} u_n$ 可能收敛，也可能发散．

它的证明与定理12.3的证明完全相仿，这里就不重复了．

例6 判断下列正项级数的敛散性：

（1）$\sum\limits_{n=1}^{\infty}\left(\dfrac{3n}{n+1}\right)^n$；（2）$\sum\limits_{n=1}^{\infty}\left[\dfrac{1}{\ln(n+1)}\right]^n$．

解 （1）$\lim\limits_{n\to\infty}\sqrt[n]{u_n}=\lim\limits_{n\to\infty}\dfrac{3n}{n+1}=$____________$>1$，故级数______．

（2）$\lim\limits_{n\to\infty}\sqrt[n]{u_n}=\lim\limits_{n\to\infty}\dfrac{1}{\ln(n+1)}=$____________$<1$，故级数______．

12.2.2 任意项级数审敛法则

1. 交错级数的敛散性

如果 $u_n>0(n=1,2,\cdots)$，那么称级数

$$\sum_{n=1}^{\infty}(-1)^{n-1}u_n=u_1-u_2+u_3-u_4+\cdots+(-1)^{n-1}u_n+\cdots \tag{12-2}$$

为交错级数；如果级数中的正、负号无规律地反复出现，那么称此级数为变号级数（或称任意项级数）．对于交错级数我们有专门的判别法．

定理12.5（莱布尼茨判别法） 如果级数(12-2)满足条件：

（1）$u_n\geqslant u_{n+1}(n=1,2,\cdots)$；

（2）$\lim\limits_{n\to\infty}u_n=0$，

则交错级数(12-2)收敛，且其和 $S\leqslant u_1$．

证 先证明前 $2m$ 项的和的极限 $\lim\limits_{m\to\infty}S_{2m}$ 存在，为此把 S_{2m} 写成两种形式：

$$S_{2m}=(u_1-u_2)+(u_3-u_4)+\cdots+(u_{2m-1}-u_{2m})$$

和 $S_{2m}=u_1-(u_2-u_3)-(u_4-u_5)-\cdots-(u_{2m-2}-u_{2m-1})-u_{2m}$．

根据条件(1)知道所有括号中的差是非负的，由第一种形式可见 $S_{2m}\geqslant0$ 且 $\{S_{2m}\}$ 单调增加，由第二种形式可见 $S_{2m}<u_1$．于是，根据单调有界数列必有极限的准则知道，S_{2m} 存在极限 S，并且 S 不大于 u_1，即

$$\lim_{m\to\infty}S_{2m}=S\leqslant u_1.$$

再证明前 $2m+1$ 项的和的极限 $\lim\limits_{m\to\infty}S_{2m+1}=S$．事实上，我们有

$$S_{2m+1} = S_{2m} + u_{2m+1},$$

由条件(2)知 $\lim\limits_{m\to\infty} u_{2m+1}=0$，因此

$$\lim_{m\to\infty} S_{2m+1} = \lim_{m\to\infty}(S_{2m} + u_{2m+1}) = S.$$

由 $\lim\limits_{m\to\infty} S_{2m} = \lim\limits_{m\to\infty} S_{2m+1} = S$，即得 $\lim\limits_{n\to\infty} S_n = S$，故级数(12-2)收敛于和 S，且 $S\leqslant u_1$.

注意：如果取 S_n 作为收敛交错级数和的近似值，那么误差 $|R_n|\leqslant u_{n+1}$.

例 7 判定级数

$$\sum_{n=1}^{\infty}\frac{(-1)^{n-1}}{n} = 1-\frac{1}{2}+\frac{1}{3}-\frac{1}{4}+\cdots+(-1)^{n-1}\frac{1}{n}+\cdots$$

的敛散性.

解 该级数为交错级数，而

$$u_n = \frac{1}{n} \geqslant u_{n+1} = \frac{1}{n+1}(n=1,2,\cdots),$$

且 $\lim\limits_{n\to\infty} u_n = \lim\limits_{n\to\infty}\frac{1}{n}=0$，由莱布尼茨判别法得该级数是收敛的.

2. 绝对收敛与条件收敛

对于任意项级数

$$\sum_{n=1}^{\infty} u_n = u_1 + u_2 + \cdots + u_n + \cdots, \tag{12-3}$$

我们引入绝对收敛的概念.

定义 12.3 对于级数 $\sum\limits_{n=1}^{\infty} u_n$，若 $\sum\limits_{n=1}^{\infty}|u_n|$ 收敛，则称级数 $\sum\limits_{n=1}^{\infty} u_n$ 绝对收敛；如果 $\sum\limits_{n=1}^{\infty}|u_n|$ 发散，但 $\sum\limits_{n=1}^{\infty} u_n$ 本身收敛，则称级数 $\sum\limits_{n=1}^{\infty} u_n$ 条件收敛.

级数绝对收敛与级数收敛之间有着下面的重要关系.

定理 12.6 若 $\sum\limits_{n=1}^{\infty}|u_n|$ 收敛，则 $\sum\limits_{n=1}^{\infty} u_n$ 收敛.

证 设 $v_n=\frac{1}{2}(u_n+|u_n|)(n=1,2,\cdots)$， (12-4)

以 v_n 为通项，构成一个新的级数 $\sum\limits_{n=1}^{\infty} v_n$，下面证明 $\sum\limits_{n=1}^{\infty} v_n$ 收敛.

显然，对于任意 n，有 $v_n\geqslant 0$，且 $v_n\leqslant|u_n|$，而 $\sum\limits_{n=1}^{\infty}|u_n|$ 收敛，由比较判别法知 $\sum\limits_{n=1}^{\infty} v_n$ 收敛.

另一方面，由式(12-4)，有

$$u_n = 2v_n - |u_n|,$$

根据性质 12.1 和性质 12.2，就可判定 $\sum\limits_{n=1}^{\infty} u_n$ 收敛．

特别指出：

（1）根据定理 12.6 可将任意项级数的敛散性问题，转化为正项级数的敛散性问题，即前面所讲的判定正项级数的方法，可以用来判别任意项级数的收敛问题．

（2）“$\sum\limits_{n=1}^{\infty} |u_n|$ 收敛”是“$\sum\limits_{n=1}^{\infty} u_n$ 收敛”的充分条件，而不是必要条件．

（3）对于任意项级数 $\sum\limits_{n=1}^{\infty} u_n$，如果 $\sum\limits_{n=1}^{\infty} |u_n|$ 收敛，那么 $\sum\limits_{n=1}^{\infty} u_n$ 为绝对收敛级数；如果 $\sum\limits_{n=1}^{\infty} |u_n|$ 发散，不能保证 $\sum\limits_{n=1}^{\infty} u_n$ 发散；如果 $\sum\limits_{n=1}^{\infty} |u_n|$ 发散，而 $\sum\limits_{n=1}^{\infty} u_n$ 收敛，那么 $\sum\limits_{n=1}^{\infty} u_n$ 为条件收敛．

例 8 证明级数 $\sum\limits_{n=1}^{\infty} (-1)^n \dfrac{n!}{n^n}$ 绝对收敛．

证 由于 $\lim\limits_{n\to\infty} \dfrac{|u_{n+1}|}{|u_n|} = \lim\limits_{n\to\infty} \dfrac{(n+1)!}{(n+1)^{n+1}} \Big/ \dfrac{n!}{n^n} = \lim\limits_{n\to\infty} \left(\dfrac{n}{n+1}\right)^n =$ ____________ <1，故该级数____________．

例 9 判定级数 $\sum\limits_{n=1}^{\infty} (-1)^n \dfrac{2^n}{n}$ 的敛散性．

解 由于 $\lim\limits_{n\to\infty} \dfrac{|u_{n+1}|}{|u_n|} = \lim\limits_{n\to\infty} \dfrac{2n}{n+1} = 2 > 1.$
因此，此级数发散．

如果 $\sum\limits_{n=1}^{\infty} |u_n|$ 是发散的，此时 $\sum\limits_{n=1}^{\infty} u_n$ 的敛散性一般难判定．但如果有

$$\lim_{n\to\infty} \frac{|u_{n+1}|}{|u_n|} = \rho > 1,$$

那么从比值判别法的证明中可推出，当 $n\to\infty$ 时，$|u_n|$ 不趋于 0，从而 u_n 也不能趋于 0，因而可判定 $\sum\limits_{n=1}^{\infty} u_n$ 是发散的．

例 10 判定级数 $\sum\limits_{n=1}^{\infty} nx^{n-1}$ 的敛散性．

解 当 $x=0$ 时，该级数显然收敛．当 $x\neq 0$ 时，由于 $\lim\limits_{n\to\infty} \dfrac{|u_{n+1}|}{|u_n|} = \lim\limits_{n\to\infty} \dfrac{(n+1)|x|^n}{n|x|^{n-1}} = \lim\limits_{n\to\infty} \left(1+\dfrac{1}{n}\right)|x| = |x|$，所以，当 $|x|<1$ 时，级数绝对收敛；当 $|x|>1$ 时，级数发散；当 $|x|=1$ 时，由于级数

的一般项不趋于0，因此级数发散．

习题 12.2

1. 用比较法判定下列级数的敛散性：

(1) $1+\frac{1}{3}+\frac{1}{5}+\cdots+\frac{1}{2n-1}+\cdots$；

(2) $1+\frac{1+2}{1+2^2}+\frac{1+3}{1+3^2}+\cdots+\frac{1+n}{1+n^2}+\cdots$；

(3) $\sin\frac{\pi}{2}+\sin\frac{\pi}{2^2}+\sin\frac{\pi}{2^3}+\cdots+\sin\frac{\pi}{2^n}+\cdots$.

2. 用比值法判定下列级数的敛散性：

(1) $\frac{2}{1000}+\frac{2^2}{2000}+\frac{2^3}{3000}+\frac{2^4}{4000}+\cdots$；　(2) $1+\frac{3}{2!}+\frac{3^2}{3!}+\frac{3^3}{4!}+\cdots$；

(3) $\sum\limits_{n=1}^{\infty}\frac{n^2}{3^n}$.

3. 判定下列级数的敛散性：

(1) $\frac{3}{4}+2\left(\frac{3}{4}\right)^2+3\left(\frac{3}{4}\right)^3+\cdots$；　(2) $\sum\limits_{n=1}^{\infty}\frac{n+1}{n(n+2)}$；

(3) $\sqrt{2}+\sqrt{\frac{3}{2}}+\cdots+\sqrt{\frac{n+1}{n}}+\cdots$；　(4) $\sum\limits_{n=1}^{\infty}\frac{\sin^2 na}{(n+1)^2}$；

(5) $\frac{1}{a+b}+\frac{1}{2a+b}+\cdots+\frac{1}{na+b}+\cdots\quad(a>0,\ b>0)$.

4. 判定下列级数是否收敛，如果收敛，是绝对收敛还是条件收敛？

(1) $1-\frac{1}{\sqrt{2}}+\frac{1}{\sqrt{3}}-\frac{1}{\sqrt{4}}+\cdots$；　(2) $\frac{1}{\ln 2}-\frac{1}{\ln 3}+\frac{1}{\ln 4}-\frac{1}{\ln 5}+\cdots$；

(3) $\frac{1}{2}-\frac{8}{4}+\frac{27}{8}-\frac{64}{16}+\cdots$；

(4) $\frac{1}{\pi^2}\sin\frac{\pi}{2}-\frac{1}{\pi^3}\sin\frac{\pi}{3}+\frac{1}{\pi^4}\sin\frac{\pi}{4}+\cdots$；

(5) $\sum\limits_{n=1}^{\infty}(-1)^{n-1}\frac{n}{3^{n-1}}$；

(6) $\sum\limits_{n=1}^{\infty}\frac{x^n}{n}\quad$（$x$ 为实数）.

12.3 幂级数

12.3.1 函数项级数的概念

定义 12.4 设$\{u_n(x)\}$是定义在数集 I 上的一个函数列，则由此函数列构成的表达式

$$\sum_{n=1}^{\infty}u_n(x)=u_1(x)+u_2(x)+\cdots+u_n(x)+\cdots \tag{12-5}$$

称为定义在数集 I 上的函数项级数．对于 I 中的每一个实数 x_0，函数

项级数 $\sum_{n=1}^{\infty} u_n(x)$ 在 x_0 对应一个常数项级数

$$\sum_{n=1}^{\infty} u_n(x_0) = u_1(x_0) + u_2(x_0) + \cdots + u_n(x_0) + \cdots. \quad (12\text{-}6)$$

定义 12.5 若级数 $\sum_{n=1}^{\infty} u_n(x_0)$ 收敛，则称 x_0 是函数项级数 $\sum_{n=1}^{\infty} u_n(x)$ 的收敛点；若级数 $\sum_{n=1}^{\infty} u_n(x_0)$ 发散，则 x_0 是函数项级数 $\sum_{n=1}^{\infty} u_n(x)$ 的发散点.

函数项级数 $\sum_{n=1}^{\infty} u_n(x)$ 的所有收敛点组成的集合称为它的收敛域，所有发散点组成的集合称为它的发散域.

对于收敛域中的每一个 x，函数项级数 $\sum_{n=1}^{\infty} u_n(x)$ 都对应有唯一确定的和 $S(x)$，即 $\sum_{n=1}^{\infty} u_n(x) = S(x)$，$S(x)$ 称为定义在收敛域上一函数项级数 $\sum_{n=1}^{\infty} u_n(x)$ 的和函数. 若用 $S_n(x)$ 表示 $\sum_{n=1}^{\infty} u_n$ 的前 n 项之和，则 $S_n(x) = u_1(x) + u_2(x) + \cdots + u_n(x)$，且在收敛域上，有 $\lim\limits_{n\to\infty} S_n(x) = S(x)$，$S(x)$ 与 $S_n(x)$ 的差 $R_n(x) = S(x) - S_n(x)$ 称为函数项级数 $\sum_{n=1}^{\infty} u_n(x)$ 的余项，显然 $\lim\limits_{n\to\infty} R_n(x) = 0$.

例 1 判断下列级数的敛散性，并求其收敛域与和函数：

(1) $\sum_{n=1}^{\infty} x^{n-1}$；(2) $\sum_{n=1}^{\infty} \left(\frac{1}{x}\right)^n \quad (x \neq 0)$.

解 (1) 此级数为几何级数，当 $|x| < 1$ 时，级数收敛；当 $|x| \geq 1$ 时，级数发散，故其收敛域为 $(-1, 1)$，和函数为

$$S(x) = \lim_{n\to\infty} S_n(x) = \lim_{n\to\infty} \frac{1 - x^n}{1 - x} = \frac{1}{1 - x} \quad (-1 < x < 1).$$

(2) 此级数也是几何级数，公比为 $\frac{1}{x}$，当 $x \neq 0$，$\left|\frac{1}{x}\right| < 1$ 时，级数收敛；当 $\left|\frac{1}{x}\right| \geq 1$ 时，级数发散，其收敛域为 $(-\infty, -1) \cup (1, +\infty)$，和函数为

$$S(x) = \frac{1}{x} \frac{1}{1 - \frac{1}{x}} = \frac{1}{x - 1} \quad (|x| > 1).$$

12.3.2 幂级数及其敛散性

函数项级数中简单而应用广泛的一类级数就是各项都是幂函数的级数，称为幂级数，它们的一般形式为

$$\sum_{n=0}^{\infty} a_n (x-x_0)^n = a_0 + a_1(x-x_0) + a_2(x-x_0)^2 + \cdots + a_n(x-x_0)^n + \cdots \tag{12-7}$$

或

$$\sum_{n=0}^{\infty} a_n x^n = a_0 + a_1 x + a_2 x^2 + \cdots + a_n x^n + \cdots, \tag{12-8}$$

其中 $a_n(n=0,1,2,\cdots)$ 是常数，称为幂级数的系数，x_0 为常数．

对于第一种形式的幂级数，只需作代换 $t=x-x_0$，就可以化为式(12-8)．

显然，当 $x=0$ 时，幂级数 $\sum\limits_{n=0}^{\infty} a_n x^n$ 收敛于 a_0，即幂级数至少有一个收敛点 $x=0$. 除 $x=0$ 外，幂级数在数轴上其他点的收敛性如何？先看下面的例子．

由例 1 可知，幂级数 $\sum\limits_{n=0}^{\infty} x^n = 1+x+x^2+\cdots+x^n+\cdots$ 的收敛域是开区间 $(-1,1)$，发散域是 $(-\infty,-1]\cup[1,+\infty)$．

从这个例子可以看到，这个幂级数的收敛域是一个区间．事实上，这个结论对一般的幂级数也是成立的．

定理 12.7（阿贝尔定理）　若幂级数 $\sum\limits_{n=0}^{\infty} a_n x^n$ 在 $x=x_0(x_0\neq 0)$ 处收敛，则对满足 $|x|<|x_0|$ 的一切 x 使该级数绝对收敛；反之，若级数 $\sum\limits_{n=0}^{\infty} a_n x^n$ 在 $x=x_0$ 时发散，则对满足 $|x|>|x_0|$ 的一切 x 使该级数也发散．

证　设级数 $\sum\limits_{n=0}^{\infty} a_n x_0^n$ 收敛，则 $\lim\limits_{n\to\infty} a_n x_0^n = 0$，由极限的性质知，存在 $M>0$，使得

$$|a_n x_0^n| < M \quad (n=0,1,2,\cdots).$$

因此，对于 $n=0,1,2,\cdots$ 有

$$|a_n x^n| = \left|a_n x_0^n \frac{x^n}{x_0^n}\right| = |a_n x_0^n| \left|\frac{x}{x_0}\right|^n < M\left|\frac{x}{x_0}\right|^n,$$

由条件 $|x|<|x_0|$，设 $r=\left|\dfrac{x}{x_0}\right|<1$，于是

$$|a_n x^n| < M\left|\frac{x}{x_0}\right|^n = Mr^n.$$

由于级数 $\sum\limits_{n=0}^{\infty} Mr^n$ 收敛，故当 $|x|<|x_0|$ 时，级数 $\sum\limits_{n=0}^{\infty} a_n x^n$ 绝对收敛．

现在证明定理的第二部分．设幂级数 $\sum\limits_{n=0}^{\infty} a_n x^n$ 在 $x=x_0$ 时发散，如

果存在某一个 x_1，它满足不等式 $|x_1|>|x_0|$，且使级数 $\sum\limits_{n=0}^{\infty} a_n x_1^n$ 收敛，则由定理第一部分知道幂级数 $\sum\limits_{n=0}^{\infty} a_n x^n$ 在 $x=x_0$ 时绝对收敛，这与假设矛盾，所以对一切满足不等式 $|x|>|x_0|$ 的 x 的幂级数 $\sum\limits_{n=0}^{\infty} a_n x^n$ 都发散.

12.3.3 幂级数收敛半径与收敛区间

由定理 12.7 知道：幂级数(12-8)收敛域是以原点为中心的区间．若以 $2R$ 表示区间的长度，则称 R 为幂级数的收敛半径，所以

(1) 当 $R=0$ 时，幂级数(12-8)仅在 $x=0$ 处收敛；

(2) 当 $R=+\infty$ 时，幂级数(12-8)在 $(-\infty,+\infty)$ 上收敛；

(3) 当 $0<R<+\infty$ 时，幂级数(12-8)在 $(-R,R)$ 内收敛，对于一切满足不等式 $|x|>R$ 的 x 的幂级数(12-8)都发散；至于 $x=\pm R$，幂级数(12-8)可能收敛也可能发散.

我们称 $(-R,R)$ 为幂级数(12-8)的收敛区间，幂级数的收敛区间加上它的收敛端点，就是幂级数的收敛域.

关于幂级数(12-8)的收敛半径的求法，有如下定理.

定理 12.8 对于幂级数(12-8)，若

$$\lim_{n\to\infty}\left|\frac{a_{n+1}}{a_n}\right|=\rho,$$

则当

(1) $0<\rho<+\infty$ 时，幂级数(12-8)收敛半径 $R=\dfrac{1}{\rho}$；

(2) $\rho=0$ 时，幂级数(12-8)的收敛半径 $R=+\infty$；

(3) $\rho=+\infty$ 时，幂级数(12-8)的收敛半径 $R=0$.

证 对于幂级数 $\sum\limits_{n=1}^{\infty}|a_n x^n|$，由于

$$\lim_{n\to\infty}\left|\frac{a_{n+1}x^{n+1}}{a_n x^n}\right|=\lim_{n\to\infty}\frac{|a_{n+1}|}{|a_n|}|x|=\rho|x|,$$

根据级数的比值判别法，

(1) 当 $\rho|x|<1$ 时，级数 $\sum\limits_{n=0}^{\infty}|a_n x^n|$ 收敛；当 $\rho|x|>1$ 时，级数发散，于是 $0<\rho<+\infty$ 时，由 $\rho|x|<1$ 得幂级数(12-8)的收敛半径 $R=\dfrac{1}{\rho}$.

(2) 当 $\rho=0$ 时，对任何 x 皆有 $\rho|x|<1$，所以 $R=+\infty$.

(3) 当 $\rho=+\infty$ 时，则对除 $x=0$ 外的任何 x 皆有 $\rho|x|>1$，所以 $R=0$.

例 2 求级数 $\sum\limits_{n=1}^{\infty}(-1)^{n-1}\dfrac{x^n}{n}$的收敛区间.

解 由 $\lim\limits_{n\to\infty}\left|\dfrac{a_{n+1}}{a_n}\right|=\lim\limits_{n\to\infty}\dfrac{n}{n+1}=1$,

得收敛半径 $R=1$.

当 $x=1$ 时对应的级数为 $\sum\limits_{n=1}^{\infty}(-1)^{n-1}\dfrac{1}{n}$是收敛的；当 $x=-1$ 时对应的级数为 $\sum\limits_{n=1}^{\infty}(-1)^{2n-1}\dfrac{1}{n}=\sum\limits_{n=1}^{\infty}\left(-\dfrac{1}{n}\right)$是发散的；故级数的收敛区间为$(-1,1)$，收敛域为$(-1,1]$.

例 3 求级数 $\sum\limits_{n=1}^{\infty}(-1)^n\dfrac{x^{2n}}{2^n\sqrt{n}}$的收敛区间.

解 此级数不属于定理 12.8 形式，不能直接应用定理，因级数缺少奇次幂的项，所以只能按推导定理 12.8 的方法求解.

当 $x=0$ 时显然收敛，当 $x\neq0$ 时，

由于 $\lim\limits_{n\to\infty}\left|\dfrac{u_{n+1}}{u_n}\right|=\lim\limits_{n\to\infty}\left[\dfrac{x^{2(n+1)}}{2^{n+1}\sqrt{n+1}}\bigg/\dfrac{x^{2n}}{2^n\sqrt{n}}\right]$

$$=\lim_{n\to\infty}\frac{|x|^2}{2}\sqrt{\frac{n}{n+1}}=\underline{\qquad\qquad},$$

因此，当$\dfrac{|x|^2}{2}<1$，即 $|x|<\sqrt{2}$时，级数收敛；当 $x=\pm\sqrt{2}$时，对应的级数为 $\sum\limits_{n=1}^{\infty}\dfrac{(-1)^n}{\sqrt{n}}$是收敛的，故该级数的收敛区间为$(-\sqrt{2},\sqrt{2})$，收敛域为$[-\sqrt{2},\sqrt{2}]$.

例 4 求级数 $\sum\limits_{n=1}^{\infty}\dfrac{(x-3)^n}{\sqrt{n}}$的收敛区间.

解 由于 $\lim\limits_{n\to\infty}\left|\dfrac{u_{n+1}}{u_n}\right|=\lim\limits_{n\to\infty}|x-3|\sqrt{\dfrac{n}{n+1}}=\underline{\qquad\qquad}$,

因此,当 $|x-3|<1$ 时,级数收敛;

当 $x-3=1$ 时,对应的级数 $\sum\limits_{n=1}^{\infty}\dfrac{1}{\sqrt{n}}$是发散的;

当 $x-3=-1$ 时，对应级数 $\sum\limits_{n=1}^{\infty}\dfrac{(-1)^n}{\sqrt{n}}$是收敛的，即

$$-1\leqslant x-3<1 \quad 或 \quad 2\leqslant x<4,$$

故级数收敛区间为$(2,4)$，收敛域为$[2,4)$.

12.3.4 幂级数的运算性质

下面给出幂级数的运算性质，证明从略.

幂级数的加、减、乘运算性质. 设幂级数 $\sum\limits_{n=0}^{\infty}a_nx^n$、$\sum\limits_{n=0}^{\infty}b_nx^n$ 的收

敛半径分别为 R_1、R_2，且 $R=\min\{R_1,R_2\}$，则有：

性质 12.6（加减法运算） 当 $x\in(-R,R)$ 时，有

$$\sum_{n=0}^{\infty}a_nx^n\pm\sum_{n=0}^{\infty}b_nx^n=\sum_{n=0}^{\infty}(a_n\pm b_n)x^n.$$

性质 12.7（乘法运算） 当 $x\in(-R,R)$ 时，有

$$\left(\sum_{n=0}^{\infty}a_nx^n\right)\left(\sum_{n=0}^{\infty}b_nx^n\right)=\sum_{n=0}^{\infty}c_nx^n,$$

其中 $c_n=\sum\limits_{k=0}^{n}a_kb_{n-k}=a_0b_n+a_1b_{n-1}+\cdots+a_nb_0.$

幂级数除以上的运算性质外，幂级数在收敛区间内和函数的性质，主要是连续性、可积性和可导性．若幂级数 $\sum\limits_{n=0}^{\infty}a_nx^n$ 的收敛半径为 R，则有：

性质 12.8（连续性） 任取 $x_0\in(-R,R)$，有

$$\lim_{x\to x_0}S(x)=\lim_{x\to x_0}\sum_{n=0}^{\infty}a_nx^n=\sum_{n=0}^{\infty}\lim_{x\to x_0}(a_nx^n)=\sum_{n=0}^{\infty}a_nx_0^n=S(x_0).$$

性质 12.9（可积性） 当 $x\in(-R,R)$ 时，有

$$\int_0^xS(x)\,\mathrm{d}x=\int_0^x\left[\sum_{n=0}^{\infty}a_nx^n\right]\mathrm{d}x=\sum_{n=0}^{\infty}\int_0^xa_nx^n\,\mathrm{d}x=\sum_{n=0}^{\infty}\frac{a_n}{n+1}x^{n+1}.$$

性质 12.10（可导性） 当 $x\in(-R,R)$ 时，有

$$S'(x)=\left(\sum_{n=0}^{\infty}a_nx^n\right)'=\sum_{n=0}^{\infty}(a_nx^n)'=\sum_{n=1}^{\infty}na_nx^{n-1}.$$

例 5 求幂级数 $\sum\limits_{n=1}^{\infty}nx^{n-1}$ 的收敛区间及和函数，并求级数 $\sum\limits_{n=1}^{\infty}\dfrac{n}{2^n}$ 的和．

解 容易求得收敛半径为 1，其收敛区间为 $(-1,1)$．

设和函数为 $S(x)$，即

$$S(x)=1+2x+3x^2+\cdots+nx^{n-1}+\cdots,\ x\in(-1,1),$$

逐项积分得

$$\int_0^xS(x)\,\mathrm{d}x=x+x^2+\cdots+x^n+\cdots=\underline{\qquad\qquad},\ x\in(-1,1),$$

两边对 x 求导，得

$$S(x)=\left[\int_0^xS(x)\,\mathrm{d}x\right]'=\left(\frac{x}{1-x}\right)'=\frac{1}{(1-x)^2},\ x\in(-1,1),$$

即 $$S(x)=\sum_{n=1}^{\infty}nx^{n-1}=\underline{\qquad\qquad},\ x\in(-1,1).$$

上式中取 $x=\dfrac{1}{2}\in(-1,1)$，得

$$S\left(\frac{1}{2}\right)=\sum_{n=1}^{\infty}n\left(\frac{1}{2}\right)^{n-1}=\sum_{n=1}^{\infty}\frac{n}{2^{n-1}}=\frac{1}{\left(1-\frac{1}{2}\right)^2}=\underline{\qquad\qquad},$$

于是
$$\sum_{n=1}^{\infty}\frac{n}{2^n}=\frac{1}{2}\sum_{n=1}^{\infty}\frac{n}{2^{n-1}}=\frac{1}{2}\times 4=2.$$

习题 12.3

1. 求下列幂级数的收敛区间及收敛域：

(1) $\sum\limits_{n=1}^{\infty}n!\ x^n$；　(2) $x-\frac{x^2}{2}+\frac{x^3}{3}-\frac{x^4}{4}+\cdots$；

(3) $\sum\limits_{n=1}^{\infty}\frac{x^{n-1}}{n3^{n-1}}$；　(4) $1-\frac{x^2}{2!}+\frac{x^4}{4!}-\frac{x^6}{6!}+\cdots$；

(5) $\sum\limits_{n=1}^{\infty}(-1)^n\frac{x^{2n+1}}{2n+1}$；　(6) $\sum\limits_{n=1}^{\infty}\left[\frac{(-1)^n}{2^n}x^n+3^nx^n\right]$.

2. 求下列级数的收敛区间，并求和函数：

(1) $\sum\limits_{n=1}^{\infty}nx^n$；　(2) $\frac{x}{1\cdot 3}+\frac{x^2}{2\cdot 3^2}+\frac{x^3}{3\cdot 3^3}+\frac{x^4}{4\cdot 3^4}+\cdots$；

(3) $\sum\limits_{n=1}^{\infty}n^2x^n$；　(4) $x-\frac{x^3}{3}+\frac{x^5}{5}-\frac{x^7}{7}+\cdots$；

(5) $\sum\limits_{n=0}^{\infty}\left(1-\frac{1}{2^n}\right)x^n$.

12.4 函数展开成幂级数

在上一节中，我们讨论了幂级数的收敛性，在其收敛域内，幂级数总是收敛于一个和函数，对于一些简单的幂级数，还可以借助逐项求导或逐项积分的方法求出这个和函数．本节将讨论另外一个问题，对于任意一个函数 $f(x)$，能否将其展开成一个幂级数，以及展开成的幂级数是否以 $f(x)$ 为和函数？下面的讨论将解决这个问题．

12.4.1 泰勒级数

我们已经知道，若函数 $f(x)$ 在点 x_0 的某邻域 $U(x_0)$ 内具有直到 $(n+1)$ 阶的导数，则在该邻域内 $f(x)$ 的n 阶泰勒公式为

$$f(x)=f(x_0)+f'(x_0)(x-x_0)+\frac{f''(x_0)}{2!}(x-x_0)^2+\cdots+\frac{f^{(n)}(x_0)}{n!}(x-x_0)^n+R_n(x),\tag{12-9}$$

其中 $R_n(x)$ 为拉格朗日型余项

$$R_n(x)=\frac{f^{(n+1)}(\zeta)}{(n+1)!}(x-x_0)^{n+1},$$

ζ是x与x_0之间的某个值．此时，在邻域内$f(x)$可以用n次多项式

$$P_n(x)=f(x_0)+f'(x_0)(x-x_0)+\frac{f''(x_0)}{2!}(x-x_0)^2+\cdots+\frac{f^{(n)}(x_0)}{n!}(x-x_0)^n \tag{12-10}$$

来近似表示，当$|x-x_0|$较小时，误差随着n的增大而减小，这样，我们就可以用增加多项式(12-10)的项数的办法来提高精确度．

若$f(x)$在点x_0的某邻域内存在各阶导数$f^{(n)}(x)$($n=1,2,\cdots$)，则我们可以构造下面的幂级数

$$f(x_0)+f'(x_0)(x-x_0)+\frac{f''(x_0)}{2!}(x-x_0)^2+\cdots+\frac{f^{(n)}(x_0)}{n!}(x-x_0)^n+\cdots. \tag{12-11}$$

幂级数(12-11)称为函数$f(x)$在x_0处的泰勒级数．显然，当$x=x_0$时，$f(x)$的泰勒级数收敛于$f(x_0)$，但在$x\neq x_0$处，它是否一定收敛？如果收敛，它是否一定收敛于$f(x)$？关于这些问题，有下述定理．

定理12.9 设函数$f(x)$在点x_0的某邻域$U(x_0)$内具有各阶导数，则$f(x)$在该邻域内能展开成泰勒级数的充分必要条件是$f(x)$的泰勒公式中的余项$R_n(x)$当$n\to\infty$时的极限为零，即

$$\lim_{n\to\infty}R_n(x)=0,\ x\in U(x_0),$$

证 先证必要性．

设$f(x)$在$U(x_0)$内能展开为泰勒级数，即

$$f(x)=f(x_0)+f'(x_0)(x-x_0)+\frac{f''(x_0)}{2!}(x-x_0)^2+\cdots+\frac{f^{(n)}(x_0)}{n!}(x-x_0)^n+\cdots \tag{12-12}$$

对于一切$x\in U(x_0)$成立，把$f(x)$的n阶泰勒公式改写成

$$f(x)=S_{n+1}(x)+R_n(x), \tag{12-13}$$

其中$S_{n+1}(x)$是$f(x)$的泰勒级数(12-11)的前$(n+1)$项之和，由式(12-12)有

$$\lim_{n\to\infty}S_{n+1}(x)=f(x).$$

于是

$$\lim_{n\to\infty}R_n(x)=\lim_{n\to\infty}[f(x)-S_{n+1}(x)]=f(x)-f(x)=0.$$

这就证明了条件是必要的．

再证充分性．

设$\lim\limits_{n\to\infty}R_n(x)=0$对一切$x\in U(x_0)$成立．由$f(x)$的$n$阶泰勒公式(12-13)，有

$$S_{n+1}(x)=f(x)-R_n(x).$$

令 $n\to\infty$ 取上式的极限得

$$\lim_{n\to\infty}S_{n+1}(x)=\lim_{n\to\infty}[f(x)-R_n(x)]=f(x),$$

即 $f(x)$ 的泰勒级数(12-11)在 $U(x_0)$ 内收敛，并且收敛于 $f(x)$. 这就证明了条件是充分的.

在式(12-11)中取 $x_0=0$，得

$$f(0)+f'(0)x+\frac{f''(0)}{2!}x^2+\cdots+\frac{f^{(n)}(0)}{n!}x^n+\cdots. \quad (12\text{-}14)$$

级数(12-14)称为函数 $f(x)$ 的麦克劳林级数.

下面我们证明，如果 $f(x)$ 在某点 x_0 处能展开成幂级数，那么这种展开式是唯一的.

我们仅对 $x_0=0$ 的情形给出证明，若 $x_0\neq0$ 时可转化为此情形考虑. 若 $f(x)$ 在点 $x_0=0$ 的某邻域 $(-R, R)$ 内能展开成 x 的幂级数，即

$$f(x)=a_0+a_1x+a_2x^2+\cdots+a_nx^n+\cdots \quad (12\text{-}15)$$

对一切 $x\in(-R, R)$ 成立，根据幂级数的性质，在收敛区间内逐项求导得

$$\begin{aligned}
f'(x)&=a_1+2a_2x+3a_3x^2+\cdots+na_nx^{n-1}+\cdots\\
f''(x)&=2!a_2+3!a_3x+\cdots+n(n-1)a_nx^{n-2}+\cdots\\
f'''(x)&=3!a_3+\cdots+n(n-1)(n-2)a_nx^{n-3}+\cdots\\
&\vdots\\
f^{(n)}(x)&=n!a_n+(n+1)n(n-1)\cdots2a_{n+1}x+\cdots\\
&\vdots
\end{aligned}$$

把 $x=0$ 代入以上各式，得

$$a_0=f(0), a_1=f'(0), a_2=\frac{f''(0)}{2!},\cdots, a_n=\frac{f^{(n)}(0)}{n!},\cdots.$$

于是我们就证明了这样的**论断**：若函数能够展开为 x 的幂级数时，则它的展开式是唯一的，即这个幂级数就是 $f(x)$ 的麦克劳林级数. 但是，反过来如果 $f(x)$ 的麦克劳林级数在点 $x_0=0$ 的某邻域内收敛，它却不一定收敛于 $f(x)$. 因此，如果 $f(x)$ 在 $x_0=0$ 处具有各阶导数，则 $f(x)$ 的麦克劳林级数(12-14)虽然能写出来，但这个级数是否能在某个区间内收敛，以及是否收敛于 $f(x)$ 都需要进一步考察，下面将具体讨论函数 $f(x)$ 展开为 x 的幂级数的方法.

12.4.2 函数展开成幂级数

1. 直接方法

要把函数 $f(x)$ 展开成 x 的幂级数，可以按照下列步骤进行：

第一步，求出 $f(x)$ 的各阶导数 $f^{(n)}(x)(n=1, 2, \cdots)$；

第二步，求 $f(x)$ 及其各阶导数 $f^{(n)}(x)$ 在 $x=0$ 处的值 $f(0)$ 及 $f^{(n)}(0)(n=1, 2, 3, \cdots)$；

第三步，写出幂级数

$$f(0)+f'(0)x+\frac{f''(0)}{2!}x^2+\cdots+\frac{f^{(n)}(0)}{n!}x^n+\cdots,$$

并求出收敛半径 R；

第四步，考察在区间 $(-R, R)$ 内时余项 $R_n(x)$ 的极限

$$\lim_{n\to\infty}R_n(x)=\lim_{n\to\infty}\frac{f^{(n+1)}(\zeta)}{(n+1)!}x^{n+1}\quad(\zeta \text{ 在 } 0 \text{ 与 } x \text{ 之间})$$

是否为零，如果为零，则函数 $f(x)$ 在区间 $(-R, R)$ 内的幂级数展开式为

$$f(x)=f(0)+f'(0)x+\frac{f''(0)}{2!}x^2+\cdots+\frac{f^{(n)}(0)}{n!}x^n+\cdots,$$

$$x\in(-R,R);$$

如果余项 $R_n(x)\not\to 0$，则只能说明第三步求出的幂级数在其收敛区间上收敛，但它的和并不是函数 $f(x)$.

上述这种直接计算 $f(x)$ 在 $x=0$ 处各阶导数的幂级数展开方法，我们将其称为“直接法”.

例 1 将函数 $f(x)=e^x$ 展开为 x 的幂级数.

解 $f(x)$ 的各阶导数为 $f^{(n)}(x)=e^x\quad(n=1, 2, \cdots)$，故

$$f(0)=1,f^{(n)}(0)=1\quad(n=1,2,\cdots).$$

于是得级数

$$1+x+\frac{x^2}{2!}+\frac{x^3}{3!}+\cdots+\frac{x^n}{n!}+\cdots,$$

它的收敛半径为 $R=+\infty$.

对于任何有限的数 x，余项的绝对值为

$$|R_n(x)|=\left|\frac{e^{\zeta}}{(n+1)!}x^{n+1}\right|<e^{|x|}\frac{|x|^{n+1}}{(n+1)!}\quad(\zeta \text{ 在 } 0 \text{ 与 } x \text{ 之间}).$$

因 $e^{|x|}$ 有限，而 $\frac{|x|^{n+1}}{(n+1)!}$ 为收敛级数 $\sum_{n=0}^{\infty}\frac{|x|^{n+1}}{(n+1)!}$ 的一般项，所以当 $n\to\infty$ 时，$e^{|x|}\frac{|x|^{n+1}}{(n+1)!}\to 0$，即当 $n\to\infty$ 时，有 $|R_n(x)|\to 0$，于是得展开式

$$e^x=1+x+\frac{x^2}{2!}+\frac{x^3}{3!}+\cdots+\frac{x^n}{n!}+\cdots,\ x\in(-\infty,+\infty). \tag{12-16}$$

例 2 将函数 $f(x)=\sin x$ 展开成 x 的幂级数.

解 $f(0)=\sin 0=0$，$f^{(n)}(x)=\sin\left(x+\frac{n\pi}{2}\right)(n=1, 2, \cdots)$.

因此有

$$f^{(n)}(0)=\begin{cases}(-1)^{k-1}, & n=2k-1,\\ 0, & n=2k,\end{cases}(k=1,2,\cdots).$$

于是得级数

$$x-\frac{x^3}{3!}+\frac{x^5}{5!}-\cdots+(-1)^{n-1}\frac{x^{2n-1}}{(2n-1)!}+\cdots,\quad x\in(-\infty,+\infty).$$

对于任何有限的数 x，余项的绝对值

$$|R_n(x)|=\left|\frac{\sin\left(\zeta+\frac{(n+1)\pi}{2}\right)}{(n+1)!}x^{n+1}\right|$$

$$\leqslant\frac{|x|^{n+1}}{(n+1)!}\to 0\quad(n\to\infty)\quad(\zeta\text{ 在 }0\text{ 与 }x\text{ 之间}),$$

故得展开式

$$\sin x=x-\frac{x^3}{3!}+\frac{x^5}{5!}-\cdots+(-1)^{n-1}\frac{x^{2n-1}}{(2n-1)!}+\cdots,$$

$$x\in(-\infty,+\infty).\tag{12-17}$$

2. 间接方法

利用直接法将函数展开成幂级数，其困难不仅在于计算其各阶导数，而且要考察余项 $R_n(x)$ 是否趋于零($n\to\infty$ 时)，但即使对初等函数判断 $R_n(x)$ 是否趋于零也不是一件容易的事情，下面我们介绍另一种展开方法——"间接展开法"，即借助一些已知函数的幂级数展开式，利用幂级数的运算以及变量代换等，将所得函数展开成幂级数．由于函数展开的唯一性，这样得到的结果与直接方法得到的结果一致.

例 3 将函数 $\cos x$ 展开成 x 的幂级数.

解 对展开式

$$\sin x=x-\frac{x^3}{3!}+\frac{x^5}{5!}-\cdots+(-1)^{n-1}\frac{x^{2n-1}}{(2n-1)!}+\cdots,$$

$$x\in(-\infty,+\infty).$$

两边关于 x 逐项求导，得

$$\cos x=1-\frac{x^2}{2!}+\frac{x^4}{4!}-\cdots+(-1)^n\frac{x^{2n}}{(2n)!}+\cdots,\quad x\in(-\infty,+\infty).\tag{12-18}$$

例 4 将函数 $f(x)=\ln(1+x)$ 展开成 x 的幂级数.

解 因为 $f'(x)=\frac{1}{1+x}$，而

$$\frac{1}{1+x}=1-x+x^2-x^3+\cdots+(-1)^nx^n+\cdots,\quad x\in(-1,1).$$

将上式两边从 0 到 x 逐项积分

$$\ln(1+x)=x-\frac{x^2}{2}+\frac{x^3}{3}-\frac{x^4}{4}+\cdots+(-1)^n\frac{x^{n+1}}{n+1}+\cdots,$$

$$x\in(-1,1).\tag{12-19}$$

例 5 将函数 $f(x)=\frac{1}{x^2-3x+2}$ 展开成 x 及 $(x+1)$ 的幂级数.

解 因为

$$f(x)=\frac{1}{x^2-3x+2}=\frac{1}{(x-1)(x-2)}$$
$$=\frac{1}{x-2}-\frac{1}{x-1}=\underline{\qquad\qquad\qquad},$$

而
$$\frac{1}{1-x}=\sum_{n=0}^{\infty}x^n,\quad x\in(-1,1),$$
$$\frac{1}{1-\frac{x}{2}}=\sum_{n=0}^{\infty}\left(\frac{x}{2}\right)^n,\quad x\in(-2,2).$$

于是可得
$$f(x)=\sum_{n=0}^{\infty}x^n-\frac{1}{2}\sum_{n=0}^{\infty}\frac{x^n}{2^n}=\underline{\qquad\qquad\qquad},\quad x\in(-1,1).$$

又由
$$\frac{1}{1-x}=\frac{1}{2-(x+1)}=\underline{\qquad\qquad\qquad}$$
$$=\frac{1}{2}\sum_{n=0}^{\infty}\frac{(x+1)^n}{2^n},\quad x\in(-3,1),$$
$$\frac{1}{x-2}=\frac{1}{-3+(x+1)}=\frac{-1}{3}\frac{1}{1-\frac{(x+1)}{3}}$$
$$=\underline{\qquad\qquad\qquad},\quad x\in(-4,2),$$

于是可得
$$f(x)=\frac{1}{1-x}+\frac{1}{x-2}=\frac{1}{2}\sum_{n=0}^{\infty}\frac{(x+1)^n}{2^n}-\frac{1}{3}\sum_{n=0}^{\infty}\frac{(x+1)^n}{3^n}$$
$$=\sum_{n=0}^{\infty}\left(\frac{1}{2^{n+1}}-\frac{1}{3^{n+1}}\right)(x+1)^n,\quad x\in(-3,1).$$

例6 将函数 $\sin x$ 在 $x_0=\frac{\pi}{4}$ 处展开成幂级数.

解 本题若用直接法求解工作量较大，我们可以通过变形利用公式(12-17)和公式(12-18)得到.

由 $\sin x=\sin\left[\frac{\pi}{4}+\left(x-\frac{\pi}{4}\right)\right]=\sin\frac{\pi}{4}\cos\left(x-\frac{\pi}{4}\right)+\cos\frac{\pi}{4}\sin\left(x-\frac{\pi}{4}\right)$

$$=\frac{\sqrt{2}}{2}\left[\cos\left(x-\frac{\pi}{4}\right)+\sin\left(x-\frac{\pi}{4}\right)\right],$$

而

$$\sin\left(x-\frac{\pi}{4}\right)=\underline{\qquad\qquad},$$

$$x\in(-\infty,+\infty),$$

$$\cos\left(x-\frac{\pi}{4}\right)=\underline{\qquad\qquad},$$

$$x\in(-\infty,+\infty),$$

所以

$$\sin x=\frac{\sqrt{2}}{2}\left[1+\left(x-\frac{\pi}{4}\right)-\frac{\left(x-\frac{\pi}{4}\right)^2}{2!}-\frac{\left(x-\frac{\pi}{4}\right)^3}{3!}+\cdots\right],$$

$$x\in(-\infty,+\infty).$$

对于函数$f(x)=(1+x)^m$展开成x的幂级数，其中m为任意常数，可以证明$f(x)$展开式为

$$f(x)=(1+x)^m=1+mx+\frac{m(m-1)}{2!}x^2+\cdots+\frac{m(m-1)\cdots(m-n+1)}{n!}x^n+\cdots,\quad x\in(-1,1).\tag{12-20}$$

由于证明较繁从略，我们将式(12-20)作为公式用.

12.4.3 函数的幂级数展开式在近似计算中的应用

例7 计算e的值，精确到小数点后第4位.

解 e^x的幂级数展开式为

$$e^x=1+x+\frac{x^2}{2!}+\cdots+\frac{x^n}{n!}+\cdots,\quad x\in(-\infty,+\infty).$$

令$x=1$得

$$e=1+1+\frac{1}{2!}+\frac{1}{3!}+\cdots+\frac{1}{n!}+\cdots.$$

取前$n+1$项作为e的近似值，有

$$e\approx1+1+\frac{1}{2!}+\frac{1}{3!}+\cdots+\frac{1}{n!},$$

其误差为

$$\begin{aligned}R_{n+1}&=\frac{1}{(n+1)!}+\frac{1}{(n+2)!}+\cdots\\&=\frac{1}{(n+1)!}\left[1+\frac{1}{n+2}+\frac{1}{(n+2)(n+3)}+\cdots\right]\\&<\frac{1}{(n+1)!}\left[1+\frac{1}{n+1}+\frac{1}{(n+1)^2}+\frac{1}{(n+1)^3}+\cdots\right]\end{aligned}$$

$$=\frac{1}{(n+1)!}\frac{1}{1-\frac{1}{n+1}}=\underline{\qquad\qquad}.$$

要求 e 精确到小数点后第 4 位，需误差不超过 10^{-4}，而

$$\frac{1}{6!\cdot 6}=\frac{1}{4320}>10^{-4},$$

$$\frac{1}{7!\cdot 7}=\frac{1}{35280}<3\times 10^{-5}<10^{-4},$$

故取 $n=7$，即取级数前 8 项作为近似值计算

$$e\approx 1+1+\frac{1}{2!}+\frac{1}{3!}+\cdots+\frac{1}{7!}\approx 2.71826.$$

例 8 利用 $\sin x\approx x-\frac{x^3}{3!}$求 $\sin 9°$的近似值，并估计误差.

解 首先把角度化为弧度得

$$9°=\frac{\pi}{180}\times 9=\frac{\pi}{20},$$

从而

$$\sin 9°=\sin\frac{\pi}{20}\approx\frac{\pi}{20}-\frac{1}{3!}\left(\frac{\pi}{20}\right)^3.$$

其次估计这个近似值的精确度，在 $\sin x$ 的幂级数展开式中令 $x=\frac{\pi}{20}$得

$$\sin\frac{\pi}{20}=\frac{\pi}{20}-\frac{1}{3!}\left(\frac{\pi}{20}\right)^3+\frac{1}{5!}\left(\frac{\pi}{20}\right)^5-\frac{1}{7!}\left(\frac{\pi}{20}\right)^7+\cdots,$$

等式右端是一个收敛的交错级数，且各项的绝对值单调减少，取它的前两项之和作为 $\sin\frac{\pi}{20}$的近似值，其误差为

$$|R_2|\leqslant\frac{1}{5!}\left(\frac{\pi}{20}\right)^5<\frac{1}{120}\cdot(0.2)^5<\frac{1}{300000}.$$

因此取

$$\frac{\pi}{20}\approx 0.157080,\ \left(\frac{\pi}{20}\right)^3\approx 0.003876,$$

于是得

$$\sin 9°\approx 0.15643,$$

这时误差不超过 10^{-5}.

例 9 求 $\sqrt[5]{246}$的近似值，要求误差不超过 10^{-4}.

解 利用公式(12-20)计算，由 $246=3^5+3$，所以

$$\sqrt[5]{246}=\sqrt[5]{3^5+3}=3\left(1+\frac{3}{3^5}\right)^{\frac{1}{5}}.$$

以 $x=\frac{3}{3^5}$，$m=\frac{1}{5}$代入公式(12-20)中，得

$$\sqrt[5]{246}=3\left[1+\frac{1}{5}\left(\frac{3}{3^5}\right)+\frac{1}{2!}\frac{1}{5}\left(\frac{1}{5}-1\right)\left(\frac{3}{3^5}\right)^2+\cdots\right]$$
$$=3\left[1+\frac{1}{5}\cdot\frac{3}{3^5}-\frac{1}{5}\cdot\frac{4}{5}\cdot\frac{1}{2!}\cdot\frac{3^2}{3^{10}}+\cdots\right].$$

这个级数自第2项开始为交错级数，它满足交错级数判别法的两个条件，如取前两项作为近似值，则其余项误差 $|R_2|\leqslant u_3$，可算得

$$|u_3|=3\times\frac{4\times 3^2}{2\times 5^2\times 3^{10}}=\frac{4}{2\times 5^2\times 3^7}<10^{-4}.$$

故要保证误差不超过 10^{-4}，只要取前两项作为其近似值即可，于是有

$$\sqrt[5]{246}\approx 3\left(1+\frac{1}{5}\cdot\frac{3}{3^5}\right)\approx 3.0074.$$

利用幂级数不仅可以计算一些函数值的近似值，而且还可以计算一些定积分 $\int_a^b f(x)\mathrm{d}x$ 的近似值，我们可以把被积函数在积分区间上展开成幂级数，然后把这个幂级数逐项积分，再利用积分后的级数就可以计算它的近似值.

例 10 计算定积分 $\frac{2}{\sqrt{\pi}}\int_0^{\frac{1}{2}}\mathrm{e}^{-x^2}\mathrm{d}x$ 的近似值，要求误差不超过 $0.0001\left(取\frac{1}{\sqrt{\pi}}=0.56419\right)$.

解 e^{-x^2} 不存在初等原函数，将 e^x 的幂级数展开式中的 x 换成 $-x^2$，得

$$\mathrm{e}^{-x^2}=1+\frac{-x^2}{1!}+\frac{(-x^2)^2}{2!}+\cdots+\frac{(-x^2)^n}{n!}+\cdots$$
$$=\sum_{n=0}^{\infty}(-1)^n\frac{x^{2n}}{n!},\quad x\in(-\infty,+\infty).$$

在收敛区间内逐项积分得

$$\frac{2}{\sqrt{\pi}}\int_0^{\frac{1}{2}}\mathrm{e}^{-x^2}\mathrm{d}x=\frac{2}{\sqrt{\pi}}\int_0^{\frac{1}{2}}\left[\sum_{n=0}^{\infty}(-1)^n\frac{x^{2n}}{n!}\right]\mathrm{d}x=\frac{2}{\sqrt{\pi}}\sum_{n=0}^{\infty}\frac{(-1)^n}{n!}\int_0^{\frac{1}{2}}x^{2n}\mathrm{d}x$$
$$=\frac{1}{\sqrt{\pi}}\sum_{n=0}^{\infty}\frac{(-1)^n}{4^n(2n+1)n!}$$

取前4项的和作为近似值，其误差为

$$|R_4|\leqslant\frac{1}{\sqrt{\pi}}\frac{1}{4^4\cdot 9\cdot 4!}<\frac{1}{90000},$$

所以

$$\frac{2}{\sqrt{\pi}}\int_0^{\frac{1}{2}}\mathrm{e}^{-x^2}\mathrm{d}x\approx\frac{1}{\sqrt{\pi}}\left(1-\frac{1}{4\cdot 3}+\frac{1}{4^2\cdot 5\cdot 2!}-\frac{1}{4^3\cdot 7\cdot 3!}\right)\approx 0.5205.$$

习题 12.4

1. 将下列函数展开成 x 的幂级数，并求展开式成立的区间：

(1) $f(x)=e^{x^2}$； (2) $f(x)=\dfrac{1}{2+x}$；

(3) $f(x)=\ln(3+x)$； (4) $f(x)=\cos^2 x$；

(5) $f(x)=(1+x)\ln(1+x)$； (6) $f(x)=\dfrac{1}{2}(e^x-e^{-x})$.

2. 将 $f(x)=\dfrac{1}{x^2+3x+2}$ 展开成 $(x+4)$ 的幂级数．

3. 将 $f(x)=\cos x$ 展开成 $\left(x+\dfrac{\pi}{3}\right)$ 的幂级数．

12.5 傅里叶级数

本节将讨论一类在声学、光学、热力学、电学、通信等研究领域有着广泛应用的函数项级数，即由三角函数列所产生的三角级数．

12.5.1 三角级数、正交函数系

在科学实验与工程技术的应用中，经常会遇到周期运动，最常见而简单的周期运动是由正弦函数 $y=A\sin(\omega x+\varphi)$ 表示的简谐振动，其中 A 为振幅，φ 为初相角，ω 为角频率，该简谐振动的周期 $T=\dfrac{2\pi}{\omega}$．较为复杂的周期运动，常常是几个简谐振动的叠加

$$y=\sum_{k=1}^{n}y_k=\sum_{k=1}^{n}A_k\sin(k\omega x+\varphi_k),k=1,2,\cdots,n; \quad (12\text{-}21)$$

所以函数(12-21)的周期为 T，对无穷多个简谐振动进行叠加就得到函数项级数

$$A_0+\sum_{n=1}^{\infty}A_n\sin(n\omega x+\varphi_n); \quad (12\text{-}22)$$

若级数(12-22)收敛，其和函数为 $f(x)$，则

$$f(x)=A_0+\sum_{n=1}^{\infty}A_n\sin(n\omega x+\varphi_n), \quad (12\text{-}23)$$

其中 A_0、A_n、$\varphi_n(n=1,2,\cdots)$ 为常数，对于级数(12-23)，我们只讨论 $\omega=1$ 的情形．由于

$$A_n\sin(nx+\varphi_n)=A_n\sin\varphi_n\cos nx+A_n\cos\varphi_n\sin nx;$$

记

$$A_0=\frac{a_0}{2},\ A_n\sin\varphi_n=a_n,\ A_n\cos\varphi_n=b_n \quad (n=1,2,\cdots),$$

则式(12-23)右端的级数可以改写为

$$\frac{a_0}{2}+\sum_{n=1}^{\infty}(a_n\cos nx+b_n\sin nx). \tag{12-24}$$

我们将形如式(12-24)的级数叫做三角级数，其中 a_0，a_n，b_n $(n=1,2,\cdots)$都是常数．显然，式(12-24)是由三角函数系

$$1,\ \cos x,\ \sin x,\ \cos 2x,\ \sin 2x,\ \cdots,\ \cos nx,\ \sin nx,\ \cdots \tag{12-25}$$

所产生的一般形式的三角级数．

容易验证，三角函数系中任何两个不同的函数的乘积在区间$[-\pi,\pi]$上的积分等于零，即

$$\int_{-\pi}^{\pi}\cos nx\mathrm{d}x=0\quad(n=1,2,\cdots),$$

$$\int_{-\pi}^{\pi}\sin nx\mathrm{d}x=0\quad(n=1,2,\cdots),$$

$$\int_{-\pi}^{\pi}\sin kx\cos nx\mathrm{d}x=0\quad(k,n=1,2,\cdots),$$

$$\int_{-\pi}^{\pi}\cos kx\cos nx\mathrm{d}x=0\quad(k,n=1,2,\cdots,k\neq n),$$

$$\int_{-\pi}^{\pi}\sin kx\sin nx\mathrm{d}x=0\quad(k,n=1,2,\cdots,k\neq n).$$

三角函数系中任何两个相同的函数的乘积在区间$[-\pi,\ \pi]$上的积分不等于零，即

$$\int_{-\pi}^{\pi}1^2\mathrm{d}x=2\pi,$$

$$\int_{-\pi}^{\pi}\cos^2 nx\mathrm{d}x=\pi\quad(n=1,2,\cdots),$$

$$\int_{-\pi}^{\pi}\sin^2 nx\mathrm{d}x=\pi\quad(n=1,2,\cdots).$$

通常把两个函数$\varphi(x)$与$\psi(x)$在$[a,\ b]$上可积，且

$$\int_a^b\varphi(x)\psi(x)\mathrm{d}x=0$$

的函数$\varphi(x)$与$\psi(x)$称为在$[a,b]$上是正交的．由此，我们记三角函数系(12-25)在$[-\pi,\pi]$上具有正交性，或记(12-25)是正交函数系．

12.5.2 以2π为周期的函数的傅里叶级数

设$f(x)$是周期为2π的函数，且能展开成三角级数

$$f(x)=\frac{a_0}{2}+\sum_{k=1}^{\infty}(a_k\cos kx+b_k\sin kx). \tag{12-26}$$

我们自然要问：系数a_0，a_n，$b_n(n=1,2,\cdots)$与函数$f(x)$之间存在怎样的关系？为此，我们进一步假设级数(12-26)可以逐项积分．

首先，对式(12-26)两端在区间$[-\pi,\pi]$上积分，并在等式的右

端逐项积分，利用三角函数系的正交性得

$$\int_{-\pi}^{\pi} f(x)\,\mathrm{d}x = \int_{-\pi}^{\pi} \frac{a_0}{2}\mathrm{d}x + \sum_{k=1}^{\infty}\left(a_k\int_{-\pi}^{\pi}\cos kx\mathrm{d}x + b_k\int_{-\pi}^{\pi}\sin kx\mathrm{d}x\right)$$
$$= a_0\pi.$$

于是得

$$a_0 = \frac{1}{\pi}\int_{-\pi}^{\pi} f(x)\,\mathrm{d}x. \tag{12-27a}$$

其次，将式(12-26)两端同乘以 $\cos nx$，再像上面一样求积分，利用三角函数系的正交性得

$$\int_{-\pi}^{\pi} f(x)\cos nx\mathrm{d}x = \int_{-\pi}^{\pi}\frac{a_0}{2}\cos nx\mathrm{d}x + \sum_{k=1}^{\infty}\left(a_k\int_{-\pi}^{\pi}\cos kx\cos nx\mathrm{d}x + b_k\int_{-\pi}^{\pi}\sin kx\cos nx\mathrm{d}x\right)$$
$$= \int_{-\pi}^{\pi} a_n\cos^2 nx\mathrm{d}x = a_n\pi.$$

于是得

$$a_n = \frac{1}{\pi}\int_{-\pi}^{\pi} f(x)\cos nx\mathrm{d}x \quad (n = 1,2,3\cdots).$$

类似地，用 $\sin nx$ 乘式(12-26)的两端，再逐项积分，解得

$$b_n = \frac{1}{\pi}\int_{-\pi}^{\pi} f(x)\sin nx\mathrm{d}x \quad (n = 1,2,3,\cdots),$$

得

$$\begin{cases} a_n = \dfrac{1}{\pi}\displaystyle\int_{-\pi}^{\pi} f(x)\cos nx\mathrm{d}x & (n = 0,1,2,3\cdots), \\ b_n = \dfrac{1}{\pi}\displaystyle\int_{-\pi}^{\pi} f(x)\sin nx\mathrm{d}x & (n = 1,2,3,\cdots). \end{cases} \tag{12-27b}$$

一般地说，若 $f(x)$ 为以 2π 为周期且在 $[-\pi,\pi]$ 上可积的函数，则可以按公式(12-27)计算出 a_n 和 b_n，它们称为函数 $f(x)$ 的傅里叶系数，以 $f(x)$ 的傅里叶系数为系数的三角级数(12-26)称为 $f(x)$ 的傅里叶级数，记作

$$f(x) \sim \frac{a_0}{2} + \sum_{n=1}^{\infty}(a_n\cos nx + b_n\sin nx). \tag{12-28}$$

这里记号“~”表示上式右边是左边函数的傅里叶级数．式(12-28)右端三角级数是否收敛？若收敛，是否收敛于 $f(x)$？下面的定理给出了这些问题的回答．

定理 12.10(狄利克雷定理) 设 $f(x)$ 是以 2π 为周期的周期函数，如果它满足条件：

(1) 在一个周期内连续或只有有限个第一类间断点；

(2) 在一个周期内至多只有有限个极值点，则 $f(x)$ 的傅里叶级数收敛，并且当 x 是 $f(x)$ 的连续点时，级数收敛于 $f(x)$；当 x 是 $f(x)$

的间断点时，级数收敛于

$$\frac{1}{2}[f(x-0)+f(x+0)].$$

定理证明略.

收敛定理告诉我们：若函数$f(x)$满足收敛条件，则$f(x)$的傅里叶级数在连续点收敛于函数值本身，而在第一类间断点收敛于它左右极限的算术平均值.

12.5.3 以2l为周期的函数的傅里叶级数

我们已经讨论了以2π为周期的函数的傅里叶级数，得到了傅里叶级数的系数a_0、a_n、$b_n(n=1,2,\cdots)$与函数$f(x)$之间关系的公式.现在我们来研究定义在任意区间$[a,b]$上的函数$f(x)$的傅里叶级数.下面我们来讨论定义在区间$[-l,l]$上的函数$f(x)$的傅里叶级数的系数a_0、a_n、$b_n(n=1,2,\cdots)$与函数$f(x)$之间的关系.

设$f(x)$在区间$[-l,l]$上有定义且满足定理12.10条件，令$x=\frac{l}{\pi}t$，则当x在区间$[-l,l]$上变化时，t就在区间$[-\pi,\pi]$上变化，记$f(x)=f\left(\frac{l}{\pi}t\right)=\varphi(t)$，则$\varphi(t)$在$[-\pi,\pi]$上有定义且满足定理12.10条件，于是$\varphi(t)$在$(-\pi,\pi)$上可以展开成傅里叶级数

$$\varphi(t)\sim\frac{a_0}{2}+\sum_{n=1}^{\infty}(a_n\cos nt+b_n\sin nt),\tag{12-29}$$

其中

$$\begin{cases}a_n=\frac{1}{\pi}\int_{-\pi}^{\pi}\varphi(t)\cos nt\mathrm{d}t\quad(n=0,1,2,\cdots),\\ b_n=\frac{1}{\pi}\int_{-\pi}^{\pi}\varphi(t)\sin nt\mathrm{d}t\quad(n=1,2,\cdots).\end{cases}\tag{12-30}$$

在式(12-30)中用了$x=\frac{l}{\pi}t$，即$t=\frac{\pi}{l}x$，将$t=\frac{\pi}{l}x$换回x就得到函数$f(x)$在区间$(-l,l)$上的傅里叶级数展开式

$$f(x)\sim\frac{a_0}{2}+\sum_{n=1}^{\infty}\left(a_n\cos\frac{n\pi x}{l}+b_n\sin\frac{n\pi x}{l}\right),\tag{12-31}$$

其中

$$\begin{cases}a_n=\frac{1}{l}\int_{-l}^{l}f(x)\cos\frac{n\pi x}{l}\mathrm{d}x\quad(n=0,1,2,\cdots),\\ b_n=\frac{1}{l}\int_{-l}^{l}f(x)\sin\frac{n\pi x}{l}\mathrm{d}x\quad(n=1,2,\cdots).\end{cases}\tag{12-32}$$

这里式(12-32)是以$2l$为周期的函数$f(x)$的傅里叶系数，式(12-31)是$f(x)$的傅里叶级数.

同样可以证明：级数(12-31)在$(-l,l)$内$f(x)$的间断点x_0处收

敛于

$$\frac{f(x_0-0)+f(x_0+0)}{2},$$

而在区间的端点 $x=\pm l$ 处收敛于

$$\frac{f(-l+0)+f(l-0)}{2}.$$

例1 设$f(x)$是以 2π 为周期的函数，它在$(-\pi,\pi]$上的表达式为

$$f(x)=\begin{cases}x, & 0\leqslant x\leqslant\pi,\\ 0, & -\pi<x<0,\end{cases}$$

将$f(x)$展开成傅里叶级数(见图 12-1).

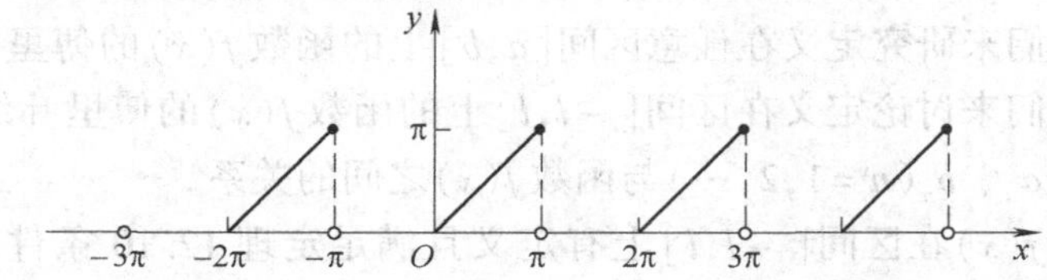

图 12-1

解 所给的函数满足定理 12.10 的条件，$x=(2k+1)\pi\ (k=0,\pm1,\pm2,\cdots)$是它的间断点，$f(x)$的傅里叶级数在 $x=(2k+1)\pi$ 处收敛于

$$\frac{f(\pi^-)+f(-\pi^+)}{2}=\frac{\pi+0}{2}=\frac{\pi}{2}.$$

在 $x\neq(2k+1)\pi$ 处，由公式(12-27a)得

$$a_0=\frac{1}{\pi}\int_{-\pi}^{\pi}f(x)\mathrm{d}x=\frac{1}{\pi}\int_0^{\pi}x\mathrm{d}x=\frac{\pi}{2};$$

当 $n\geqslant1$ 时，

$$\begin{aligned}a_n&=\frac{1}{\pi}\int_{-\pi}^{\pi}f(x)\cos nx\mathrm{d}x=\frac{1}{\pi}\int_0^{\pi}x\cos nx\mathrm{d}x\\&=\frac{1}{n\pi}x\sin nx\Big|_0^{\pi}-\frac{1}{n\pi}\int_0^{\pi}\sin nx\mathrm{d}x=\frac{1}{n^2\pi}\cos nx\Big|_0^{\pi}\\&=\frac{1}{n^2\pi}(\cos n\pi-1)=\begin{cases}-\dfrac{2}{n^2\pi}, & \text{当 } n \text{ 为奇数时},\\ 0, & \text{当 } n \text{ 为偶数时};\end{cases}\end{aligned}$$

$$\begin{aligned}b_n&=\frac{1}{n}\int_{-\pi}^{\pi}f(x)\sin nx\mathrm{d}x=\frac{1}{\pi}\int_0^{\pi}x\sin nx\mathrm{d}x\\&=-\frac{1}{n\pi}x\cos nx\Big|_0^{\pi}+\frac{1}{n\pi}\int_0^{\pi}\cos nx\mathrm{d}x\\&=\frac{(-1)^{n+1}}{n}+\frac{1}{n\pi}\int_0^{\pi}\cos nx\mathrm{d}x\\&=\frac{(-1)^{n+1}}{n}.\end{aligned}$$

于是，$f(x)$的傅里叶级数展开式为

$$f(x)=\frac{\pi}{4}+\sin x-\left(\frac{2}{\pi}\cos x+\frac{1}{2}\sin 2x\right)+\frac{1}{3}\sin 3x-\left(\frac{2}{3^2\pi}\cos 3x+\frac{1}{4}\sin 4x\right)+\frac{1}{5}\sin 5x-\cdots.$$

$x\in(-\infty,+\infty)$且$x\neq(2k+1)\pi$，$k=0$，±1，±2，$\cdots$.

例2　设$f(x)$是以4为周期的函数，它在$[-2,2)$上的表达式为

$$f(x)=\begin{cases}1, & 0\leqslant x<2,\\ 0, & -2\leqslant x<0,\end{cases}$$

将$f(x)$展开成傅里叶级数(见图12-2).

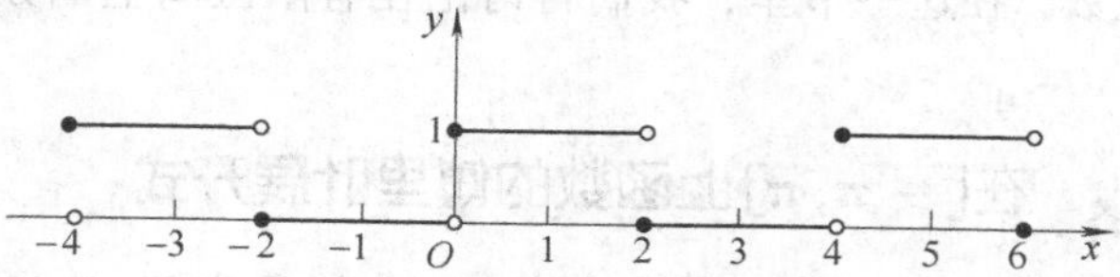

图　12-2

解　所得的函数满足定理12.10的条件，$x=2k(k=0,\pm1,\pm2,\cdots)$是它的间断点，$f(x)$的傅里叶级数在$x=2k$处收敛于$\frac{1}{2}$.

在$x\neq2k$处，由公式(12-32)得

$$a_0=\frac{1}{l}\int_{-l}^{l}f(x)\mathrm{d}x=\frac{1}{2}\int_0^2\mathrm{d}x=1;$$

$$a_n=\frac{1}{l}\int_{-l}^{l}f(x)\cos\frac{n\pi x}{l}\mathrm{d}x=\frac{1}{2}\int_0^2\cos\frac{n\pi x}{2}\mathrm{d}x=0(n=1,2,\cdots);$$

$$b_n=\frac{1}{l}\int_{-l}^{l}f(x)\sin\frac{n\pi x}{l}\mathrm{d}x=\frac{1}{2}\int_0^2\sin\frac{n\pi x}{2}\mathrm{d}x=\frac{1}{n\pi}[1-(-1)^n]$$

$$=\begin{cases}\dfrac{2}{(2m-1)\pi}, & n=2m-1(m=1,2,3,\cdots),\\ 0, & n=2m(m=1,2,3,\cdots).\end{cases}$$

于是，$f(x)$的傅里叶级数展开式为

$$f(x)=\frac{1}{2}+\frac{2}{\pi}\left(\sin\frac{\pi x}{2}+\frac{1}{3}\sin\frac{3\pi x}{2}+\frac{1}{5}\sin\frac{5\pi x}{2}+\cdots\right),$$

$x\in(-\infty,+\infty)$且$x\neq2k,k=0,\pm1,\pm2,\cdots$.

习题 12.5

1. 下列函数$f(x)$为以2π为周期的函数，试将$f(x)$展开成傅里叶级数，如果$f(x)$在$[-\pi,\pi)$上的表达式为：

(1) $f(x)=3x^2+1\quad(-\pi\leqslant x<\pi)$；

(2) $f(x)=\mathrm{e}^{2x}\quad(-\pi\leqslant x<\pi)$；

(3) $f(x)=\begin{cases}x, & 0\leqslant x<\pi,\\ -x, & -\pi\leqslant x<0.\end{cases}$

2. 将下列各周期函数$f(x)$展开成傅里叶级数(下面给出函数在一个周期内的表达式)：

(1) $f(x)=1-x^2 \quad \left(-\frac{1}{2}\leqslant x<\frac{1}{2}\right)$；

(2) $f(x)=\begin{cases}2x+1, & -3\leqslant x<0,\\ 1, & 0\leqslant x<3.\end{cases}$

12.6 有限区间上函数的傅里叶展开式

前面我们讨论了以2π或者以$2l$为周期的函数在整个数轴上展开的傅里叶级数，在这一节里，我们将讨论在有限区间上函数的傅里叶展开式.

12.6.1 在$[-\pi,\pi]$上函数的傅里叶展开式

设函数$f(x)$在$[-\pi,\pi]$上有定义，且满足定理12.10的条件，我们定义一个以2π为周期的函数$F(x)$，在$[-\pi,\pi]$(或$[-\pi,\pi)$)内有$F(x)\equiv f(x)$. $F(x)$可以展开成傅里叶级数. 当限制$x\in(-\pi,\pi)$，由$F(x)\equiv f(x)$，便得到$f(x)$的傅里叶级数展开式，而当$x=\pm\pi$时，该级数收敛于$\frac{1}{2}[f(\pi^-)+f(\pi^+)]$. 由$f(x)$扩充为$F(x)$的过程称为周期延拓.

例1 将函数$f(x)=e^x(-\pi\leqslant x\leqslant\pi)$展开成傅里叶级数(见图12-3).

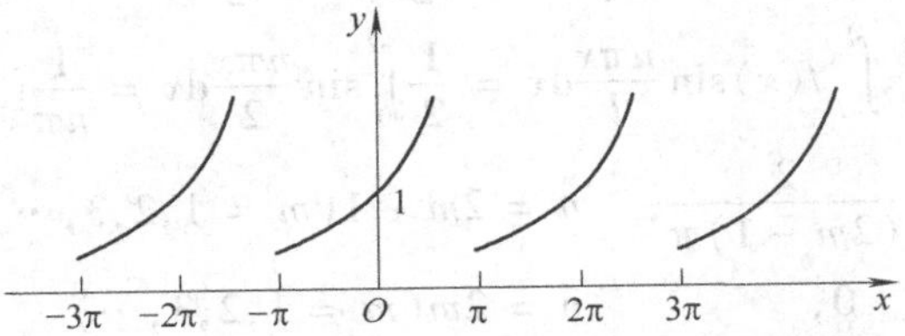

图 12-3

解 $f(x)$在$[-\pi,\pi]$上满足定理12.10条件，对$f(x)$作周期延拓，拓广所得的周期函数的傅里叶级数在$(-\pi,\pi)$内收敛于$f(x)$，在$x=\pm\pi$处收敛于

$$\frac{1}{2}[f(\pi^-)+f(-\pi^+)]=\frac{1}{2}(e^{\pi}+e^{-\pi}).$$

由公式(12-27)得

$$a_0=\frac{1}{\pi}\int_{-\pi}^{\pi}f(x)\mathrm{d}x=\frac{1}{\pi}\int_{-\pi}^{\pi}e^x\mathrm{d}x=\frac{1}{\pi}(e^{\pi}-e^{-\pi});$$

$$a_n=\frac{1}{\pi}\int_{-\pi}^{\pi}e^x\cos nx\mathrm{d}x=(-1)^n\frac{e^{\pi}-e^{-\pi}}{\pi(1+n^2)}(n=1,2,\cdots);$$

$$b_n = \frac{1}{\pi}\int_{-\pi}^{\pi} e^x \sin nx dx = (-1)^{n-1}\frac{n(e^{\pi}-e^{-\pi})}{\pi(1+n^2)}(n=1,2,3).$$

于是得到$f(x)$的傅里叶级数展开式为

$$f(x) = e^x = \frac{e^x - e^{-x}}{\pi}\left(\frac{1}{2} - \frac{\cos x}{1+1^2} + \frac{\sin x}{1+1^2} + \frac{\cos 2x}{1+2^2}\right.$$

$$\left. - \frac{2\sin 2x}{1+2^2} - \frac{\cos 3x}{1+3^2} + \frac{3\sin 3x}{1+3^2} + \cdots\right), x \in (-\pi, \pi).$$

例2 将函数$f(x) = x^2(-\pi \leqslant x \leqslant \pi)$展开成傅里叶级数.

解 $f(x)$在$[-\pi,\pi]$上满足定理12.10条件，对$f(x)$作周期延拓，拓广所得的周期函数的傅里叶级数在$[-\pi,\pi]$上收敛于$f(x)$（由$f(\pi)=f(-\pi)$，得$f(x)$在$x=\pm\pi$处连续）.

由公式(12-27)得

$$a_0 = \frac{1}{\pi}\int_{-\pi}^{\pi} x^2 dx = \frac{2}{3}\pi^2;$$

$$a_n = \frac{1}{\pi}\int_{-\pi}^{\pi} x^2 \cos nx dx = \frac{2}{\pi}\int_0^{\pi} x^2 \cos nx dx$$

$$= \frac{2}{\pi}\left[\frac{x^2}{n}\sin nx + \frac{2x}{n^2}\cos nx - \frac{2}{n^3}\sin nx\right]_0^{\pi}$$

$$= \frac{4}{n^2}\cos n\pi = \frac{4}{n^2}(-1)^n, (n=1,2,\cdots);$$

$$b_n = \frac{1}{\pi}\int_{-\pi}^{\pi} x^2 \sin(\ln x) dx = 0, (n=1,2,\cdots).$$

于是得到$f(x)$的傅里叶级数展开式为

$$f(x) = x^2 = \frac{\pi^2}{3} + 4\sum_{n=1}^{\infty}(-1)^n \frac{\cos nx}{n^2}, x \in [-\pi, \pi].$$

例3 将函数$f(x) = x(-\pi \leqslant x \leqslant \pi)$展开成傅里叶级数.

解 $f(x)$在$[-\pi,\pi]$上满足定理12.10条件，对$f(x)$作周期延拓，拓广所得的周期函数的傅里叶级数在$(-\pi,\pi)$内收敛于$f(x)$，在$x=\pm\pi$处收敛于

$$\frac{1}{2}[f(\pi^-) + f(-\pi^+)] = \frac{1}{2}[\pi + (-\pi)] = 0.$$

由公式(12-27)得

$$a_n = 0, n = 0,1,2,\cdots;$$

$$b_n = \frac{1}{\pi}\int_{-\pi}^{\pi} x\sin nx dx = \frac{2}{\pi}\int_0^{\pi} x\sin x dx$$

$$= \frac{2}{\pi}\left[\frac{\sin nx}{n^2} - \frac{x\cos nx}{n}\right]_0^{\pi}$$

$$= \frac{-2\cos n\pi}{n} = \frac{2}{n}(-1)^{n+1}, n = 1,2,\cdots.$$

于是得到$f(x)$ 的傅里叶级数展开式为

$$f(x)=x=2\left(\sin x-\frac{\sin 2x}{2}+\frac{\sin 3x}{3}-\cdots+\right.$$

$$\left.(-1)^{n+1}\frac{\sin nx}{n}+\cdots\right),x\in(-\pi,\pi).$$

12.6.2 在$[-l,l]$上函数的傅里叶展开式

我们已讨论了在$[-\pi,\pi]$上函数的傅里叶展开式，现在讨论在$[-l,l]$上函数的傅里叶展开式.

例4 将函数$f(x)=x(-1\leqslant x\leqslant 1)$展开成傅里叶级数.

解 $f(x)$在$[-1,1]$上满足定理12.10条件，对$f(x)$作周期延拓，拓广所得的以2为周期的周期函数的傅里叶级数在$(-1,1)$内收敛于$f(x)$，在$x=\pm 1$处收敛于$\frac{1}{2}(f(1)+f(-1))=0$.

由公式(12-27)得

$$a_0=\int_{-1}^{1}x\mathrm{d}x=0;$$

$$a_n=\int_{-1}^{1}x\cos n\pi x\mathrm{d}x=0,n=1,2,\cdots;$$

$$b_n=\int_{-1}^{1}x\sin n\pi x\mathrm{d}x=2\int_{0}^{1}x\sin n\pi x\mathrm{d}x$$

$$=(-1)^{n+1}\frac{1}{n\pi},\quad n=1,2,\cdots.$$

于是得到$f(x)$的傅里叶级数展开式为

$$f(x)=x=\frac{1}{\pi}\left(\sin\pi x-\frac{1}{2}\sin 2\pi x+\frac{1}{3}\sin 3\pi x-\cdots\right),\quad x\in(-1,1),$$

$$\text{故 } x=\begin{cases}\frac{1}{\pi}\left(\sin\pi x-\frac{1}{2}\sin 2\pi x+\frac{1}{3}\sin 3\pi x-\cdots\right), & x\in(-1,1),\\ 0, & x=\pm 1.\end{cases}$$

例5 将函数$f(x)=1-x^2\left(-\frac{1}{2}\leqslant x\leqslant\frac{1}{2}\right)$展开成傅里叶级数.

解 $f(x)$在$\left[-\frac{1}{2},\frac{1}{2}\right]$上满足定理12.10条件，对$f(x)$作周期延拓，拓广所得的以1为周期的周期函数的傅里叶级数在$\left[-\frac{1}{2},\frac{1}{2}\right]$内收敛于$f(x)$$\left(由f\left(-\frac{1}{2}\right)=f\left(\frac{1}{2}\right)得f(x)在x=\pm\frac{1}{2}处连续\right)$.

由公式(12-27)得

$$a_0=\frac{1}{l}\int_{-l}^{l}(1-x^2)\mathrm{d}x=\frac{2}{1}\int_{-\frac{1}{2}}^{\frac{1}{2}}(1-x^2)\mathrm{d}x$$

$$= 4\int_0^{\frac{1}{2}}(1-x^2)\mathrm{d}x = \underline{\qquad\qquad};$$

$$a_n = \frac{1}{l}\int_{-l}^{l}(1-x^2)\cos\frac{n\pi x}{l}\mathrm{d}x$$

$$= 4\int_0^{\frac{1}{2}}(1-x^2)\cos 2n\pi x\mathrm{d}x$$

$$= \underline{\qquad\qquad};$$

$$b_n = 0.$$

于是得到$f(x)$的傅里叶级数展开式为

$$f(x) = 1-x^2 = \frac{1}{12}+\frac{1}{\pi^2}\sum_{n=1}^{\infty}\frac{(-1)^{n+1}}{n^2}\cos 2n\pi x,\quad x\in\left[-\frac{1}{2},\frac{1}{2}\right].$$

12.6.3 在[0, π]或[0, l]上函数展成正弦级数或余弦级数

设$f(x)$是以2π或$2l$为周期的奇函数或偶函数，由例2～例5可知这些函数的傅里叶级数为正弦函数或为余弦函数项组成．现在我们以$2l$为周期的周期函数$f(x)$为例．

设$f(x)$为以$2l$为周期的偶函数，由公式(12-32)得

$$\begin{cases} a_n = \dfrac{1}{l}\displaystyle\int_{-l}^{l}f(x)\cos\frac{n\pi x}{l}\mathrm{d}x = \frac{2}{l}\int_0^{l}f(x)\cos\frac{n\pi x}{l}\mathrm{d}x, & n = 0,1,2,\cdots, \\ b_n = \dfrac{1}{l}\displaystyle\int_{-1}^{l}f(x)\sin\frac{n\pi x}{l}\mathrm{d}x = 0, & n = 1,2,\cdots. \end{cases} \tag{12-33}$$

于是$f(x)$的傅里叶级数只含有余弦函数的项，即

$$f(x) \sim \frac{a}{2}+\sum_{n=1}^{\infty}a_n\cos\frac{n\pi x}{l}, \tag{12-34}$$

其中a_n如式(12-33)所示．式(12-34)右边级数称为余弦级数．

同理，若$f(x)$是以$2l$为周期的奇函数，则可推得

$$\begin{cases} a_n = \dfrac{1}{l}\displaystyle\int_{-l}^{l}f(x)\cos\frac{n\pi x}{l}\mathrm{d}x = 0, & n = 0,1,2,\cdots, \\ b_n = \dfrac{2}{l}\displaystyle\int_0^{l}f(x)\sin\frac{n\pi x}{l}\mathrm{d}x, & n = 1,2,\cdots. \end{cases} \tag{12-35}$$

所以当$f(x)$为奇函数时，它的傅里叶级数只含有正弦函数的项，即

$$f(x) \sim \sum_{n=1}^{\infty}b_n\sin\frac{n\pi x}{l}. \tag{12-36}$$

若$l=\pi$，则偶函数$f(x)$展开成余弦级数为

$$f(x) \sim \frac{a_0}{2}+\sum_{n=1}^{\infty}a_n\cos nx\mathrm{d}x, \tag{12-37}$$

其中

$$a_n = \frac{2}{\pi}\int_0^{\pi} f(x)\cos nx\mathrm{d}x, n = 0,1,2,\cdots. \tag{12-38}$$

当 $l=\pi$ 且 $f(x)$ 为奇函数时，则它展开成的正弦级数为

$$f(x) \sim \sum_{n=1}^{\infty} b_n \sin nx, \tag{12-39}$$

其中

$$b_n = \frac{2}{\pi}\int_0^{\pi} f(x)\sin nx\mathrm{d}x. \tag{12-40}$$

我们要把定义在 $[0,\pi]$ 上(或 $[0,l]$ 上)的函数展开成余弦级数或正弦级数，就需要先把定义在 $[0,\pi]$ 上的函数在开区间 $(-\pi,0)$ 内补充函数 $f(x)$ 的定义，得到定义在 $[-\pi,\pi]$ 上的函数 $F(x)$，使它在 $(-\pi,\pi)$ 成为偶(奇)函数，按这种方法由 $f(x)$ 扩充为 $F(x)$ 的过程为偶延拓(奇延拓). 然后将偶(奇)延拓后的函数展开成傅里叶级数，这个级数必定是余弦级数(正弦级数)，再限制 x 在 $(0,\pi]$ 上，此时 $F(x)\equiv f(x)$，这样便得到 $f(x)$ 的正弦级数展开式.

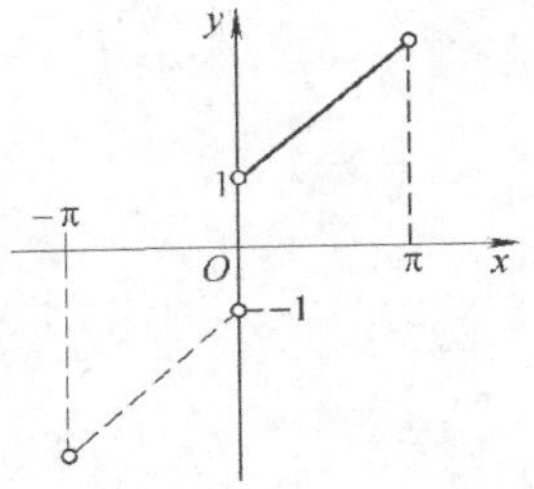

图 12-4

例 6 将函数 $f(x)=x+1(0\leqslant x\leqslant\pi)$ 分别展开成正弦级数和余弦级数.

解 先求正弦级数，由此对函数 $f(x)$ 进行奇延拓(见图 12-4)，按公式(12-40)有

$$\begin{aligned} b_n &= \frac{2}{\pi}\int_0^{\pi} f(x)\sin nx\mathrm{d}x \\ &= \frac{2}{\pi}\int_0^{\pi}(x+1)\sin nx\mathrm{d}x \\ &= \frac{2}{\pi}\left[-\frac{(x+1)\cos nx}{n}+\frac{\sin nx}{n^2}\right]_0^{\pi} \\ &= \frac{2}{n\pi}[1-(\pi+1)\cos nx] \\ &= \begin{cases} \dfrac{2}{\pi}\cdot\dfrac{\pi+2}{n}, & n=1,3,5,\cdots, \\ -\dfrac{2}{n}, & n=2,4,6,\cdots. \end{cases} \end{aligned}$$

于是得到 $f(x)$ 的正弦级数为

$$x+1=\frac{2}{\pi}\left[(\pi+2)\sin x-\frac{\pi}{2}\sin 2x+\frac{1}{3}(\pi+2)\sin 3x-\frac{\pi}{4}\sin 4x+\cdots\right], \quad x\in(0,\pi).$$

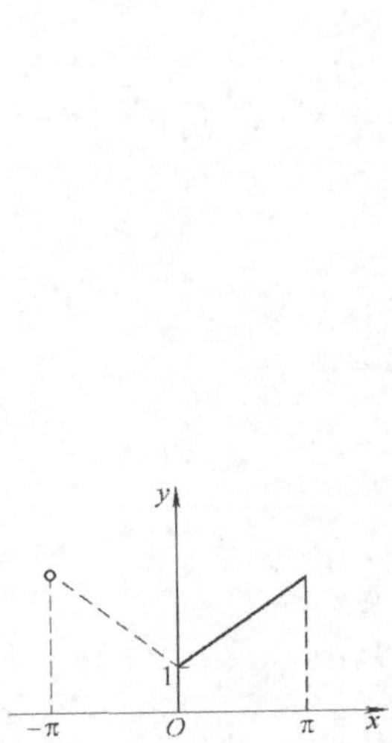

图 12-5

在端点 $x=0$ 及 $x=\pi$ 处，级数的和显然为零，它不代表原来函数 $f(x)$ 的值.

再求余弦级数，由此对 $f(x)$ 进行偶延拓(见图 12-5)，按公式(12-38)有

$$a_0 = \frac{2}{\pi}\int_0^{\pi}(x+1)\mathrm{d}x = \frac{2}{\pi}\left(\frac{x^2}{2}+x\right)_0^{\pi} = \pi + 2,$$

$$\begin{aligned} a_n &= \frac{2}{\pi}\int_0^{\pi}(x+1)\cos nx\mathrm{d}x \\ &= \frac{2}{\pi}\left[\frac{(x+1)\sin nx}{n} + \frac{\cos nx}{n^2}\right]_0^{\pi} \\ &= \underline{\qquad\qquad\qquad} \\ &= \begin{cases} 0, & n = 2,4,6,\cdots, \\ -\dfrac{4}{n^2\pi}, & n = 1,3,5,\cdots. \end{cases} \end{aligned}$$

于是得到$f(x)$的余弦级数为

$$x + 1 = \frac{\pi}{2} + 1 - \frac{4}{\pi}\left(\cos x + \frac{1}{3^2}\cos 3x + \frac{1}{5^2}\cos 5x + \cdots\right), \quad x \in [0,\pi].$$

例 7　将函数$f(x)=x(0\leqslant x\leqslant 2)$分别展开成正弦级数和余弦级数．

解　先求正弦级数，由此对函数$f(x)$进行奇延拓（见图 12-6），按公式(12-35)有

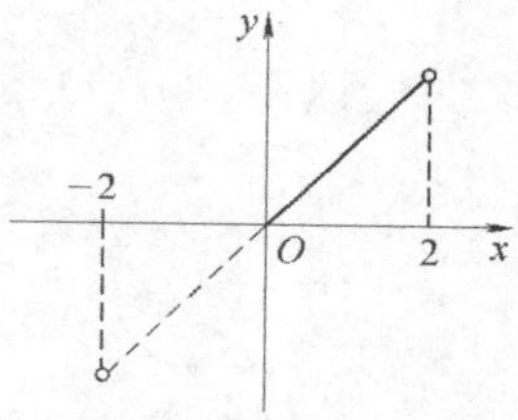

图　12-6

$$a_n = 0 \quad (n = 0,1,2,\cdots);$$

$$\begin{aligned} b_n &= \frac{2}{2}\int_0^2 x\sin\frac{n\pi x}{2}\mathrm{d}x \\ &= -\frac{4}{n\pi}\cos n\pi \\ &= (-1)^{n+1}\frac{4}{n\pi} \quad (n = 1,2,\cdots). \end{aligned}$$

于是得到$f(x)$ 的正弦级数为

$$\begin{aligned} f(x) = x &= \sum_{n=1}^{\infty}\frac{4}{n\pi}(-1)^{n+1}\sin\frac{n\pi x}{2} \\ &= \frac{4}{\pi}\left(\sin\frac{\pi x}{2} - \frac{1}{2}\sin\frac{2\pi x}{2} + \frac{1}{3}\sin\frac{3\pi x}{2} - \cdots\right), \quad x \in (0,2). \end{aligned}$$

当$x=0,2$时，上式右边级数收敛于0，它在$x=0$处代表原来函数的值，但在$x=2$处不代表原来函数的值．

再求余弦级数，由此对$f(x)$进行偶延拓（见图 12-7），按公式(12-33) 有

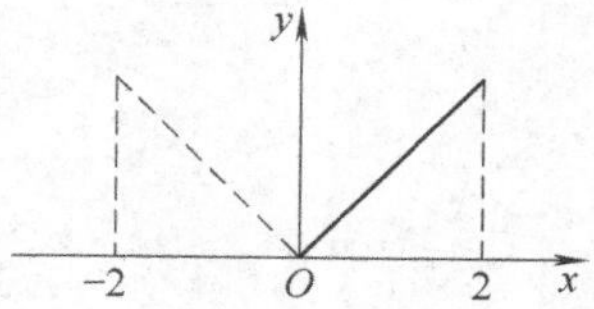

图　12-7

$$a_0 = \frac{2}{2}\int_0^2 x\mathrm{d}x = \frac{x^2}{2}\bigg|_0^2 = 2;$$

$$\begin{aligned} a_n &= \frac{2}{2}\int_0^2 x\cos\frac{n\pi x}{2}\mathrm{d}x \\ &= \frac{4}{n^2\pi^2}(\cos n\pi - 1) \\ &= \frac{4}{n^2\pi^2}[(-1)^n - 1], \quad n = 1,2,\cdots; \end{aligned}$$

$$b_n = 0, \quad n = 1,2,\cdots.$$

于是得到$f(x)$的余弦级数为

$$f(x) = 1 - \frac{8}{\pi^3}\left(\cos\frac{\pi x}{2} + \frac{1}{3^2}\cos\frac{3\pi x}{2} + \frac{1}{5^2}\cos\frac{5\pi x}{2} + \cdots\right), \quad x \in [0,2].$$

从例6、例7可以看到，同样一个函数在同样的区间上可以用正弦级数表示，也可以用余弦级数表示，甚至作适当延拓后，可以用更一般的级数

$$\frac{a_0}{2} + \sum_{n=1}^{\infty}\left(a_n\cos\frac{n\pi x}{l} + b_n\sin\frac{n\pi x}{l}\right)$$

表示.

习题 12.6

1. 下列函数$f(x)$是以2π为周期的周期函数，试将$f(x)$在$[-\pi,\pi]$上展开成傅里叶级数：

(1) $f(x)=4x^2$；(2) $f(x)=e^{3x}$；(3) $f(x)=\sin\frac{x}{6}$.

2. 设$f(x)$是周期为6的周期函数，试将

$$f(x) = \begin{cases} 2x+1, & -3 \leqslant x < 0, \\ 1, & 0 \leqslant x < 3 \end{cases}$$

在$[-3,3]$上展开成傅里叶级数.

3. 将$f(x)=x$在$[0,\pi]$上分别展开成正弦级数和余弦级数.

4. 将$f(x)=x^2$在$[0,2]$上分别展开成正弦级数和余弦级数.

*12.7 MATLAB 在级数运算中的应用

通过对级数的审敛，我们可以判断级数是否收敛．对于收敛的函数项级数，我们还需要求出其收敛的和函数．一方面，级数收敛的和函数往往不是很好计算；另一方面，将函数展开成泰勒级数在很多情况下也不是很好计算．对于这两个问题，在MATLAB中均有相应的函数予以求解。

12.7.1 级数求和的 MATLAB 实现

在MALTAB中可用symsum函数来计算级数和，symsum函数用于对符号表达式进行求和．该函数的调用格式为：

R = symsum(f,v,a,b)

(1) 参量f为级数中一般项的符号表达式；

(2) 参量v为f中的变量，必须被界定成符号变量，缺省时为默认的变量；

(3) 参量a为变量的初始值；

（4）参量 b 为变量的终止值．

例 1　计算 $\sum_{n=1}^{6} 2n^2$.

解　在工作窗口输入

```
>> syms n
>> s1 = symsum(2 * n^2,1,6)
s1 =
    182
```

例 2　计算 $\sum_{n=1}^{\infty} \frac{1}{n^2}$.

解　在工作窗口输入

```
>> syms n
>> s1 = symsum(1/n^2,1,inf)
s1 =
1/6 * pi^2
```

例 3　计算 $\sum_{n=0}^{\infty} x^n$.

解　在工作窗口输入

```
>> syms x n
>> s1 = symsum(x^n,n,0,inf)
s1 =
-1/(x-1)
```

12.7.2　函数展开成泰勒级数

函数展开成泰勒级数在 MATLAB 中可利用 taylor 函数来实现，taylor 函数用来求符号表达式的泰勒级数展开式，该函数的调用格式为：

R = taylor(f,n,v,a)

（1）参量 f 为已知函数的符号表达式；

（2）参量 n 为泰勒展开式的项数，展开式的阶数为 n－1 阶．该参量缺省时，泰勒展开式的阶数为 5 阶；

（3）参量 v 为函数 f 中的变量，缺省时为默认变量；

（4）参量 a 表示函数 f 在 v＝a 处作 n－1 阶泰勒展开，缺省时 a 取 0，此时泰勒展开式变为麦克劳林展开式．

例 4　设函数 $f(x)=\frac{1}{2+\cos x}$，将 $f(x)$ 展开成 7 阶麦克劳林展开式．

解　在工作窗口输入

```
>> syms x
>> f = 1/(2 + cos(x));
>> r = taylor(f,8)
```

```
r =
1/3 + 1/18 * x^2 + 1/216 * x^4 + 1/6480 * x^6
```

例5 将函数 $f(x)=e^{x\sin x}$ 在 $x=2$ 处展开成3阶泰勒展开式.

解 在工作窗口输入

```
>> syms x
>> f = exp(x * sin(x));
>> r = taylor(f,4,2)
r =
exp(2 * sin(2)) + exp(2 * sin(2)) * (2 * cos(2) + sin(2)) * (x - 2) +
exp(2 * sin(2)) * ( - sin(2) + cos(2) + 2 * cos(2)^2 + 2 * cos(2) *
sin(2) + 1/2 * sin(2)^2) * (x - 2)^2 + exp(2 * sin(2)) * ( - 1/3 * cos
(2) - 1/2 * sin(2) - cos(2) * sin(2) + 2 * cos(2)^2 - sin(2)^2 + 4/3 *
cos(2)^3 + 2 * cos(2)^2 * sin(2) + cos(2) * sin(2)^2 + 1/6 * sin(2)^3) *
(x - 2)^3
```

用此方法将函数展开成泰勒级数时并不能将函数展开成无穷级数，对于展开的精度也没有具体描述，具体的精度还需要读者自己估算.

* 习题 12.7

1. 计算下列级数的和：

(1) $\sum\limits_{n=1}^{\infty}\frac{1}{n^2+1}$;　　(2) $\sum\limits_{n=1}^{\infty}\frac{2n+1}{n!}$.

2. 计算下列级数的和函数：

(1) $\sum\limits_{n=1}^{\infty}(-1)^n\frac{x^{n-1}}{n}$;　　(2) $\sum\limits_{n=1}^{\infty}\frac{1+x^{n-1}}{n!}$.

3. 将下列级数展开成8阶泰勒级数：

(1) $f(x)=e^x\sin x$;　(2) $x\ln x$.

综合练习 12

一、填空题

1. 对级数 $\sum\limits_{n=1}^{\infty}u_n$，$\lim\limits_{n\to\infty}u_n=0$ 是它收敛的__________条件，不是它收敛的__________条件.

2. 部分和数列 $\{S_n\}$ 有界是正项级数 $\sum\limits_{n=1}^{\infty}u_n$ 收敛的__________条件.

3. 若级数 $\sum\limits_{n=1}^{\infty}u_n$ 绝对收敛，则级数 $\sum\limits_{n=1}^{\infty}u_n$ 必定__________；若级数

$\sum_{n=1}^{\infty} u_n$ 条件收敛,则级数 $\sum_{n=1}^{\infty} |u_n|$ 必定__________.

4. 级数 $\sum_{n=1}^{\infty}(-1)^{n-1}\frac{1}{n^p}$ 中常数 p 满足__________时条件收敛.

5. 利用 $f(x)=xe^x$ 的幂级数展开式可求得 $f^{(n)}(0)=$__________.

6. 设 $f(x)=\begin{cases}-1, & -\pi\leqslant x\leqslant 0\\ 1+x^2, & 0<x<\pi\end{cases}$,则其以 2π 为周期的傅里叶级数在 $x=\pi$ 处收敛于__________.

二、解答题

1. 判定下列级数的敛散性:

(1) $\sum_{n=0}^{\infty}\frac{1}{1+a^n}\quad(a>0)$;　(2) $\sum_{n=1}^{\infty}\frac{(n!)^2}{2n^2}$;

(3) $\sum_{n=1}^{\infty}\frac{n\cos^2\frac{n\pi}{3}}{2^n}$;　(4) $\sum_{n=1}^{\infty}\frac{a^n}{n^s}\quad(a>0,s>0)$.

2. 设正项级数 $\sum_{n=1}^{\infty}a_n$ 收敛,证明:级数 $\sum_{n=1}^{\infty}a_n^2$ 收敛.

3. 设级数 $\sum_{n=1}^{\infty}u_n$ 收敛,且 $\lim_{n\to\infty}\frac{v_n}{u_n}=1$,问级数 $\sum_{n=1}^{\infty}v_n$ 是否收敛?试说明理由.

4. 判别下列级数的绝对收敛性与条件收敛性:

(1) $\sum_{n=1}^{\infty}(-1)^n\ln\frac{n+1}{n}$;　(2) $\sum_{n=1}^{\infty}(-1)^n\frac{(n+1)!}{n^{n+1}}$.

5. 求证极限 $\lim_{n\to\infty}\sum_{k=1}^{n}\frac{1}{3^k}\left(1+\frac{1}{k}\right)k^2=$__________.

6. 求下列幂级数的收敛区间:

(1) $\sum_{n=1}^{\infty}\frac{3^n+5^n}{n}x^n$;　(2) $\sum_{n=1}^{\infty}\frac{n}{2^n}x^{2n}$.

7. 求下列幂级数的和函数:

(1) $\sum_{n=1}^{\infty}n(x-1)^n$;　(2) $\sum_{n=1}^{\infty}\frac{x^n}{n(n+1)}$.

8. 将函数 $f(x)=\frac{d}{dx}\left(\frac{e^x-1}{x}\right)$ 展开为 x 的幂级数后,求证:

$$\sum_{n=1}^{\infty}\frac{n}{(n+1)!}=1.$$

9. 将 $f(x)=x^2$ 在 $[0,\pi]$ 上展开为余弦级数,并证明:

(1) $\sum_{n=1}^{\infty}\frac{(-1)^{n-1}}{n^2}=\frac{\pi^2}{12}$;　(2) $\int_0^1\frac{\ln(1+x)}{x}dx=\frac{\pi^2}{12}$.

部分习题参考答案与提示

第8章 向量代数与空间解析几何

习题 8.1

1. A：八；B：三；C：六；D：五． 2. A 在 z 轴上；B 在 xOy 平面上；C 在 y 轴上；D 在 yOz 平面上．3. 在 xOy、yOz、zOx 平面上的垂足分别是 $(a,b,0)$、$(0,b,c)$、$(a,0,c)$；在 x 轴、y 轴、z 轴上的垂足分别是 $(a,0,0)$、$(0,b,0)$、$(0,0,c)$． 4. x 轴：$\sqrt{13}$；y 轴：$\sqrt{10}$；z 轴：$\sqrt{5}$． 5. 略．6. $\left(0,0,\frac{14}{9}\right)$.

习题 8.2

1. 略． 2. $7\boldsymbol{a}-2\boldsymbol{b}-18\boldsymbol{c}$. 3. $\frac{1}{2}\boldsymbol{a}+\boldsymbol{b}+\frac{1}{2}\boldsymbol{c}$. 4. 略． 5. 按定义直接验证．注意：$A$ 中的零元素是实数 1，a 的负元素是 a^{-1}.

习题 8.3

1. $\{-2,2,-1\}$，$\{4,-4,2\}$． 2. $(3,2,2)$． 3. 2；$\frac{-1}{2}$，0，$\frac{\sqrt{3}}{2}$；$\frac{2}{3}\pi$，$\frac{\pi}{2}$，$\frac{\pi}{6}$． 4. $\{0,5,-8\}$． 5. $\boldsymbol{a}=3\boldsymbol{a}^0=3\left\{\frac{2}{3},-\frac{1}{3},-\frac{2}{3}\right\}$． 6. $\pm\left\{\frac{2}{\sqrt{29}},\frac{3}{\sqrt{29}},-\frac{4}{\sqrt{29}}\right\}$． 7. $(5,2,-6)$ 或 $(-1,-2,4)$． 8. 2． 9. $A(-2,3,0)$． 10. 13；$7\boldsymbol{j}$.

习题 8.4

1. (1) -6；(2) 9；(3) 13；(4) -4． 2. (1) -1；(2) -6； 3. (1) 18；(2) $\frac{1}{14}\sqrt{21}$． 4. 略． 5. $-\frac{2}{3}$． 6. $-\frac{3}{2}$． 7. 27J. 8. (1) $3\boldsymbol{i}+\boldsymbol{k}$；(2) $2\boldsymbol{i}+\boldsymbol{j}-3\boldsymbol{k}$． 9. (1) $-5\boldsymbol{i}-\boldsymbol{j}-7\boldsymbol{k}$；(2) $5\boldsymbol{i}+\boldsymbol{j}+7\boldsymbol{k}$. 10. $\pm\frac{1}{\sqrt{17}}\{-3,2,2\}$． 11. $\frac{1}{2}\sqrt{77}$． 12. (1) $\{-8,-2,4\}$；(2) $\{4,-8,4\}$． 13. 略．

习题 8.5

1. $x-2y+3z-14=0$. 2. (1) 与 y 轴平行; (2) 过 x 轴; (3) 过原点; (4) 与 zOx 平面平行; (5) yOz 平面. 3. $90x-17y+24z-150=0$. 4. (1) $x-1=0$; (2) $3y-2z=0$; (3) $z-3=0$. 5. (1) $\frac{x}{1}+\frac{y}{-2/3}+\frac{z}{1/2}=1$, 1, $-\frac{2}{3}$, $\frac{1}{2}$; (2) $\frac{x}{-5/3}+\frac{y}{10/3}+\frac{z}{15}=1$, $-\frac{5}{3}$, $\frac{10}{3}$, 15. 6. $4x+y+2z+2=0$ 或 $4x+y+2z-2=0$. 7. $y+2z=0$ 8. 略. 9. 1. 10. $\arccos\frac{\sqrt{70}}{10}$.

习题 8.6

1. $\frac{x-1}{4}=\frac{y+2}{-5}=\frac{z-5}{1}$. 2. (1) $\frac{x+1}{3}=\frac{y}{-5}=\frac{z-5}{-1}$; (2) $\frac{x-3}{-1}=\frac{y}{3}=\frac{z+2}{7}$. 3. (1) $\frac{x}{4}=\frac{y-4}{-1}=\frac{z+1}{-5}$, $\begin{cases}x=4t,\\ y=4-t,\\ z=-1-5t;\end{cases}$ (2) $\frac{x+5}{3}=\frac{y+8}{2}=\frac{z}{1}$, $\begin{cases}x=-5+3t;\\ y=-8+2t;\\ z=t.\end{cases}$ 4. $\frac{8\sqrt{2}}{\sqrt{137}}$. 5. 略. 6. 略. 7. $\arcsin\frac{2\sqrt{2}}{3}$.

8. $\frac{x+3}{1}=\frac{y}{1}=\frac{z-6}{5}$. 9. $\frac{3\sqrt{2}}{2}$. 10. $\frac{x-2}{1}=\frac{y}{2}=\frac{z+5}{1}$. 11. $\begin{cases}y-z-1=0,\\ x+y+z=0.\end{cases}$ 12. 略.

习题 8.7

1. $2x-6y+2z-7=0$. 2. $\left(x+\frac{2}{3}\right)^2+(y+1)^2+\left(z+\frac{4}{3}\right)^2=\frac{116}{9}$. 3. (1) $(x-3)^2+(y+1)^2+(z-1)^2=21$; (2) $(x-1)^2+(y+2)^2+(z-2)^2=9$. 4. 球心为 $(1, -2, -1)$、半径为 $\sqrt{6}$ 的球面. 5. $z=1+x^2+y^2$. 6. $x^2+z^2=(y-1)^2$. 7. 绕 z 轴: $\frac{x^2+y^2}{9}-\frac{z^2}{4}=1$; 绕 y 轴: $\frac{y^2}{9}-\frac{z^2+x^2}{4}=1$. 8. $9(x^2+y^2)+4z^2=1$. 9. 略. 10. 略.

习题 8.8

1. 略. 2. 略 3. $2x^2+y^2-2x=8$; $\begin{cases}2x^2+y^2-2x=8,\\ z=0.\end{cases}$ 4. $\begin{cases}y^2+4x=0,\\ z=0;\end{cases}$ $\begin{cases}z^2-4x-4z=0,\\ y=0;\end{cases}$ $\begin{cases}y^2+z^2-4z=0,\\ x=0.\end{cases}$ 5. $\begin{cases}\frac{x^2}{16}+\frac{y^2}{9}=1,\\ 2y-3z=0.\end{cases}$ 6. $\begin{cases}x=2,\\ y=2+2\cos t,\\ z=-1+2\sin t.\end{cases}$ 7. $\begin{cases}x^2+y^2\leqslant ax,\\ z=0.\end{cases}$ 8. $\begin{cases}x^2+y^2\leqslant 4,\\ z=0;\end{cases}$ $\begin{cases}x^2\leqslant z\leqslant 4,\\ y=0;\end{cases}$ $\begin{cases}y^2\leqslant z\leqslant 4,\\ x=0.\end{cases}$

习题 8.9

1.（1）椭球面；（2）椭圆抛物面；（3）单叶双曲面；（4）双叶双曲面．2.（1）椭圆 $\begin{cases}\dfrac{x^2}{9}+\dfrac{y^2}{4}=1,\\ z=1;\end{cases}$

（2）双曲线 $\begin{cases}-\dfrac{y^2}{16}+\dfrac{z^2}{16}=1,\\ x=-3.\end{cases}$ 3. 略．

习题 8.11

答案略

综合练习 8

一、1. 八，$(2,-3,-1)$，$\sqrt{13}$. 2. 5，5. 3. 10，2. 4. 向，数． 5. 0. 6. $\{4,-2,3\}$；$\{3,1,-3\}$.
7. $z=2(x^2+y^2)$；$\sqrt{y^2+z^2}=2x^2$. 8. 1.

二、1. $\arccos\left(-\dfrac{1}{4}\right)$. 2. $\dfrac{\pi}{3}$. 3.（1）$\{11,-8,-9\}$；（2）-4；（3）$\{6,-45,18\}$；（4）$\pm\dfrac{1}{\sqrt{265}}\{2,-15,6\}$.

4.（1）$y=-\dfrac{10}{3}$；（2）$y=6$. 5. $Q(1+\sqrt{2},3,2)$. 6. $x+y-2z=0$. 7. $x-y=0$（提示：可利用平面束求方程）

8. $\dfrac{x+1}{8}=\dfrac{y+4}{26}=\dfrac{z-3}{-3}$. 9.（1）相交，$\dfrac{1}{\sqrt{60}}$；（2）平行，$\dfrac{\sqrt{6}}{4}$；（3）重合，0. 10. $\sqrt{5}$. 11. $(6,-6,6)$.

12. $\begin{cases}x^2+5y^2+4xy-x=0,\\ z=0;\end{cases}$ $\begin{cases}5z^2+x^2-2zx-4x=0,\\ y=0;\end{cases}$ $\begin{cases}y^2+z^2+2y-z=0,\\ x=0.\end{cases}$ 13. $-y\boldsymbol{i}+x\boldsymbol{j}$. 14. 略．

第9章 多元函数微分学

习题 9.1

1.（1）开集，无界集，聚点集为 $\mathbf{R}^2$，边界为 $\{(x,y)\mid x=0\}$；

（2）既非开集也非闭集，有界集，聚点集：$\{(x,y)\mid 1\leqslant x^2+y^2\leqslant 4\}$，
边界：$\{(x,y)\mid x^2+y^2=1\}\cup\{(x,y)\mid x^2+y^2=4\}$；

（3）开集，区域，无界集，聚点集：$\{(x,y)\mid y\leqslant x^2\}$，边界：$\{(x,y)\mid y=x^2\}$；

（4）闭集，有界集，聚点集为本身，
边界 $\{(x,y)\mid (x-1)^2+y^2=1\}\cup\{(x,y)\mid (x+1)^2+y^2=1\}$.

2. $x^2y^2+(x+y)^2+(xy)^{(x+y)}$. 3. $(x+y)^{xy}+(xy)^{2x}$. 4. (1) $\{(x,y)\mid y^2-3x+2>0\}$;
(2) $\{(x,y)\mid x\geqslant 0,\ y\geqslant 0,\ x^2\geqslant y\}$; (3) $\left\{(x,y)\ \middle|\ \frac{x^2}{a^2}+\frac{y^2}{b^2}\leqslant 1\right\}$;

(4) $\{(x,y)\mid y-x>0,\ x\geqslant 0,\ x^2+y^2<1\}$;

(5) $\{(x,y,z)\mid x^2+y^2-z^2\geqslant 0,\ x^2+y^2\neq 0\}$;

(6) $\{(x,y)\mid 4x-y^2\geqslant 0,\ 1-x^2-y^2>0,\ x^2+y^2\neq 0\}$;

(7) $\{(x,y)\mid 1\leqslant x^2+y^2\leqslant 4\}$.

5. (1) $\ln 2$; (2) 0; (3) $-\frac{1}{4}$; (4) $+\infty$; (5) 1; (6) 0.

6. (1) 连续; (2) 间断; (3) 间断; (4) 连续. 7. 略.

习题 9.2

1. (1) $\frac{\partial z}{\partial x}=2xy+\frac{1}{y^2},\frac{\partial z}{\partial y}=x^2-\frac{2x}{y^3}$;

(2) $\frac{\partial z}{\partial x}=\frac{1}{2}\ln(x^2+y^2)+\frac{x^2}{x^2+y^2},\ \frac{\partial z}{\partial y}=\frac{xy}{x^2+y^2}$;

(3) $\frac{\partial s}{\partial u}=\frac{1}{v}-\frac{v}{u^2},\ \frac{\partial s}{\partial v}=\frac{1}{u}-\frac{u}{v^2}$;

(4) $\frac{\partial z}{\partial x}=\frac{2}{y}\csc\frac{2x}{y},\ \frac{\partial z}{\partial y}=-\frac{2x}{y^2}\mathrm{scs}\frac{2x}{y}$;

(5) $\frac{\partial z}{\partial x}=y^2(1+xy)^{y-1},\ \frac{\partial z}{\partial y}=(1+xy)^y\cdot\left[\ln(1+xy)+\frac{xy}{1+xy}\right]$;

(6) $\frac{\partial u}{\partial x}=\frac{y}{z}x^{\frac{y}{x}-1},\ \frac{\partial u}{\partial y}=\frac{1}{z}x^{\frac{y}{z}}\ln x,\ \frac{\partial u}{\partial z}=-\frac{y}{z^2}x^{\frac{y}{z}}\ln x$. 2. 略. 3. 略.

4. $\frac{\pi}{4}$. 5. $\frac{\pi}{6}$.

6. (1) $\frac{\partial^2 z}{\partial x^2}=6xy,\ \frac{\partial^2 z}{\partial x\partial y}=3x^2-1,\ \frac{\partial^2 z}{\partial y^2}=0$;

(2) $\frac{\partial^2 z}{\partial x^2}=\frac{xy^3}{\sqrt{(1-x^2y^2)^3}},\ \frac{\partial^2 z}{\partial x\partial y}=\frac{1}{\sqrt{(1-x^2y^2)^3}},\ \frac{\partial^2 z}{\partial y^2}=\frac{x^3y}{\sqrt{(1-x^2y^2)^3}}$;

(3) $\frac{\partial^2 z}{\partial x^2}=y^x\ln^2 y,\frac{\partial^2 z}{\partial x\partial y}=y^{x-1}(1+x\ln y),\frac{\partial^2 z}{\partial y^2}=x(x-1)y^{x-2}$.

7. $f_{xx}(0,0,1)=2,f_{xz}(1,0,2)=2,f_{yz}(0,-1,0)=0,f_{zzx}(2,0,1)=0$. 8. 略.

习题 9.3

1. (1) $\mathrm{d}z=2xy\mathrm{d}z+x^2\mathrm{d}y$;
(2) $\mathrm{d}z=\mathrm{e}^{x^2+y^2}(2x\mathrm{d}x+2y\mathrm{d}y)$;

(3) $\mathrm{d}u=\frac{y}{z}x^{\frac{y}{z}-1}\mathrm{d}x+\frac{1}{z}x^{\frac{y}{z}}\ln x\mathrm{d}y-\frac{y}{z^2}x^{\frac{y}{z}}\ln x\mathrm{d}z$;

(4) $\mathrm{d}z=\frac{y}{2\sqrt{x(1-xy^2)}}\mathrm{d}x+\sqrt{\frac{x}{1-xy^2}}\mathrm{d}y$.

2. $dz=-0.20$, $\Delta z\approx -0.20404$. 3. $\frac{1}{3}dx+\frac{2}{3}dy$. 4. 1.40. 5. 2.039. 6. 增加 0.062cm.

7. 4.93, 0.5%.

习题 9.4

1. $-(e^t+e^{-t})$. 2. $\frac{\partial z}{\partial u}=\frac{-v}{u^2+v^2}$, $\frac{\partial z}{\partial v}=\frac{u}{u^2+v^2}$. 3. $\frac{e^x+e^{x^3}\cdot 3x^2}{e^x+e^{x^3}}$.

4. $\frac{\partial z}{\partial x}=\frac{\ln(x+y)}{y}+\frac{x}{y(x-y)}$, $\frac{\partial z}{\partial y}=-\frac{x}{y^2}\ln(x-y)-\frac{x}{y(x-y)}$.

5. $\frac{3(1-4t^2)}{\sqrt{1-(3t-4t^3)^2}}$.

6. (1) $\frac{\partial u}{\partial x}=2xf_1'+y\cos(xy)f_2'$, $\frac{\partial u}{\partial y}=-2yf_1'+x\cos(xy)f_2'$;

(2) $\frac{\partial u}{\partial x}=\frac{1}{y}f_1'-\frac{z}{x^2}f_2'$, $\frac{\partial u}{\partial y}=-\frac{x}{y^2}f_1'$, $\frac{\partial u}{\partial z}=\frac{1}{x}f_2'$;

(3) $\frac{\partial u}{\partial x}=f_1'+yf_2'+yzf_3'$, $\frac{\partial u}{\partial y}=xf_2'+xzf_3'$, $\frac{\partial u}{\partial z}=xyf_3'$. 7. 略. 8. 略.

9. (1) $\frac{\partial^2 z}{\partial x^2}=y^2f_{11}''$, $\frac{\partial^2 z}{\partial x\partial y}=f_1'+y(xf_{11}''+f_{12}'')$, $\frac{\partial^2 z}{\partial y^2}=x^2f_{11}''+2xf_{12}''+f_{22}''$;

(2) $\frac{\partial^2 z}{\partial x^2}=y^2f_{11}''+4xyf_{12}''+4x^2f_{22}''+2f_2'$, $\frac{\partial^2 z}{\partial x\partial y}=f_1'+xyf_{11}''+2(x^2+y^2)f_{12}''+4xyf_{22}''$, $\frac{\partial^2 z}{\partial y^2}=2f_2'+x^2f_{11}''+4xyf_{12}''+4y^2f_{22}''$;

(3) $\frac{\partial^2 z}{\partial x^2}=f_{11}''+\frac{2}{y}f_{12}''+\frac{1}{y^2}f_{22}''$, $\frac{\partial^2 z}{\partial x\partial y}=-\frac{x}{y^2}\left(f_{12}''+\frac{1}{y}f_{22}''\right)-\frac{1}{y^2}f_2'$, $\frac{\partial^2 z}{\partial y^2}=\frac{2x}{y^3}f_2'+\frac{x^2}{y^4}f_{22}''$.

10. 略. 11. 略.

习题 9.5

1. $\frac{y^2-e^x}{\cos y-2xy}$. 2. $\frac{x+y}{x-y}$. 3. $\frac{\partial z}{\partial x}=\frac{yz-\sqrt{xyz}}{\sqrt{xyz}-xy}$, $\frac{\partial z}{\partial y}=\frac{xz-2\sqrt{xyz}}{\sqrt{xyz}-xy}$.

4. $\frac{\partial z}{\partial x}=\frac{yz}{e^z-xy}$, $\frac{\partial z}{\partial y}=\frac{xz}{e^z-xy}$, $\frac{\partial^2 z}{\partial x^2}=\frac{2y^2ze^z-2xy^3z-y^2z^2e^z}{(e^z-xy)^3}$. 5. 略. 6. 略.

7. (1) $\frac{dx}{dz}=\frac{y-z}{x-y}$, $\frac{dy}{dz}=\frac{z-x}{x-y}$; (2) $\frac{\partial u}{\partial x}=\frac{\sin v}{e^u(\sin v-\cos v)+1}$, $\frac{\partial u}{\partial y}=\frac{-\cos v}{e^u(\sin v-\cos v)+1}$, $\frac{\partial v}{\partial x}=\frac{\cos v-e^u}{u[e^u(\sin v-\cos v)+1]}$, $\frac{\partial v}{\partial y}=\frac{\sin v+e^u}{u[e^u(\sin v-\cos v)+1]}$.

习题 9.6

1. $\frac{\partial z}{\partial l}=-\frac{\sqrt{2}}{2}$. 2. $\frac{\sqrt{2}}{3}$. 3. $-\frac{\sqrt{2}}{2}$. 4. $\frac{98}{13}$. 5. $x_0+y_0+z_0$. 6. 5. 7. $\mathbf{grad}\,f(0,0,0)=3\boldsymbol{i}-2\boldsymbol{j}-6\boldsymbol{k}$, $\mathbf{grad}\,f(1,1,1)=6\boldsymbol{i}+3\boldsymbol{j}$.

8. $\mathbf{grad}\ u = 2\boldsymbol{i} - 4\boldsymbol{j} + \boldsymbol{k}$ 是方向导数取最大值的方向，此方向导数的最大值为 $|\mathbf{grad}\ u| = \sqrt{21}$.

习题 9.7

1. 切线方程：$\frac{x-1}{1}=\frac{y-1}{2}=\frac{z-1}{3}$，法平面方程：$x+2y+3z=6$.

2. 切线方程：$\frac{\sqrt{2}x-a}{-a}=\frac{\sqrt{2}y-a}{a}=\frac{4z-b\pi}{4b}$，法平面方程：$2\sqrt{2}a(x-y)-b(4z-b\pi)=0$.

3. 切线方程：$\frac{x-1}{1}=\frac{y+2}{0}=\frac{z-1}{-1}$，法平面方程：$x=z$.

4. 切线方程：$\frac{x-x_0}{1}=\frac{y-y_0}{\frac{m}{y_0}}=\frac{z-z_0}{-\frac{1}{2z_0}}$，

法平面方程：$(x-x_0)+\frac{m}{y_0}(y-y_0)-\frac{1}{2z_0}(z-z_0)=0$.

5. 切平面方程：$x+2y-z+5=0$，法线方程：$\frac{x-2}{1}=\frac{y+3}{2}=\frac{z-1}{-1}$.

6. 切平面方程：$x+2y+3z-14=0$，法线方程：$\frac{x-1}{1}=\frac{y-2}{2}=\frac{z-3}{3}$.

7. 切平面方程：$4x+2y-z-6=0$，法线方程：$\frac{x-2}{4}=\frac{y-1}{2}=\frac{z-4}{-1}$.

8. 所求点为 $(-3,-1,3)$，法线方程：$\frac{x+3}{1}=\frac{y+1}{3}=\frac{z-3}{1}$.

9. $\varphi=\arccos\frac{3}{\sqrt{22}}$.

习题 9.8

1. 极小值 $f\left(\frac{1}{2},-1\right)=-\frac{e}{2}$. 2. 极小值 $f(0,0)=0$，极大值 $f\big|_{x^2+y^2=1}=e^{-1}$.

3. 极小值 $z(-2,0)=1$，极大值 $z\left(\frac{16}{7},0\right)=-\frac{8}{7}$.

习题 9.9

1. $\left(\frac{1}{n}\sum_{i=1}^{n}x_i,\frac{1}{n}\sum_{i=1}^{m}y_i,0\right)$. 2. $y=0.884x-5.895$，$L=100.185$.

习题 9.10

1. 极大值 $z\left(\frac{1}{2},\frac{1}{2}\right)=\frac{1}{4}$. 2. 当两直角边均为 $\frac{\sqrt{2}}{2}l$ 时，可得最大周长.

3. 当矩形的边长为 $\frac{2p}{3}$ 及 $\frac{p}{3}$ 时，圆柱体体积最大. 4. $\left(\frac{8}{5},\frac{16}{5}\right)$. 5. 以棱长为 $\frac{\sqrt{6}}{6}a$ 的正方体体积最大为

$\frac{\sqrt{6}}{36}a^3$. 6. 内接长方体长、宽、高分别为$\frac{2a}{\sqrt{3}}$，$\frac{2b}{\sqrt{3}}$，$\frac{2c}{\sqrt{3}}$时，有最大体积 $V=\frac{8}{3\sqrt{3}}abc$. 7. 长、宽、高分别为$\sqrt[3]{2k}$，$\sqrt[3]{2k}$，$\frac{1}{2}\sqrt[3]{2k}$时，表面积最小. 8. $\frac{\sqrt{3}}{6}$. 9. 最长距离为$\sqrt{9+5\sqrt{3}}$，最短距离为$\sqrt{9-5\sqrt{3}}$.

习题 9.11

答案略

综合练习 9

1. $D=\{(x,y)\mid a^2\leqslant x^2+y^2\leqslant 2a^2\}$. 2. (1) 0；(2) $\frac{\sqrt{2}}{\ln\frac{3}{4}}$.

3. $f_x(x,y)=\begin{cases}\frac{2xy^3}{(x^2+y^2)^2}, & x^2+y^2\neq 0.\\ 0, & x^2+y^2=0;\end{cases}$ $f_y(x,y)=\begin{cases}\frac{x^2(x^2-y^2)}{(x^2+y^2)^2}, & x^2+y^2\neq 0.\\ 0, & x^2+y^2=0.\end{cases}$

4. (1) $\frac{\partial z}{\partial x}=\frac{1}{x+y^2}$，$\frac{\partial z}{\partial y}=\frac{2y}{x+y^2}$；(2) 4.

5. 在点(0,0)处连续,偏导数存在但不可微分. 理由略. 6. 略.

7. $xe^{2y}f''_{uu}+e^yf''_{uy}+xe^yf''_{xu}+f''_{xy}+e^yf'_u$.

8. $dz=\frac{e^{-xy}(ydx+xdy)}{e^z-2}$，$\frac{\partial^2 z}{\partial x^2}=\frac{-y^2e^{-xy}}{(e^z-2)^3}[(e^z-2)^2+e^{x-xy}]$.

9. 点(6,8,2)与点(−6,−8,−2)，切平面方程分别为 $3x+4y+z=52$ 及 $3x+4y+z=-52$.

10. 在点(0,−3)和(−3,0)处取得最大值6. 在点(−1,−1)处取得最小值−1.

11. $\frac{du}{dt}=yx^{y-1}\varphi'(t)+x^y\ln x\cdot\psi'(t)=\varphi(t)^{\psi(t)}\left[\frac{\psi(t)}{\varphi(t)}\varphi'(t)+\psi'(t)\ln\varphi(t)\right]$

12. $\frac{\partial z}{\partial x}=(v\cos v-u\sin v)e^{-u}$，$\frac{\partial z}{\partial y}=(u\cos v+v\sin v)e^{-u}$.

13. $\frac{\partial f}{\partial l}=\cos\theta+\sin\theta$. (1) $\theta=\frac{\pi}{4}$；(2) $\theta=\frac{5\pi}{4}$；(3) $\theta=\frac{3}{4}\pi$ 及 $\frac{7}{4}\pi$.

14. $\frac{\partial u}{\partial n}=\frac{2}{\sqrt{\frac{x_0^2}{a^4}+\frac{y_0^2}{b^4}+\frac{z_0^2}{c^4}}}$.

15. $\left(\frac{4}{5},\frac{3}{5},\frac{35}{12}\right)$.

第10章 重 积 分

习题 10.1

答案略

习题 10.2

1. (1) $\frac{8}{3}$; (2) $\frac{20}{3}$; (3) $\frac{9}{8}$; (4) $\frac{45}{8}$; (5) $-\frac{3\pi}{2}$; (6) $\frac{13}{6}$.

2. (1) $\int_0^4 dx\int_x^{2\sqrt{x}} f(x,y)\,dy$ 或 $\int_0^4 dy\int_{\frac{y^2}{4}}^{y} f(x,y)\,dx$;

(2) $\int_{-r}^{r} dx\int_0^{\sqrt{r^2-x^2}} f(x,y)\,dy$ 或 $\int_0^{r} dy\int_{-\sqrt{r^2-y^2}}^{\sqrt{r^2-y^2}} f(x,y)\,dx$;

(3) $\int_0^1 dx\int_{x^2}^{\sqrt{x}} f(x,y)\,dy$ 或 $\int_0^1 dy\int_{y^2}^{\sqrt{y}} f(x,y)\,dx$;

(4) $\int_{\frac{1}{2}}^1 dx\int_{\frac{1}{x}}^2 f(x,y)\,dy+\int_1^2 dx\int_x^2 f(x,y)\,dy$ 或 $\int_1^2 dy\int_{\frac{1}{y}}^{y} f(x,y)\,dx$.

3. (1) $\frac{3}{4}\pi a^4$; (2) $\pi(e^4-1)$; (3) $\frac{14}{3}\pi$; (4) $\frac{3}{64}\pi^2$.

4. $\frac{4}{3}$. 5. $\frac{7}{2}$. 6. $\frac{17}{6}$. 7. $\frac{3\pi}{32}a^4$. 8. $\frac{1}{8}$. 9. 略. 10. 略.

习题 10.3

1. $\frac{3}{2}$. 2. (1) $\int_0^1 dx\int_0^{1-x} dy\int_0^{xy} f(x,y,z)\,dz$; (2) $\int_{-1}^1 dx\int_{-\sqrt{1-x^2}}^{\sqrt{1-x^2}} dy\int_{x^2+y^2}^1 f(x,y,z)\,dz$; (3) $\int_{-1}^1 dx\int_{-\sqrt{1-x^2}}^{\sqrt{1-x^2}} dy\int_{x^2+2y^2}^{2-x^2} f(x,y,z)\,dz$; (4) $\int_0^a dx\int_0^{b\sqrt{1-x^2/a^2}} dy\int_0^{xy/c} f(x,y,z)\,dz$. 3. $\frac{1}{24}$. 4. $\frac{1}{48}$. 5. $\frac{1}{24}abc^2$. 6. 0. 7. $\frac{\pi}{4}h^2R^2$. 8. (1) $\frac{7\pi}{12}$; (2) $\frac{4^5}{3}\pi$. 9. (1) $\frac{4}{5}\pi$; (2) $\frac{7}{6}\pi a^4$. 10. (1) $\frac{32}{3}\pi$; (2) 4π; (3) $\frac{2}{3}\pi(5\sqrt{5}-4)$. 11. $k\pi R^4$.

习题 10.4

1. $2a^2(\pi-2)$. 2. $2\sqrt{2}\pi$. 3. $\left(0,\frac{28}{9\pi}\right)$. 4. $\left(\frac{35}{48},\frac{35}{54}\right)$. 5. $\left(\frac{2}{5}a,\frac{2}{5}a\right)$. 6. $\frac{2}{21}a^4$. 7. (1) $I_y=\frac{1}{4}\pi a^3 b$; (2) $I_x=\frac{72}{5}, I_y=\frac{96}{7}$; (3) $I_x=\frac{1}{3}ab^3$, $I_y=\frac{1}{3}a^3b$. 8. $I_x=\frac{ab^3}{12}\rho_0$, $I_0=\frac{ab}{12}(a^2+b^2)\rho_0$. 9. $F=\left\{0,0,a\pi G\rho_0\left(\frac{1}{\sqrt{R_2^2-a^2}}-\frac{1}{\sqrt{R_1^2-a^2}}\right)\right\}$.

习题 10.6

答案略.

综合练习 10

一、1. $\int_0^1 dx\int_0^{x^2} f(x,y)\,dy+\int_1^{\sqrt{2}} dx\int_0^{2-x^2} f(x,y)\,dy$. 2. $\frac{1}{2}(1-e^{-4})$. 3. $\frac{1}{6}$. 4. $2\pi\int_0^{\frac{\pi}{4}}\sin\varphi\,d\varphi\int_0^{\sqrt{2}} f(\rho^2)\cdot\rho^2\,d\rho$.

二、1.(A). 2.(C). 3.(D). 4.(B).

三、1. (1) $\int_0^1 dy\int_{y^2}^{y}\frac{\sin y}{y}dx$; (2) $\int_0^1\frac{\sin z}{z}dz\int_0^z dy\int_0^{z-y}dx$; (3) $I=\int_0^1 dy\int_{-y}^{\sqrt{2y-y^2}}f(x,y)\,dx$. 2. (1) $\frac{4}{\pi^2}+\frac{8}{\pi^3}$; (2) $\frac{35\pi a^4}{12}$; (3) $2-\frac{\pi}{2}$; (4) $\frac{8}{3}$; (5) $\frac{28}{45}$; (6) $\frac{4}{5}\pi R^5+\frac{4}{3}\pi R^3$. 3. 略.

4. (1) $2\pi a(b-a)$; (2) $F=-\frac{2\pi kma}{c}\left(\frac{a}{\sqrt{c^2+a^2}}-\frac{b}{\sqrt{c^2+b^2}}\right)k$. 5. $I=\frac{368}{105}\mu$. 6. $\left(0,0,\frac{3}{8}a\right)$.

第11章 曲线积分与曲面积分

习题 11.1

1. (1) πa^{2n+1}; (2) $\frac{1}{2}+\sqrt{2}$; (3) $\frac{1}{12}(5\sqrt{5}+6\sqrt{2}-1)$; (4) 4; (5) $\frac{2}{3}\pi\sqrt{a^2+b^2}(3a^2+4\pi^2b^2)$; (6) $\frac{256}{15}a^3$. 2. $\frac{a}{3}(2\sqrt{2}-1)$. 3. $\left(\frac{4}{3}a,\frac{4}{3}a\right)$.

习题 11.2

1、2 略. 3. (1) $\frac{8}{3}$; (2) $-\frac{\pi}{2}a^3$; (3) $a^2\pi$; (4) 0; (5) 2; (6) 13. 4. (1) $\frac{34}{3}$; (2) 11; (3) 14; (4) $\frac{32}{3}$. 5. $\frac{k}{2}(b^2-a^2)$，k 为比例系数. 6. $mg(z_2-z_1)$.

习题 11.3

1. (1) 0; (2) $x^2\cos y+y^2\cos x$; (3) $-\frac{3}{2}$; (4) 9. 2. (1) $-\frac{8}{3}$; (2) $\frac{\pi^2}{4}$; (3) $\frac{ma^2}{8}\pi$. 3. (1) $\frac{3}{8}a^2\pi$; (2) 6π; (3) a^2. 4. (1) $\frac{1}{2}x^2+2xy+\frac{1}{2}y^2+C$; (2) $\frac{1}{3}x^3+x^2y-xy^2-\frac{1}{3}y^3+C$; (3) $-\cos 2x\cdot\sin 3y+C$; (4) $e^{x+y}(x-y+1)+ye^x+C$. 5. $yF_y(x,y)=xF_x(x,y)$. 6. (1) $x^3+3x^2y^2+\frac{4}{3}y^3=C$; (2) $xe^y-y^2=C$; (3) $xy=\frac{1}{3}x^3+C$; (4) 不是全微分方程; (5) $\rho(1+e^{2\theta})=C$; (6) 不是全微分方程.

习题 11.4

1、2 略. 3. (1) πa^3; (2) $\frac{\pi}{2}(\sqrt{2}+1)$; (3) 2π; (4) $\frac{\sqrt{3}}{120}$; (5) $\frac{64}{15}\sqrt{2}a^4$. 4. $\frac{2\pi}{15}(6\sqrt{3}+1)$. 5. $\frac{4}{3}\rho\pi a^4$.

习题 11.5

1、2 略. 3. (1) 24; (2) $\frac{2}{105}\pi R^7$; (3) $\frac{1}{8}$; (4) $\frac{3}{2}\pi$; (5) $\frac{1}{2}$. 4. $\frac{32}{3}\pi$. 5. $\iint\limits_{\Sigma}\frac{2xP+2yQ+R}{\sqrt{1+4x^2+4y^2}}dS$.

习题 11.6

1.(1) 0;(2) $3a^4$;(3) $\frac{\pi}{2}h^4$;(4) $\frac{12}{5}\pi$;(5) $2\pi a^3$. 2. (1) 0;(2) 0;(3) -20π. 3.(1) $-53\frac{7}{12}$;(2) 0. 4. 略.

习题 11.7

1. (1) 0;(2) $a^3\left(2-\frac{a^2}{6}\right)$;(3) 108π;2. (1) $\mathrm{div}\boldsymbol{A}=2x+2y+2z$;(2) $\mathrm{div}\boldsymbol{A}=ye^{xy}-x\sin(xy)-2xz\sin(xz^2)$;(3) $\mathrm{div}\boldsymbol{A}=2x$. 3. (1) $\mathrm{rot}\boldsymbol{A}=2\boldsymbol{i}+4\boldsymbol{j}+6\boldsymbol{k}$;(2) $\mathrm{rot}\boldsymbol{A}=\boldsymbol{i}+\boldsymbol{j}$;(3) $\mathrm{rot}\boldsymbol{A}=[x\sin(\cos z)-xy^2\cos(xz)]\boldsymbol{i}-y\sin(\cos z)\boldsymbol{j}+[y^2z\cos(xz)-x^2\cos y]\boldsymbol{k}$. 4. (1) 2π;(2) 12π.

综合练习 11

一、1. $\int_\Gamma(P\cos\alpha+Q\cos\beta+R\cos\gamma)\mathrm{d}s$,切向量. 2. $\iint_\Sigma(P\cos\alpha+Q\cos\beta+R\cos\gamma)\mathrm{d}S$,法向量.

二、(C). 三、1. (1) $\frac{1}{12}(5^{\frac{3}{2}}-17^{\frac{3}{2}})-\frac{3}{2}\sqrt{2}$. (2) 0;(3) $\frac{(2+t_0^2)^{\frac{3}{2}}-2\sqrt{2}}{3}$;(4) $-\frac{a^4}{4}\pi$;(5) $\ln 2$;(6) $\frac{\sqrt{2}}{16}\pi$. 2. (1) 0;(2) $-\frac{\pi}{4}h^4$;(3) $2\pi e^2$;(4) 2π;(5) $\frac{2\pi}{5}(abc)^3$. 3. $\frac{1}{2}\ln(x^2+y^2)$. 4. 略. 5. $\frac{32}{3}\pi$. 6. 略. 7. $\mathrm{div}\boldsymbol{A}=0$;$\mathrm{rot}\boldsymbol{A}=2\{y-z,z-x,x-y\}$.

第12章 无穷级数

习题 12.1

1. 略. 2. (1) $u_n=\frac{1}{2n}$;(2) $u_n=\frac{n}{n^2+1}$;(3) $u_n=\frac{x^{\frac{n}{2}}}{2^n n!}$;(4) $u_n=(-1)^{n+1}\frac{a^{n+1}}{2n+1}$. 3. (1) 发散;(2) 收敛;(3) 发散;(4) 发散;(5) 收敛;(6) 发散;(7) 发散;(8) 收敛.

习题 12.2

1. (1) 发散;(2) 发散;(3) 收敛. 2. (1) 发散;(2) 收敛;(3) 收敛. 3. (1) 收敛;(2) 发散;(3) 发散;(4) 收敛;(5) 发散. 4. (1) 条件收敛;(2) 条件收敛;(3) 绝对收敛;(4) 绝对收敛;(5) 绝对收敛;(6) 当 $|x|<1$ 时绝对收敛;当 $|x|>1$ 时发散;当 $x=-1$ 时条件收敛;当 $x=1$ 时发散.

习题 12.3

1. (1) $x=0$; (2) $-1<x\leqslant 1$; (3) $-3\leqslant x<3$; (4) $(-\infty,+\infty)$; (5) $[-1,1]$; (6) $\left(-\frac{1}{3},\frac{1}{3}\right)$. 2. (1) $\frac{x}{(1-x)^2}$, $x\in(-1,1)$; (2) $\ln\left|\frac{3}{x-3}\right|$, $x\in[-3,3)$; (3) $\frac{x(1+x)}{(1-x)^3}$, $x\in(-1,1)$; (4) $\arctan x$, $x\in[-1,1]$; (5) $\frac{1}{1-x}-\frac{2}{2-x}$, $x\in(-1,1)$.

习题 12.4

1. (1) $\sum\limits_{n=0}^{\infty}\frac{x^{2n}}{n!}, x\in(-\infty,+\infty)$; (2) $\sum\limits_{n=0}^{\infty}(-1)^n\frac{x^n}{2^{n+1}}, x\in(-2,2]$; (3) $\ln 3+\sum\limits_{n=1}^{\infty}(-1)^{n-1}\frac{1}{n}\left(\frac{x}{3}\right)^n, x\in(-3,3]$; (4) $\frac{1}{2}+\frac{1}{2}\sum\limits_{n=0}^{\infty}\frac{(-4)^n}{(2n)!}x^{2n}, x\in(-\infty,+\infty)$; (5) $x+\sum\limits_{n=2}^{\infty}(-1)^n\frac{x^n}{n(n-1)}, x\in(-1,1]$; (6) $\sum\limits_{n=0}^{\infty}\frac{1}{(2n+1)!}x^{2n+1}, x\in(-\infty,+\infty)$. 2. $\sum\limits_{n=0}^{\infty}\left(\frac{1}{2^{n+1}}-\frac{1}{3^{n+1}}\right)(x+4)^n, x\in(-6,-2)$.

3. $\frac{1}{2}\sum\limits_{n=0}^{\infty}(-1)^n\left[\frac{\left(x+\frac{\pi}{3}\right)^{2n}}{(2n)!}+\sqrt{3}\frac{\left(x+\frac{\pi}{3}\right)^{2n+1}}{(2n+1)!}\right], x\in(-\infty,+\infty)$.

习题 12.5

1. (1) $f(x)=\pi^2+1+12\sum\limits_{n=1}^{\infty}\frac{(-1)^n}{n^2}\cos nx, x\in(-\infty,+\infty)$; (2) $f(x)=\frac{e^{2\pi}-e^{-2\pi}}{\pi}\left[\frac{1}{4}+\sum\limits_{n=1}^{\infty}\frac{(-1)^n}{n^2+4}(2\cos nx-n\sin nx)\right], x\in(-\infty,+\infty), x\neq(2n+1)\pi, n=0,\pm1,\pm2,\cdots$; (3) $f(x)=\frac{\pi}{2}-\frac{4}{\pi}\left(\cos x+\frac{1}{3^2}\cos 3x+\frac{1}{5^2}\cos 5x+\cdots\right), x\in(-\infty,+\infty)$. 2. (1) $f(x)=\frac{11}{12}+\frac{1}{\pi^2}\sum\limits_{n=1}^{\infty}\frac{(-1)^{n+1}}{n^2}\cos 2n\pi x, x\in(-\infty,+\infty)$; (2) $f(x)=-\frac{1}{2}+\sum\limits_{n=1}^{\infty}\left\{\frac{6}{n^2\pi^2}[1-(-1)^n]\cos\frac{n\pi x}{3}+\frac{6}{n\pi}(-1)^{n+1}\sin\frac{n\pi x}{3}\right\}, x\neq3(2k+1), k=0,\pm1,\pm2,\cdots$.

习题 12.6

1. (1) $f(x)=\frac{4}{3}\pi^2+16\sum\limits_{n=1}^{\infty}\frac{(-1)^n}{n^2}\cos nx, x\in[-\pi,\pi]$; (2) $f(x)=\frac{e^{3\pi}-e^{-3\pi}}{\pi}\left[\frac{1}{3}+\sum\limits_{n=1}^{\infty}\frac{(-1)^3}{n^2+9}(3\cos nx-n\sin nx)\right], x\in(-\pi,\pi)$; (3) $f(x)=\frac{18}{\pi}\sum\limits_{n=1}^{\infty}(-1)^{n+1}\frac{n}{36n^2-1}\sin nx, x\in(-\pi,\pi)$. 2. $f(x)=-\frac{1}{2}+\sum\limits_{n=1}^{\infty}\left\{\frac{6}{n^2\pi^2}[1-(-1)^n]\cos\frac{n\pi x}{3}+(-1)^{n+1}\frac{6}{n\pi}\sin\frac{n\pi x}{3}\right\}, x\in(-3,3)$. 3. $x=2\left(\sin x-\frac{\sin 2x}{2}+\frac{\sin 3x}{3}-\cdots+\frac{(-1)^{n+1}}{n}\sin nx+\cdots\right), x\in(0,\pi)$; $x=\frac{\pi}{2}-\frac{4}{\pi}\left(\cos x+\frac{\cos 3x}{3^2}+\frac{\cos 5x}{5^2}+\cdots+\right.$

$\frac{\cos(2k+1)}{(2k+1)^2}+\cdots\Big), x\in[0,\pi]$. 4. $x^2=\frac{8}{\pi}\sum_{n=1}^{\infty}\left\{\frac{(-1)^{n+1}}{n}+\frac{2}{n^3\pi^2}[(-1)^n-1]\right\}\sin\frac{n\pi x}{2}, x\in[0,2)$；$x^2=\frac{4}{3}+\frac{16}{\pi^2}\sum_{n=1}^{\infty}\frac{(-1)^n}{n^2}\cos\frac{n\pi x}{2}, x\in[0,2]$.

习题 12.7

答案略

综合练习 12

一、1. 必要，充分． 2. 充分必要． 3. 收敛，发散． 4. $0<p\leqslant 1$. 5. n. 6. $\frac{\pi^2}{2}$.

二、1.（1）$a>1$ 时收敛，$a\leqslant 1$ 时发散；（2）发散；（3）收敛；（4）$a<1$ 时收敛，$a>1$ 时发散，$a=1$ 时 $s>1$ 收敛，$s\leqslant 1$ 发散． 2. 略． 3. 提示：不一定，考虑级数 $\sum_{n=1}^{\infty}(-1)^n\frac{1}{\sqrt{n}}$ 及 $\sum_{n=1}^{\infty}\left[(-1)^n\frac{1}{\sqrt{n}}+\frac{1}{n}\right]$. 4.（1）条件收敛；（2）绝对收敛． 5. 略． 6.（1）$\left(-\frac{1}{5},\frac{1}{5}\right)$；（2）$(-\sqrt{2},\sqrt{2})$. 7.（1）$S(x)=\frac{x-1}{(2-x)^2}, x\in(0,2)$；

（2）$S(x)=\begin{cases}1+\left(\frac{1}{x}-1\right)\ln(1-x), & x\in[-1,0)\cup(0,1),\\ 0, & x=0,\\ 1, & x=1.\end{cases}$ 8. $f(x)=\frac{1}{2!}+\frac{2}{3!}x+\cdots+\frac{n-1}{n!}x^{n-2}+\cdots=\sum_{n=2}^{\infty}\frac{n-1}{n!}x^{n-2}, x\in(-\infty,0)\cup(0,+\infty)$. 证明略． 9. $x^2=\frac{\pi^3}{3}+\frac{4}{\pi}\sum_{n=1}^{\infty}\frac{(-1)^n}{n^2}\cos x, x\in[0,\pi]$. 证明略．

参 考 文 献

[1] 同济大学数学系．高等数学：上册[M]．6 版．北京：高等教育出版社，2007.
[2] 上海交通大学数学系．高等数学[M]．2 版．上海：上海交通大学出版社，2009.
[3] 复旦大学数学系．数学分析：上册[M]．3 版．北京：高等教育出版社，2007.
[4] 现代应用数学手册编委会．现代应用数学手册：分析与方程卷[M]．北京：清华大学出版社，2006.
[5] 张顺燕．数学的源与流[M]．2 版．北京：中国人民大学出版社，2003.
[6] 吴赣昌．高等数学(理工类)：上册[M]．北京：中国人民大学出版社，2006.